ZHUSU CHENGXING GONGYI JISHU YU SHENGCHAN GUANLI

注塑成型工艺技术与生产管理

第二版

梁明昌　编著

化学工业出版社

·北京·

内 容 简 介

本书以塑料注塑成型工艺技术为主线，全面介绍了注塑加工过程中所涉及的注塑工艺、材料、设备、模具、生产与质量管理方面的知识，是一本实用性很强的注塑成型专业技术读物。

本书共分十章，首先阐述了注塑成型过程及原理，接着详细论述了注塑工艺的影响因素和注塑成型工艺参数设置方法与步骤，对注塑制品的外观质量缺陷、产生原因及解决措施做了详细分析，简要论述了特殊注塑成型、常用塑料、注塑成型设备、注塑成型模具、注塑产品的二次加工等方面的知识，最后介绍了注塑产品质量与生产管理。

本书是注塑成型工艺技术和生产与质量管理的经验总结，可作为注塑企业的培训教材及注塑从业人员的自学教材，也可供注塑企业管理层、技术人员、质量控制人员阅读参考。

图书在版编目（CIP）数据

注塑成型工艺技术与生产管理 / 梁明昌编著 .—2版 .—北京：化学工业出版社，2024.1

ISBN 978-7-122-44316-8

Ⅰ.①注…　Ⅱ.①梁…　Ⅲ.①塑料成型-生产工艺②塑料成型-工业企业管理-生产管理　Ⅳ.①TQ320.66②F407.762

中国国家版本馆 CIP 数据核字（2023）第 197431 号

责任编辑：高　宁　仇志刚　　文字编辑：王文莉
责任校对：杜杏然　　装帧设计：王晓宇

出版发行：化学工业出版社（北京市东城区青年湖南街 13 号　邮政编码 100011）
印　　装：三河市延风印装有限公司
787mm×1092mm　1/16　印张 21¾　字数 555 千字　　2024 年 3 月北京第 2 版第 1 次印刷

购书咨询：010-64518888　　售后服务：010-64518899
网　　址：http：//www.cip.com.cn
凡购买本书，如有缺损质量问题，本社销售中心负责调换。

定　　价：98.00 元

前 言

《大学》中有句名言："知止而后有定。"本书第一版问世至今已有九年，一直受到广大读者的好评，在此衷心地感谢大家的认可！过去的九年里，我初心不改，始终以为注塑从业者提供先进和系统的注塑知识为目标，在工作实践中不断总结和完善注塑的知识构架，希望能通过本书的修订，让大家对注塑加工有更深入的了解，并通过实践，引导企业和个人在工艺技术和管理方面更上一个台阶。

第二版内容由原来的九章增加到十章。第十章主要介绍注塑生产管理方面的知识，完善了本书的知识构架。其他各章节大部分都增加了新内容：一方面对第一版中介绍过的部分概念进行了扩充和重编，让读者更易理解；另一方面对某些章节进行了调整，使结构上更严谨，内容上更顺畅。内容编制过程中部分表格过大不便放入书中，如果读者需要可以到本人公众号（见后记）中获取。

从事注塑工作多年，经历了不同发展阶段的注塑企业，对我影响比较深的还是在法雷奥的工作经历，它使我对注塑工艺稳定控制有了更加系统的认识。近些年科学注塑的概念在业界形成的反响日益增大，科学注塑重在开发稳健的成型工艺。我认为稳健的成型工艺加上稳定的过程控制方法是注塑企业提升自己的有效途径。注塑加工企业不论自己处于何种发展阶段都要有这样的认识。

注塑工艺技术在很多人看来都非常简单，设置锁模力、设置模温机、设置机筒温度、设置速度、设置保压时间、设置保压压力、设置背压……一步一步来就行了。现实的情况是同一套模具、同一台注塑机，不同技术人员操作工艺千差万别，主要的差异来自参数设定的科学性和合理性。

科学注塑泛指通过科学合理地整合和配置注塑相关资源，以达到稳定、高效、低损耗注塑生产的一种技术管理方法。

注塑相关资源包括注塑机、模具、工艺（参数与条件）、材料、环境等。科学注塑即通过上述五类资源的优化，使得注塑生产输出最优化。在注塑相关资源的配置中，模具设计及制造是注塑生产的基础，技术性强且灵活多变的参数是发挥模具最佳状态的主要推手。

模具设计及制造主要是指通过优化注塑模具料流（浇注系统）、气流（排气系统）、热流（冷却或加热系统）的效果，实现模具的优化设计。

注塑工艺参数主要是关注注塑模具型腔内塑料的动态过程，关注注塑核心的控制点（黏度变化），而不是注塑机控制屏上的参数。

科学注塑实质上要求注塑工程师以科学的态度，在注塑理论的支持和正确的数据支撑下建立起稳健的工艺参数，用系统的方法去分析问题、解决问题。

在此也希望广大注塑行业的同仁们一起参与进来，整合先进的注塑工艺和管理模式，推动中国注塑行业的发展。

感谢在本书编写过程中提供资料的同仁，感谢我的家人对我的帮助和支持。

书中难免有疏漏之处，恳请读者批评指正。

梁明昌

2023 年 12 月

第一版前言

注塑成型是塑料成型中应用最为广泛的一种成型方法，能生产结构复杂、尺寸精确的制品，生产周期短，自动化程度高。塑料注塑制品广泛应用于汽车、电子电器、建材、医疗器械等产业，推动了这些产业的发展。

本书作者是从事多年注塑厂一线生产管理和技术管理的人员，工作经验丰富，曾在多家大型外资及民营注塑企业任职，本书是依据作者从事注塑工作的经验编写而成。本书以塑料注塑成型技术和成型工艺为主线，理论知识与实际经验相结合，主要介绍基本知识及其应用，注重先进性、适用性和操作性。从理论上简明扼要地论述了塑料注塑成型基础知识，从注塑成型工艺、注塑成型缺陷分析、特殊注塑成型、常用塑料的注塑工艺、塑料注塑成型设备、注塑成型模具、注塑制品的二次加工和注塑件产品质量控制等几个方面系统介绍了注塑成型技术。

在编写过程中，编者既从注塑技术人员需要掌握的基础理论出发，又考虑到注塑成型技术涉及塑胶原料、注塑模具、注塑机、工装夹具、辅助设备、色母（色粉）、喷剂、辅助工具/物料及包装材料等，岗位多、人员分工复杂的特点，在内容的选取上尽量构建相对系统的注塑成型基础知识理论，使全书整体框架合理、有序。在编写时充分反映实用性的特点，适当反映新的注塑成型技术，重在提高注塑成型行业广大技术人员解决实际问题的能力和注塑厂整体的配套加工能力。

本书在编写过程中得到了张秋菊、梁欣的支持，在这里表示感谢。由于受水平所限，难免有疏漏之处，恳请读者批评指正。

梁明昌

2013 年 5 月

目录

第一章
绪　论

第一节　注塑成型简介

一、注塑成型的定义

注塑成型是一种注射兼模塑的成型方法，又称注射成型，通用注塑方法是将含聚合物组分的粒料或粉料加入注塑机的机筒（又称料筒）内，经过加热、压缩、剪切、混合和输送作用，使物料进行均化和熔融（这一过程又称塑化）。然后再借助于柱塞或螺杆向熔化好的熔融物料施加压力，高温熔体便通过机筒前面的喷嘴和模具的浇道系统注射入预先闭合好的低温模腔中，再经冷却定型就可开启模具，顶出制品，得到具有一定几何形状和精度的塑料制品。该方法适用于形状复杂的塑料部件的批量生产，是重要的塑料加工方法之一。

二、注塑成型步骤

注塑成型一般分为锁模（合模）、注射、保压、冷却、开模、产品顶出六个步骤，见图1-1，各成型步骤代表注塑成型的不同阶段，通过对注塑机参数的设定，在正常生产的情况下注塑机会自动完成，下面对各注塑过程进行简单的说明。

1. 锁模（合模）、开模

注塑机的开合模动作是由锁模系统完成的，对于液压-机械（连杆）式注塑机，见图1-2，主要通过机铰的运动进行模具的开合，锁模时对模具施加锁模力，用来克服注塑成型时型腔的张力，开模动作主要作用是取出产品，进入下一个循环的生产。

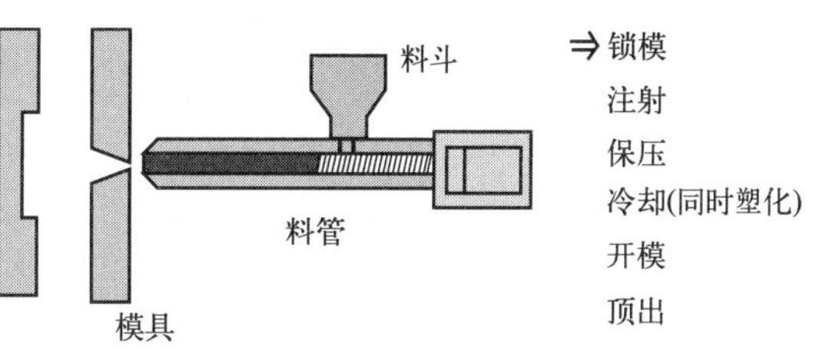

图1-1　注塑成型过程

2. 注射、保压和塑化

注射、保压和塑化动作主要是通过注塑机的注射系统来完成的：在注塑机的一个循环中，在规定的时间内将一定数量的塑料加热熔化后，在一定的压力和速度下，通过螺杆将熔融塑料注入模具型腔中；注射结束后，对注射到模腔中的熔料保持一定压力。见图1-3。

3. 冷却

产品冷却阶段是高温熔体通过机筒前面的喷嘴和模具的浇道系统射入预先闭合好的低温模腔中，在模具内降温定型的过程。冷却定型过程对生产周期影响较大，需根据产品生产工艺要求，设置合理的冷却时间。

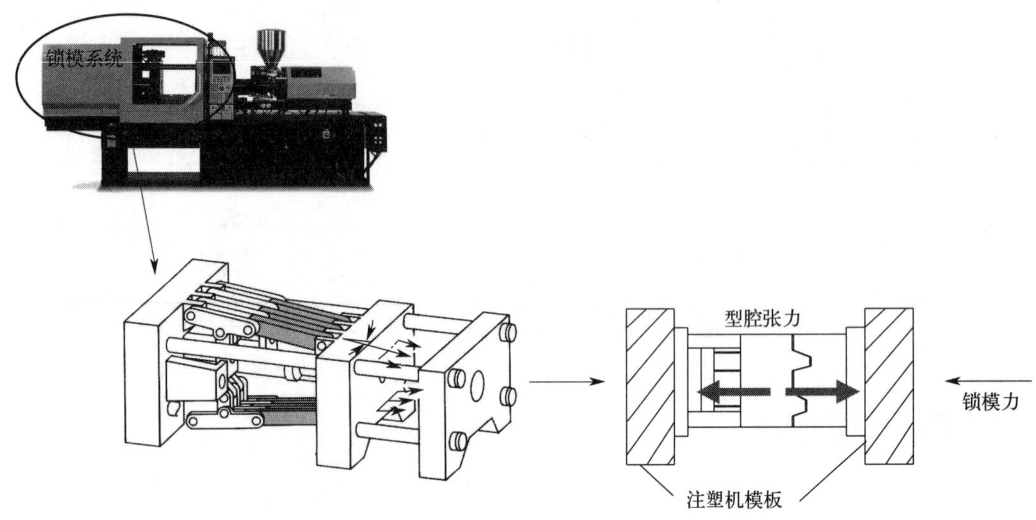

图 1-2　开合模动作示意图

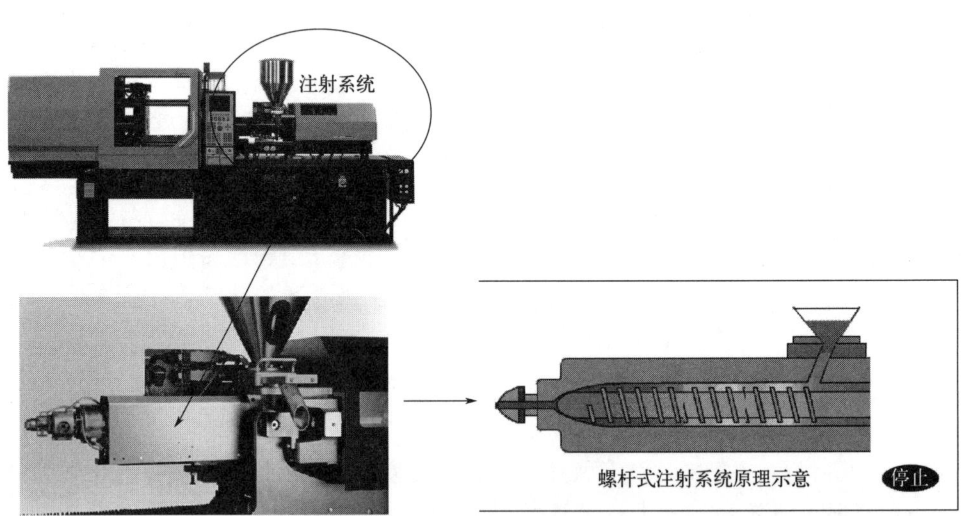

图 1-3　注射系统示意图

4. 产品顶出

产品顶出由注塑机上的顶出系统来完成。注塑机开模后，产品顶出系统向前进，顶出产品后回退（图 1-4）。产品顶出方式根据取件的要求可以设置为保持、回退、中间顶出等模式。

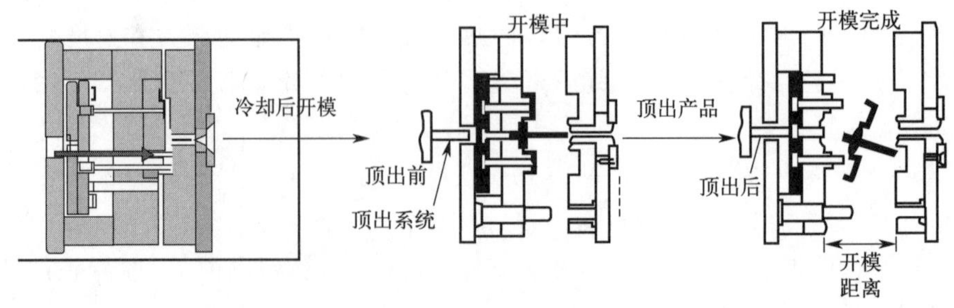

图 1-4　产品顶出示意图

第二节　主要注塑过程

注塑制品加工过程主要是在注塑机上完成的，包括塑化计量、注射充模、冷却定型等过程。研究注塑过程的目的是根据塑料和制品调整注塑工艺参数，控制注塑制品质量。

一、塑化计量

塑化是指塑料在机筒经加热达到流动状态，并具有良好的可塑性的全过程。塑料原料被与旋转的注塑机螺杆摩擦产生的热量，或者注塑机机筒外的加热器供给的热量高温均匀熔融，为注射入模具做好准备。可以说塑化是注塑成型的准备过程。塑料熔体在进入型腔时应达到规定的成型温度，并能在规定的时间内提供足够量的熔融塑料，熔融塑料各点温度应均匀一致，不发生或极少发生热分解，以保证生产的连续进行。

塑化可分柱塞式塑化和螺杆式塑化。螺杆式塑化时，不仅有旋转运动，还兼有后退的直线运动，螺杆边旋转边后退。后退的直线运动是螺杆在旋转时，处于螺槽中的物料和螺杆头部熔体对螺杆进行反作用的结果。聚合物在机筒中从后部到前部，经历三种状态：玻璃态、高弹态、黏流态。相应的螺杆分为三段：后部固体输送段（加料段）、中间熔融段（压缩段）、前部均化段（计量段）。通用螺杆从加料段到计量段螺槽深度逐渐变浅，见图 1-5。

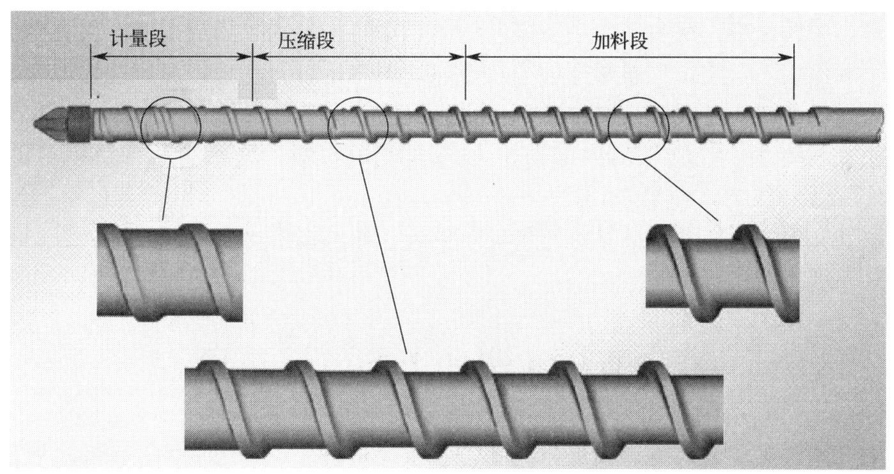

图 1-5　通用螺杆示意图

二、注射充模

注射充模过程是把计量室中塑化好的熔体注入模具型腔里面的过程。注射充模过程是比较复杂而又非常重要的阶段，是高温熔体向相对较低温的模腔中流动的阶段，是决定聚合物取向和结晶的阶段，直接影响到产品质量。注射充模分为两个阶段：注射阶段和保压阶段。注射阶段是从螺杆推进熔体开始，到熔体充满型腔为止。保压阶段是从熔体充满型腔开始，到浇口“封冻”为止。保压阶段可分保压补缩流动阶段和保压切换倒流阶段。

保压阶段在保压压力作用下，模腔中的熔体得到冷却补缩和进一步的压缩增密。

保压补缩流动阶段是指当喷嘴压力（注射压力）达到最大值时，模腔压力并没有达到最大值。也就是说模腔压力极值要滞后于注射压力一段时间，还需经过致密流动过程，即在很短的时间内，熔体要充满型腔各处缝隙，且熔体本身要受到压缩。这时的压力称保压压力，又称二次注射压力。保压流动和充模时的压实流动都是在高压下的熔体致密流动，这时的流动特点是熔体流速很小，不起主导作用，而压力却是影响过程的主要因素。在保压阶段，模内压力和比体积不断地变化，产生保压流动的原因是模腔壁附近的熔体受冷后收缩，熔体比体积发生变化，这样，在浇口“封冻”之前，熔体在保压压力作用下继续向模腔补充熔体，产生补缩的保压流动。

保压切换到倒流阶段。浇口“封冻”，保压结束，螺杆预塑开始，喷嘴压力下降为零。这时浇口虽然“封冻”，但模内熔体尚未完全凝结，在模腔压力反作用下，模内熔体将向浇口系统回流，使模内压力降低，这时的模腔压力称为封断压力，倒流时间及封断压力取决于聚合物性质、机筒和模具温度及浇口尺寸等因素。

三、冷却定型

冷却定型过程是从浇口“封冻”开始至制品脱模为止。冷却定型过程的特点：温度表现是主要的。一般从浇口“封冻”到制件脱模，仍需在型腔中继续冷却一段时间，以保证制件脱模时有足够的刚度且不致扭曲变形。在此过程中，模腔内熔体温度逐渐变低。型腔压力变化与保压时间有关。保压时间越长，型腔残余应力越大。脱模时理想的残余应力为零。残余应力大于零，脱模困难；残余应力小于零，制品表面容易出现凹陷或内部产生真空泡。塑料体积的变化规律实际上就是塑料密度的变化规律，即保压时间越长，浇口“封冻”时塑料温度越高，型腔压力越高，则制品密度越大；保压时间一定时，脱模温度越高，模腔压力也越高，但制品密度越小，且脱模后制品将产生较大的后收缩，致使制品内部产生较大的内应力。

塑料制件在模内冷却至具有足够刚度即可脱模。脱模温度不宜过高，一般控制在热变形温度与模具温度之间。

第三节　注塑加工的发展趋势

遵照中国塑料工业未来重点发展方向要求，企业从过去“三低两高”（低附加值、低质量、低价值和高污染、高耗能）向高质量和高附加值的增长方式转变。有利于低碳经济发展的绿色环保产品将获得政策激励和市场青睐，追求原始创新、高附加值的新产品和新工艺将成为塑料加工企业今后发展的总体趋势。

为实现注塑加工行业快速、稳定、健康的发展，注塑加工企业在重视技术、经营、管理等方面的同时，也要重视发展与创新。发展与创新是注塑加工行业整体、长远、基本的发展战略。

发展与创新是为了适应环境变化。我们所处的时代是大变化时代，在这个时代，中国及周边环境变化的广度、深度和速度都是空前的。中国注塑业近期发展较快，中国已成为最大的汽车配件、摩托车、计算机外壳、其他 IT 产品、五金工具、电器、小家电等塑料制品生产、销售和出口基地之一；而且这几年中国注塑制品市场规模逐年攀升，发展潜力巨大。中国注塑业是连接国际市场的桥梁，它具有极为广阔、发达的发展空间。中国拥有强大的金融、贸易服务体系，发达的物流、信息流、商业流等，注塑加工行业在中国应当有更多的创新与发展机会。

消费已进入个性化时代，塑料制造业也必须进行市场定位，必须集中资源重点去进攻某一细分市场，依据市场区隔原理，专注于某一领域，建立自己的核心竞争优势。因此我们不是与同行进行简单的价格拼抢，而是针对市场通用塑料件比较多，而高技术、高附加值、有特色的塑料产品较少的问题，引导注塑加工行业的可持续性发展。

注塑加工行业市场非常大，处处充满机会与竞争，智者创造机会，强者争夺机会，庸者失去机会。靠生产普通塑料件制胜这种优势是外在的、暂时的，我们应追求的是以注塑加工行业独特的价值制胜。以可靠的质量、稳定的性能、精美的外观、适中的价格赢得制造产业链客户的认可，使注塑加工行业在塑料行业享有更高的声誉。

要实现注塑加工行业发展与创新，就要重新分析市场的需求亮点和趋势，重新分析出现的挑战和机遇，重新分析自身的优势和劣势，重新分析关键的环节和步骤。长期以来，我们只是重视简单的注塑件加工，大多注塑企业所接洽的业务也局限于注塑件的加工，没有在注塑加工完成后进行进一步的深加工作业。随着时间的推移，注塑企业的利润空间越来越小，业绩难以提高。实现注塑加工行业发展与创新，就要制定全新的经营内容、经营手段、人事框架、管理体制、经营策略等。产品加工也要从简单的注塑件加工走向产品设计开发，再到建立一条龙的生产作业模式。

随着注塑企业的转型升级和注塑行业的进步与发展，注塑成型加工进入自动化、无人化、深化细分领域的时代，新的发展为注塑企业提供了新的机遇，同时对注塑从业技术人员能力也提出了更高的要求，需要注塑企业和从业人员素质都与时俱进。

第二章
注塑工艺参数设定及其影响因素

第一节　注塑工艺参数设定的影响因素

一、收缩率

1. 塑料品种

热塑性塑料成型过程中由于还存在结晶化引起的体积变化、内应力强、“封冻”在注塑件内的残余应力大、分子取向性强等因素，因此与热固性塑料相比其收缩率较大，收缩率范围宽、方向性明显，另外成型后的收缩、退火或调湿处理后其收缩率一般也都比热固性塑料大。

2. 注塑件结构特性

注塑件有无嵌件及嵌件布局、数量都直接影响料流方向、密度分布及收缩阻力大小等，所以注塑件的结构特性对收缩大小、方向性影响较大。

3. 进料口形式、尺寸、分布

① 影响料流方向、密度分布、保压补缩作用及成型时间。

② 对于直接进料口，进料口截面大（尤其截面较厚的）其收缩就小。

③ 浇口附近的部分收缩率小，远离浇口处的收缩率大，从浇口至末端的收缩率为渐变的。

4. 注塑成型条件

① 成型温度不变，注射压力增大，收缩率减小。

② 保压压力增大，收缩率减小。

③ 熔体温度提高，收缩率有所降低。

④ 模具温度升高，收缩率增大。

⑤ 保压时间延长，收缩率减小。

⑥ 模内冷却时间延长，收缩率减小。

⑦ 注射速度加快，收缩率略有增大倾向，但影响不大。

⑧ 注塑成型时收缩大，脱模后收缩小。

⑨ 后收缩在刚开始的两天较大，一周左右稳定。

⑩ 柱塞式注射机成型收缩率大。

二、流动性

1. 指数影响

热塑性塑料流动性大小，一般可从分子量大小、熔体流动速率、阿基米德螺旋线流动长度、表观黏度及流动比（流程长度/注塑件壁厚）等一系列指数进行分析。分子量小、分子量分布宽、分子结构规整性差，则熔体流动速率高、螺旋线流动长度长、表观黏度小。流动比大的则流动性好。按模具设计要求大致可将常用塑料的流动性分为三类：

① 流动性好：聚酰胺（PA）、聚乙烯（PE）、聚苯乙烯（PS）、聚丙烯（PP）、醋酸纤维素（CA）、聚 4-甲基-1-戊烯。

② 流动性中等：聚苯乙烯系列树脂［如丙烯腈-丁二烯-苯乙烯共聚物（ABS）、丙烯腈-苯乙烯共聚物（AS）、聚甲基丙烯酸甲酯（PMMA）、聚甲醛树脂（POM）、聚苯醚（PPO）］。

③ 流动性差：聚碳酸酯（PC）、硬聚氯乙烯（UPVC）、聚砜（PSU）、聚芳砜（PASF）、氟塑料。

2. 成型条件

塑料的流动性对成型条件敏感程度不同，同时模具结构也影响熔料在模具中的流动性，主要表现在以下几点。

（1）塑化温度

料温增高则流动性增大，料温对不同塑料影响也各有差异，PS（尤其耐冲击型及熔体流动速率值较高的）、PP、PA、PMMA、改性聚苯乙烯（如 ABS、AS）、PC、CA 等塑料的流动性随塑化温度变化较大。对 PE、POM，其塑化温度对其流动性影响相对较小。所以流动性随塑化温度变化较大的塑料在成型时宜通过调节塑化温度来控制流动性。

（2）注射压力

注射压力增大，则熔料受剪切作用影响就增大，流动性也增大，特别是 PE、POM 等对剪切较为敏感的塑料，成型时宜通过调节注射压力来控制流动性。

（3）模具结构

浇注系统的形式、尺寸、布置，冷却系统设计，熔料在模具中的流动阻力（如型腔面光洁度、料道截面厚度、型腔形状、排气系统）等因素都会影响到熔料在型腔内的实际流动性。

三、结晶性

热塑性塑料按其冷凝时有无出现结晶现象可划分为结晶型塑料与非结晶型（又称无定形）塑料两大类。所谓结晶现象即为塑料由熔融状态到冷凝时，分子由独立移动，完全处于无次序状态，变成分子停止自由运动，按略微固定的位置，并有一个使分子排列成为规整模型倾向的一种现象。

作为判别这两类塑料的外观标准，可视厚壁注塑件的透明性而定，一般结晶型塑料是不透明或半透明的（如 POM 等），非结晶型塑料是透明的（如 PMMA 等）。但也有例外情况，如聚 4-甲基-1-戊烯为结晶型塑料却有高透明性，ABS 为非结晶型塑料但却并不透明。

在模具设计及选择注塑机时应注意对结晶型塑料有下列要求：

① 料温上升到成型温度所需的热量多，要用塑化能力大的设备。

② 冷却定型时放出热量大，要充分冷却。

③ 结晶型塑料熔融态与固态的密度差大，成型收缩大，易发生缩孔、气孔。

④ 冷却快，结晶度低，收缩小，透明度高。结晶度与注塑件壁厚大小有关，壁厚大则冷却慢，结晶度高，收缩大。所以结晶型塑料应按质量要求控制模温。

⑤ 各向异性显著，内应力大。脱模后未结晶的分子有继续结晶化的倾向，处于内应力

不平衡状态，产品易发生变形、翘曲。

⑥ 结晶型塑料塑化温度范围窄，易发生熔料充模困难或堵塞浇口的现象。

四、热敏性及易水解性

1. 热敏性塑料

热敏性是指某些塑料对热较为敏感，在高温下受热时间较长或进料口截面过小，剪切作用大时，料温升高易发生变色、降解，分解的倾向，具有这种特性的塑料称为热敏性塑料。如硬PVC、聚偏氯乙烯、醋酸乙烯共聚物、POM、聚三氟氯乙烯等。热敏性塑料在分解时产生单体、气体、固体等副产物，特别是有的分解气体对人体有刺激性或有毒性，对设备、模具有腐蚀性。因此，在模具设计、选择注塑机及成型时都应注意，设备选用螺杆式注塑机，模具浇注系统截面宜大，模具和机筒应镀铬，不得有死角滞料，必须严格控制成型温度，塑料中加入稳定剂，减弱其热敏性能。

2. 易水解塑料

有的塑料（如PC）即使含有少量水分，但在高温、高压下也会发生分解，这种特性称为易水解性，易水解性塑料在加工前必须充分干燥，并且加工过程中也要防止回潮。

五、应力开裂及熔体破裂

1. 应力开裂

应力开裂是指有的塑料对应力敏感，成型时易产生内应力导致质脆易裂。注塑件在外力作用下或溶剂作用下易发生开裂现象，见图2-1。

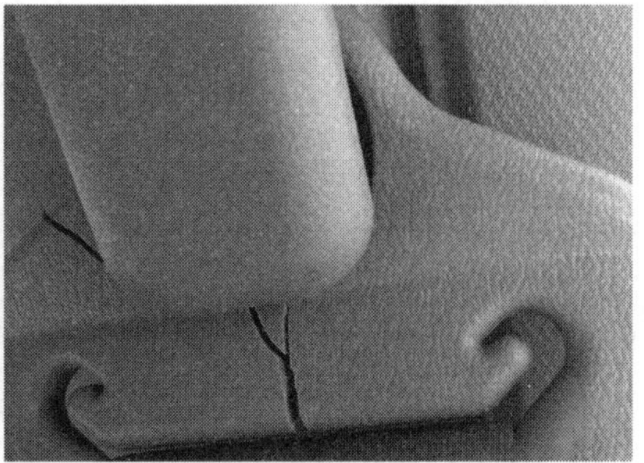

图2-1 应力开裂图

为防止应力开裂应注意以下事项：

① 在原料内加入添加剂提高抗开裂性。

② 对原料应注意干燥，合理地选择成型条件，以减少内应力和增加抗裂性。

③ 通过优化塑件形状设计、不设置嵌件等措施来尽量减少应力集中。

④ 设计模具时应增大脱模斜度，选用合理的浇口及顶出机构。

⑤ 成型时应适当地调节料温、模温、注塑压力及冷却时间，尽量避免注塑件过于冷脆时脱模。

⑥ 成型后注塑件还应进行后处理，消除内应力，增强抗开裂性，并禁止与溶剂接触。

2. 熔体破裂

熔体破裂是指聚合物熔体在一定的塑化温度下通过喷嘴孔时，其剪切速率大于某一极限值，产生不稳定流动，熔体表面出现凹凸不平或外形发生竹节状、螺旋状等畸变。熔体破裂后生产出来的塑料件有损外观及性能。此种情况下除需要控制注射速度外。还需要注意以下事项：①喷嘴孔有无损伤。②喷嘴长度是否适宜。③塑化温度是否偏低。

六、热性能及冷却

1. 热性能

不同塑料有不同比热容、热导率、热变形温度等热性能，在注塑成型时注意相应的控制点。

① 比热容高的塑料塑化时需要热量高，应选用塑化能力大的注塑机。

② 热变形温度高的塑料冷却时间可缩短，早脱模，但脱模后要防止冷却后变形。

③ 热导率低的塑料冷却速度慢，故必须充分冷却，要加强模具冷却效果。

④ 热流道模具适用于比热容低、热导率高的塑料。

2. 冷却

冷却是注塑成型的重要部分，影响冷却速度的因素有以下几个。

（1）注塑模具冷却剂的性质

冷却剂的黏度和热导率也影响模具的传热。冷却剂的黏度越低，热导率越高，温度越低，冷却效果越好。

（2）模具材料及其冷却方法

模具材料，包括芯腔材料和模板材料，对冷却速度有很大影响。模具材料的不同也会导致不同的冷却效果，导热性能越好的，单位时间从塑料传递热量的效果越好，注塑成型过程的冷却时间越短。

（3）冷却水管配置

冷却水管越接近型腔，管的直径越大，数量越多，冷却效果越好，冷却时间越短。

（4）注塑产品设计

产品设计主要是指塑料制品的厚度设计，产品的厚度越大，冷却时间越长。通常，冷却时间大致与塑料制品厚度的平方成正比。

（5）注塑加工参数设定

塑化温度和模具温度越高，所需的冷却时间越长。

（6）模具冷却水流动状态

冷却水需要一定的流速，在模具中呈湍流状态时带走的热量多，有利于模具冷却。单位面积流速越大，冷却水通过时带走的热量也会越多。

（7）成型塑料热性能

塑料的热导率越高，传热效果越好；或者塑料的比热容越低，热量越容易散失，塑料导热效果越好，所需的冷却时间也越短。

七、吸湿性

塑料在潮湿空气中吸收水分的性质称为吸湿性。材料的吸湿性用含水率表示。当空气湿度大且温度低时，材料的含水率较大，反之则小。

塑料中因有各种添加剂，使其对水分的亲疏程度不同，所以塑料大致可分为吸湿、黏附水分和不吸水也不易黏附水分两种，塑料注塑加工中含水量必须控制在允许范围内，否则在高温、高压下水分变成蒸汽或发生水解作用，会使树脂起泡、流动性下降，最终影响制品外观及力学性能。所以吸湿性塑料生产前必须按要求进行烘干，并且在使用时防止再吸湿。

第二节　注塑成型工艺参数的选择与设定

一、温度控制

注塑成型过程主要控制的温度参数有机筒温度和模具温度等。机筒温度主要影响塑料的塑化和流动，模具温度主要影响塑料的流动和冷却。其他要控制的温度包括：熔料温度、模具热流道温度、材料烘干温度、液压油温度等。

1. 机筒温度

注塑机机筒和螺杆等组成塑化部件，用于熔融塑料，机筒前部连接喷嘴。注塑机机筒外部广泛采用电阻加热方式，加热装置包括铸铝加热器、陶瓷加热器、云母加热器等，利用加热源与机械剪切联合作用对塑料进行稳态塑化。机筒温度采取分段控制的方式，获得符合工艺要求的温度分布，以及足够快的升温速度、温控精度，并满足节能要求。通常，被加工塑料的剪切热较小时，近似认为熔体温度主要取决于机筒加热温度。

塑料都具有各自的熔融温度（或流动温度），同一种塑料，由于来源或牌号不同，其熔融温度及分解温度也是有差别的，这是由于平均分子量和分子量分布不同。同一种产品在不同类型的注塑机上生产，塑化过程也不相同，设定的机筒温度也有差别。

塑料塑化温度是由机筒温度控制的，机筒温度关系到塑料的塑化质量。设定机筒温度时，要遵循以下原则。

① 保证塑料塑化良好，能顺利注射而又不引起塑料局部降解等。

② 机筒温度设定，首先与塑料的特性有关，通常必须把塑料加热到其黏流温度 T_f（或熔点 T_m）以上，才能使其流动和注射，因此，机筒末端的最高温度应高于 T_f 或 T_m，但必须低于塑料分解温度 T_d。

③ 对于 $T_f \sim T_d$ 间温度较窄的热敏性塑料，分子量较低和分子量分布较宽的塑料，机筒温度应选择较低值，即比 T_f 稍高即可；而对于 $T_f \sim T_d$ 间的温度较宽、分子量较高的塑料，可以适当地选取较高值，使其尽量发挥低黏度优势。

④ 必须考虑塑料在机筒中停留的时间，这对聚甲醛等热敏性塑料尤其重要。所以，生产中除严格控制机筒最高温度外，还应控制塑料在机筒中的停留时间（即生产周期对料温的影响）。

⑤ 应考虑制品和模具的结构特点。成型薄壁制品时，塑料的流动阻力很大，且极易冷却而失去流动能力，故应选择较高的机筒温度；成型厚壁制品时，流动阻力小，且因厚壁制品冷却时间长，注塑成型周期增加，塑料在机筒内受热时间也长，故应选择较低的温度；对形状复杂或带有嵌件的制品，熔体流程较长且曲折，故应选择较高的机筒温度。

⑥ 不同性能的塑料，机筒温度控制也有侧重，以 ABS 和 PC 为例。ABS 的黏度受温度的影响甚小，所以当 ABS 达到变形流动温度后，再继续增加机筒温度，指望以此降低黏度来帮助充模是没有什么效果的。特别是制造 ABS 彩色制件时，反而有害无利，因为彩色颜

料多为有机物，大多数在高温的情况下很不稳定，易使制件出现不均匀色斑。PC 与 ABS 相反，稍微增加温度，其黏度即有明显下降。据资料介绍，在加工温度范围内，机筒温度提高 10～20℃，注射压力可降低一半，反过来说，如果温度低于正常加工的温度 10～20℃，注射压力就增加一倍。这种反效果尤其在喷嘴和模温低时更为突出，所以在生产 PC 制件时必须保证有足够的料温和模温。

⑦ 经验上鉴别料温是否适合，可以在低压低速下观察对空注射，适宜的料温注射出来的料刚劲有力、不带泡、不卷曲、光亮、连续。不同塑料的模具温度和机筒温度可参考表 2-1。

表 2-1　不同塑料的模具温度和机筒温度

缩写或简称	塑料全称	模具温度/℃	机筒温度/℃
PC	聚碳酸酯 polycarbonate	80～120	275～320
ABS	丙烯腈-丁二烯-苯乙烯共聚物 acrylonitrile-butadiene-styrene	50～80	180～260
PMMA(亚克力)	聚甲基丙烯酸甲酯 polymethyl methacrylate	50～90	220～270
PC/ABS	PC/ABS 复合料	50～100	230～300
尼龙 6 PA-6	聚酰胺 6 polyamide-6	20～120	200～320
尼龙 66 PA-66	聚酰胺 66 polyamide-66	20～120	200～320
PP	聚丙烯 polypropylene	20～80	200～270
PET	聚对苯二甲酸乙二醇酯 polyethylene terephthalate	80～120	250～290
PBT	聚对苯二甲酸丁二醇酯 polybutylene terephthalate	40～70	220～270
POM	聚甲醛 polyoxymethylene(polyacetal)	80～105	190～220
ASA	丙烯腈-苯乙烯-丙烯酸橡胶共聚物 acrylonitrile-styrene-acrylate	40～90	230～260
PEI	聚乙烯亚胺 polyether-imine	107～175	340～425
GPPS	通用级聚苯乙烯 general purpose polystyrene	40～60	180～280
AS(SAN)	丙烯腈-苯乙烯共聚物 acrylonitrile-styrene	40～70	190～260
EVA	乙烯-醋酸乙烯酯共聚物 ethylene-vinyl acetate copolymer	20～40	140～200
软胶 LDPE	低密度聚乙烯 low density polyethylene	20～40	170～230
硬性软胶 HDPE	高密度聚乙烯 high density polyethylene	30～70	180～260
BS(K 胶)	丁二烯-苯乙烯共聚物 butadiene styrene	30～50	190～230
软胶 PVC	聚氯乙烯(约加 40%增塑剂)polyvinyl chloride(plasticized)	20～40	150～180
硬胶 PVC	聚氯乙烯 polyvinyl chloride(rigid)	20～60	150～200
PPO	聚苯醚 polyphenylene ether	70～100	240～280
PPS	聚苯硫醚 polyphenylene sulfide	120～150	300～340
PAI	聚酰胺-酰亚胺 polyamide-imide	200～205	305～370
PAS	聚硫酸铝 polyaluminum sulfate	120～155	340～370
PES	聚醚矾 polyether-alum	140～160	340～380
PETG	改性聚酯 PET(copolymer)	10～30	220～280
PET 纤维	聚酯纤维 polyester	40～100	230～260
PSU	聚砜 polysulfone	100～170	310～400
PPE	聚苯醚	60～105	240～320
PET+30%GF	聚对苯二甲酸乙二醇酯+30%玻璃纤维	95～150	265～305
PBT+30%GF	聚对苯二甲酸丁二醇酯+30%玻璃纤维	40～100	220～250
PA66+30%GF	聚酰胺 66+30%玻璃纤维	80～90	250～290

⑧ 喷嘴温度设定得比机筒最高温度稍低，因为熔体通过喷嘴时，剪切速率使熔体温度进一步升高，同时为防止熔融塑料流延，通常喷嘴温度比机筒最高温度低 5～10℃。喷嘴温

度也不能太低，否则会造成注射压力增大，影响熔料流动，产生质量问题。如使用加长喷嘴，应使用同长喷嘴相匹配的加热圈以防喷嘴冷料堵塞。

2. 模具温度

模具温度（模温）是指模具型腔和型芯的表面温度，直接影响熔体的充模和制品的冷却，是决定成型周期和制品质量的主要因素之一。

模具温度的选择取决于物料性质，制品的大小、形状及模具结构等。对于无定型塑料，模具温度主要影响熔体黏度（流动性），如果物料的熔体黏度较低（如 PS），则可选择较低的模温，以提高生产效率；如果物料的熔体黏度较高（如 PC），则应采用较高的模温，以满足充模需要。对于结晶型塑料，模温高时，产品冷却时间长，结晶度高，制品硬度大，强度高，但收缩率大；模温低时，产品冷却时间短，结晶度低，制品柔软，挠曲性好。

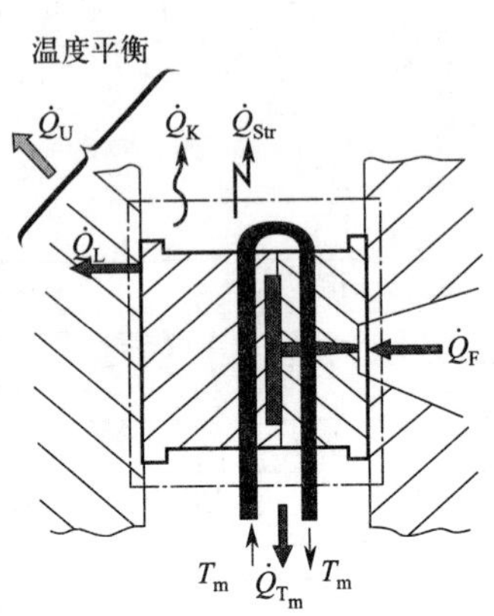

图 2-2　模具温度平衡图

对尺寸精度要求较高的制件，应选择较低的模温，以利于控制收缩率；对表面光泽度要求高或又薄又复杂的制件，则应选择较高的模温，以利于充模；对于厚壁制件，应选择较高的模温，如果模温偏低，制件内外层温差大，有可能造成凹陷、空隙、内应力大等质量问题。

注塑过程中的模具温度平衡可参照图 2-2 所示。

$$Q_F = Q_{T_m} + Q_U + Q_L$$

式中　Q_F——熔体带入模腔的热量；

Q_{T_m}——冷却剂带走的热量；

Q_U——辐射到空气中的热量；

Q_L——传递到设备模板的热量。

3. 熔料温度

熔料温度是塑料塑化达到的实际温度，一般是指在稳定生产时开始注射时的熔料温度。熔料温度与机筒设定温度、螺杆转速、背压、储料量和注塑周期有关。熔料温度可在喷嘴处测量或对空喷射法来测量。如果没有加工某一特定级别塑料的经验，可以根据塑料物性表中推荐的加工温度从中间值开始设定机筒温度。熔料温度可通过以下步骤测量。

① 根据材料物性表的推荐设定机筒各段的温度、螺杆转速和背压，一般设定在推荐范围的中间值。

② 注塑机启动升温，熔料升温所需的能量大部分来自螺杆转动带来的剪切效应，少部分来自机筒的加热圈。

③ 注塑机升温结束后，至少生产 10～20 模，使注塑机达到稳定状态。

④ 注塑机转入手动模式，在喷嘴前端安装接料盘，在接料盘下面放置一个隔热垫，用来接住排出的熔料。

⑤ 准备好隔热手套和温度计。

⑥ 手动控制螺杆前进，射出机筒中的熔料，并用垫子接住。

⑦ 迅速将温度计探针插入熔料，使熔料和插针充分接触。

⑧ 读取温度计的最高温度。

⑨ 记录最高温度，即熔料实际的温度。

4. 液压油温度

液压油温度指的是注塑机液压系统中液压油的温度。通过调节液压油冷却器的冷却水量，可以控制油温的变化；对液压注塑机来说，设备油温参数范围为 20～60℃，在正常生产时一般油温控制在 45～55℃。

温度会影响注塑机液压油的黏度，液压油黏度变化影响液压系统的稳定性。如果油温过高，油的黏度降低，使液压系统产生气泡，增加泄油量，导致系统压力和流量的波动。油温过低，油的黏度大，流动性差，阻力大，工作效率低。注塑系统压力和流量的波动会使注射压力和注射速率产生波动，造成注射过程的不稳定，最终将影响产品质量。所以，调试注塑工艺时，应确认液压油温在工艺范围内。

二、压力控制

1. 注射压力

注射压力是指注射时在螺杆头部（计量室）的熔体压力。注射压力的作用是克服熔体从机筒流向型腔的阻力，给予熔体一定的充模速率并对熔体进行压实。注射压力可以通过喷嘴或液压线路上的传感器来测量。它没有固定的数值，模具填充越困难，注射压力越大。

正确设定的注射压力代表了注射过程中压力的上限值，一般大于实际注射压力的 20%～30%才能达到和维持所设定的注射速度，见图 2-3。如果预设的注射压力限定过于精确，就无法根据设置的注射速度进行准确而迅速的调节，如果预设的注射压力不能满足设定的注射速度，实际注射速度和设定的注射速度就会产生较大的偏差。注射压力过低会导致熔体不能充满模腔。

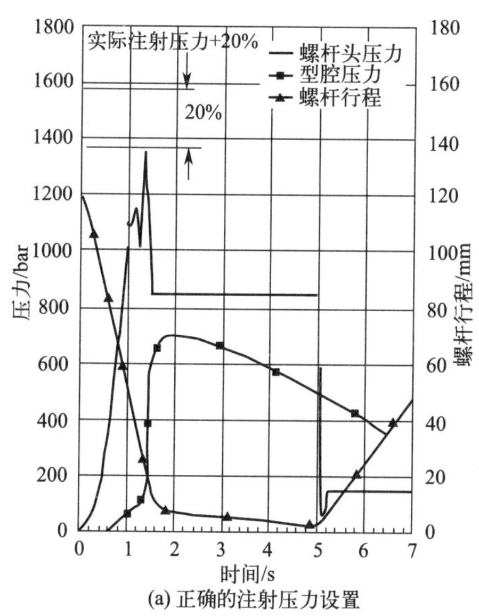

(a) 正确的注射压力设置

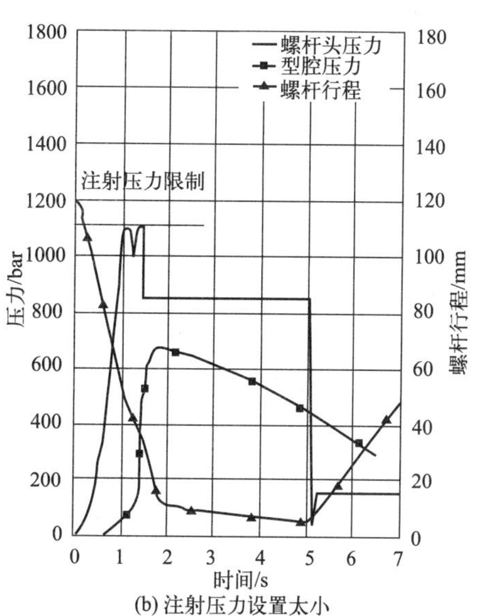

(b) 注射压力设置太小

图 2-3　注射压力设置

（1bar=0.1MPa）

2. 保压压力

保压是指在注塑过程中，当模具型腔快要充满时，注塑机螺杆的运动从流动速率控制转换到压力控制。在保压阶段模腔中的塑料熔体被压实。一般而言，模腔充满后有8%～12%的模腔体积的塑料熔体需要通过保压压实到模腔之中。

保压压力对注塑成型制品的品质有很大影响。保压压力不足时会造成制品凹陷、气泡、收缩过大等缺陷；保压压力过大时会出现过度充填、浇口附近应力过大、脱模困难等问题。

最佳的保压压力是既不产生短射、缩水缺陷，又没有残余应力。为改善制品的质量，一般采用分段保压压力控制，保压压力设定方式主要有以下三种。

（1）逐段下降的保压压力

可以避免过度保压，减少浇口附近与流动末端的密度差，并可减少残余应力，避免变形。

（2）先低后高的保压压力

第一段用较低的保压压力，可防止毛边产生；第二段用较高的保压压力，在表层已固化时，可提高保压压力补偿收缩，避免表面凹陷。

（3）先低后高再低的三段保压压力

这种设定方式结合了前两种方式的优点，在防止飞边的同时，也可以最大限度地减小残余应力。

3. 背压

背压是指塑料塑化过程中螺杆后退运动所要受到的压力，又称塑化压力，等同于螺杆在塑化时计量室中的压力。背压是注塑成型工艺中控制熔料质量的重要参数之一，合适的背压对于提高产品质量有着重要的作用。

（1）背压的主要作用

① 背压使熔料在预塑过程经过较长时间的剪切与搅拌被推到螺杆前端，熔料质量均一。

② 背压压力使得机筒中熔料愈往前端压力愈高，有利于熔料中气体的排除。

③ 熔料在承受一定压力向前推送时，背压有利于螺杆螺槽中各部位的塑料不停顿地向前移动，避免机筒内出现局部滞料。

④ 在对螺杆和机筒进行清洗时，将背压压力调高，可以快速高效地清洗螺杆。

⑤ 均匀混合添加剂（例如色粉、色母粒、防静电剂、滑石粉等）和熔料。

⑥ 提供均匀稳定的塑化材料，保证成品重量的精确控制。

（2）背压设定的原则

背压的高低对塑化效果有较大影响，提高背压有助于螺槽中物料的压实、提高剪切效果、排走熔料中的气体。背压的增大使螺杆回退阻力增加，回退速度减慢，延长了物料在机筒中的热历程，使物料塑化质量得到改善，多数情况下背压都不能超过注塑机注塑压力（最高定额）的20%。

4. 锁模力

锁模力是指注塑时为克服型腔内熔体对模具的张开力，注塑机施加给模具的锁紧力。熔料以高压注入模内时会产生一个撑模的力量，因此注塑机的锁模单元必须提供足够的“锁模力”使模具不至于被撑开。

锁模力是注塑机的重要参数，锁模力与注射量一样，在一定程度上反映了机器加工制品能力的大小，是经常用来作为表示机器规格的主要参数。

（1）计算锁模力的两个重要因素——投影面积和模腔压力

投影面积（S）是沿着模具开合方向所看到的型腔最大面积，可以根据制品的尺寸计算出来。模腔压力受以下因素影响：①浇口的数目和位置；②浇口的尺寸；③制品的壁厚；④使用塑料的黏度特性；⑤注射速度。

（2）锁模力计算方法

① 根据注塑制品的垂直投影面积，可以用下面的方法来计算锁模力 P：

$$P=K_pS$$

式中　P——锁模力，tf（1tf=1000kgf=9.8×1000N）；

S——制品在模板的垂直投影面积，cm^2；

K_p——锁模力常数，tf/cm^2，常用塑料 K_p 见表 2-2。

表 2-2　常用塑料 K_p 值　　单位：tf/cm^2

塑料名称	K_p	塑料名称	K_p
PS	0.32	尼龙	0.64～0.72
PE	0.32	POM	0.64～0.72
PP	0.32	其他工程塑料	0.64～0.8
ABS	0.30～0.48		

举例说明：

设某一塑料制品开模方向上的投影面积为 $410cm^2$，产品材料为 PE，计算需要的锁模力。

由以上公式计算如下：

$$P=K_pS=0.32\times410=131.2(tf)$$

这个产品要选用 140～160tf 锁模力的注塑机生产。

② 另一种粗略计算锁模力的方法：

$$P\geqslant KFS$$

式中　P——模腔平均压力，kgf/cm^2（$1kgf/cm^2=98.0665kPa$）；

F——实际锁模力，kgf；

S——制品在分型面上的投影面积，cm^2；

K——安全系数，一般取 1.1～1.6。

型腔压力等级有以下几种：

精密品 $550\sim700kg/cm^2$；

普通品 $350\sim500kg/cm^2$；

低质品 $250\sim300kg/cm^2$。

上面的例子，按普通品计，安全系数取 1.1，型腔压力取 $350kgf/cm^2$，则锁模力由以上公式计算如下：

$$P\geqslant kFS=1.1\times350\times410=157850(kgf)=157.85(tf)$$

三、时间控制

注塑生产周期（CT）包括合模、注射、保压、产品冷却、开模和产品顶出时间，特殊情况下如使用喷嘴前进、后退程序，还需要加上喷嘴前进时间，见图 2-4。

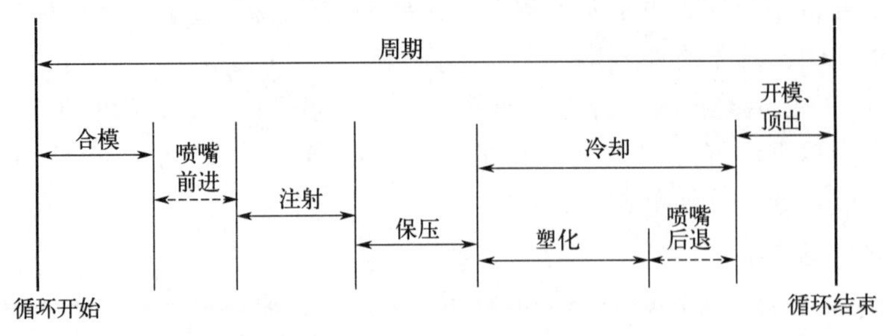

图 2-4　注塑生产周期（CT）

1. 注射时间

注射时间是塑料熔体充满型腔所需要的时间。实际生产中注射时间从注射开始到充满型腔 90%～98%转保压前计为注射时间。注射时间与塑料的流动性、制品的几何尺寸和形状、模具浇注系统形式、注射速度、注射压力以及其他工艺条件有关，一般制品的注射时间为 3～10s。

2. 保压时间

在塑料注塑成型时，被注入型腔的熔体会因为冷却而收缩，因此螺杆要继续缓慢地向前移动，使机筒中的熔体继续注入型腔，以补充制品收缩的需要，以上过程被称为保压。塑料熔体充满型腔后对模内熔料继续保持一定压力，实施补缩和防止倒流所用的时间称为保压时间。

选择恰当的保压时间和保压压力，可以有效地防止产品收缩，产品质量也比较稳定。通过保压可以调整产品尺寸，防止出现熔接线、凹陷、飞边和翘曲变形等缺陷。

在保压阶段熔体的温度降低，黏度增加，此时的压力作用迫使塑料分子取向，导致制品内部冻结较多的分子取向，形成残余应力，因此合适的保压时间有利于取向应力的降低。通常选取的保压时间范围为 2～20s。

3. 冷却时间

冷却时间是指保压时间结束后到模具开启时为止的时间。冷却时间设定要保证产品在模具内充分冷却，产品顶出取件坚固不变形。合适的冷却时间应该使制品温度降到热变形温度以下，使型腔内的压力降到某极限值。冷却时间是成型周期中最长的时间，缩短冷却时间可以降低成本。冷却时间的设定要考虑以下因素。

① 当注射压力、保压压力、熔体温度高，浇口尺寸较大时，必须延长冷却时间，使开模前型腔内的残余应力降低，有利于脱模。

② 冷却时间设定太长，成型周期变长，还可能在制品内部形成负压，使制品内外之间产生拉应力。

③ 冷却时间设定太短，很难将制品顺利从模内顶出，会使模具内取出的制品变形。若强制脱模，制品顶出时会产生很大的应力，以致产品被拉伤，严重时会出现破裂。

④ 实际生产时，要考虑塑化时间长短，通过调整塑化参数，塑化所用时间低于冷却时间。如果塑化的时间比冷却时间长，注塑机只有在塑化完成后才开模，致使成型周期延长。

4. 开合模时间

开合模具时间是整个注塑生产周期的重要部分，特别是对装嵌件的模具。模具开合时间也经常高过整个周期的20%。影响开合模时间的因素有以下几点。

① 模具的开合速度和移动距离，在产品能顺利取出或脱落的情况下，模具打开的距离越短开合模所花的时间越少。

② 模具开合时从高速到低速的转换要平稳。在这个过程中为了减少模具移动时间，应调整好高速和低速开合距离，并优化行程的高速段。

③ 锁模转高压是锁模时间另一个阻延，这个时间可能受到机械磨损和液压阀失效的影响而加长，因此周期性的机械保养，可以使设备保持良好的运行状态。

5. 注塑周期时间

缩短注塑周期时间是提高生产效率、降低生产成本的有效途径，优化注塑成型周期在注塑加工中是一个值得关注的问题，下面介绍优化注塑周期时间的办法。

（1）开合模时间的优化

注塑周期时间的一个循环是从合模开始到下一次合模为止。合模一般分为四个阶段：快速合模、慢速合模、低压保护及高压锁模。开模一般分为三个阶段：慢速—快速—慢速开模，通过优化开合模速度和位置可以减少开合模时间。新设计的注塑机都有再生合模油路（差动合模功能），以获得更高的合模速度。

（2）注射时间的优化

注射在高压锁模完成后开始，可采用多段注射。注射阶段在产品不产生气泡或烧焦等缺陷的情况下，可使用高的注射速度。

（3）保压时间的优化

保压在注射完成后开始，一般保压压力低于注射压力，保压主要起到补缩的作用，填充熔料冷却时的收缩，使成品脱模时饱满（没有凹痕），当流道凝固后，再保压已没有作用，保压即可终止。

保压可分为多段，每段的保压压力不同（一般是逐段递减），以时间划分每段保压的长短。总的保压时间可通过产品的重量或成品有没有凹痕来确定。设定保压时间从短的时间开始，每注塑一次都增加一点保压时间，直至成品重量不再增加或凹痕程度可接受时，保压时间便不用再增加。

（4）冷却时间的优化

冷却时间是从保压完成到开模开始的时间，设置冷却时间的目的是使产品继续冷却定型，到取件时不会因顶出而变形，应该说，冷却时间是从实验中得出来的。从长的冷却时间开始调整，每注塑一次都减少一点，直至取件顶出时产品刚好不变形为止，冷却时间便不用再减少。

（5）储料时间的优化

在冷却时间开始时，储料同时进行。如果储料时间比冷却时间长，则显示螺杆的塑化能力不足，影响生产周期。可采取提高塑化能力来缩短周期的办法，缩短储料时间可以采用以下办法：

① 屏障式螺杆可增加塑化能力；

② 采用大直径（C）螺杆可增加塑化能力；

③ 加大螺杆的槽深可增加塑化能力；

④ 加大螺杆的转速可增加塑化能力（某些对剪切敏感的塑料如 PVC、PET 等则不能用此法）；

⑤ 在保证产品质量的前提下，尽可能降低背压，也能减少塑化时间；

⑥ 采用油压喷嘴开合模时也能塑化；

⑦ 采用具有周期内除注射及保压时间外都能塑化的设备。

(6) 锁模力的优化

在保证不产生毛边的情况下，采用尽可能低的锁模力，既能缩短高压锁模段所需的时间，又能延长模具、注塑机的拉杆、肘节及模板的使用寿命。

(7) 机筒温度的优化

在保证注塑填充顺利的情况下，使用最低的机筒温度能缩短冷却时间。

(8) 冷却效率的优化

优化模具水路设计，能提高热交换的效率和产品冷却的均匀性，缩短冷却时间。在满足产品质量要求的情况下，使用冰水冷却能缩短冷却时间。

(9) 顶出时间优化

在顶出力不大的小型注塑机上，可采用气动顶出，它比油压顶出的速度快，采用独立的油路、气路或电路控制，可以实现边开模边顶出。多次顶出可采用注塑机的振动顶出，顶针不用每次全退，以缩短多次顶出的时间。

四、塑化参数的设定

1. 计量行程（预塑行程或加料量）

螺杆塑化后退的距离称计量行程或预塑行程。因此，物料在螺杆头部所占有的容积就是螺杆后退所形成的计量容积，也是注射容积（V_i），其计量行程也正是注射行程（S_i）。因此制品所需要的注射量是用计量行程 L 来调整的，螺杆直径为 D_s，则：

$$L = S_i = V_i / (0.785 D_s^2)$$

注射容积与计量行程的大小有关。如果计量行程调节太小会造成注射量不足，如果计量行程调节过大，就会使机筒前部每次注射后余料太多，造成熔体温度不均匀或过热分解。

可用行程开关和位移传感器来检测螺杆的后退距离，并与电脑设定的计量值进行比较，作为控制螺杆后退的终止信号。计量行程重复精度的高低会影响注射量的波动。

2. 余料量（缓冲垫）

螺杆注射完后，留在螺杆头部的熔料称为余料，余料的多少称为余料量。余料量的作用，一方面可防止螺杆头部和喷嘴接触发生机械破损事故；另一方面，可通过此余料垫来控制注射量的重复精度，达到稳定注塑制品质量的目的。如果余料垫过小，达不到缓冲目的；如果过大会使余料累积过多，熔体温度不均匀或过热分解。故一般余料量控制在 1.5～2.5mm。

3. 螺杆转速

塑料塑化所需的热能，一部分来自机筒外的加热装置，一部分来自螺杆的转动带来的剪切热量。螺杆转速显著地影响着塑化时作用在塑料上的热量。转动愈快，温度愈高，虽然螺杆转速可以达到一个很高的数值，但并不表示我们应该使用这样高的转速。正确的做法是按照加工塑料的种类和生产周期的长短来调节螺杆转速。

(1) 螺杆转速的影响

① 当螺杆高速旋转时，传送到塑料的摩擦（剪切）热量和塑化效率提高了，但同时熔料温度的不均匀度也增加了。对产品质量的稳定来说是不利的，因为它可能使熔料发生局部过热现象，采用高螺杆转速能源（电能）的消耗也增大。

② 螺杆转速低时，熔料的温度均匀性好，原因是没有了局部的过热现象，而且从经济角度考虑，产品制造所需的能源减少。

③ 螺杆旋转的重要参数是螺杆表面速度。不同的塑料所容许的最大螺杆表面速度也是不一样（表 2-3），螺杆表面速度的单位是毫米每秒（mm/s）、米每秒（m/s），或是英尺每秒（ft/s）。由于螺杆转速（r/min）和它的表面速度呈线性关系，所以不同的塑料，它们所容许的最大转速亦不相等。

表 2-3 各塑料最佳及最大螺杆表面速度

塑料名称	最佳螺杆表面速度/(mm/s)	最大螺杆表面速度/(mm/s)	塑料名称	最佳螺杆表面速度/(mm/s)	最大螺杆表面速度/(mm/s)
ABS	550	650	丁二烯-苯乙烯(BDS)	700	750
PC/ABS	450	550	PSU	150	250
GPPS	800	950	尼龙 11/12	400	500
高抗冲聚苯乙烯(HIPS)	850	900	尼龙 66	400	500
HIPS(快周期)	950	1000	线性低密度聚乙烯 LLDPE	700	750
LDPE	700	750	PC	400	500
尼龙 6	400	500	PBT	300	350
POM(HO)	100	300	PMMA	350	400
PC/PBT 混合物	350	400	ASA	600	650
PP	750	850	改性聚苯醚(PPO-M)	400	500
PES/PSU	150	250	PEI	400	500
PP/EPDM① 混合物	550	650	PPS	200	300
EVA	500	550	HDPE	750	800
聚醚醚酮(PEEK)	300	400	聚对苯二甲酸类塑料 PETP	250	350
PETG	300	400	POM(CO)	200	500
糊树脂 PVC(PPVC)	150	200	SAN	400	450
硬 PVC(UPVC)	150	200	聚氨酯(TPU/PUR)	250	400

① EPDM 是指乙烯-丙烯-环戊二烯三元共聚物，即三元乙丙橡胶。

表 2-3 中螺杆表面速度数值可以帮助注塑工艺人员判断生产质量问题是否源自螺杆转速。事实上很多注塑工艺人员在注塑机调试时忽略了螺杆转速的控制，直至塑料发生了热降解现象（塑料的热降解现象可从产品的缺陷得知），才想起调低螺杆转速。

(2) 螺杆转速的计算

实际生产中，大型注塑机的螺杆转速较小型注塑机的慢，在同等转速下，大螺杆所产生的剪切热能比小螺杆的高很多。在理论上可以用下面的公式表示螺杆表面速度（mm/s）同螺杆直径（mm）和螺杆转速（r/min）的关系：

$$螺杆表面速度=螺杆直径\times螺杆转速\times0.0524$$

式中 0.0524——关于 mm 和 r/min 的转换常数。

4. 螺杆复位

螺杆复位是指塑化过程完成后，螺杆向后移动至原先未注射时的位置。螺杆的复位精确度非常重要。决定了在下一周期螺杆向前推动的实际距离（注射行程），影响着其后的注射时间、螺杆垫料的长度以及注塑制件的重量。当保压转换的模式是由行程决定时，螺杆复位的精度愈不准确，生产过程的不稳定性愈大。

螺杆复位变化通常都是由于螺杆在退后时越过设定的计量位置。理想的螺杆退后位置应停在所设定的计量位置，实际生产时螺杆往往退得靠后一点，向后越过了计量位置，导致在螺杆前端的熔料容积发生变化。螺杆的直径愈大，螺杆的越位程度愈需要控制，合理的越位距离范围控制在 0.4mm 以内，最好是控制在 0.2mm 以内。

（1）如何控制螺杆复位时的精度

在塑化时螺杆转速采用快/慢的双速方法，螺杆的退后越位程度会大为降低，塑化过程复位精度也可以稳定下来。首先，参照塑料的最大螺杆表面速度（表 2-3），从较低的最佳螺杆表面速度开始，先选用最佳速度作为第一速度，在剩余 15%的塑化行程时选用较慢的第二速度。第二速度大约是最佳速度的 60%～70%，第二速度的选定使塑化过程在冷却时间 1～2s 前完成。倘若这样的快/慢速度不能使塑化动作在冷却时间前完成，则需要增大螺杆的第一段塑化速度，以使螺杆塑化动作在冷却时间结束前完成（包括射退动作）。

（2）螺杆射退的速度和距离

为了防止由于机筒内压力过大而使熔料从喷嘴流出（流涎），一般会使用射退（又叫松退、倒索、抽胶）功能，使螺杆主动向后退一定的距离（一般几个毫米即可）来卸掉一部分压力。塑化前射退指在储料开始前进行射退动作，来卸掉注射、保压在机筒前端积聚的压力；塑化后射退指在储料结束后进行射退动作，来卸掉熔料产生的部分压力。

在注塑过程中，射退的作用，最初是为了防止喷嘴漏料或溢料，随着注塑生产精度和产品质量的提高，通过控制射退的速度和距离，螺杆稳定地复位到一定的位置，对生产过程的稳定性起到很大的作用。

对液压式注塑机来说，螺杆射退是液压油缸把螺杆向后拉动一段预先设定的距离，对全电动式的注塑机来说，螺杆的后缩动作则是交流（AC）伺服电机的反转。螺杆后退的速度是可以设定的，后退的速度愈快，后退距离的可控程度愈差。

假使螺杆是以一个受控制的和较慢的速度向后退，则螺杆前端的止逆环可以在每一注塑周期回复到同一位置，减少螺杆垫料长度的变化。螺杆后缩的距离根据螺杆的直径和止逆环的设计移动范围。典型的数值是 4～10mm。注射速度要求很高的产品，螺杆复位和距离可以是 12～18mm。某些塑料（例如聚烯烃）常常需要很长的螺杆复位距离以保证止逆环能够回复至同一位置。

设定最佳螺杆复位距离，首先需要知道止逆环实际的移动范围，不同的注塑机有着不同的止逆环设计。其次还需要知道螺杆后退时的越位距离，正确的螺杆复位距离便是止逆环的移动距离以及螺杆越位距离之和再加上 0.5mm。

计算办法如下：

假如，储料所设定的螺杆位置为 85mm，螺杆实际停止位置为 86.2mm，即是螺杆越位距离为 1.2mm，止逆环移动距离为 4.5mm，则螺杆复位应选定的距离＝86.2mm＋4.5mm＋0.5mm＝91.2mm。

注塑工艺人员设定螺杆的射退位置时，通常只是随便地把储料的设定位置加上 3mm，不考虑螺杆发生的越位现象，这样会造成螺杆射退位置每次变化超过 0.4mm，影响螺杆余料量（料垫）的变化也会超过 0.4mm。

5. 注塑背压

当螺杆在转动时，遇热熔化的塑料被推向前，经过止逆环（过胶圈、介子）内间隙到达螺杆前面的储料室。随着熔料不断地推送向前，在这区域便产生了压力，并作用在螺杆和止逆环上，把它们向后推，以便有更多的空间容纳更多的熔料。液压注塑机螺杆退后，使相连接的注射油缸的活塞退后，油缸后室的液压油便经由油管回流至注塑机的油箱。当控制液压油回流的速度时，油缸的后室将产生一个影响螺杆退后的阻力，这个阻力称之为背压。回流压力油的速度限制愈大，油缸的后室内所产生的阻力愈大，也就是背压愈大，见图 2-5。

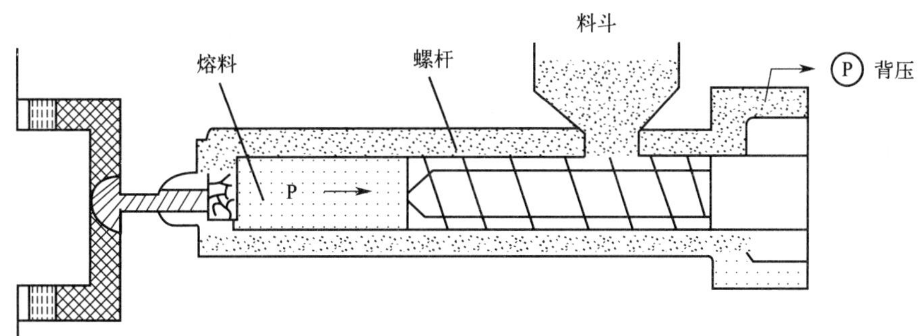

图 2-5 油路背压示意图

液压注塑机在储料过程时背压的调校十分容易，可以在不同的螺杆位置设定不同背压数值；对全电动的注塑机来说，背压的控制比较复杂，螺杆旋转时背压的设定（经由负载装置或转换器）在压力轴承上产生了阻力。此阻力的数值是伺服电机回转速度的函数，背压数值愈高，阻力愈大。对全电动注塑机来说，背压可称为阻力感应背压。

（1）背压的调校

注塑背压的调校应视原料的性能、干燥情况、产品结构及质量状况而定，正常生产时，背压一般设定在 3～15kgf/cm^2。当产品表面有少许气花、混色、缩水及产品尺寸、重量变化大时，可适当增加背压。过高的背压，易出现下列问题：

① 机筒前端的熔料压力太高、料温高、黏度下降，熔料在螺杆槽中的逆流和机筒与螺杆间隙的漏流量增大，会降低塑化效率（单位时间内塑化的料量）；

② 对于热稳定性差的塑料（如 PVC、POM 等）或着色剂，因熔料的温度升高，在机筒中受热时间增长而造成热分解，或着色剂变色程度增大，会使制品表面颜色/光泽变差；

③ 背压过高，螺杆后退慢，预塑回料时间长，会增加周期时间，导致生产效率下降；

④ 背压高，熔料压力高，喷嘴熔料流入模具流道内，注塑生产时会堵塞喷嘴或使产品中出现冷料斑；

⑤ 在预塑过程中，因背压过大，喷嘴处出现漏料，会造成原料浪费和喷嘴附近的发热圈烧坏；

⑥ 背压大，螺杆和机筒机械磨损会增大。

当喷嘴出现漏料、流涎、熔料过热分解、产品变色及回料太慢时可适当减低背压。背压太低时，易出现下列问题：

① 背压太低时，螺杆后退过快，流入机筒前端的熔料密度小（较松散），夹入空气多；

② 背压太低会导致塑化质量差、注射量不稳定，产品重量、制品尺寸变化大；

③ 制品表面会出现缩水、气花、冷料纹、光泽不匀等不良现象；

④ 产品内部易出现气泡，产品周边及筋位易缺料。

（2）多级背压的应用

关于螺杆塑化的有效长度，由于螺杆在储料阶段是一边旋转一边后退，螺杆从端部至进料口处的长度在储料刚开始和结束时是不一样的。储料刚开始时的螺杆长度最长，在储料完毕时最短。不同时间进入螺杆螺槽的塑料，经过螺杆的长度不同，所受到的剪切能量也不一样。这种不同引起储料室中熔料温度（即黏度）的不均匀，进而影响注塑时产品品质的不稳定。

螺杆行程越长，螺杆的塑化有效长度变化越大，所产生的不稳定作用也越大。如果在储料进行时，在不同的螺杆后退位置使用不同的和递增的背压值，则可以有效降低上述现象所引起的熔料温度差异，使生产过程更加稳定。以下设定螺杆参数的方法可供参考。

在储料行程最后的10%～15%增高背压和降低螺杆转速，控制螺杆的越位距离在0.2～0.4mm，要实现螺杆的转速和背压的最佳搭配，需要经过试验才可以获得。例如：

① 螺杆开始时以最佳的表面速度转动，熔料背压的数值是5～7bar（1bar＝0.1MPa），塑料的最佳螺杆表面速度可从表2-3查知；

② 在螺杆储料行程完成25%和60%时，熔料背压分别提升至10bar和12bar；螺杆的转速不变，以减少不同螺杆有效长度所引起的变化；

③ 在螺杆储料行程完成85%时，熔料背压再提升至15bar，螺杆转速减半，以便降低螺杆越位程度；

④ 螺杆停止转动时，把螺杆射退5mm。

第三节 最佳注塑成型工艺参数设定

一、注塑成型工艺参数设定的步骤（图2-6）

图2-6 注塑成型工艺参数设定的步骤

二、成型工艺参数设定中各步骤的工作要点

1. 收集材料性能参数

原材料性能参数主要通过塑料供应商提供的物性表、进厂样条测试等获得。进厂性能测试可以根据需要对熔体流动速率、拉伸强度、冲击强度、硬度、阻燃性、杂质等指标进行选择性检验。

2. 初步设定成型参数

① 确认原材料的干燥条件正常（烘干温度、时间）。

② 确认模具温度、机筒温度是否正确适当。

③ 开合模及顶针动作参数设定。

④ 注射压力：先期以 60%～70%来进行设定。

⑤ 保压：先期以 40%来进行设定。

⑥ 射出速度：最高速度 50%设定。

⑦ 螺杆转速：设定中低转速。

⑧ 背压：设定约 $7kgf/cm^2$，查看熔料状态。

⑨ 射出时间：按短射状态进行设定，不可过长。

⑩ 冷却时间：先期较长，逐渐减短。

⑪ 保压切换位置：产品填充 95%的状态。

⑫ 计量及射退行程设定：根据产品重量及流涎状态设定，见图 2-7。

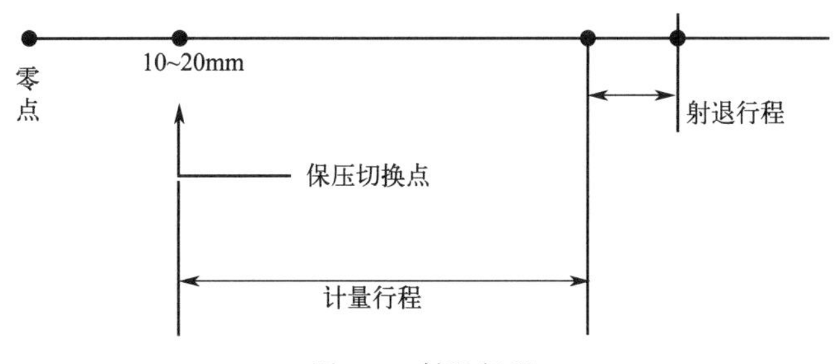

图 2-7　射退行程

3. 生产调试

① 启动设备，空转 3～5min。低速试运行。

② 观察设备锁模高、低压位置、模具运行状况，顶出/抽芯运行情况，调整锁模力。

③ 确认材料烘干、机筒温度、模具温度达到工艺要求。

④ 待设备冷间启动（螺杆保护）消除，进行螺杆清洗。

⑤ 按初步设定的工艺参数，启动半自动生产调试。

⑥ 观看产品的成型状态，注意冷却时间是否能让产品完全固化。

⑦ 开模顶出产品，观察取出是否顺利，产品有无拖伤、拉裂、变形等缺陷。

4. 确定适宜工艺参数

① 适宜工艺参数是指既能满足产品质量要求，又具有较高生产效率的参数。

② 工艺参数包括：温度、锁模力参数、开合模参数、顶出参数、抽芯参数、注射参数、保压切换方式、冷却时间、塑化参数。

③ 温度的设定主要包括机筒温度、模具温度、液压油温度，机筒温度一般高于物料的熔融温度，低于其分解温度。为了提高生产效率，在满足制品外观质量的前提下，温度设定应尽可能偏低，注射出的熔体温度高于熔融温度 20℃左右即可。

④ 锁模力对成型高精度的产品、保护模具、延长模具寿命、降低模具及设备维修成本十分重要。锁模力与产品投影面积和材料种类相关，实际的锁模力参照模流分析提供的锁模力数值。

⑤ 开合模行程要求取件空间充足，速度要适宜，平稳无震动。顶出速度、压力、行程符合制品取件要求。抽芯到位，稳定可靠。

⑥ 注射速度、压力、时间优化方式。

注射速度优化要领：在保压切换前 10mm 左右将注射速度设定为下一段速度，然后将前一段速度上下调整，找出发生缺料及毛边的速度，找到其中一个点作为最适当的注射速度，见图 2-8。同时记录不同注射速度下的充填时间与产品重量，利用充填速度的图表找到最适当的注射速度，见图 2-9。

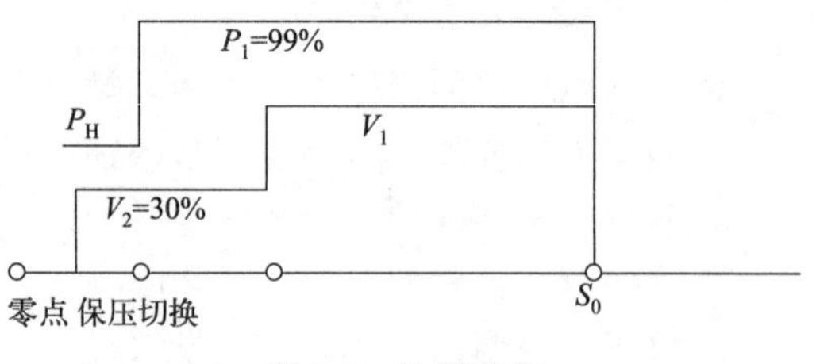

图 2-8 注射速度

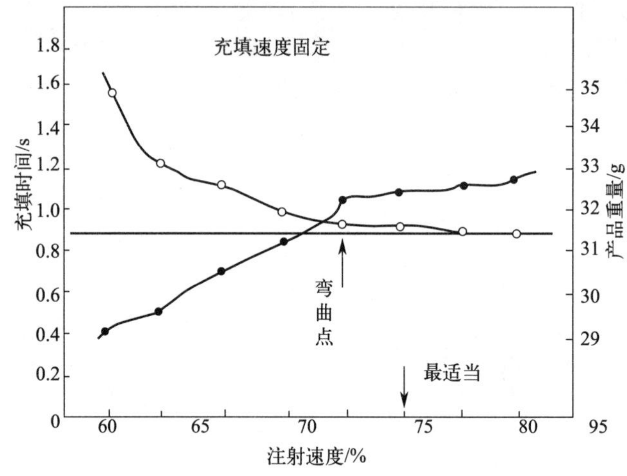

图 2-9 不同注射速度下的充填时间与产品重量

注射压力优化要领：将射出压力由 99%逐渐降低，记录充填时间；产品状态最接近 99%压力时的较低压力为最终压力（注射压力峰值+20%）。

注射、保压时间优化要领：射出时间刚好满足产品 95%的状态时，保压切换后保压时间逐渐增加，直到产品重量变化逐渐稳定为止，见图 2-10。

⑦ 保压切换方式可以根据工艺需要选择位置、压力、时间切换方式。

保压参数的优化要领：上下调整保压，找出发生毛边和缩水的压力，以其中间值为最适当，见图 2-11。

⑧ 根据工艺要求选择冷却介质、方式和冷却时间。

冷却时间优化要领：降低冷却时间，直到下列条件满足为止，成品被顶出、夹出、修整，包装不会白化或变形。

⑨ 塑化参数的设定，包括塑化压力、螺杆转速的选择。

螺杆射退（抽胶）距离。塑化背压的设定，要考虑成型材料的特性。塑化参数优化要领参照下列原则：

a. 背压设为：5～15kgf/m^2，不产生银丝，熔料不发生过热。

b. 调整螺杆转速，使计量时间稍短于冷却时间。

c. 射退行程以喷嘴不流涎、流道不拉丝、不粘模及成品不产生气痕为原则。

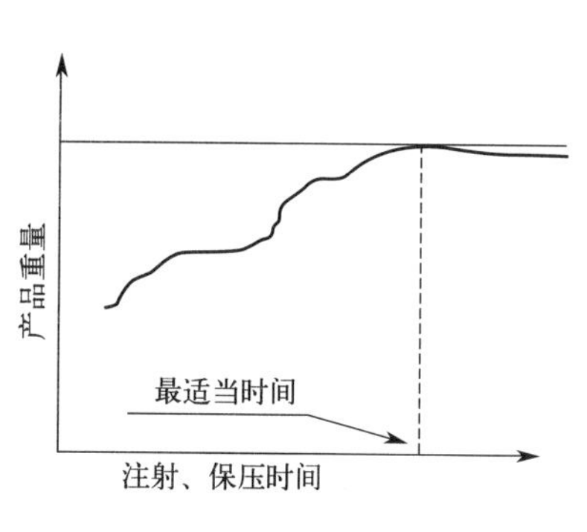

图 2-10　注射、保压时间

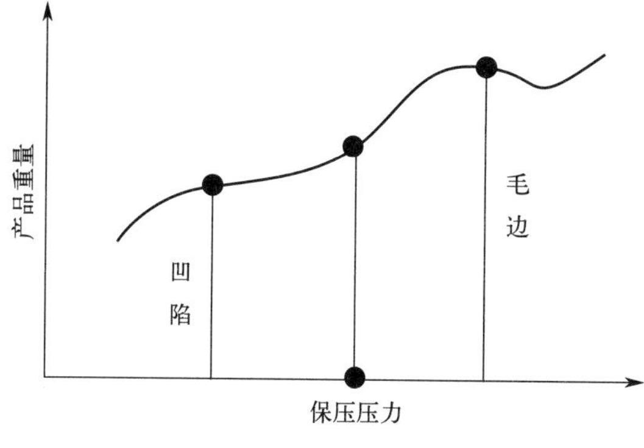

图 2-11　最佳保压压力

⑩ 多段充填速度及多段保压的应用。

a. 多段速度：配合短射试验对应成品外观缺陷位置来设定。

b. 多段保压：多数产品保压压力的设定以递减为原则，即第二段保压压力低于第一段保压压力，保压压力的大小根据产品尺寸、外观、缩水接受程度等确定。

5. 做好生产记录

生产记录包括试模记录、生产工艺记录、首件产品检验记录等。生产中除了要注重产品的外观质量，还要注重产品的尺寸及质量变化情况。

产品的外观质量问题主要包括：缺料（欠注）、飞边（披锋）、缩痕、变色、暗纹、熔接痕、银丝、分层（起皮）、流痕（水波纹）、喷射纹（蛇行纹）、变形（翘曲）、光洁度差、龟裂、气泡（空洞）、透明度差、白化等。

产品的尺寸重点是控制关键尺寸（配合尺寸），因为塑料件往往经过 24h，甚至更长时间尺寸才基本稳定，为防止检验滞后，生产过程中产品尺寸检验需要根据检验频次进行转化，记录检验频次下产品状态的尺寸。同时对产品进行称重也是一种控制尺寸快速有效的方法，目前已被广泛采用。

6. 持续改进

生产过程中当连续出现两件废品时，要及时通知工艺人员处理，对影响因素进行分析记录，纳入工艺管控和生产操作要领中。

制定相应产品缺陷的反应模式，再发生相同问题可以按原来的方案进行处理，提高反应速度，节省处理时间，反应模式范例见表 2-4。

表 2-4　反应模式

<table>
<tr><td colspan="3">反应模式</td></tr>
<tr><td>产品名称</td><td>设备：</td><td>缺陷类型：</td></tr>
<tr><td colspan="2">1. 对照工艺卡检查设备机筒温度是否在范围内？</td><td></td></tr>
<tr><td>□是</td><td>□否，调整到范围内</td><td></td></tr>
<tr><td colspan="2">2. 对照工艺卡检查模具浇口温度是否在范围内？</td><td></td></tr>
<tr><td>□是</td><td>□否，调整到范围内</td><td></td></tr>
<tr><td colspan="2">3. 对照工艺卡检查热流道温度是否在范围内？</td><td></td></tr>
<tr><td>□是</td><td>□否，调整到范围内</td><td></td></tr>
<tr><td colspan="2">4. 对照工艺卡检查保压压力是否在范围内？</td><td></td></tr>
<tr><td>□是</td><td>□否，调整到范围内</td><td></td></tr>
</table>

续表

反应模式		
产品名称	设备：	缺陷类型：
5. 对照工艺卡检查保压时间是否在范围内？		
□是	□否，调整到范围内	

操作要领主要是制定规范，指导操作人员按要求进行产品自检、加工、包装、交接班等，明确管理要求，减少操作原因引起的停机。

7. 工艺文件受控

经过确认适宜的工艺参数和操作规范，编制成正式工艺文件（工艺卡、作业指导书），经审批受控下发生产现场。

第三章
注塑件缺陷形成原因与改善对策

第一节　注塑件质量评价与缺陷整改思路

对塑料制品质量的评价主要有三个方面：第一是外观质量，包括完整性、颜色、光泽等；第二是尺寸和相对位置间的准确性；第三是与用途相应的力学性能、化学性能、电性能等。根据制品使用场合的不同，质量要求的标准也不同。

生产实践证明，注塑制品的缺陷产生主要在于产品设计或模具设计、制造精度和磨损程度等方面，在产品出现缺陷时应首先分析模具设计或产品设计上的合理性，从根本上解决问题。如果在模具设计或产品设计上不能进行整改，需要用工艺调试来解决，在调试工艺时最好一次只改变一个条件，多观察几次。如果压力、温度、时间一起调，容易造成混乱和误解，不清楚是哪个参数在起作用。

调整工艺改善产品缺陷的措施、手段是多方面的。例如，解决产品缺料的问题就有十多个可能的途径，要选择出解决问题症结的一两个主要方案，才能真正解决问题。此外，针对具体的产品缺陷在工艺调试中也要辩证处理。比如，制品出现了凹陷，有时要提高料温，有时要降低料温；有时要增加料量，有时要减少料量。解决注塑产品质量问题，实质上更期望我们以科学的态度、数据的支撑建立起稳定的工艺参数，用系统的方法去分析问题和解决问题。

第二节　常见的注塑产品缺陷形成原因和改善对策

一、翘曲变形

翘曲变形是注塑件未按照设计的形状成型，发生表面的扭曲。注塑件翘曲变形归因于注塑件的不均匀收缩。假如整个注塑件有均匀的收缩率，注塑件就不会翘曲，而仅仅会缩小尺寸；由于分子链/纤维配向性、模具冷却、注塑件设计、模具设计及成型条件等诸多因素的影响，要达到低收缩或均匀收缩是一件非常复杂的事情。翘曲变形是塑料制品常见的缺陷之一。

1. 模具设计的影响

在模具设计方面，影响注塑件变形的因素主要有浇注系统、冷却系统与顶出系统等。

（1）浇注系统

① 注塑模具浇口的位置、形式和数量将影响塑料在模具型腔内的填充状态。流动距离越长，由冻结层与中心流动层之间流动和补缩引起的内应力越大；反之，流动距离越短，从浇口到制件流动末端的流动时间越短，充模时冻结层厚度变薄，内应力降低，翘曲变形也会

因此大幅减少。

② 一些平板形注塑件，如果只使用一个中心浇口，因直径方向上的收缩率大于圆周方向上的收缩率，成型后的注塑件会产生扭曲变形；若改用多个点浇口或薄膜型浇口，则可有效地防止翘曲变形。

③ 对于长条形注塑件，将浇口位置设在端部，熔料顺着长度方向流动，可改善浇口设计在中部产生的变形。

④ 当采用点浇口时，同样由于注塑料收缩的异向性，浇口的位置、数量都对注塑件的变形程度有很大的影响。另外，多浇口的使用还能使塑料的流动比（L/t）缩短，从而使模腔内熔体密度更均匀，收缩更均匀，见图 3-1。

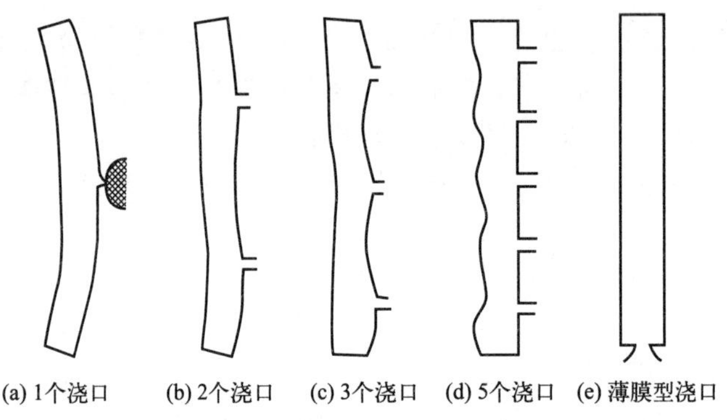

图 3-1　平板形注塑件不同浇口形式的翘曲变形

⑤ 对环形制品，由于浇口形式不同，最终产品的圆度也受影响，见图 3-2。同时，整个模腔能在较小的注塑压力下充满。而较小的注射压力可减少塑料的分子取向，降低其内应力，因而可减少注塑件的变形。

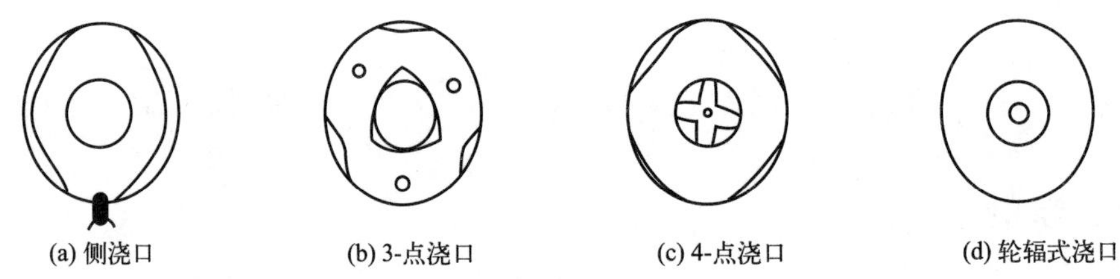

图 3-2　环形制品中不同浇口形式对最终产品圆度的影响

（2）冷却系统

① 注塑件冷却速度的不均匀也将形成注塑件收缩的不均匀，这种收缩差别导致弯曲力矩的产生而使注塑件发生翘曲。如果在成型平板形塑件（如手机电池壳）时所用的模具型腔、型芯的温度相差过大，贴近冷模腔面的熔体很快冷却下来，而贴近热模腔面的料层则会继续收缩，收缩不均匀将使塑件翘曲。应保持注塑件各侧的温度一致，即模具冷却时要尽量保持型腔、型芯各处温度均匀一致，使注塑件各处的冷却速度均衡（可考虑使用两个模温机），从而使各处的收缩更趋均匀，有效地防止变形的产生。

② 模具上冷却水孔的布置至关重要，包括冷却水孔直径 d_1、水孔间距 b、管壁至型腔表面距离 c 及产品壁厚 w。在管壁至型腔表面距离确定后，只有尽可能使冷却水孔之间的距离较小，才能保证型腔壁的温度均匀一致。见图 3-3。

确定冷却水孔的直径时应注意，无论多大的模具，水孔的直径不能大于 14mm，否则冷却液难以形成乱流状况。一般水孔的直径可根据制品的平均壁厚来确定：平均壁厚为 2mm 时，水孔的直径取 8～10mm；平均壁厚为 2～4mm 时，水孔的直径取 10～12mm；平均壁厚为 4～6mm 时，水孔的直径取 10～14mm。

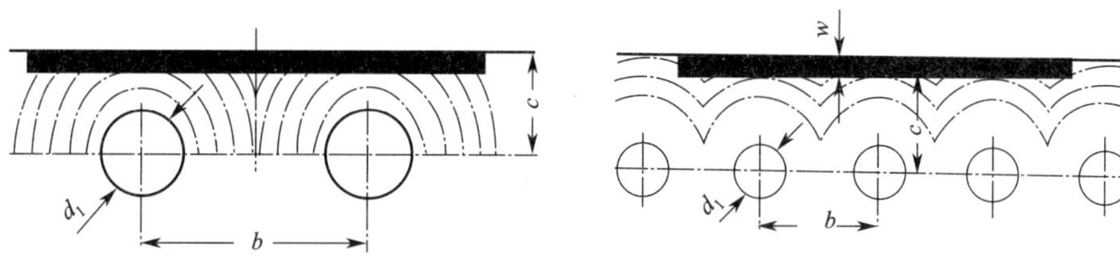

图 3-3　模具上冷却水孔的布置

③ 由于冷却介质的温度随冷却水道长度的增加而上升，使模具的型腔、型芯沿水道产生温差，因此，要求每个冷却回路的水道长度小于 2m。

④ 对于方形塑料件，在模具的四个角位加强冷却效果或镶铍铜（四个角位积热），可减小变形。

⑤ 在大型模具中应设置数条冷却回路，一条回路的进口位于另一条回路的出口附近。对于长条形塑件，应采用直通型水道。

（3）顶出系统

① 顶出系统的设计也直接影响塑件的变形。如果顶出系统布置不平衡，将造成顶出力的不平衡而使注塑件变形。因此，在设计顶出系统时应要求与脱模阻力相平衡。

② 优化脱模效果（将顶针设在筋/骨位），改善注塑件脱模不良引起的变形。

③ 顶出杆的截面积不能太小，以防注塑件单位面积受力过大（尤其在脱模温度较高时）而使注塑件产生变形。

④ 顶杆的布置应尽量靠近脱模阻力大的部位。

⑤ 在不影响塑件质量（包括使用要求、尺寸精度与外观等）的前提下，应尽可能多设顶杆以减少注塑件的总体变形，必要时换顶杆为顶块。

⑥ 用软质塑料（如 TPU）来生产深腔薄壁的注塑件时，由于脱模阻力较大，而材料又较软，如果完全采用单一的机械顶出方式，将使注塑件产生变形，甚至顶穿或产生折叠而造成注塑件报废。改用气（液）压与机械式顶出相结合的方式效果会更好。

⑦ 对于深型腔模具，前、后模加设进气（入气）装置，可改善真空吸附变形。

2. 塑化阶段的影响

塑化阶段即由玻璃态料粒转化为黏流态熔体的过程。在这个过程中，聚合物的温度在轴向、径向（相对螺杆而言）的温差会使塑料产生应力，影响充填时分子的取向程度，进而引起翘曲变形。

3. 充填及冷却阶段的影响

熔融态的塑料充入模具型腔并在型腔内冷却、凝固。在这个过程中，温度、压力、速度三者相互产生耦合作用，对注塑件的质量和生产效率均有极大的影响。较高的注射压力和流速会产生高剪切速率，引起平行于流动方向和垂直于流动方向的分子取向的差异（图 3-4）。产品在模具中冷却也产生“封冻效应”。“封冻效应”将产生封冻应力，形成注塑件的内应力。冷却温度对产品翘曲变形的影响体现在以下几个方面：

① 注塑件上、下表面温差引起热应力和热变形。

② 注塑件不同区域之间的温度差将引起不均匀收缩。

③ 不同的冷却温度会影响注塑件的收缩率。

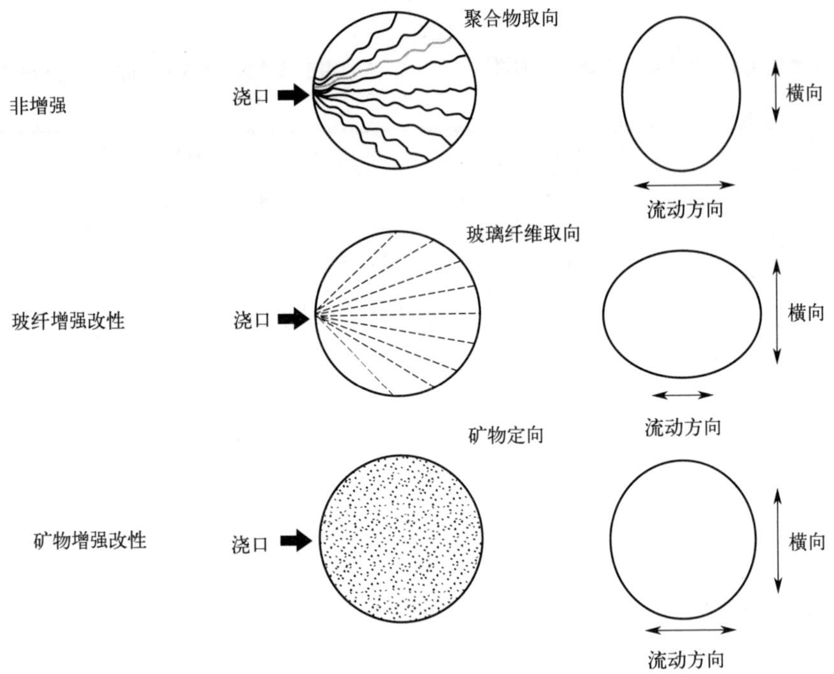

图 3-4　流动方向和垂直于流动方向的分子取向的差异

4. 脱模阶段的影响

注塑件在顶出时，脱模力不平衡、推出机构运动不平稳或脱模顶出面积不当很容易使制品变形。在充模和冷却阶段“封冻”在塑件内的应力脱模时由于失去外界的约束，将会以“变形”的形式释放出来，从而导致翘曲变形。

5. 注塑制品收缩的影响

① 注塑制品翘曲变形的直接原因在于注塑件的不均匀收缩。如果在模具设计阶段不考虑填充过程中收缩的影响，则制品的几何形状会与设计要求相差很大，严重的变形会使制品报废（即收缩率的问题）。

② 模具上下壁面的温度差也将引起注塑件上下表面收缩的差异，从而产生翘曲变形。

③ 对翘曲而言，收缩本身并不重要，重要的是收缩上的差异。在注塑成型过程中，熔融塑料在流动方向上的收缩率比垂直方向的收缩率大，而使注塑件产生翘曲变形（即各向异性）。

④ 均匀收缩一般只引起注塑件体积上的变化，只有不均匀收缩会引起翘曲变形。

⑤ 结晶型塑料在流动方向与垂直方向上的收缩率差异比非结晶型塑料大，而且其收缩率也较非结晶型塑料大，结晶型塑料收缩率大与其收缩的异向性叠加后，导致结晶型塑料件翘曲变形的倾向大于非结晶型塑料。

6. 金属嵌件的影响

对有嵌件的注塑制品，由于注塑件的收缩率远比金属嵌件大，所以容易导致扭曲变形，有的产品甚至开裂。生产中要想减少这种情况，可先将金属件预热（一般不低于 100℃），再投入生产。

7. 产品壁厚设计的影响

产品壁厚设计得不均匀，会使制品脱模后收缩时间不同，引起翘曲变形，见图 3-5。

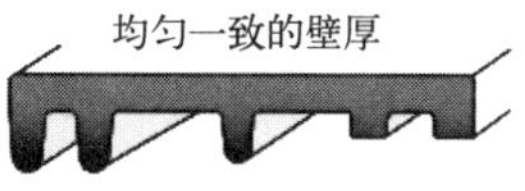

图 3-5 壁厚设计对制品翘曲变形的影响

影响注塑制品翘曲变形的因素有很多，模具的结构、塑料材料的热物理性能以及成型过程的条件和参数，均会对制品的翘曲变形有不同程度的影响。因此，对注塑制品翘曲变形的改善必须综合考虑上述因素。

二、熔接线

熔接线是注塑件表面的一种线状痕迹，是由注射或挤出时若干股流料在模具中分流汇合，熔料在界面处未完全熔合，彼此不能熔接为一体，形成熔合印迹。熔接线影响注塑件的外观质量及力学性能，见图 3-6。熔接线的位置强度是周围注塑件强度的 40%～95%，熔接线还给制品设计和塑件的寿命带来严重的影响，因此应尽可能避免或改善。

在注塑成型制品的众多缺陷中，熔接线是最为普遍的，除少数几何形状非常简单的注塑件外，大多数注塑件上都会有熔接线产生，形状通常为一条线或 V 形槽，尤其是使用多浇口模具和嵌件的大型复杂制品。

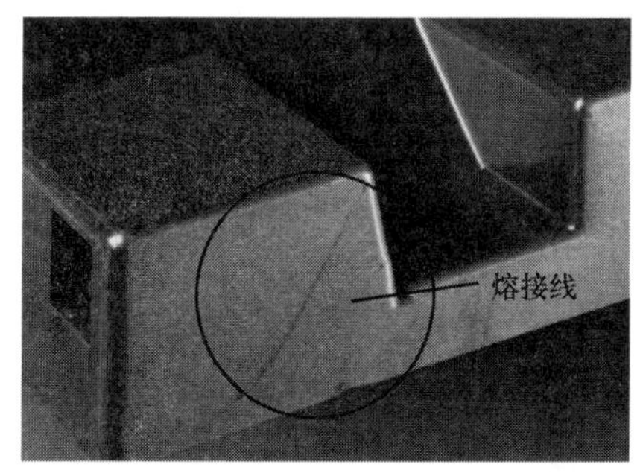

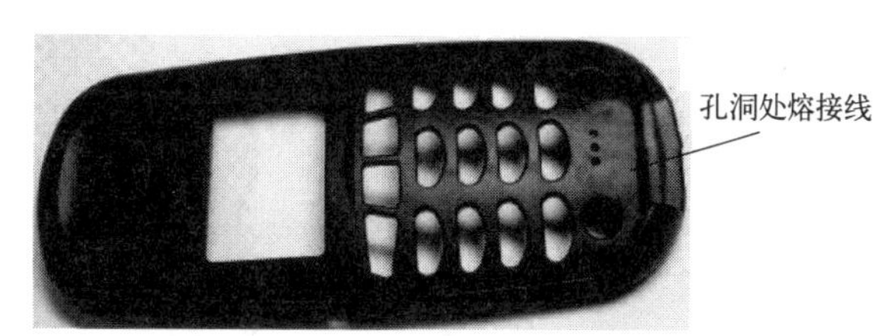

图 3-6 熔接线

1. 设备方面

注塑机容量小，塑化量超过注塑机容量的 85%，可能会造成塑化不良，熔体温度不均，影响材料熔合。为改善熔接线，必要时要更换塑化容量大的注塑机。

2. 模具方面

① 在熔接线部位改善模具的排气效果。

② 模具温度过低，应适当提高模具温度或有目的地提高熔接线处的局部温度（在模具

上加电热棒）。

③ 调整浇口位置和数量，将熔接线转移到装配后能遮挡处或不明显的地方。

④ 适当加大主、分流道及冷料井的尺寸，防止冷料进入模具使熔接线进一步明显。

⑤ 增加模具水道数量，减小模具的温度梯度（经验数据温度梯度小于 0.38°/mm），可改善熔接线。

⑥ 对于圆环形产品，可将轮辐式浇口改成中央圆盘式膜浇口。

⑦ 调整浇口位置或浇口数量，增大熔接线的汇合角（汇合角大于 75°），则可以改善熔接线。

⑧ 对于壁厚不均，引起进料不均匀产生的熔接线，在模具设计时使用“限流”和“导流”概念，确保其熔料均匀流动，可改善此种熔接线。

⑨ 对于玻纤增强塑料或含有金属粉的色粉，产生的熔接线无法改善时，可在熔接线部位开设溢流穴（冷料井），将熔接线移到溢流穴内再加工去除溢流穴（其厚度需接近壁厚才有效）。

⑩ 利用抽真空注塑模具或蒸汽模具（高温无痕模具），可改善熔接线。

⑪ 注射过程喷脱模剂也会使熔接线更加明显，应通过改善模具的脱模效果来减少脱模剂的使用。

3. 工艺方面

① 提高注射压力，延长注射时间，可提高熔合效果。

② 调整注射速度，可使熔料来不及降温就到达汇合处。

③ 提高机筒和喷嘴的温度，塑料熔体的黏度小，流动通畅，熔接痕变细。

④ 少用脱模剂，特别是含硅脱模剂，脱模剂会影响料流融合。

⑤ 降低合模力，以利排气。

⑥ 提高螺杆转速，使塑料熔体黏度下降。

⑦ 增加背压压力，使塑料熔体密度提高。

4. 原料方面

① 原料应充分干燥。

② 尽量减少配方中的液体添加剂。

③ 对流动性差或热敏性高的塑料，适当添加润滑剂及稳定剂，必要时改用流动性好的或耐热性高的塑料。

5. 产品设计方面

① 壁厚小，应增加制件厚度以免过早冷却。

② 产品设计时应当尽量保持壁厚均匀，使得熔料前沿不会被分开。

③ 金属嵌件位置不当，应加以调整。

④ 产品设计时可考虑用纤维增强料时熔接线的强度问题，避免有强度要求的区域有熔接线。

三、飞边

飞边，又称披锋、毛刺等，是注塑过程中塑料溢到模具合模面及镶件的间隙中，冷却后留在塑料制品上的薄片状多余物，见图 3-7。飞边大多发生在模具的分合位置，如动模和定模的分型面、滑块的滑配部位、镶件的缝隙、顶杆孔隙等处。飞边解决不及时会导致其进一步扩大化，从而压伤模具形成局部塌陷，造成永久性损害。

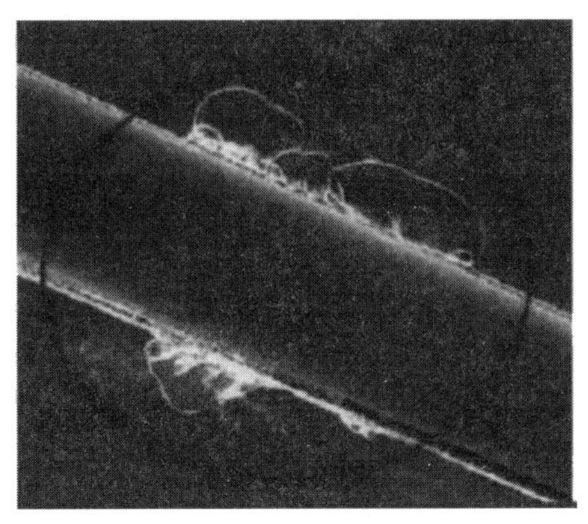

图 3-7 飞边

1. 设备方面

① 机器的锁模力不足。选择注塑机时，机器的额定锁模力必须高于注射时形成的张力，否则将造成胀模，出现飞边。

② 合模装置调节不佳，肘杆机构没有伸直，造成左右或上下合模不均衡的情况，注射时将出现飞边。

③ 止逆环磨损严重、机筒或螺杆的磨损过大、加料口冷却系统失效造成“架桥”现象都会造成注塑不稳定产生飞边，需要及时维修或更换配件才能解决。

2. 模具方面

① 多模腔模具通过优化胀模力平衡，改善由此产生的浇口位飞边。

② 模具要加装支撑柱（撑头），防止模具“冲”变形而引起飞边。

③ 对于壁厚大的注塑件，可适当加大主/分流道及浇口尺寸，通过降低保压压力和胀模力来减少制件飞边的产生。

④ 优化模具排气系统的设计，改善模具排气效果，通过降低注射压力和胀模力来减少注塑件飞边的产生。

⑤ 科学确定排气系统封胶面的间隙，防止因熔料末端胶位间隙大于溢料间隙而产生飞边。

⑥ 优化模具进胶平衡，防止因进料不平衡引起飞边。

⑦ 在模具上加“防撞块”，防止模面撞伤或压伤而产生飞边。

⑧ 在模具滑块侧面及底部加装“耐磨块”，减少因其磨损（间隙大）而产生飞边的情况。

⑨ 顶针或顶管设计成“排气式”结构，减少因其磨损（间隙大）而产生飞边的情况。

⑩ 对模具撞击部位、运动部位要选择“刚性好、硬度高、耐磨损”的钢材，提高模具耐压、耐撞击、耐磨损能力，减少其损伤或磨损而产生飞边的情况。

⑪ 对于玻璃纤维增强塑料，需选用耐磨损好的钢材，减少因其磨损而产生飞边的情况。

⑫ 对于热稳定差、易产生磨蚀性分解物的塑料，需选用耐腐蚀性好的钢材，减少因其腐蚀而产生飞边的情况。

⑬ 优化模具的分型面设置，降低锁模力，防止因锁模力不足产生飞边。

⑭ 对于浇口设置于滑块处的模具，滑块的定位需要牢靠，防止滑块因受力而产生间隙，引起制件产生飞边。

⑮ 需放五金镶件的模具，将镶件孔设计成镶块结构（方便更换），且使用淬硬处理的钢材，改善因五金镶件孔磨损而产生飞边的情况。

⑯ 对于聚乙烯、聚丙烯、聚酰胺等，在熔融态下黏度很低，容易进入活动的或固定的缝隙，要求模具的制造精度较高。

3. 工艺方面

① 注射压力过高或注射速度过快。由于高压高速，模具的张开力大于锁模力时会导致产品飞边。要根据制品厚薄来调节注射速度和注射时间，薄壁制品一般用高速迅速充模，厚制品一般用低速充模。

② 加料量过大造成飞边。不要为了防止缩痕而注入过多的熔料，这样缩痕未必能改善，而飞边却会出现。这种情况应通过调整保压压力和时间来解决。

③ 机筒、喷嘴温度太高或模具温度太高都会使熔体黏度下降，充模时产生飞边。

4. 原料方面

① 塑料黏度太高或太低都可能出现飞边。黏度低的塑料如聚酰胺、聚乙烯、聚丙烯等，应提高合模力。

② 吸水性强的塑料或对水敏感的塑料在高温下会大幅度地降低流动黏度，增加飞边的可能性，对这些塑料必须彻底干燥。

③ 掺入再生料太多的塑料，黏度也会下降，要控制再生料的添加比例。

④ 塑料黏度太高，则流动阻力增大，需用高的注射压力，使模腔压力提高，造成合模力不足而产生飞边。

⑤ 塑料原料粒度大小不均时，塑化时加料量变化不定，制件或不满或飞边。

四、缩痕

缩痕（凹痕、缩坑）为制品表面的局部塌陷，当注塑件厚度不均时，冷却过程中部分就会因收缩过大而产生缩痕，见图 3-8。但如果在冷却过程中表面已足够硬，发生在注塑件内部的收缩则会使注塑件产生结构缺陷。缩痕容易出现在远离浇口位置以及制品厚壁、肋、凸台及内嵌件处。

图 3-8　缩痕

1. 设备方面

① 螺杆和机筒磨损。螺杆和机筒如有磨损，注射及保压时熔料发生漏流，就会降低注射压力和料量，使产品出现缩痕，此时要检查维修螺杆及螺杆头三件套。

② 注塑机喷嘴孔径。孔径太小则注射压力损失大，容易堵塞进料通道；太大则使注射压力小，充模发生困难。

2. 模具方面

① 浇口太小或流道过狭或过浅，流道效率低、阻力大；对于壁厚产品，一定要加大主、分流道冷料井的尺寸，防止熔料在流道内冷却过早或过快。

② 浇口也不能过大，否则失去了剪切速率，熔料的黏度高，同样影响充模。

③ 对于壁厚的产品，浇口一定要开大一些，以满足长时间补料的需要（模具配合工艺）。

④ 对于壁厚不均且壁厚相差较大的产品，浇口位置需开设在塑料件最厚处，并且浇口需要加大一点，以便对壁厚位进行充分补料。

⑤ 顶针设在筋位，可减轻缩痕。

⑥ 流道中开设足够容量的冷料井，可以防止冷料进入型腔，保证充模持续进行。

⑦ 当流道长而厚时，应在流道边缘设置排气沟槽，减少空气对料流的阻挡作用。

⑧ 多浇口模具要调整各浇口的充模速度，最好对称开设浇口。

⑨ 模具的关键部位应设置冷却水道，保证模具的冷却，对消除或减少收缩起着很好的作用。

⑩ 离浇口较远的部位缩水，可通过增加浇口数量或增开导流槽来改善。

⑪ 改善注塑件表面缩水或内部缩孔，应“打通补料通道”，不要依赖注塑成型时调机来改善。

3. 工艺方面

① 延长制件在模内冷却停留时间、保持均匀的生产周期、增加背压、螺杆前段保留一定的缓冲垫等均有利于减少收缩现象。

② 对于流动性好的塑料，高压会产生飞边，应适当降低料温，主要降低机筒前段和喷嘴温度，使进入型腔的熔料容积变化减少，容易冷却。

③ 对于高黏度塑料，应提高机筒温度，使充模更容易。

④ 收缩发生在浇口区域时，应延长保压时间。

⑤ 提高注射速度，便于制件充满型腔，并消除大部分的收缩。

⑥ 对于薄壁制件应提高模具温度，保证料流顺畅；对于厚壁制件应降低模温，以加速表皮的固化定型。

⑦ 精度要求低的制品应及早出模，让其在空气中或热水中缓慢冷却，可以使收缩凹陷平缓又不影响使用。

4. 原料方面

① 结晶和半结晶塑料的注塑件收缩率高，使得凹痕问题更严重。

② 非结晶性塑料的注塑收缩较低，会减小凹痕。

③ 填充和增强的材料，其收缩率更低，产生凹痕的可能性更小。

5. 制品设计方面

① 进行制品设计时应使壁厚均匀，尽量避免壁厚的变化，见图 3-9。

② 对聚丙烯等收缩很大的塑料，当厚度变化超出 50%时，最好用筋条代替加厚的部位。

③ 筋壁过厚，产品表面会产生缩痕。筋厚做成产品壁厚的 1/3。

④ 采用直角设计的产品容易开裂，做内 R 角后产品表面有缩痕。做外 R 角大于内 R 角，设计成外 R 角包覆内 R 角形状，产品壁厚均匀，角位强度好，可改善缩痕，见图 3-10。

五、缺料

缺料（欠注、短射）是指在塑料加工中，由于型腔填充不满，导致注塑件外形残缺不完

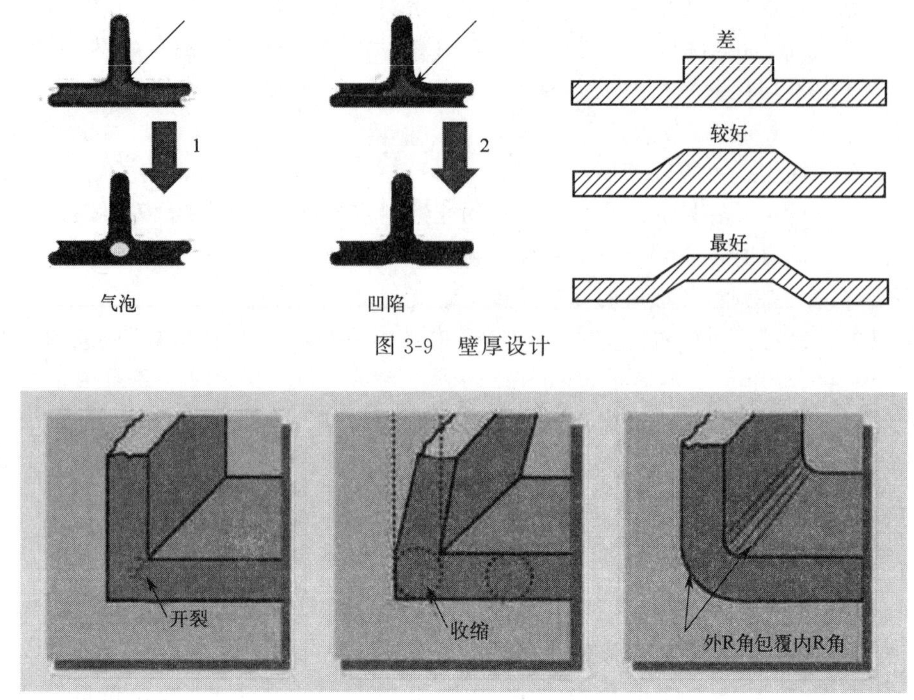

图 3-9　壁厚设计

图 3-10　产品面 R 角

整的现象。主要发生在远离浇口或薄壁面的地方，见图 3-11。

图 3-11　产品缺料

1. 设备方面

(1) 注塑机塑化容量小

① 设备选型不当：在选设备时，机台的熔融物料量必须大于制品的重量，注塑件重量只能占机台总熔料量的 85%左右。

② 注塑件重量接近注塑机最大熔料量时，就有塑化不够充分的问题，料在机筒内受热时间不足，不能及时地提供适量的熔料，只有更换容量大的注塑机才能解决问题。

③ 有些塑料如 PA（特别是 PA66）熔融范围窄，比热容较大，需用塑化容量大的注塑机才能保证料的供应。

(2) 塑化温度不准确

显示的温度不真实，明高实低，造成料温过低。温控装置失灵或是远离测温点的电热圈老化或损坏，都会造成加温失效，导致产品缺料。此时要通过实际对空注射来检验材料的塑化效果，及时发现和整改存在的问题。

（3）喷嘴方面的影响

① 喷嘴内孔直径太小，熔料在喷嘴处容易冷却，堵塞进料通道。

② 喷嘴内孔直径太小，注塑时注塑压力损失也比较大。

③ 喷嘴内孔直径太大，则流通截面积大，塑料充模的单位面积压力低，形成注塑压力小的状况。

④ 喷嘴内孔直径太大，对于非牛顿型塑料（如 ABS）因没有获得大的剪切热，不能使熔料黏度下降，造成充模困难。

⑤ 喷嘴与主流道入口配合不良，发生模外溢料，造成模内充不满的现象。

⑥ 喷嘴本身流动阻力很大，如有异物或塑料炭化沉积物等堵塞，也会影响充模。

⑦ 喷嘴或主流道入口球面损伤、变形，影响相互配合。

⑧ 注塑座台机械故障或偏位，使喷嘴与主流道轴心产生位移或轴向压紧面脱离。

⑨ 喷嘴球径比主流道入口球径大，喷嘴溢料，造成制品缺料。

⑩ 注塑机安装直通式喷嘴产生“流涎”，应降低机筒前端和喷嘴的温度，降低背压。

⑪ 主流道入口处熔料在模板的冷却作用下变硬产生冷料，会妨碍熔料顺畅地进入型腔。应调整好射退距离避免产生冷料。

（4）注塑机下料口处材料堵塞的影响

① 塑料在料斗干燥器内局部熔化结块，供料不顺畅引起缺料。

② 机筒加料段温度过高、下料口冷却不良、塑料等级选择不当、塑料内含的润滑剂过多，都会使塑料在进入下料口位置过早熔化，粒料与熔料互相黏结形成“桥架”，堵塞下料通道或包住螺杆，造成供料中断或塑化量波动。遇到这种情况首先疏通下料口通道，排除故障，检查加料段和下料口处实际温度是否正常。

2. 模具方面

① 设计浇注系统时，要注意浇口平衡，各型腔内注塑件的重量要与浇口大小成正比，保证各型腔能同时充满，浇口位置要选择在厚壁部位，也可以采用分浇道平衡布置的设计方案。

② 流道太小、太薄或太长，会增加流体阻力。主流道应增加直径，主流道、分流道横截面应加工成圆形。

③ 流道或浇口有杂质、异物或炭化物堵塞，影响熔料流动。

④ 流道、浇口粗糙有伤痕，或有锐角，表面粗糙度不良，影响料流顺畅。

⑤ 流道没有开设冷料井或冷料井太小，开设方向不对。

⑥ 适当加粗流道直径，以减小流道中的注射压力损失。

⑦ 加大离主流道较远型腔的浇口，使各个型腔的注射压力和料流速度基本一致。

⑧ 产品局部断面很薄易引起缺料，应增加整个制品或局部的厚度，在填充不足处位置附近设置辅助流道。

⑨ 模具排气不良。模腔内因排气措施不良造成制件缺料的现象是屡见不鲜的。对于型腔较深的模具，应在缺料的部位增设排气沟槽和排气孔，在合模面上可开设深 0.02～0.04mm、宽度为 5～11mm 的排气槽、排气孔。排气槽、排气孔应设置在型腔的最终充填处。必要时将型腔的困气区域的某个局部制成镶件，使空气从镶件缝隙溢出。

3. 工艺方面

（1）注射压力的影响

注射压力与充模距离接近于正比例关系，注射压力太小，充模距离短，型腔充填不满。

（2）注射速度的影响

对于一些形状复杂、厚薄变化大、流程长的制品和黏度较大的塑料可考虑采用高速注射来克服缺料。

（3）余料量影响

当机筒端部余料量过多时，注射时要消耗注射压力来压实、推动机筒内的余料量，降低模腔内熔料的有效注射压力，使制品难以充满。

（4）塑化温度的影响

① 机筒前端温度低，进入型腔的熔料，由于模具的冷却作用而使黏度过早地上升而难以流动，影响了对远端的充模。

② 机筒后段温度低，黏度大的塑料流动困难，阻碍了螺杆的前移，看起来压力表显示的压力足够，实际上熔料在低压低速下进入型腔。

③ 喷嘴温度低，喷嘴长时间与冷的模具接触散失了热量形成冷料，可能堵塞模具流道。

④ 塑料在偏低的塑化温度下黏度较高，流动性差，需要较高注射压力和速度注射。例如在加工 ABS 彩色制件时，着色剂不耐高温，限制了机筒温度的升高，这就需要比通常高的注射压力和长的注射时间来弥补。

（5）模具温度的影响

模温对于熔料在模具中的流动状态有直接影响，低的模温使熔料过早冷却，造成充模困难，生产调试前必须将模具预热至工艺要求的温度。

4. 原料方面

原料流动性差，可以通过改善模具浇注系统，合理设置浇口位置，扩大流道和浇口尺寸，以及采用较大的喷嘴孔径，适当提高塑化温度来解决缺料的问题。

六、银丝

银丝也叫银纹，即塑料制品表面沿料流方向产生的针状银白色或银灰色，也是在注塑件表面溅开的痕迹，分为降解银丝和水汽银丝。各种银丝均产生于从料流前端析出的气体。降解银丝是由熔体过热降解产生的气体形成的，而水汽银丝是原料中含有的水分汽化而形成的，见图 3-12。

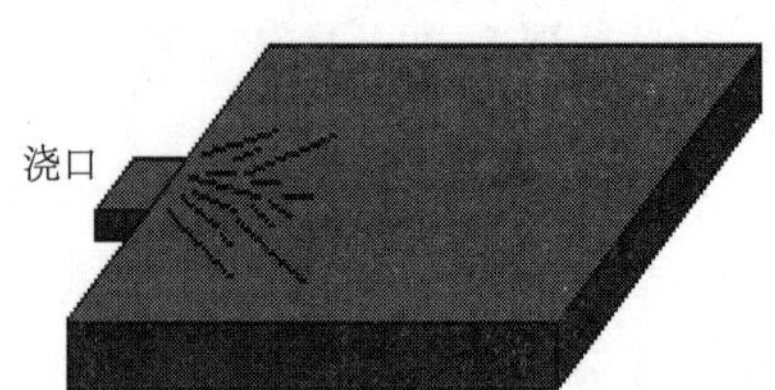

图 3-12 注塑件银丝

1. 银丝产生的原因分析

① 塑料在储存时会吸收相当程度的湿气，如成型前未经过适当的干燥，湿气会在射出

成型时转变成水蒸气，在塑料件表面形成喷溅的痕迹。

② 塑料在塑化阶段，会包覆适量的空气在熔料内，假如空气无法在射出阶段逃逸，也会在塑料件表面留下银丝。

③ 有些易分解的塑料或烧焦的塑料粒子会在塑料件表面留下银丝。

2. 改善注塑件银丝的方法

（1）原料方面

① 塑料湿度大、添加再生料比例过多或含有有害性屑料（屑料极易分解）：应充分干燥塑料及消除屑料。

② 从大气中吸潮：可以改用小的机上料斗或在机台上装干燥器。

③ 从着色剂吸潮：应对着色剂也进行干燥。

④ 塑料中添加的润滑剂、稳定剂等的用量过多或混合不均：应调整助剂用量，并充分混合。

⑤ 塑料本身带有挥发性溶剂：塑料受热时也会出现分解，应控制好塑化温度。

⑥ 塑料受污染，混有其他塑料品种，也就是混料：需要更换原料，彻底清洁烘干料斗，并对螺杆进行清洗。

（2）模具设计方面

① 排气不良：检查排气槽位置和尺寸是否恰当。推荐的排气槽尺寸，见图 3-13。

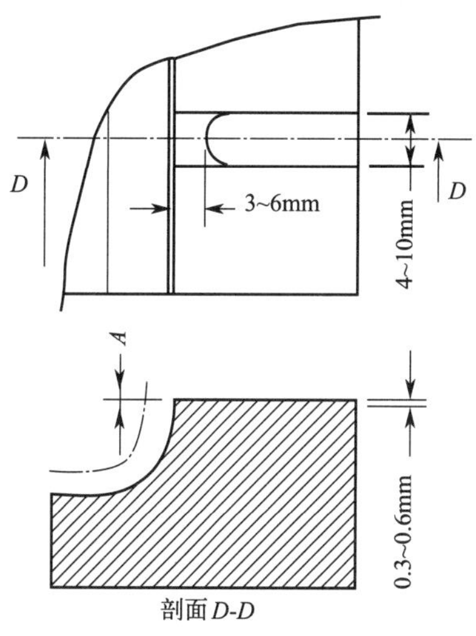

胶料	排气槽前端尺寸 A/mm
ABS	0.025～0.038
POM	0.013～0.025
PMMA	0.038～0.005
PA	0.008～0.013
PC	0.038～0.064
PET/PBT	0.013～0.018
PE	0.013～0.030
PP	0.013～0.030
GPPS	0.018～0.025
HIPS	0.020～0.030
PVC	0.013～0.018
PU	0.010～0.020
SAN	0.025～0.038
TPE	0.013～0.018

图 3-13　推荐的排气槽尺寸

② 模具中流道、浇口、型腔的摩擦阻力大，造成局部过热而出现分解：修改设计。

③ 流道、浇口尺寸小，造成过量的剪切热，使得塑料过热而裂解：修改设计。

④ 冷却系统不合理，造成局部过热或阻塞排气的通道：修改设计。

（3）设备方面

① 机筒、螺杆磨损或分流梭、止逆环存在料流死角，长期受热而分解：应及时清理。

② 加热系统失控，造成温度过高而分解：应检查热电偶、发热圈等加热元件是否正常。

③ 螺杆设计不当：检查螺杆的压缩比太小，造成材料分解或容易带进空气。

（4）工艺方面

① 塑化温度偏高：应优化塑化温度。

② 注塑速度、背压、螺杆转速偏大引起材料分解：调整工艺参数。

③ 塑化时背压低、转速快使空气进入机筒，随熔料进入模具：调整工艺参数。

④ 熔料在机筒内停留时间长出现分解：调整工艺参数。

⑤ 射退距离大引起喷嘴吸入空气，生产时会出现银丝：调整工艺参数。

七、冷料

冷料是指冷却的料屑或熔料。在注塑成型过程中产生的冷料进入型腔，使得成型后的注塑件质地不均匀，导致制品表面有明显的无熔合的小微块。冷料的色泽、性能与本体塑料均不相同，见图 3-14。

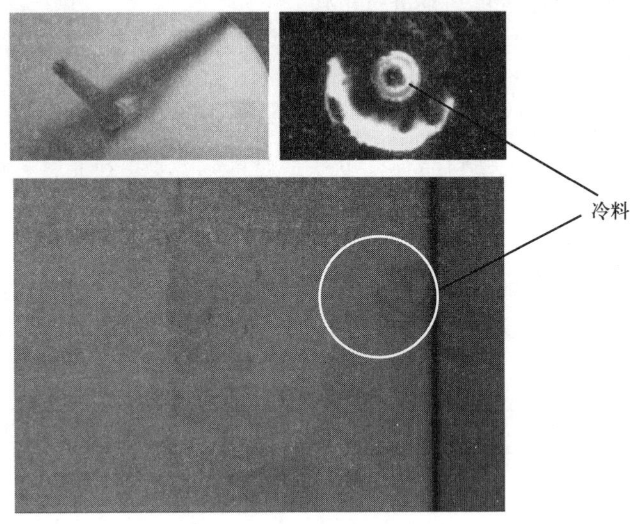

图 3-14　冷料

1. 模具方面

（1）无冷料井

冷料井是为除去因喷嘴与低温模具接触而在料流前锋产生的冷料进入型腔而设置。若浇注系统中无冷料井，在注塑时产生的冷料进入型腔会影响产品的质量。模具需要开设合适尺寸的冷料井。

（2）冷料井容量、尺寸和位置

若浇注系统中的冷料井容量太小或位置不对，冷料就不能被冷料井所容纳，进入型腔形成冷料。冷料井通常设置在主流道末端，当分流道长度较长时，在末端也应开设冷料井，并使其有合适的容量。一般情况下，主流道冷料井圆柱体的直径为 6～12mm，深度为 6～10mm。对于大型制品，冷料井的尺寸可适当加大。对于分流道冷料井，其长度为 1～1.5 倍的流道直径。

（3）浇道潜进角度和浇口尺寸

潜伏式浇口设计潜进角度与浇口大小时考虑冷料问题，潜进角度大有利于脱模，见图 3-15。浇口小有利于同产品分开，并控制冷料的产生，见图 3-16。

（4）潜浇口与分流道连接处 R 角

将潜浇口与分流道之间倒 R 角，以减小脱模时潜浇口与模具尖角的摩擦，防止模具尖

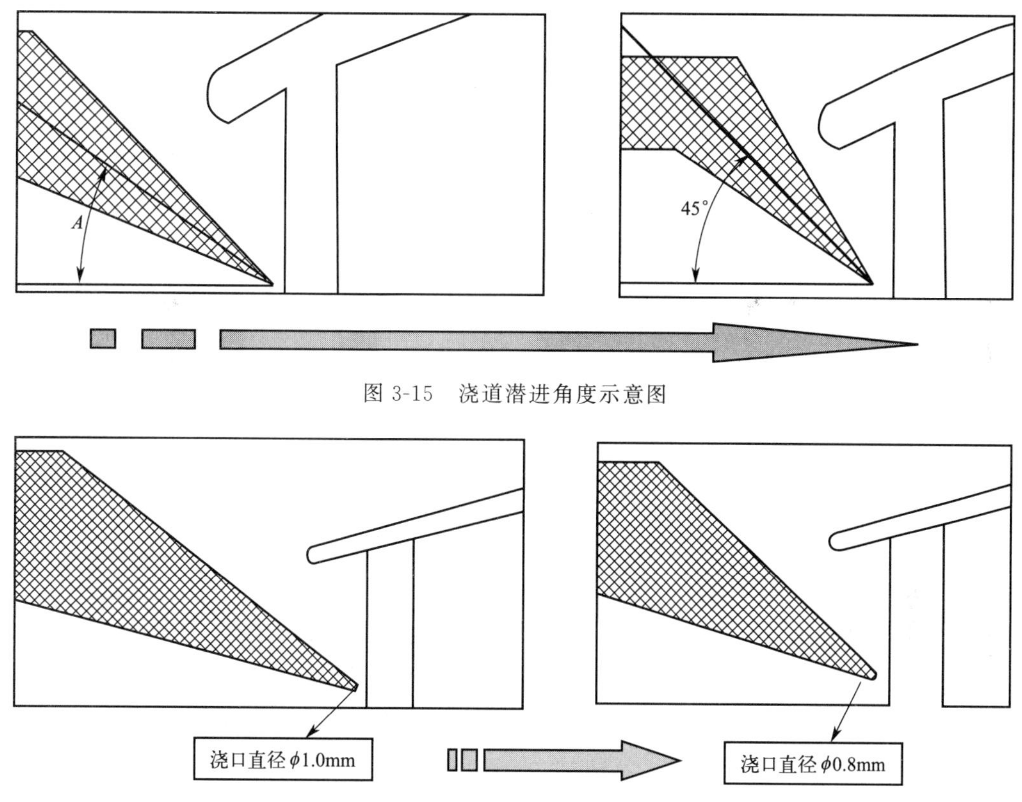

图 3-15　浇道潜进角度示意图

图 3-16　浇口尺寸示意图

角将浇口刮出料屑，见图 3-17。

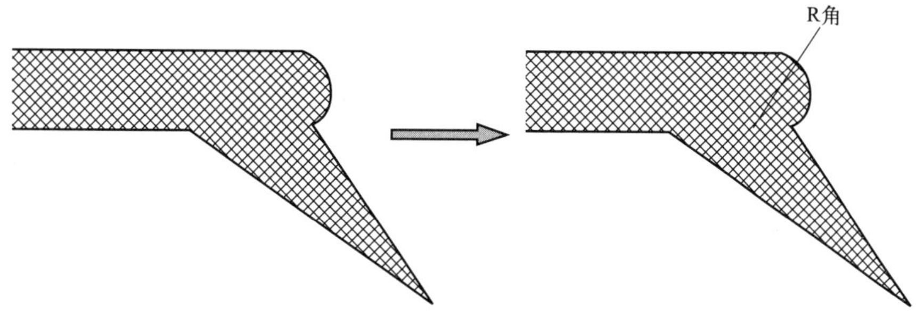

图 3-17　潜浇口与分流道连接处倒 R 角

2. 注塑设备方面

① 喷嘴冷料的产生，喷嘴的头部容易产生冷料，特别是使用长喷嘴，要保证喷嘴加热圈的数量，使喷嘴头部也能得到充足的热量。

② 喷嘴与主流道衬套要对正，中心度要调好，防止漏料。

③ 喷嘴 R 角与模具流道口 R 角的配合尺寸要设计好，注塑机喷嘴 R 角小于模具流道口 R 角 1°～2°，可以达到较好的配合。

④ 经常检查模具和喷嘴配合位置的损伤情况，防止撞伤或变形引起漏料或冷料。

3. 注塑工艺方面

① 塑化温度偏低，熔体会塑化不良，在注射过程中也易提前冷却凝固产生冷料。对此，

应提高塑化温度。

② 模温过低，熔体进入流道和模具中冷却快，易产生较多冷料，产生的冷料若不能及时全部被冷料井所容纳，即会进入型腔，对此，应适当增加模温。

③ 注射压力太低，会影响注射速度和熔体的剪切热量，熔体进入型腔时温度低，速度慢，易产生较多冷料。对此，应适当增加注射压力，保证熔料充模能达到设定的注射速度。

八、困气

困气是塑料件内部某一部分因排气不良，气体被包裹在制件内产生气泡、缺料、烧焦等缺陷的现象，见图 3-18。在注塑过程中，熔料在型腔内流动挤压压缩型腔内的空气，如不能有效地排出，就会造成困气。

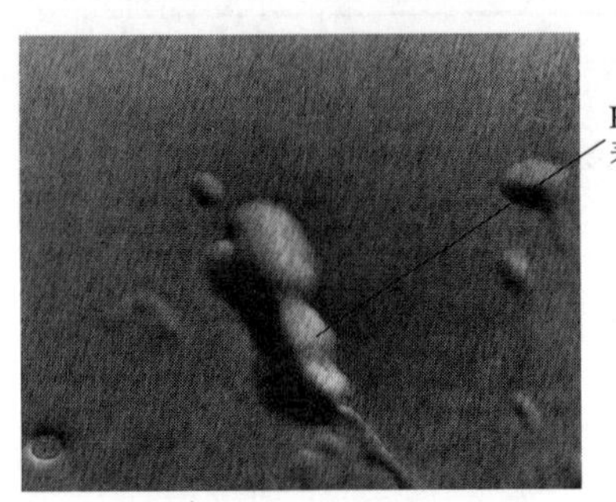

图 3-18　困气缺陷

1. 熔料中气体的来源

（1）塑化过程中熔料带入空气

① 塑化阶段气体不能从下料口排出，塑化过程中因材料过早地在压缩段熔融，空气被包在材料中，无法排出（图 3-19）。

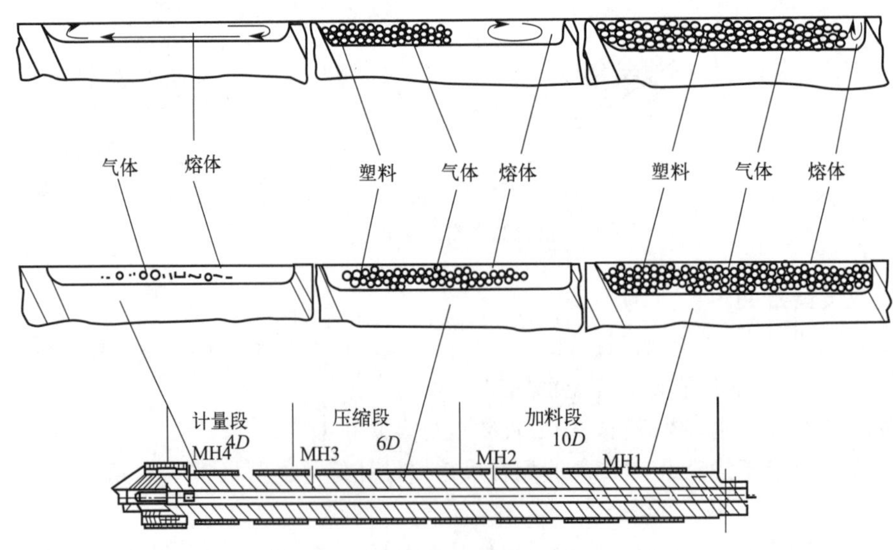

图 3-19　塑化阶段气体带入熔料中

（D 指螺杆直径）

② 储料时带入的空气，螺杆转速太快、背压太低，熔料的密实程度不够，材料中的气体不能有效排出。

③ 射退距离大，射退速度快，在喷嘴处形成真空，使空气进入机筒。

（2）塑料降解产生的气体

① 塑化温度高时，熔料就有发生热降解的危险，特别是热敏性塑料，对温度更加敏感，成型过程中就容易产生困气。

② 产品生产周期长，熔料在机筒中停留时间长，熔料分解产生气体。

③ 余料过多也会造成材料在机筒中分解。

④ 对于阻燃型材料，由于阻燃剂或者着色剂等添加剂的存在，容易造成材料的降解。

（3）材料未烘干的水汽

在加工过程中会使材料水解产生气体。

2. 生产过程中针对困气的改善方案

（1）模具方面改善

① 改变浇口位置或数量，改变熔体流向。

② 在困气位置设顶针排气或镶排气钢。

③ 在困气位置型芯采用镶块拼合排气。

（2）注塑工艺方面

① 采用慢速进行注射，热量会在注塑过程中出现损失，型腔中的气体压缩得越慢，温升越低。

② 采用慢速进行注射，困气量越少，越有利于解决死角困气。

③ 采用高的注射压力，有利于气体的排出。

（3）减少储料时空气卷入

① 合理设置各段塑化温度，防止塑料在螺杆压缩段过早熔化影响排气。

② 降低螺杆转速。

③ 提高背压。

④ 减少射退距离和降低射退速度。

（4）抑制材料降解

① 降低机筒温度（必要时测量实际熔体温度）。

② 减少熔料停留时间，选择合理的螺杆直径和储料延迟参数。

③ 换模或换料时，彻底清理机筒、料斗、干燥机，防止混料。

（5）抑制水汽

根据工艺要求对材料进行充分烘干。

九、缩孔

缩孔（真空泡、空穴）在制品内部，表现为圆形或拉长的气泡形式（图 3-20）。透明制品可以从外面看出里面的缩孔，不透明的制品无法从外面看见。注塑件出现缩孔现象会影响产品的力学能力，如果注塑件是透明制品，缩孔还会影响制品的外观。

1. 缩孔的原因分析

缩孔是因熔体在冷却收缩时未能得到充分的熔体补充而引起的。缩孔常常出现在塑件的

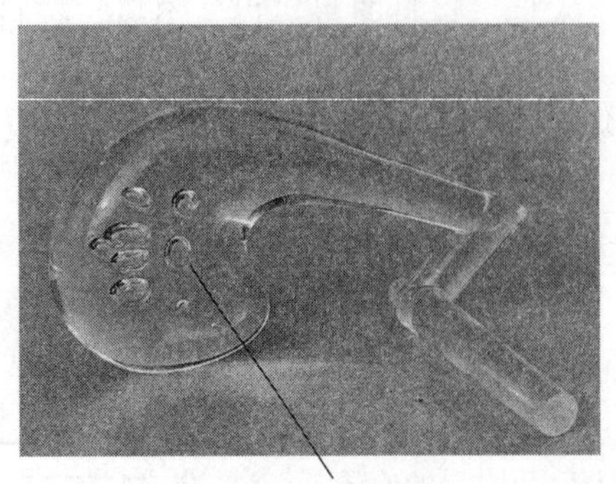

图 3-20 制品内部的缩孔

厚壁区，如加强筋或支撑柱与注塑件表面的相交处。

注塑件厚壁区出现缩孔是壁厚处熔体不同位置在模具内的冷却速度不同，不同位置的熔体冷却程度也不一样，如果此时外层已有足够的刚度，内层还在继续收缩，内部形成拉应力，则在制品中心部分形成真空。

2. 缩孔的改善方法

(1) 模具方面

① 模具温度过低：要提高模具温度（使用模温机）。

② 成品断面，筋或柱位过厚：改善产品的设计，尽量使壁厚均匀。

③ 浇口尺寸太小或位置不当：改善浇口或改变浇口位置（壁厚处）。

④ 流道过长或太细（熔料容易冷却）：缩短流道长度或加粗流道。

⑤ 流道冷料井太小或不足：加大冷料井或增开冷料井。

⑥ 喷嘴阻塞或漏料（发热圈会烧坏）：拆除或者清理喷嘴或检查更换发热圈。

(2) 注塑工艺方面

① 注射压力太低或注射速度过慢：要提高注射压力或注射速度。

② 保压压力或保压时间不足：提高保压压力，延长保压时间。

③ 熔料温度偏低或注射量不足：提高熔料温度或增加熔料行程。

④ 模内冷却时间太长：减少模内冷却，使用热水浴冷却。

⑤ 水浴冷却过急（水温过低）：提高水温，防止水浴冷却过快。

⑥ 背压太小（熔料密度低）：适当提高背压，增大熔料密度。

(3) 设备方面

① 检查螺杆及止逆阀三件套是否磨损。

② 增大喷嘴孔径。

十、喷射纹

喷射纹（蛇形纹）是注塑件表面像蛇一样蜿蜒的粗糙编织纹，喷射纹在产品上的表现有的呈带状，有的呈雾状，见图 3-21。

1. 喷射纹的成因

喷射纹常出现在高速充填或横截面急剧增加的注塑件上。当熔融塑料高速流过喷嘴、流

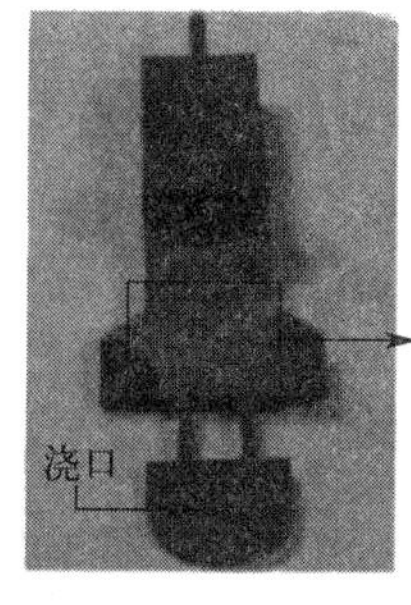

图 3-21 喷射纹

道和浇口等狭窄的区域，突然进入开放、相对较宽的区域后，熔融料会沿着流动方向如蛇一样弯曲前进，并在与模具表面接触后迅速冷却。如果这部分材料不能与后续进入型腔的物料很好地融合，就会在制品表面形成喷流纹，见图 3-22。

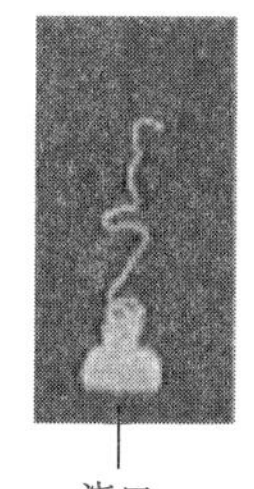

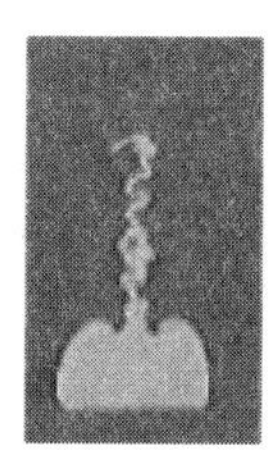

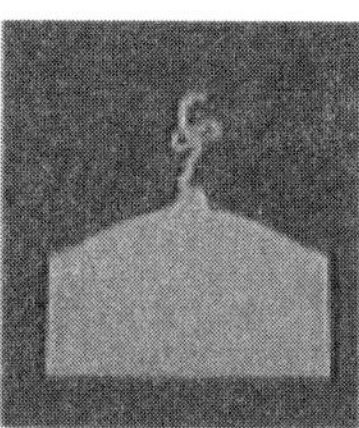

图 3-22 喷射纹短射形态

120mm×120mm 平板，浇口尺寸宽 2mm，厚 1mm，材料聚甲醛

喷射纹具体成因有以下几个方面。

(1) 浇口尺寸小

发生喷射纹的最大原因是浇口尺寸小，尺寸越小，喷射得越严重，见图 3-23。

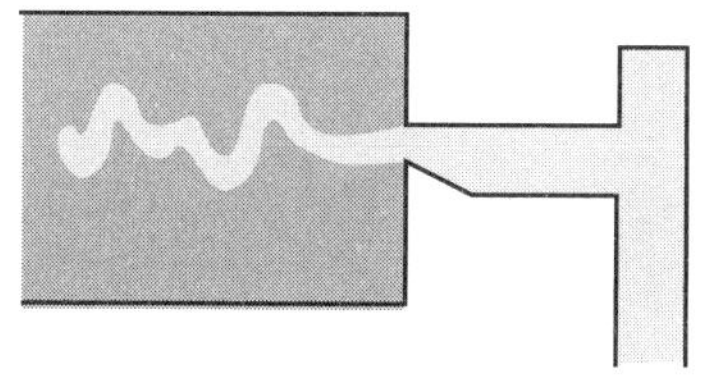
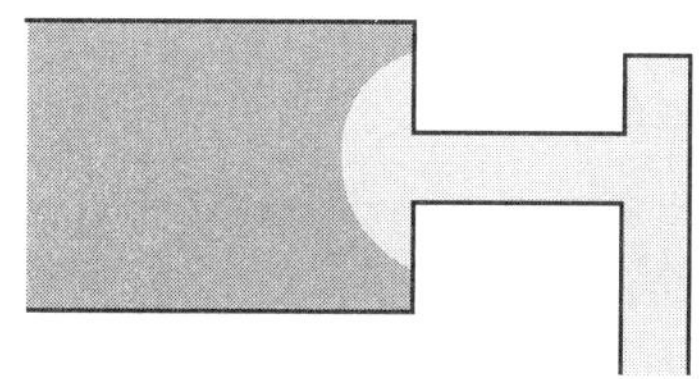

图 3-23 浇口越小喷射越严重

(2) 注射速度偏快

在浇口尺寸相同的情况下，注射速度越快，喷射纹越严重，见图 3-24。

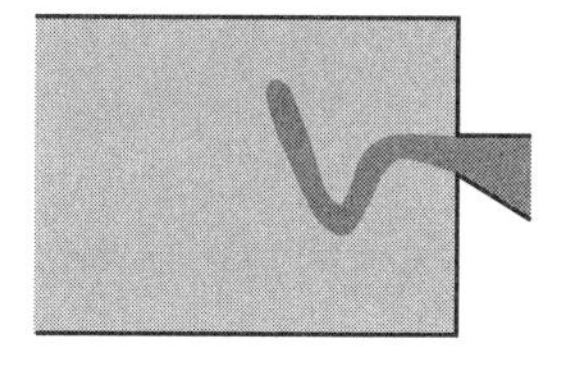
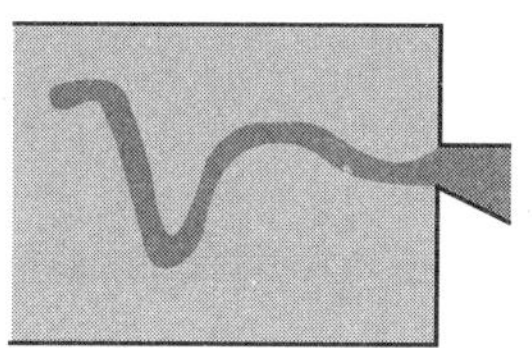
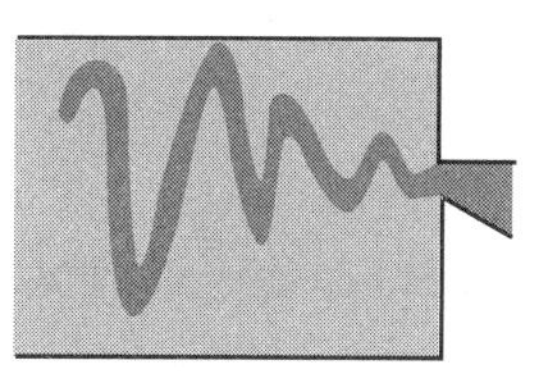

图 3-24 注射速度越快喷射纹越严重

（3）熔料黏度偏高

在浇口尺寸和注射速度相同的情况下，熔料黏度偏高，流动性越差，喷射纹越严重。

（4）保压偏低

高的保压在一定程度上会遮盖喷射纹，使喷射纹不明显。

2. 喷射纹的改善对策

（1）增大浇口尺寸

首先检查是否能更改浇口尺寸，这取决于产品的大小与尺寸。有余地的话，更改浇口尺寸是可以消除喷射纹的，最好采用短而宽的浇口流道，见图 3-25。

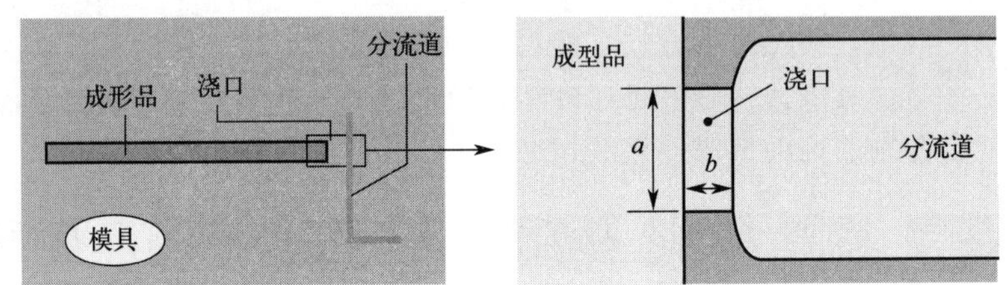

图 3-25　浇口尺寸，a 宽 b 窄

（2）尝试更改浇口位置

接着检查能否更改浇口位置，喷射纹的形成基本上是由于熔料在注射时无遮挡，如果有遮挡的话，喷射纹即可消失，见图 3-26。

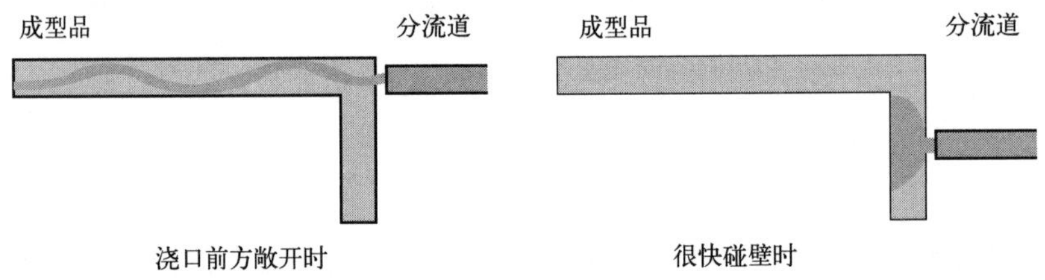

图 3-26　浇口位置改变的喷射纹

（3）降低注射速度

尝试降低注射速度，采用多级注射，只降低通过浇口处的注射速度（而非整体速度）。

（4）降低熔料黏度

① 提高熔料温度。

② 提高模具温度。

③ 塑料原料改为高流动性。

（5）提高保压

提高保压可以遮盖喷射纹，使喷射纹不明显。

十一、唱片纹

唱片纹又叫 CD 纹、波浪纹、震纹等，像手指的纹路，是出现在注塑产品表面极细小的类似唱片上的坑纹，见图 3-27。

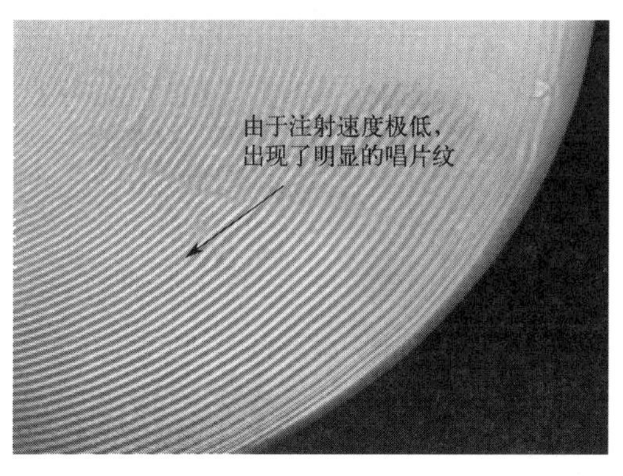

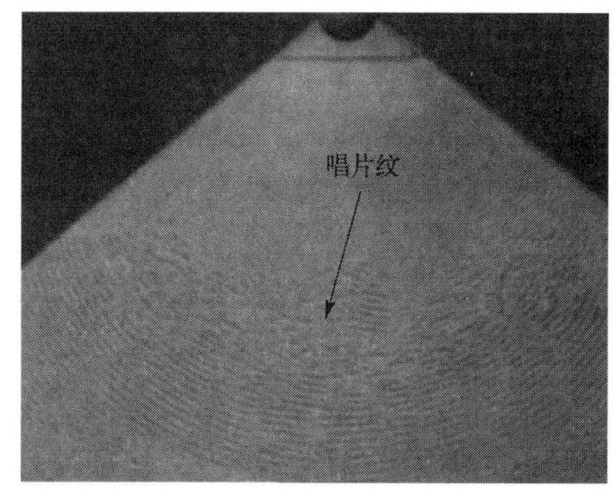

图 3-27 唱片纹

1. 唱片纹的成因

熔体注射入型腔时，由于模具的温度低、熔体的温度低、材料的黏度大（流动性）等原因，热熔料接触到模具后很快冷凝收缩，熔料在模腔流动的过程中受阻，被后续不断推进的熔料相互“挤压”“交替”，前端熔料和后推进的熔料不完全融合。冷却凝固的外层材料不会完全接触模腔壁而呈波浪状，这些波浪状的材料被冻结，看上去像唱片上的纹路，保压也不能将它们恢复平整，见图 3-28。具体成因有以下几个方面。

图 3-28 唱片纹充模示意图

（1）工艺方面

① 注射速度慢。

② 熔料温度低。

③ 模具表面温度低。

④ 有冷料存在。

⑤ 浇口排布不合理，熔体流程太长。

（2）模具方面

① 浇口尺寸太小。

② 流道阻力大。

③ 喷嘴和进料口尺寸小。

④ 流道无冷料井、冷料井。

⑤ 产品末端困气。

2. 唱片纹的改善对策

唱片纹的改善对策如表 3-1 所示。

表 3-1　唱片纹的改善对策

成型工艺方面	模具整改方面
①注射速度慢→提升注射速度(提升材料流动性) ②熔料温度低→提升机筒、热流道温度(提升材料流动性) ③模具表面温度低(大型产品,温度分布不均匀)→提升模具温度(提升材料流动性) ④喷嘴温度太低,有冷料存在→提升喷嘴温度(工艺调整) ⑤浇口排布不合理,熔体流程太长→提高模具温度、注塑压力和速度(工艺调整) ⑥主流道短且粗→延长生产周期时间、加强流道冷却(工艺调整)	①浇口尺寸太小→加大浇口尺寸 ②流道阻力大→加宽流道宽度,缩短流道长度 ③喷嘴或浇口套进料口尺寸太小→加大喷嘴和进料口尺寸 ④流道无冷料井→流道末端开设冷料井 ⑤产品末端困气→模具加强排气

十二、烧焦

烧焦（烧痕）是指注塑加工过程中，由于模具排气不良或注射太快，模具内的空气来不及排出，则空气会在瞬间高压下急剧升温（极端情况下温度可高达 3000℃），过热的压缩空气烧灼熔体，在流动路径末端或困气部位形成的暗色或黑色斑痕，见图 3-29。

缺乏模具通风，肋骨局部炭化

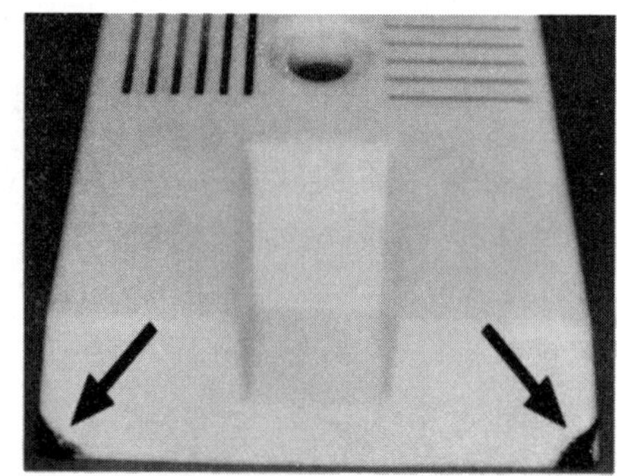

流道末端排气不良导致

图 3-29　烧焦（烧痕）

1. 烧焦的形成原因

（1）设备方面

① 由于热电偶、温度控制系统、加热系统失灵或损坏，使机筒温度失调，机筒局部过热。

② 螺杆、分流梭、止逆环受损，存在滞料现象。

③ 喷嘴与模具主流道衬套入口配合不良，出现异常剪切。

④ 螺杆与机筒之间存在缝隙、机筒内各螺纹连接部位松动等，都使熔料滞留，长时间受热而分解。

⑤ 有金属异物卡在螺槽或机筒前部，材料射出异常，引起材料分解。

（2）模具方面

① 模具排气不良，塑料被绝热压缩，在高温高压下与氧剧烈反应，烧伤塑料。

② 模具浇口形式和位置不合理，在设计时应充分考虑熔料的流动状态和模具的排气性能。

③ 模具排气设置不够或位置不正确，以及充模速度太快，模具内来不及排出的空气绝

热压缩产生高温气体，都会使树脂分解焦化。

④ 模具排气孔被脱模剂及模具表面杂质阻塞，造成排气不良。

（3）成型工艺方面

① 熔体破裂导致烧焦。当熔体在高速、高压条件下注入容积较大的型腔时，极易产生熔体破裂现象，见图 3-30。此时，熔体表面出现横向断裂，断裂面积粗糙地夹杂在塑料件表层形成糊斑。特别是少量熔料直接注入过大的型腔时，熔体破裂更为严重，所呈现的糊斑也就更大。

熔体破裂的本质是由于高聚物熔料的弹性形变产生的。当熔料在机筒中流动时，靠近机筒附近的熔料受到筒壁的摩擦，应力较大，熔料的流动速度较小，熔料一旦从喷嘴射出，管壁作用的应力消失，而机筒中部的熔料流速极高，筒壁处的熔料被中心处的熔料携带而加速，由于熔料的流动是相对连续的，内外熔料的流动速度将重新排列，趋于平均速度。

在此过程中，熔料将发生急剧的应力变化，主要因为注射速度快，所受到的应力大。如果远远大于熔料的应变能力，则导致熔体破裂。

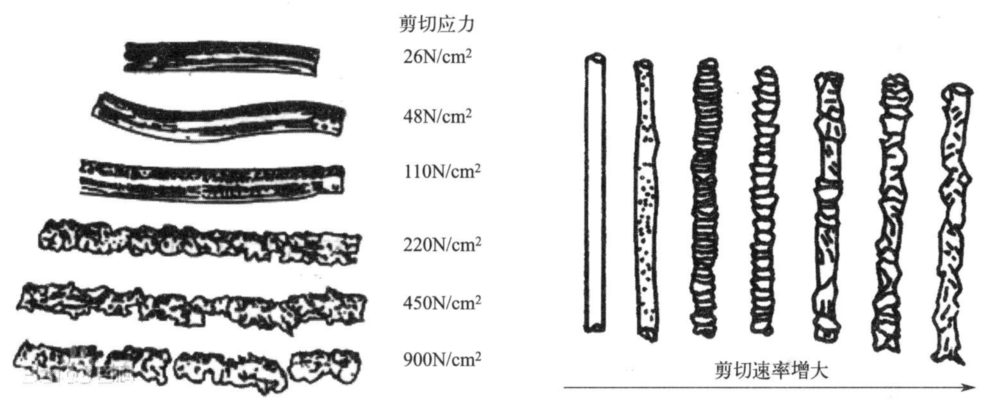

图 3-30 熔体形态与剪切速率

② 注射速度的影响。当流料慢速注入型腔时，熔料的流动状态为层流；当注射速度上升到一定值时，流动状态逐渐变为紊流。一般情况下，层流形成的塑料件表面较为光亮平整，紊流条件下形成的塑料件不仅表面容易出现糊斑，而且注塑件内部容易产生气孔。因此，注射速度不能太高，应将料流控制在层流状态下充模。

③ 熔料的温度太高，容易引起熔料分解焦化，导致注塑件表面产生糊斑。

④ 材料在机筒中停留时间过长引起分解。

（4）原材料方面的影响

① 原料中水分及易挥发物含量高。

② 熔体流动速率太大，熔料流动性好，气体不易排出。

③ 塑料添加剂、着色剂带来的挥发物、水分太多或不耐高温引起分解。

2. 烧焦的改善对策

（1）对空注射时熔料出现烧焦

① 检查喷嘴是否堵塞。

② 检查螺杆、止逆环、机筒等是否有损伤。

③ 检查加热系统、感温线、热电偶、加热圈、塑化温度设定等是否异常。

④ 原料色粉、色母等是否含有易分解的物质，可以更换不同的物料加以排除。

⑤ 背压是否过大、储料转速是否过高、预塑时间是否过长导致原料分解炭化。

(2) 模具中烧焦

① 对于热流道模具，检查热流道本身和温度控制是否异常。

② 冷流道模具检查流道、浇口是否有损伤等。

(3) 产品上出现烧焦

① 产品边缘处烧焦，考虑增开排气，并降低注射速度。

② 产品中部烧焦，考虑改排气镶块或加排气顶针，工艺上采用分段注射，在烧焦位置降低注射速度。

③ 产品尾端处烧焦，建议清洁模具排气槽，降低锁模力。

十三、浇口斑纹

浇口斑纹是浇口周围有可辨别的环形或弧形气痕，如使用中心式浇口则为中心圆，如使用侧浇口则为同心圆，显现成暗淡的日冕痕，见图 3-31。

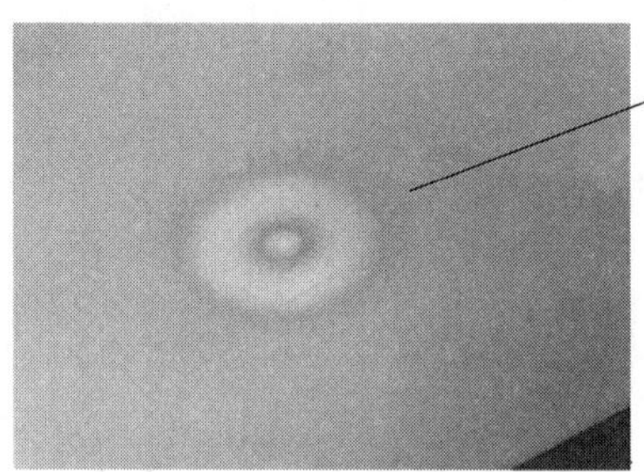

图 3-31 浇口斑纹

1. 浇口斑纹的形成原因

① 当注射速度太高，熔料流动速度过快时，浇口附近表层部分熔料就会被错位和渗入，这些错位就会在外层显现出暗晕。

② 在注塑充模过程中，相同的注射速度，在浇口附近，流动速度特别高，然后逐步降低，随着注射速度变为常数，流动体前端扩展为一个逐渐加宽的圆形。

③ 在加工黏度高（低流动性）的材料时，如 PC、PMMA 和 ABS 等，容易出现浇口斑纹。

2. 浇口斑纹的改善对策

(1) 模具方面

① 浇口直径太小：增加浇口直径。

② 浇口位置不当：考虑更改浇口位置。

③ 浇口与制品成锐角（图 3-32）：在浇口和制品间设计成弧形。

(2) 成型工艺方面

① 注射速度太高：采用多级注射，要想在浇口附近获得低的流动速度，必须采用多级注射，如慢—较快—快工艺，目的是在整个充模循环中获得均一的熔体前流速度。

② 熔料温度太低：增加机筒温度。

③ 模具温度太低：增加模具温度。

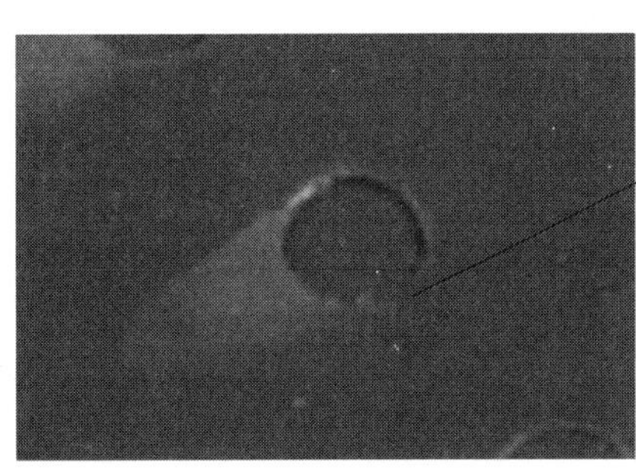

图 3-32　锐边区

十四、气痕

气痕，也称为气纹，熔料在填充模腔时，因气体未能及时被排走，特别是在一些结构转折处，流体前端的熔料越过转折结构处困住从结构里后排出的气体，形成气痕，见图 3-33。

1. 气痕形成的原因

① 气体的来源可以参照“注塑件困气”的分析。

② 气痕主要是局部排气不良引起的缺陷。

③ 气痕的解决如果从工艺方面改善不明显，就要从模具排气方面考虑。

流动前端

夹带空气

浇口

图 3-33　熔料困气

2. 气痕的改善对策

（1）模具方面改善

① 改变浇口位置或数量，改变熔体流向。

② 为避免熔料通过小浇口剪切生热引起熔料升温产生过多气体，增加模腔排气的负荷，浇口的关键尺寸 h（浇口与型腔衔接断面的最小尺寸）应该大于 nt（n 是材料常数，ABS 的 n 是 0.75；t 是加浇口处的制品厚度），见图 3-34。

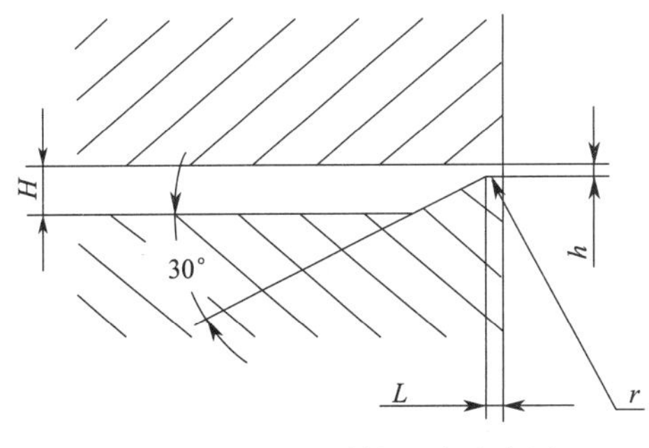

图 3-34　浇口的关键尺寸示意图

③ 在气痕位设顶针排气或镶排气钢。

④ 在气痕位型芯采用镶块拼合排气，见图 3-35。

（2）注塑工艺方面

① 采用高压慢速注射，由于熔料在型腔中前进较慢，型腔的气体有足够的时间从排气槽和模腔间隙等结构中排出，可以改善产品困气，防止气痕的产生。

② 采用慢速进行注射，困气量越少，越有利于解决死角气痕。

③ 在注射前和注射时抽真空，可以进一步减少膜腔内需要排除的气体。

十五、流痕

流痕，也称为流纹，即流动过程中的痕迹，是熔体呈不稳定状态流动留下的痕迹。流痕一般是熔体温度过高或过低，填充的速度过高或过低，速度不一致造成的，见图 3-36。流

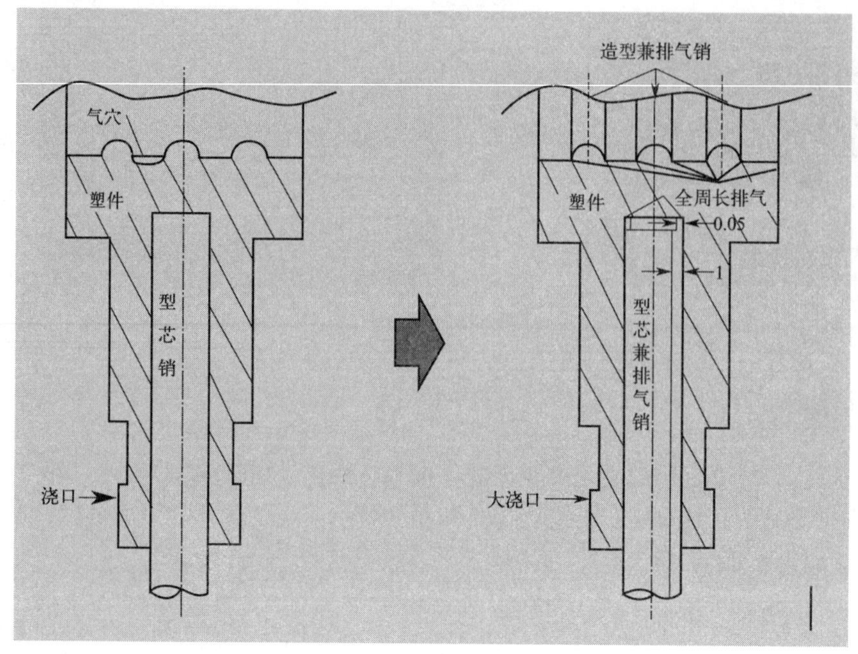

图 3-35 镶块拼合排气

痕的种类很多，现在用两种典型的流痕来说明一下流痕形成原因及改善对策。

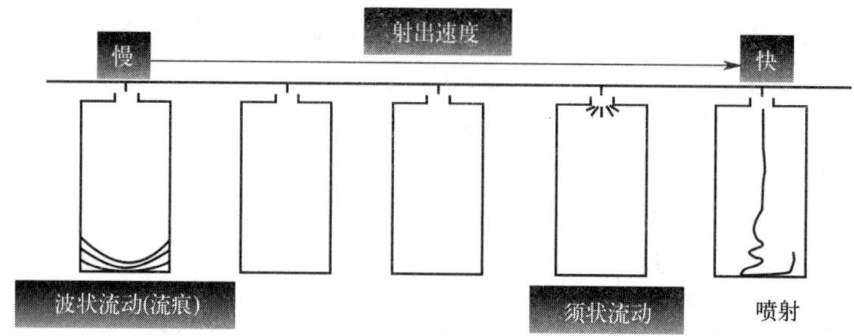

图 3-36 流动状态与注射速度

1. 带状槽沟形状的流痕

带状槽沟形状的流痕主要是流动前端的熔料固化收缩，后面的新熔料重复出现“流动—固化”的流动状态而产生的波纹状流痕，见图 3-37。

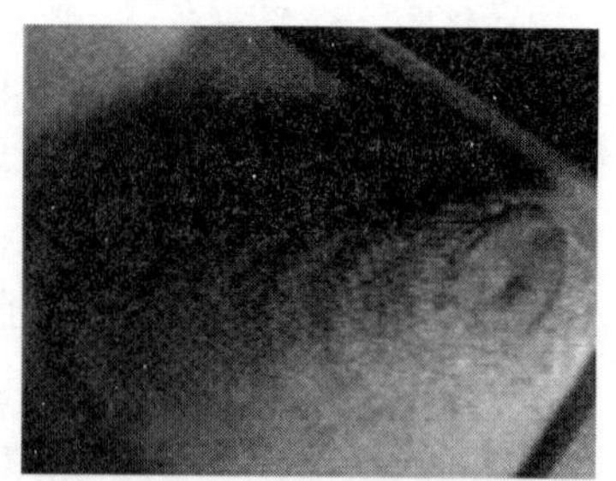

图 3-37 带状槽沟形状的流痕

实验证明，流痕一般出现在熔料速度变慢的位置。如图 3-38 所示，熔料速度迟缓，大部分是在形状上截面积发生变化或者注射工艺切换到保压工艺时，速度急剧变化所造成的。因此如果是图 3-38 的情形，最好是在形状突变位置之前提升注射速度。

熔融塑料的流动如图 3-39 所示，流动的表面层会收缩及在内侧卷动，后面超越的熔融塑料会重复同样的动作。针对这种情形，需要同时降低注射速度与压力，才能降低急剧变化的流动速率。

注射结束及保压开始的速度应设定大致相同。如果只是降低保压压力，那么在压力控制下的自然流动会使速度降低。假设压力降得太低，流动就会停止，有时候反而会促使流痕面积增大。

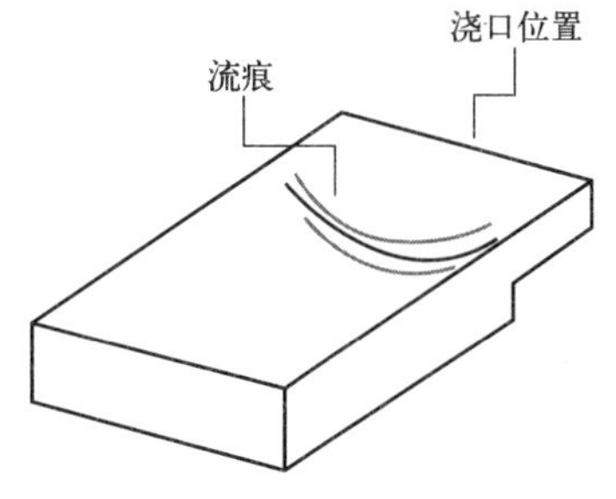

图 3-38　形状上截面积发生变化的流痕

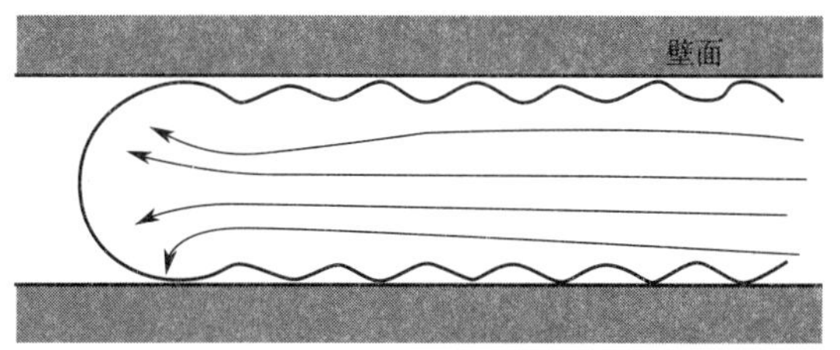

图 3-39　熔料的流动会与壁面接触

2. 熔体破裂的流痕

注塑生产的过程中，当使用的材料黏度非常高时，经常需要使用脱模剂才能顺利生产。如图 3-40 所示，表面层需要承受内部熔料移动所产生的剪切应力，当剪切应力大于表面层与模具表面的摩擦力，表面层无法承受时，表面层会被撕碎，同时会往剥落的前方拖拉，在拖拉的过程中，熔料的流动阻力就会变小，剪切就会降低。因为流动是持续的过程，所以会重复上面的动作，如此往复，产品表面会产生这种漂移般的流痕。

针对图 3-40 的情况，可降低注射速度，以减小熔融物料流动产生的剪切应力。同时提高模具温度，减小固化层厚度，以降低注射压力。

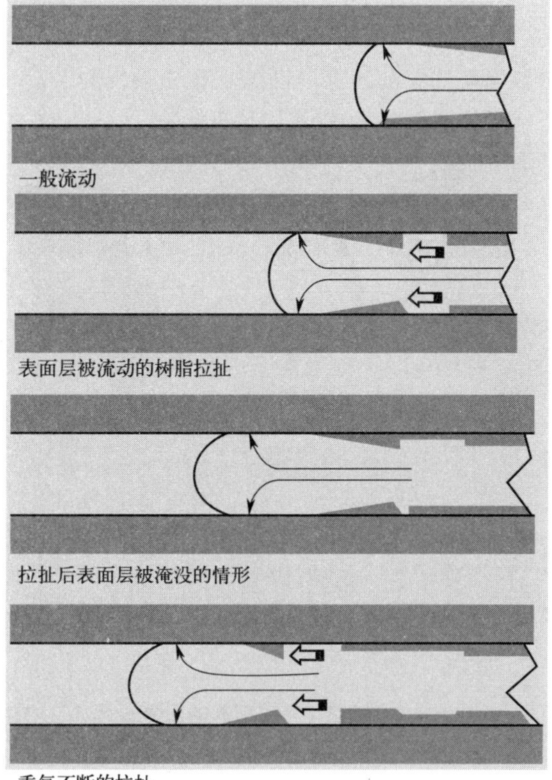

图 3-40　熔体破裂的流痕

3. 流动速度过快而产生的流痕

图 3-41 的流痕与图 3-40 的流痕极为相似，但并非撕裂表层。图 3-41 所示的表面层与滑动层是交错产生的，因而滑动部分会在成型表面留下云状的痕迹。可通过降低注射速度或采用多段注塑，在速度快的位置降低熔料速度来改善。

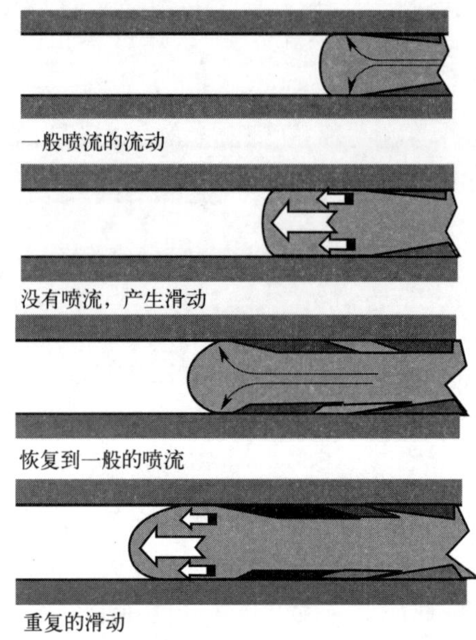

图 3-41　流动速度过快而产生的流痕

4. 总结

① 流痕产生的原因与流动的波前速度（即熔料在模具中的实际速度）关系很大。

② 流痕的形状与流动等值线基本匹配得上。见图 3-42。

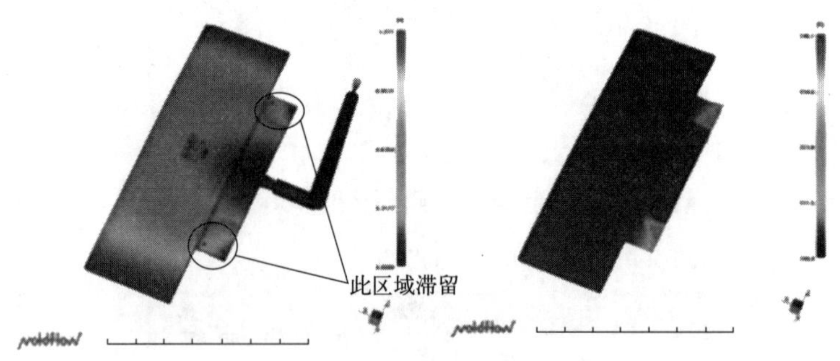

图 3-42　流动等值线

③ 统计表明：影响塑料件品质的因素中，产品结构设计和模具设计占据了 60%，注塑工艺、塑料材料和注塑机台占据了 35%，见表 3-2。

④ 流痕的形成与模具、塑料材料和注塑成型工艺都有一定的关系，而对模具和产品结构进行优化改进，能起到事半功倍的效果。

表 3-2　影响塑料件品质的因素占比

因素	产品结构	模具	成型条件	树脂选择	设备	运输
比例	40%	20%	20%	10%	5%	5%

十六、龟裂

龟裂是注塑件表面产生的比较明显的微细裂纹，与龟裂相似的霜状微细裂纹称为白化，龟裂和白化都是没有裂隙的微细裂纹。当注塑件暴露在某种化学品环境或处于应力条件下时，就会产生环境应力龟裂。使用活跃物质（碱性溶液、冰醋酸、四氯化碳、油脂等）可令塑料产品在很短时间内出现应力发白和应力龟裂。

龟裂是塑料制品较常见的一种缺陷，见图 3-43，主要原因是应力变形。应力变形由残余应力、外部应力和外部环境影响所产生。

图 3-43 龟裂

1. 残余应力引起的龟裂

残余应力主要由充填过剩造成。充填过剩的情况下产生的龟裂，主要从以下几方面进行解决。

① 直浇口压力损失最小，如果龟裂主要产生在直浇口附近，在工艺上可以适当降低保压压力和保压时间。在模具上，可考虑改用多点分布点浇口、侧浇口及柄形浇口方式。

② 在保证塑料不分解、不劣化的前提下，适当提高塑化温度，可以降低熔料黏度，提高流动性，进而降低注射压力，以减小应力。

③ 模温较低时，在注塑过程中需要更大的注射压力，容易产生应力，应适当提高模具温度。

④ 提高注射速度，可以减小补缩时所需要的保压压力，也可减低应力的产生。

⑤ 注射和保压时间过长，塑料件内的应力得不到释放，也会产生应力，应适当缩短注射和保压时间。

⑥ 使用多级保压，也可以减小内应力。

⑦ 非结晶型塑料（如 AS、ABS、PMMA 等）较结晶型塑料（如聚乙烯、聚甲醛等）更容易产生残余应力。

2. 外部应力引起的龟裂

外部应力引起的龟裂由以下几方面解决。

（1）产品顶出方面

① 顶出要平衡。

② 顶杆数量、截面积要足够。

③ 脱模斜度要足够。

④ 型腔面要足够光滑。

（2）制件结构

制件结构不能太单薄，过渡部分应尽量采用圆弧过渡，避免尖角、倒角造成应力集中。

（3）金属嵌件的影响

① 尽量少用金属嵌件，以防止嵌件与制件收缩率不同产生内应力。

② 在注塑成型嵌入金属件时，一段时间后容易产生龟裂，产品质量隐患很大。这是由于金属和塑料的热膨胀系数相差悬殊产生应力，随着时间的推移，在应力超过逐渐老化的塑料件的强度时产生裂纹。

③ 金属嵌件对不同塑料的影响不同，通用型聚苯乙烯基本上不适于加镶嵌件，对PA的影响最小，玻璃纤维增强树脂材料的热膨胀系数较小，比较适合嵌入件。

④ 成型前对金属嵌件进行预热，也具有较好的效果。

（4）深底制件

对深底制件应设置适当的脱模进气孔道，防止形成真空负压。

（5）主流道

主流道衬套与喷嘴配合良好，浇口套有一定的脱模斜度，防止浇口拖拉而使制件粘在定模上。

3. 外部环境引起的龟裂

外部环境导致产品龟裂主要有以下几方面原因。

① 再生料含量太高，造成制件强度过低。

② 环境湿气大，材料烘干不良，造成塑料水解，降低产品强度而出现顶出开裂。

③ 加工环境不佳，材料受到污染，影响产品强度。

十七、光泽不良

光泽不良是指注塑件表面灰暗无光或光泽不均匀，也称为阴阳色，见图3-44。

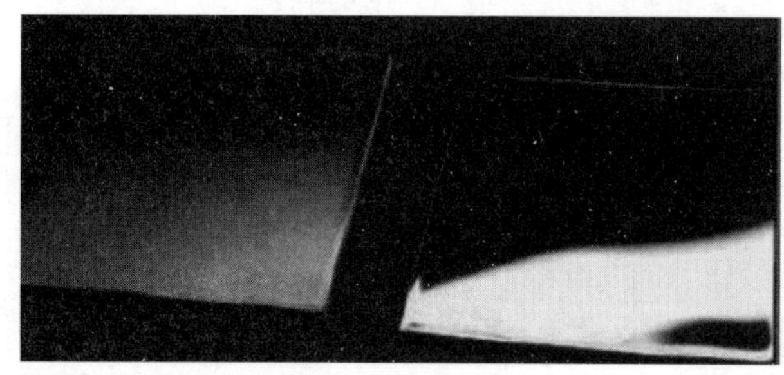

图3-44 光泽不良

一般产品表面光泽缺陷原因可分为以下三种：模具故障、成型工艺条件控制不当、成型原料使用不当。

1. 模具方面的影响

① 由于注塑件的表面是模具型腔面的再现，如果模具表面有伤痕、腐蚀、微孔等表面缺陷，就会引起注塑件表面产生光泽不良。因此，模具的型腔表面应具有较好的光洁度，最好采取抛光处理或表面镀铬。

② 若型腔表面有油污、水分，脱模剂用量太多或选用不当，也会使注塑件表面发暗。

型腔表面必须保持清洁，及时清除油污和水渍。故脱模剂的品种和用量要适当。

③ 模具温度对注塑件的表面质量也有很大的影响，塑料在不同模温条件下表面光泽差异较大，模温过高或过低都会导致光泽不良。若模温太低，熔料与模具型腔接触后立即固化，会使模具型腔面的再现性下降。为了增加光泽，可适当提高模温。

④ 脱模斜度太小、断面厚度突变、筋条过厚以及浇注系统剪切作用太大、熔料呈湍流态流动、模具排气不良等模具问题都会影响注塑件的表面质量，导致表面光泽不良。

2. 成型工艺条件的影响

① 注射速度太快或太慢，注射压力太低，保压时间太短，缓冲垫过大，喷嘴孔太小或温度太低，纤维增强塑料的填料分散性能太差，填料外露或铝箔状填料无方向性分布，机筒温度太低，熔料塑化不良以及供料不足，都会导致注塑件表面光泽不良，应针对具体情况进行调整。

② 若在浇口附近或变截面处产生暗区，可通过降低注射速率、改变浇口位置、扩大浇口面积以及在变截面处增加圆弧过渡等方法予以解决。

3. 成型原料的影响

① 成型原料中水分或其他易挥发物含量高，成型时挥发成分黏附在模具的型腔表面，导致塑件表面光泽不良。应对原料进行预干燥处理。

② 原料或着色剂分解变色导致光泽不良。应选用耐高温的原料和着色剂。

③ 原料的流动性能太差，使注塑件表面不密实导致光泽不良。应换用流动性能较好的树脂或使用适量润滑剂以提高材料流动性。

④ 原料中混有异料或不相溶的原料。应换用新料。

⑤ 原料粒度不均匀。应筛除粒径差异太大的原料。

⑥ 结晶型树脂由于冷却不均导致光泽不良。应合理控制模具温度。

⑦ 原料中再生料回用比例太高，影响熔料的均匀塑化。应减少其用量。

⑧ 材料中填料的分散性能太差导致表面光泽不良，应换用流动性能较好的树脂或换用混炼能力较强的螺杆。

十八、色泽不均

色泽不均是指注塑件表面的色泽有深浅和不同色相，包括混色、变色、色差等，见图3-45。色泽不均是注塑中常见的缺陷，因配套件颜色差别造成注塑件成批报废的情况并不少见。色泽不均影响因素众多，涉及原料树脂、色母、色母同原料的混合、注塑工艺、注塑机、模具等。

1. 原料树脂的影响

① 原料中易挥发物含量高，混有异料或干燥不良，都会影响材料加工性能。

② 纤维增强原料成型后纤维填料分布不均，注塑件表面纤维裸露，影响产品外观。

③ 树脂的结晶性能太差，影响注塑件的透明度，会导致注塑件表面色泽不均。

④ 高抗冲击聚苯乙烯和 ABS 等原料成型后内应力较大，也会产生应力变色。

⑤ 检验原料树脂热稳定性，对于热稳定性不好的材料建议更换。

⑥ 加强原材料入库的检验，保证原材料性能达到要求。

2. 着色剂质量控制（色粉、色母）

着色剂的性能直接关系到注塑件成型后的色泽质量。如果着色剂的分散性能、热稳定性

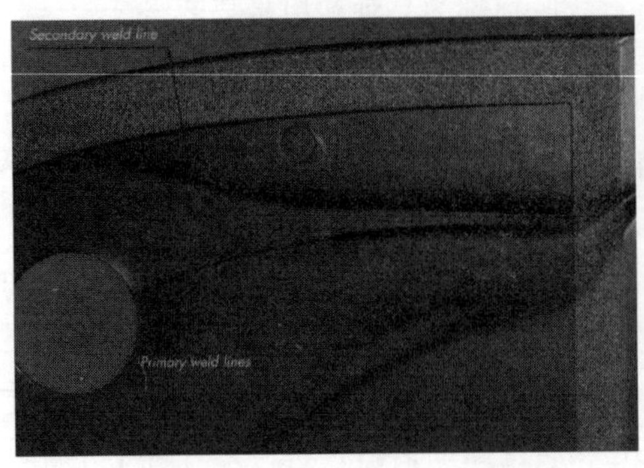

图 3-45 色泽不均

能及颗粒形态不能满足工艺要求，就不能生产出色泽良好的制品。

① 有的着色剂的形态呈薄片状，混入熔料中成型后会形成方向性的排列，导致注塑件表面色泽不均。

② 着色剂用干混的方法，与原料搅拌后黏附在料粒表面，进入机筒后分散性不好，导致色泽不均，见图 3-46。

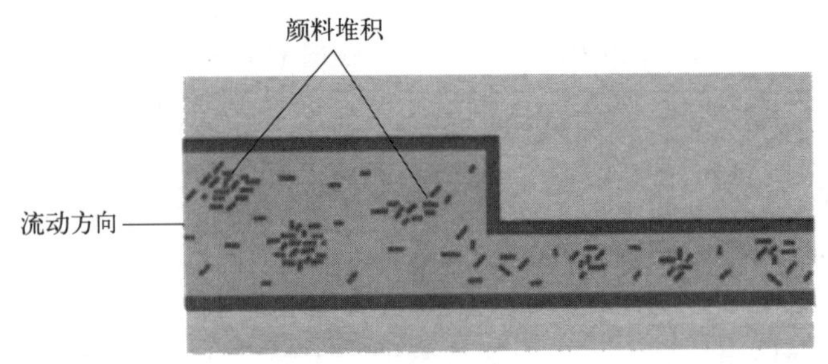

图 3-46 色母分散不均

③ 如果着色剂或添加剂的热稳定性差，在机筒中很容易受热分解，导致塑料件变色。

④ 着色剂很容易飘浮在空气中，沉积在料斗及其他部位，污染注塑机及模具，引起注塑件表面色泽不均。如果注塑设备模具受到着色剂的污染，应彻底清理料斗、机筒及模具型腔。

⑤ 在选用着色剂时应对照工艺条件和塑料件的色泽要求进行筛选，特别是耐热温度、分散特性等重要的指标，必须满足工艺要求。

⑥ 大多数注塑厂本身并不生产塑料母料或色母，在生产管理和原材料检验上要加强塑料母料或色母的控制。

⑦ 在色母进厂及批量生产前要进行抽检试色，既要同客户提供的色板比较，又要参考上次、本次中使用的色母。

⑧ 在色差的比较中最好用色差仪进行检测，如果色差在允许的范围内或目视颜色相差不大，可判定合格。

⑨ 现在有很多公司采用色母机加入色母，为控制色差提供了很大的帮助。色母机的使用应注意以下问题：

a. 通过实验确定色母添加量，然后再通过色母机螺杆转速的调整来配合塑化时间，保证塑化完成结束时色母添加完毕。

b. 在使用色母机时需注意，因色母机出口较小，使用一段时间后，可能会因为色母机螺杆中积存的原料粉粒造成下料不准，甚至造成生产时停转，因此需定期对色母机螺杆进行清理。

3. 设备方面的影响

① 生产中常常会遇到因某个加热圈损坏或部分失控，导致机筒温度剧烈变化，塑化不良或材料分解产生色差。加热圈损坏和加热控制部分失控判定方法：一般加热圈损坏失效产生色差的同时会伴随着塑化不均现象，而加热控制部分失控常伴随着产品气斑、严重变色甚至焦化现象。因此，生产中需经常检查加热部分，发现加热部分损坏或失控时及时更换维修，以减少这类色差问题。

② 当机筒或喷嘴处有焦化熔料积留时，应彻底清理机筒和喷嘴。

4. 注塑工艺的影响

① 非色差原因需调整注塑工艺参数时，尽可能不改变塑化温度、背压、注塑周期及色母加入量，如需调整要观察工艺参数改变对色泽的影响，如发现有色差应及时调回。

② 尽可能避免使用高注射速度、高背压等引起强剪切作用的注塑工艺，防止热分解等因素造成的色差。

③ 合理设置机筒各加热段温度，特别是喷嘴和紧靠喷嘴段的加热温度。

④ 塑化不良，即熔体不能完全均匀地混合，也会造成产品色泽不均，见图 3-47。

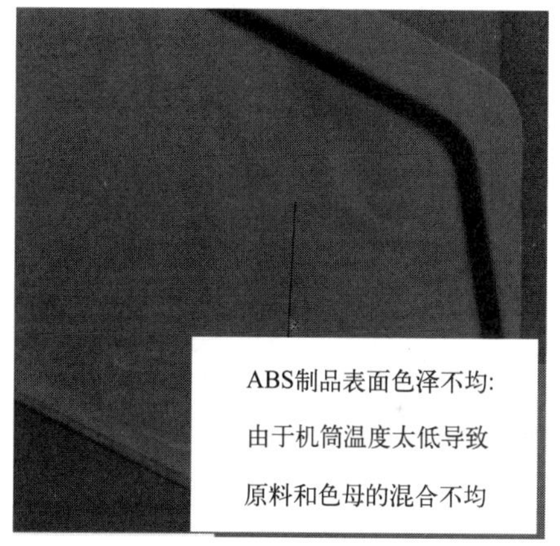

图 3-47 塑化不良引起色泽不均

5. 模具方面的影响

① 脱模剂、顶针与顶针孔摩擦的污物混入熔料内，都会导致塑件表面变色，生产前应进行模腔清洁。

② 模具排气不良，可适当减少合模力，重新定位浇口，并将排气孔设置在充模末端。

③ 模具温度对于熔料结晶度影响较大。在成型聚酰胺等结晶型塑料时，若模具温度较低，熔料结晶缓慢，制件表面呈透明色；若模具温度较高，熔料结晶较快，塑料件则成为半透明或乳白色。通过调整模具温度可以控制注塑件的表面色泽。

十九、分层

分层（表层脱皮）是指物料内的各层未能完全融合在一起，有脱皮现象，可能发生在浇口位置或者注塑件其他位置，见图 3-48。

1. 分层的形成原因

① 混入了其他不相容的聚合物。

② 成型时使用了过多的脱模剂。

③ 型腔内熔体温度过低。

④ 塑料烘干不良，水分过多。

⑤ 浇口和流道存在尖锐的角。

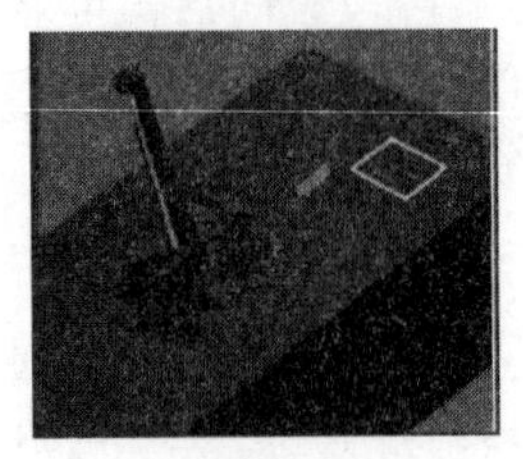

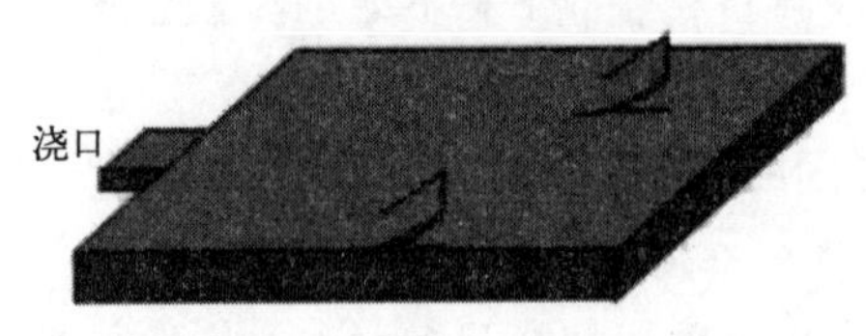

图 3-48　分层

⑥ 塑化不良，树脂温度不一致。

2. 分层的改善对策

分层的改善对策见表 3-3。

表 3-3　分层的改善对策

材料方面	避免不相溶的杂质或受污染的回收料混入原料中
模具方面	对所有存在尖锐角度的流道或浇口进行处理，实现平滑过渡
工艺条件	提高机筒和模具温度 生产前对材料进行充分的干燥处理 避免使用过多的脱模剂 优化塑化参数，保证熔料塑化均匀

二十、料丝（拉丝）

料丝（拉丝）指注塑件流道处拉出的熔料丝。拉出的料丝一部分在产品流道末端，一部分在喷嘴处或热流道口处。

1. 料丝的形成原因

① 料丝一般情况下分为两种：注塑机喷嘴处的料丝和热流道口的料丝。

② 所有料丝都发生在熔融态的塑料与类固态（高弹态）的塑料接触处，是熔融态塑料被拉出成丝的结果。

③ 喷嘴处和热流道口处恰是熔融态的塑料与类固态（高弹态）的塑料接触处，所以拉丝就在这里产生。

④ 若拉出的料丝或者粘在产品表面形成废品，或者粘在模具分型面上压坏模具，对生产影响很大。

2. 料丝的改善对策

（1）材料本身的问题

正常加工温度范围内黏度过低，容易产生拉丝，比如 PA、PP 等。这种情况的预防措施有 3 个：

① 采用针阀模具。

② 生产中使用座台退的方式。

③ 采用自锁喷嘴。

（2）塑化温度高导致熔料黏度过低

这种情况适用大多数材料，特别是热敏性材料。预防措施主要有 2 个：

① 降低喷嘴或热流道口处的温度。一般降低 10～20℃即可。

② 启用螺杆射退的功能或增加射退的距离。距离一般在 5～10mm。

(3) 参数设置不良

有时背压过大，需减小背压。

二十一、脆化

脆化（脆裂）是指注塑件的强度比预期强度低，使塑料件不能承受预定的负载，见图 3-49。

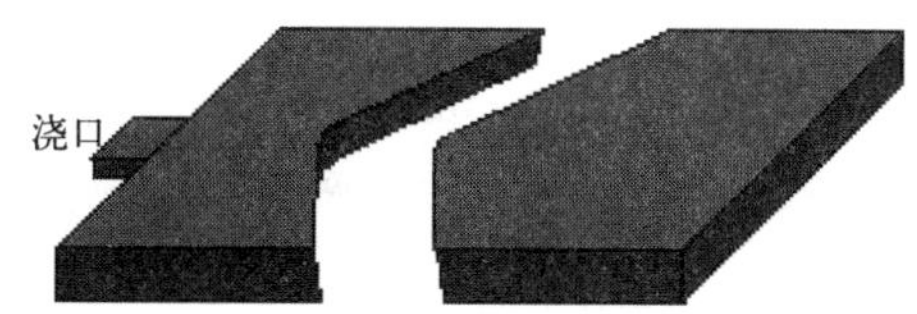

图 3-49　塑料件脆化导致断裂

1. 脆化的形成原因

脆化的形成原因是材料裂解，使分子链变短，分子量变低，结果使得塑料件的物理性质降低。注塑件脆化可能导致断裂或破坏，注塑过程中造成塑料裂解的因素包括：

① 机筒温度：机筒温度过高可能使塑料裂解，造成产品脆化。

② 高螺杆转速：塑化阶段的螺杆转速太快，生成过量的剪切热，使材料裂解。

③ 流道的尺寸：熔料流经狭小的流道，会产生大量的剪切热，使塑料裂解。

④ 注射量偏小：注射量低于注塑机最大射出量的 20%，塑料在机筒内停留时间长而发生裂解。热敏性塑料更加明显。

2. 脆化的改善对策

(1) 材料方面

① 材料烘干，设定适当的干燥工艺。过长的干燥时间或过高的干燥温度，可能造成塑料脆化或裂解。可以参考塑料供货商提供的最佳干燥条件。

② 选用高强度和热稳定性良好的塑料。

③ 控制回收料比例。添加回收料会降低产品强度，要控制回收塑料添加比例。

④ 防止混料。生产换型更换塑料时，对射出系统、料斗要彻底清理，避免出现混料或杂料。

(2) 模具方面

① 改善排气系统，流动路径的末端和盲孔的排气系统要特别重视。

② 加大流道或浇口尺寸，太过狭窄的流道、浇口可能产生过量的剪切热，造成塑料裂解。

(3) 设备方面

① 选择适合所用塑料的螺杆，以避免塑料过热而裂解。

② 选择合适的机台生产，射出量维持在注塑机规格的 20%～80%，减少材料在螺杆中的停留时间。

③ 检查机筒、螺杆表面是否有损伤，以免熔料滞留，造成塑料过热或分解。

④ 检查加热圈或温度控制器是否有故障，避免加热异常造成塑料过热分解。

(4) 成型工艺方面

① 设定合适的机筒温度和喷嘴温度，根据材料特性表或材料供应商推荐的工艺范围设定。

② 科学合理地设定背压、螺杆转速、射出速度或射出压力参数，以避免太高的剪切热造成裂解。

二十二、黑点

黑点是在注塑件表面呈现的暗色点或暗色条纹，见图 3-50。褐斑或褐纹是指相同类型的瑕疵。

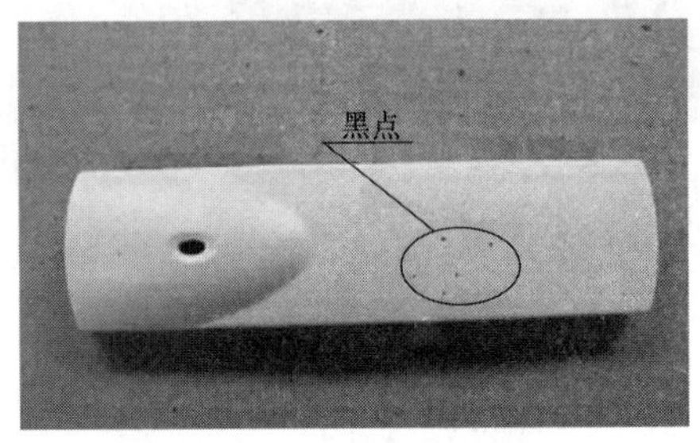

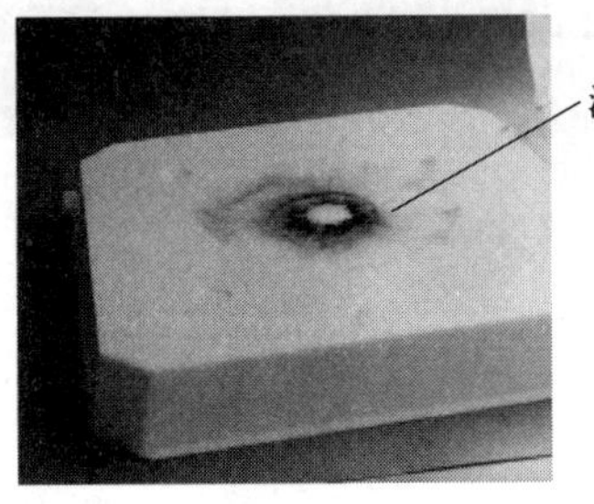

图 3-50　产品黑点或黑斑

1. 设备方面

① 对存在设备故障引起熔料滞留的部位及时维修整改，见图 3-51。

a. 喷嘴和模具衬套配合不良。

b. 喷嘴和法兰、法兰和机筒配合不良。

c. 止逆环、螺杆表面损伤或镀层脱落引起熔料滞留。

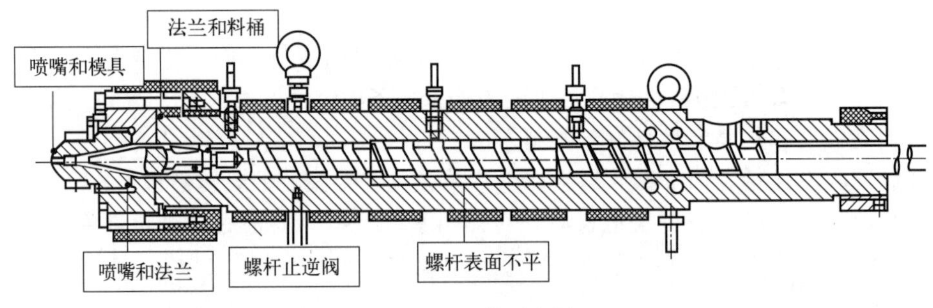

图 3-51　机筒示意图

② 使用螺杆清洗剂清洗螺杆，可以提高清洗效果，缩短清洗时间。

③ 对热敏性材料，制定螺杆清洗方案，生产完后要及时清洗螺杆。

④ 对于光学产品或质量要求较高的产品，采用专机专用，减少材料转换对生产的影响。

2. 工艺方面

① 检查机筒设定温度、热流道温度是否过高，建议测量熔料实际温度。

② 检查材料在机筒内滞留时间是否太长，使用容量适合的注塑机。

3. 材料方面

① 检查材料输送过程是否有异物混入。

② 检查回收料是否干净。

③ 检查干燥机和机筒（材料输送过程）是否清理干净。

4. 模具方面

① 生产前先清理模具。黑纹有可能是滑块和顶针的润滑油脂所造成的。

② 定期清理模具分型面，以免这些区域累积污垢杂质产生黑点。

二十三、浮纤

浮纤（玻璃纤维痕）是玻璃纤维露在产品表面，使产品出现消光面痕和粗糙表面的一种现象，外观上比较难以接受，见图 3-52。

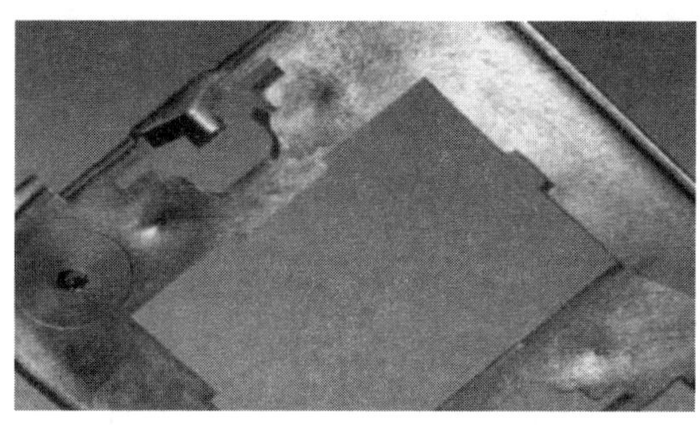

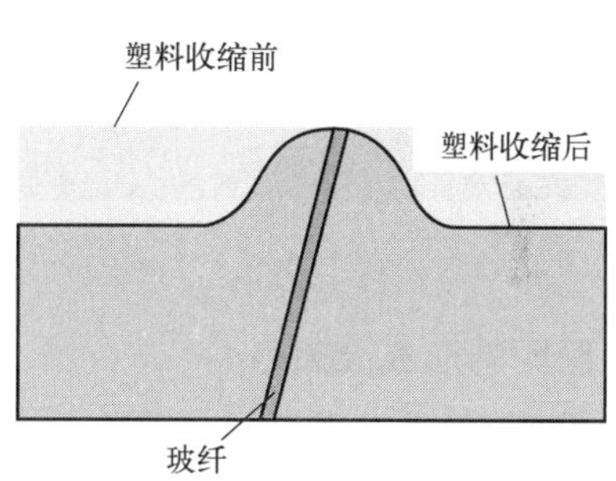

图 3-52　浮纤（玻璃纤维痕）

1. 浮纤的形成原因

① 在添加玻璃纤维这类填充物的时候，一般采用物理混合方法，使玻璃纤维均匀分散在塑料中间，但在塑料熔化后，混合物会出现不同程度的分离（视添加的比例和玻璃纤维的长短而定）。

② 在注射的时候，玻璃纤维相对于塑料的流动要差很多，塑料在模具中的流动是喷泉式流动（喷泉效应），以从中间往两边翻动的方式流动，所以流动性最好的肯定是在最前面，流动性不好的就会停留在模具表面，熔料中的玻璃纤维就如同依附河岸边的树枝，外露在熔料表面，即玻璃纤维外露，也就是浮纤。

2. 浮纤的改善对策

（1）增加充填速度

在增加注射速度之后，玻璃纤维和塑料虽然流速不同，但相对于高速注射而言，这个速度差较小，就像河流在激流地段永远不会有树枝留下一样。

（2）提高模具温度

增高模具温度，就是为了减少玻璃纤维和模具接触阻力，让玻璃纤维和塑料的速度差尽量变小。并且让塑料流动时的中间熔融层尽量厚，让两边的表皮层尽量薄，就好像光滑的河岸无法留住树枝一样。高速高温成型技术（RHCM）就是利用这个原理来做到外观无浮纤的。

（3）降低螺杆计量段的温度，减少熔料量

玻璃纤维在高压高氧气体环境中很容易燃烧，分解物质容易堵住模具排气通道，造成模具很难排气，使产品困气烧焦。通过降低螺杆计量段的温度可以防止熔料温度偏高，注射时材料受剪切分解。减少熔料量，注射后余料量少，减少材料在机筒的停留时间，也可以防止材料分解。

二十四、积垢

积垢是塑料中低分子物质分离出并黏附在模腔表面形成的，见图 3-53。通常出现在浇口或排气位置附近，导致注塑件表面出现瑕疵或光亮度有差别。

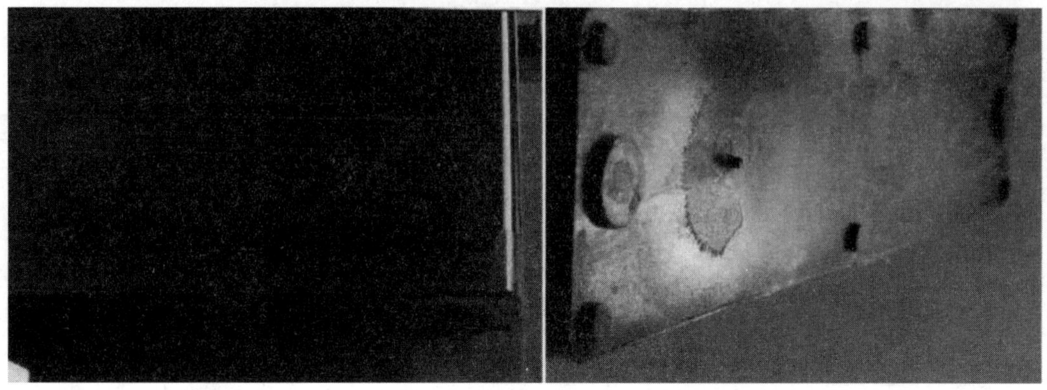

图 3-53　积垢

1. 积垢的形成原因

① 在模具浇口处熔料流动速度很快，在熔体内产生很大的应力，低分子量聚合物组分与熔体其他组分分离，并堆积在模具浇口附近形成积垢。

② 模内排气不良，在困气处容易出现产品烧焦分解，分解物黏附于模具形成积垢。

③ 在模腔内所受的剪切力过大，如射速太高。

④ 熔料温度过高，在注塑过程中分解。

⑤ 螺杆转速过高，剪切力过大。

⑥ 添加剂，如阻燃剂、润滑剂和着色剂与基料不能熔合，都容易产生积垢。

⑦ 生产过程中的物料含有大量的水分。

⑧ 烘干时间太久，烘干温度高，都会引起材料分解。

2. 积垢的改善对策

积垢的改善对策见表 3-4。

表 3-4　积垢的改善对策

原因	对策
材料方面	控制添加剂用量 控制回收料添加比例 参照物性表，设定适宜的烘干温度和时间。禁止长时间烘干材料
模具设计	优化浇口形式，减小浇口处剪切力 改善模具排气，注意熔接线汇合处和熔料流动末端的排气
注塑工艺	采用多级注塑，降低浇口处和模具内剪切大处的注射速度 设定适宜的塑化温度，注意实际熔料温度的测量 优化塑化参数，减少材料剪切分解

二十五、白线

白线是聚合物在拉伸应力作用下，由于应力集中而产生的空化条纹状形变区，这些形变区强烈反射可见光，目视产品表面形成一片银白色光泽线条区域，俗称白线，见图 3-54。

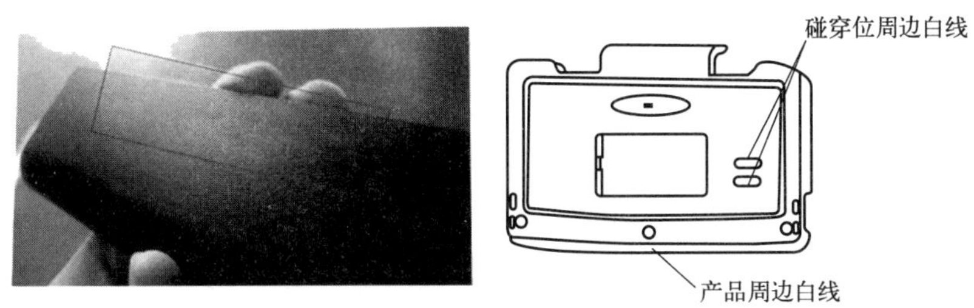

图 3-54　白线

1. 白线的形成原因

(1) 白线的特点

① 白线区域平均密度低于本体密度，受拉后体积增大。

② 退火后可回缩或消失，若恶化严重则变成裂纹。

本体（未受拉状态）、白线、裂纹，见图 3-55。

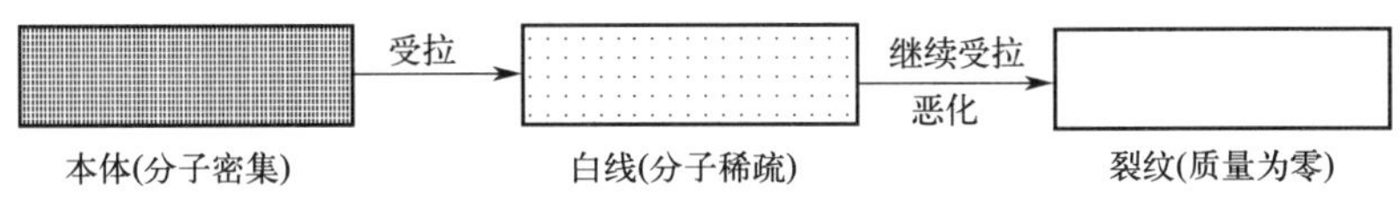

图 3-55　聚合物分子链在不同状态下分布示意图

(2) 常见白线的位置

① 产品分型面附近。

② 碰穿位周边。

③ 周边止口位。

④ 塑料件尖角、熔接线处。

(3) 形成白线的几种情况

① 锁模力不足。

② 前模大镶件分型面发生永久变形。

③ 塑料件周边残余应力过大。

④ 产品内应力集中处受环境因素作用。

(4) 几种情况白线的原因分析

① 锁模力不足产生白线分析。

锁模力不足指模具锁紧力（$F_{锁}$）小于充填时熔体对模具型腔的最大内胀力（$F_{内max}$）。图 3-56(a) 为型腔压力（内胀力）-时间曲线（$F_{内}$-t），图中 Oa 段 $F_{锁}>F_{内}$，此阶段模具处于锁紧状态；进入 ab 段后，$F_{锁}<F_{内}$，则模具被熔体胀开，产品分型面周边生成飞边；进入 bc 段，因 $F_{锁}>F_{内}$，模具有锁紧趋势，此时动模腔表面受到三个力作用，即 $F_{内}$、$F_{锁}$、$F_{支}$ [$F_{支}$ 为熔体因渐渐冷却而产生对动模腔表面的一个支持力，此力随时间的变化关系，见图 3-56(b)]。

所以当 $F_{锁}>F_{内}+F_{支}$ 时，模具要合紧，注塑件受压缩，由于周边有一定的脱模斜度，所以整个周边此时受到一个沿锁模方向的拉应力，而分型面处塑料件最薄弱（因有飞边而存在尖角），故白线往往出现在图示尖角附近，见图 3-57。

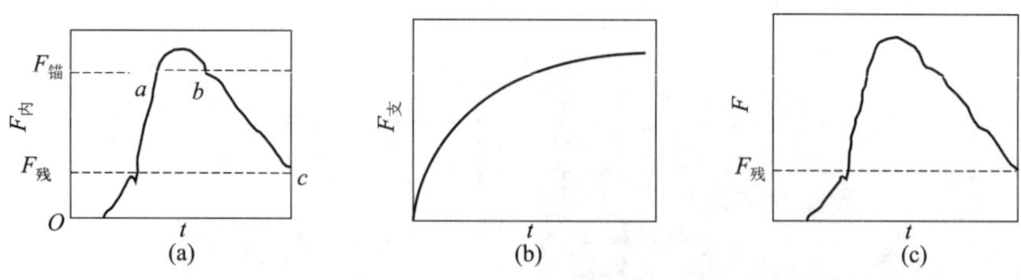

图 3-56 表面三个力随时间的变化关系

$F_{内}$—熔体对型腔的内胀力（变值）；$F_{残}$—胶件残余应力

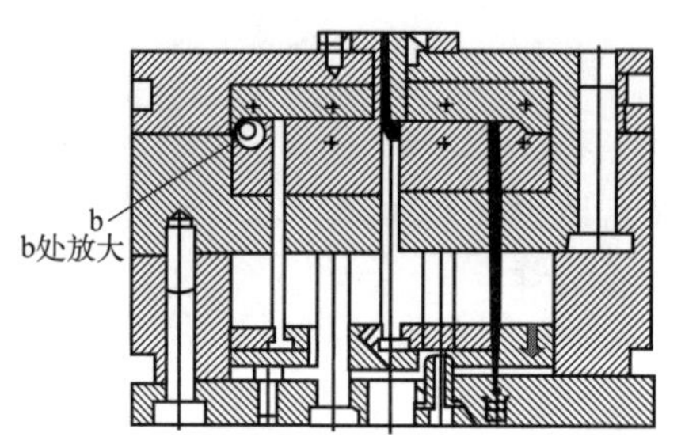

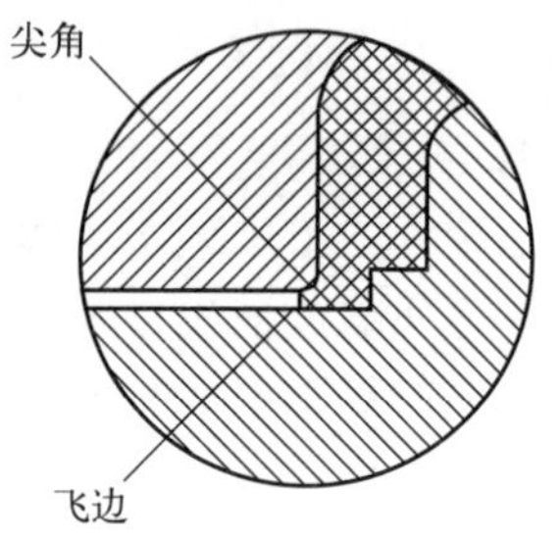

图 3-57 尖角附近白线

正常注塑情况下，$F_{锁}>F_{内max}$，在整个充填过程中，模具处于锁紧状态，产品周边没有受到一个沿锁模方向的拉应力，且无飞边产生。故不会因锁模力产生白线，见图 3-56(c)。

② 前模大镶件分型面发生永久变形产生白线分析。

模具大镶件长期受压，甚至有时实际锁模力超过其所能受的最大压力，导致大镶件的永久性变形。根据模具结构，往往凹模易变形，见图 3-58。

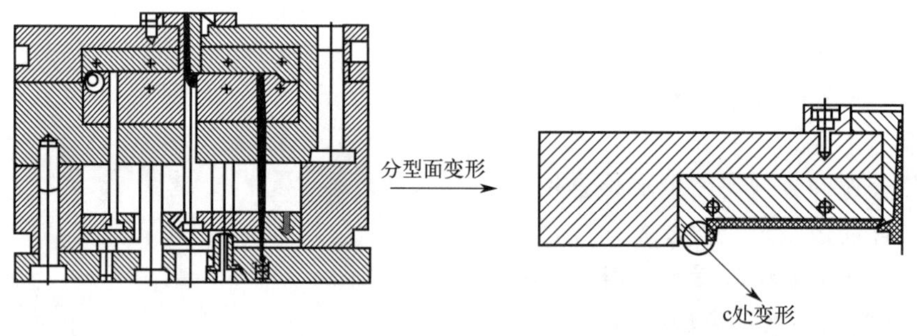

图 3-58 镶件的变形引起白线

③ 塑料件周边残余应力过大（超过大气压力）产生白线分析。

脱模过程中，塑料件外层从残余应力下突然暴露在大气压力下，塑料件内层挤压外层（因残余应力作用），在脱模的一瞬间，暴露在大气压中的塑料件部位迅速膨胀。如图 3-59（b）制件 e 处受到极大的拉应力，所以此处易出现白线。白线之处往往是受力较大或比较薄弱的地方。

④ 产品内应力集中处受环境因素作用。

应力集中处是产品最薄弱的环节（如尖角、熔接不好、高度取向等），其受化学物质、光照、浸湿、溶剂等作用，高分子链容易被破坏（收缩或断裂），因而易产生白线或裂纹。

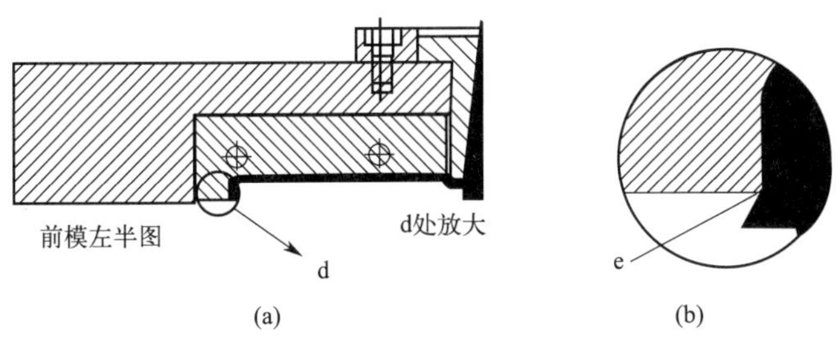

图 3-59　塑料件 e 处受到的拉应力

2. 白线的改善对策

（1）锁模力不足

① 加大锁模力，防止模具胀开。

② 增加撑头，确保后模板不变形，避免产品碰穿位出现白线。

（2）前模大镶件分型面发生永久变形

① 提高原材料冲击强度，使塑料件能承受较大的形变。

② 提高模具钢材强度，使其能够承受所要求的锁模力。

③ 适当升高模温，加大聚合物分子间距离，使塑料件压缩程度增大。

（3）塑料件周边残余应力过大

① 调整模具浇口位置，使产品进料趋于平衡，避免局部物料过饱现象，使产品密度均匀。

② 在保证产品质量的基础上，减少保压、背压，调节好保压切换点，避免塑料件过饱。

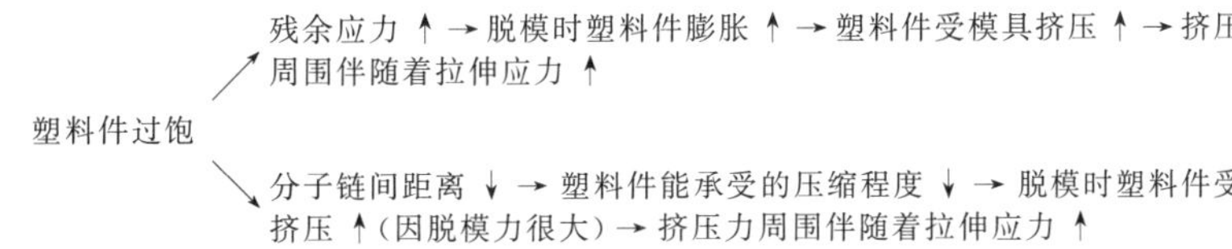

③ 改进产品设计，避免尖角，见图 3-60。

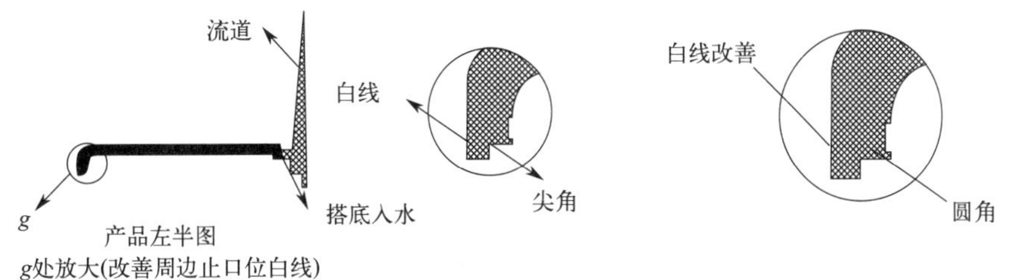

图 3-60　产品设计尖角改圆角

（4）产品内应力集中处受环境因素作用

① 充填时防止冷料进入模腔，避免浇口处内应力。

② 避免塑料件暴晒、浸湿、接触溶剂等。

③ 对薄壁产品，其填充速度不宜太快，熔体流程不宜太长，避免塑料件内部分子链高度取向，导致较大的内应力。

二十六、顶针痕的形成原因与改善对策

顶针痕（顶针印或顶白）是产品表面局部顶出的痕迹，见图 3-61，顶针痕有陷入和凸出两种。

1. 顶针痕的形成原因

① 脱模斜度不够，脱模力大。

② 顶针的截面小，产品顶出位表面受顶出压力大，发生变形造成顶出部位泛白。

③ 脱模方向上模具表面粗糙，脱模力增大。

④ 冷却时间不足，产品脱模时强度不够，造成顶出发白。

⑤ 注射和保压参数不当。

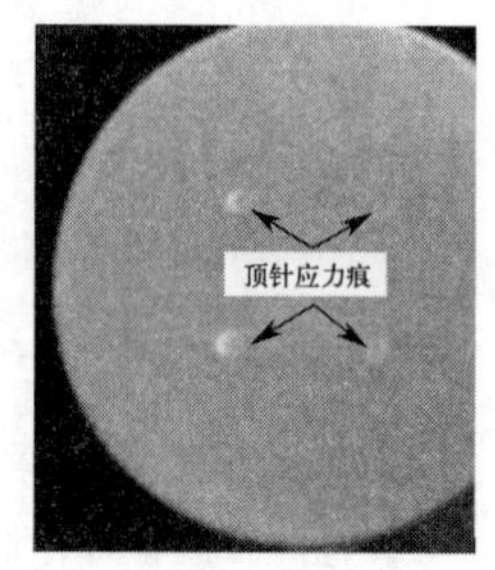

图 3-61 顶针痕

2. 顶针痕的改善对策

顶针痕的改善对策见表 3-5。

表 3-5 顶针痕的改善对策

成型工艺	模具方面
①保压太高:降低保压	①脱模斜度不够:加大脱模斜度
②保压时间过长:缩短保压时间	②顶针的截面小:加大顶截面
③产品充模过多:将保压切换提前	③脱模方向上表面粗糙:对模具进行抛光
④冷却时间太短:延长冷却时间	④顶出侧产品形成真空:型芯内装吹气装置

第四章 特殊注塑成型工艺

第一节　气体辅助注塑成型

一、简介

1. 气体辅助注塑成型（GIM）技术应用情况

气体辅助（简称气辅）注塑成型作为一项非常成熟的技术已经在塑料加工工业中有了多年的应用历史。该技术一个最重要的应用领域为厚壁塑件的生产，例如生产汽车手柄及其类似产品。板型件或其他局部加厚的塑件也是其重要应用领域。

气体辅助注塑成型是通过把高压惰性气体引入制件的厚壁部位，在注塑件内部产生中空截面，并推动熔体完成充填过程、实现气体均匀保压，或者利用气体直接实现制件局部高压保压、消除制品缩痕的一项塑料成型技术。传统注塑工艺不能将厚壁和薄壁结合在一起成型，而且制件残余应力大，易翘曲变形，表面有缩痕。气辅技术通过把厚壁的内部掏空，成功地生产出厚壁和薄壁结合的制品，而且制品外观表面良好，产品品质优异，内应力低。

2. 气体辅助注塑成型所需的资源

① 注塑成型机；

② 气体来源（氮气发生器）；

③ 输送气体的管道；

④ 控制氮气有效流动的设备（氮气控制台）；

⑤ 带有气道设置的成型模具（气辅模具）。

3. 气体辅助注塑成型进气方式的确定原则

① 气辅注塑成型的进气方式可分为喷嘴进气和模具进气两种，采用喷嘴进气须对注塑机的喷嘴进行改造，使其既有熔体通路也有气体通路，在熔体注射结束后切换到气体通路实现气体注射；采用模具进气不须要改造注塑机的喷嘴，但须在模具中开设气体通路并加设专门的进气元件（气针），在气体压力控制下工作，引导气体进入模具型腔。

② 进气方式的选用要视制品的具体情况而定。采用喷嘴进气方式，塑料与气体通过同一流道并且流动填充方向一致，其原理与传统注塑几乎没有区别；而采用模具气针进气方式，会有气体的流动方向与塑料流动方向相反的情况。如在电视机前壳中使用喷嘴进气方式更为合理；模具气针进气方式一般用于热流道模具或制件需要加强的部位离浇口比较远的情况，如电视机后壳模具及一些流动长度比较大的长条形制品。

4. 应用气体辅助注塑成型技术的优点

① 节省塑胶原料，最高可节省50%。

② 缩短成型周期（CT）。
③ 降低注塑机的锁模压力，可高达 60%。
④ 提高注塑机的工作寿命。
⑤ 降低模腔内的压力，使模具的损耗减少并提高模具的工作寿命。
⑥ 对某些塑料产品，模具可采用铝质金属材料。
⑦ 降低产品的内应力。
⑧ 解决和消除产品表面缩痕问题。
⑨ 简化产品繁琐的设计。
⑩ 降低注塑机的耗电量。
⑪ 降低注塑机和开发模具的投资成本。
⑫ 降低生产成本。

二、气辅设备

1. 气辅设备组成

气辅设备包括氮气发生器［图 4-1(a)］和气辅控制器［图 4-1(b)］。它是独立于注塑机外的另一套系统，其与注塑机的唯一接口是注射信号端口。生产时注塑机将注射开始或螺杆位置信号传递给气辅控制单元，来启动和控制注气过程。随着注塑生产的循环，气辅注气反复进行。

气辅注塑所使用的气体必须是惰性气体（通常为氮气），气体最高压力为 35MPa，特殊者可达 70MPa，氮气纯度≥98%。

气辅控制器是控制注气时间和注气压力的装置，它具有多组气路设计，可同时控制多台注塑机的气辅生产，气辅控制器设有气体回收功能，尽可能降低气体耗用量。

(a) 氮气发生器

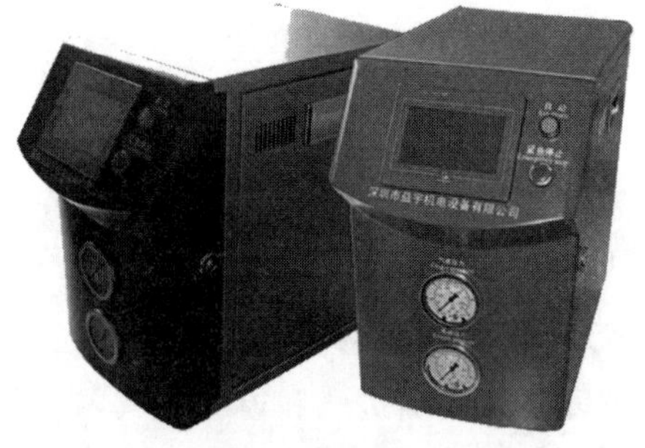
(b) 气辅控制器

(c) 高压氮气压缩机

图 4-1 气辅设备

2. 气体辅助注射成型设备配置

(1) 气驱式增压机、气辅控制台

这种配置比较经济［如一台 120L/min（20℃、1.01325×10^5Pa 下的流量，实际生产中也用 NL/min，即标准升每分钟）气动增压机配上一台手提式控制台］，使用这种配置，操作方便，接上外购的瓶装氮气即可增压并控制气体的输出。但其输出的高压氮气流量较小，较难满足耗氮气量大且注塑周期很短的产品生产。

（2）电动高压压缩机、气辅控制台

这种配置也可用外购的瓶装氮气为气源（如瓶装氮气经电动高压压缩机，再配上手提式控制台），通常电动高压氮气压缩机［图 4-1(c)］可提供较大的高压氮气流量，可以同时供给几个控制台输出气量，控制多副模具生产。但要经常更换氮气瓶。

（3）氮气产生机、电动高压压缩机和气辅控制台

这是一种整套制氮机经高压压缩机增压后配上气辅控制器的配置。这是一种较理想的配置，有高压氮气发生器为控制器的氮气来源，不需另外购买瓶装氮气，而且一部高压氮气发生器可作为多台气辅控制台的氮气来源，可同时控制多副模具生产。但这种配置的投资成本较高。

3. 注塑机设备配套要求

① 弹弓喷嘴，以防止高压气体跑进注塑机的螺杆里。

② 注塑机外接注射开始信号点，传递注塑位置信号给气辅主系统，控制高压氮气注气动作的开启。

三、气辅注塑模具

1. 气辅注塑模具组成

气辅注塑模具与传统注塑模具无多大差别，只增加了进气元件（称为气针，图 4-2），并增加气道的设计。所谓“气道”可简单理解为气体的通道，即气体进入后所流经的路径。气道有些是制品的一部分，有些是为引导气流而专门设计的料位。如果气道与流料方向完全一致，那最有利于气体的穿透，气道的掏空率最大。因此在模具设计时尽可能将气道与流料方向保持一致。

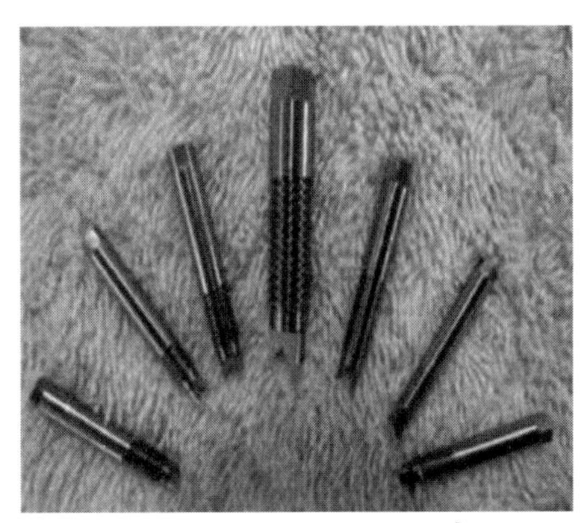

图 4-2　气针

气针是气辅注塑模具很关键的部件，它直接影响工艺的稳定和产品质量。气针的核心部分是由众多细小缝隙组成的圆柱体，缝隙大小直接影响出气量。缝隙大，则出气量也大，对注塑充模有利，但缝隙太大会被熔料堵塞，出气量反而下降。

2. 气辅注塑模具设计要点

① 设计时先考虑哪些壁厚需要掏空，哪些表面的缩痕需要消除，再考虑如何连接这些部位成为气道。

② 大的结构件全面打薄，局部加厚为气道。

③ 气道应依据主要的料流方向均衡地配置到整个模腔上，同时应避免闭路式的气道。

④ 气道的截面形状应接近圆形以使气体流动顺畅，气道的截面大小要合适，气道太小可能引起气体渗透，气道太大则会引起熔接线或者气穴。

⑤ 气道应延伸到最后充填区域（一般在非外观面上），但不需要延伸到型腔边缘。

⑥ 主气道应尽量简单，分支气道长度尽量相等，支气道末端可逐步缩小，以阻止气体加速。

⑦ 气道能直则不弯（弯越小越好），气道转角处应采用较大的圆角半径。在加强筋、自

攻螺钉柱等结构的根部可布置气道，以利用结构件作为分气道补缩。

⑧ 对于多腔模具，每个型腔都需由独立的气嘴供气。

⑨ 若有可能，不让气体的推进有第二种选择。

⑩ 气体应局限于气道内，并穿透到气道的末端。

⑪ 精确的型腔尺寸非常重要。

⑫ 制品各部分均匀地冷却非常重要。

⑬ 采用浇口进气时，流动的平衡性对气体穿透的均匀性非常重要。

⑭ 准确的熔料注射量非常重要，每次注射量误差不应超过 0.5%。

⑮ 在最后充填处设置溢料井，可促进气体穿透，增加气道掏空率，消除迟滞痕，稳定制品品质。而在型腔和溢料井之间应加设阀浇口，可确保最后充填发生在溢料井内。

⑯ 气嘴进气时，小浇口可防止气体倒流入浇道。

⑰ 浇口可置于薄壁处，并且和进气口保持 30mm 以上的距离，以避免气体渗透和倒流。

⑱ 气嘴应置于厚壁处，并位于离最后充填处最远的地方。

⑲ 气嘴出气口方向应尽量和料流方向一致。

⑳ 气针的配合间隙应小于 0.02mm，以防止熔料进入气针间隙；气针外周与模具的密封必须良好，要求使用耐高温的密封圈。

㉑ 气针的结构形式要求能防止在冷却过程中氮气从气针与制品之间的间隙逸出。

㉒ 保持熔料流动前沿以均衡进度推进，同时避免形成 V 字形熔料流动前沿。

㉓ 采用缺料注射时，进气前未充填的型腔体积以不超过气道总体积的一半为准。

㉔ 采用满料注射时，应参照塑料的压力、比容和温度关系图，使气道总体积的一半约等于型腔内塑料的体积收缩量。

四、气辅注塑成型使用的气体

气体辅助注塑成型使用的主要是氮气（N_2）。氮气是空气中含量最丰富的气体，无色、无味，透明，属于亚惰性气体，不能维持生命，不易发生化学反应。氮气的另一个优点是无毒、难燃、成本低。高纯氮气常作为保护性气体，用于隔绝氧气或空气的场所。

氮气在空气中的含量为 78.084%（空气中各种气体的容积组分为 N_2 78.084%、O_2 20.9476%、氩气 0.9364%、CO_2 0.0314%，其他还有 H_2、CH_4、N_2O、O_3、SO_2、NO_2 等，但含量极少），分子量为 28，沸点－195.8℃，冷凝点－210℃。

压缩空气由于不洁净（主要是氧气），在高温、高压情况下发生化学反应而导致材料降解或腐蚀，所以不适用。

五、气体辅助注塑成型的工艺流程

1. 以短射制程为例，一般包括以下几个阶段

第一阶段　塑料填充：按照一般的注塑成型工艺把一定量的熔融塑料注射入型腔，见图 4-3(a)。

第二阶段　气体注入：在熔融塑料尚未充满模腔之前，将高压氮气射入型腔的中央，见图 4-3(b)。

第三阶段　气体注射结束：高压气体推动制品中央尚未冷却的熔融塑料，一直到型腔末端，最后填满模腔，见图 4-3(c)。

第四阶段　气体压缩：塑料件的中空部分继续保持高压，压力迫使塑料向外紧贴模具，直到冷却下来，见图 4-3(d)。

第五阶段：塑料制品冷却定型后，排出制品内部的高压气体，然后开模取出制品。

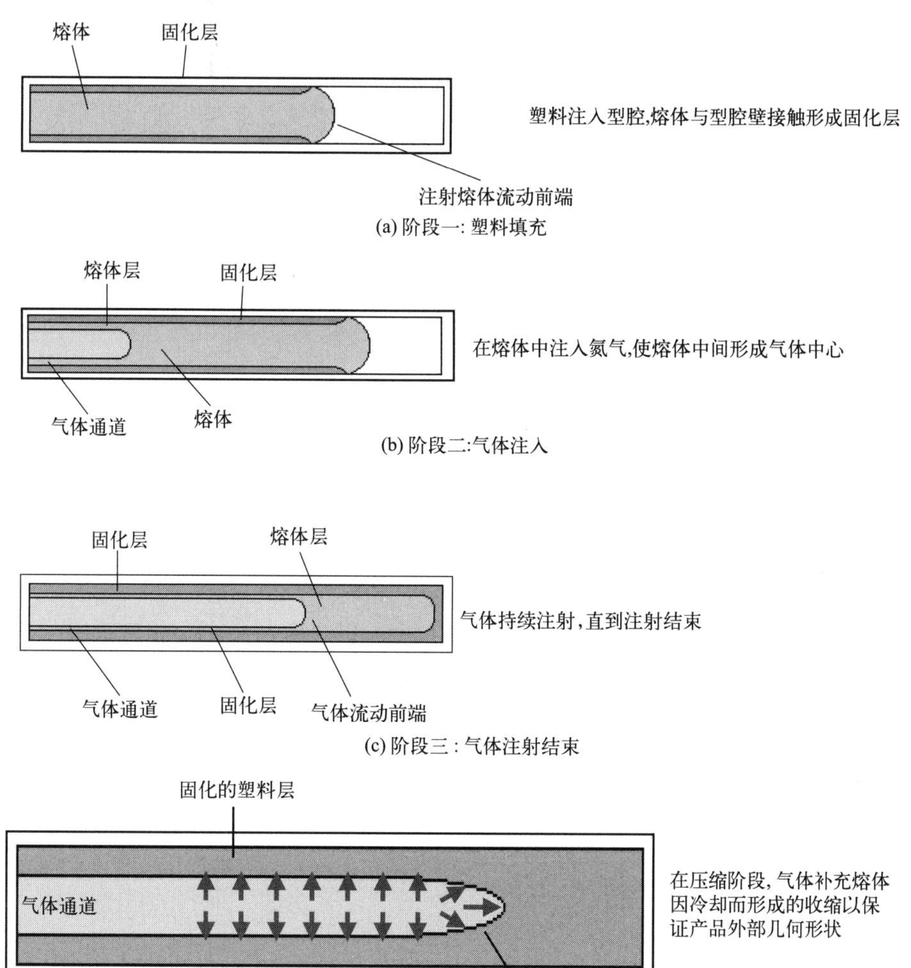

图 4-3　气体辅助注塑成型工艺流程

2. 气体辅助注塑成型周期

气体辅助注塑成型周期见图 4-4。

（1）注塑期

以定量熔融塑料充填入模腔内。所需塑料分量要通过实验找出来，以保证在充氮期间，气体不会把成品表面冲破，并能有一个适度的充氮体积。

（2）充气期

可以在注射阶段的中期或后期注入气体，气体注入的压力必须大于模腔内熔料压力，以推进熔料成中空状态。

（3）气体保压期

当成品内部被气体充填后，气体作用于成品中空部分的压力就成为保压压力，可大大降低成品的缩水率及变形率。

（4）脱模期

随着冷却周期完成，模具的气体压力降至大气压，成品由模腔内顶出。

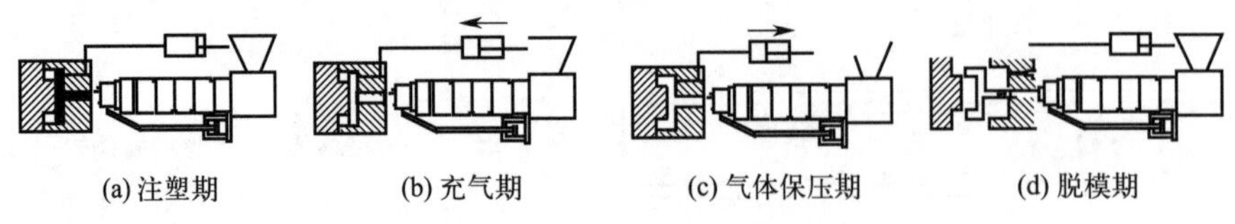

图 4-4　气体辅助注塑成型周期

3. 气体辅助注塑成型工艺原则

① 在气体射入点，气体的压力大于熔料压力时，气体才会射入塑料中。

② 气体射入后，必须防止由射入点溢出。

③ 气体进入熔料后，会沿着最小阻力的方向前进，如较厚的截面。

④ 在熔料内的气体会由高压区流向低压区。

⑤ 熔料在冷却定型时，其保压压力是由气体控制，而非注塑机。

⑥ 在一个连续的气道内，气体的压力在入口及末端是一样的（等压）。

⑦ 熔料内的气体必须在开模前排放到大气中或经回收循环使用。

⑧ 熔料冷却时体积收缩量，可由气体的膨胀来补偿。

⑨ 在注塑成型过程中，气体控制传送系统和注塑机注射动作必须相互配合。

⑩ 避免注塑机螺杆移动到最末端，防止熔料回流到螺杆前端的空隙中。

⑪ 若没有单向喷嘴，应尽可能将机筒储料的时间延后，以避免气体回流。

六、气体辅助注塑成型工艺条件的设定

（1）原材料的烘干温度与传统成型一致。

（2）机筒的塑化温度比传统注塑偏高。

（3）模温要求较严，冷却水路布置要使冷却效果均衡。

（4）注射速度

在保证制品表观不出现缺陷的情况下，尽可能使用较高的注射速度，使熔料尽快充填模腔，这时熔料温度仍保持较高，有利于气体的穿透及充模。

（5）保压设定

① 气体在推动熔料充满模腔后仍保持一定的压力，相当于传统注塑中的保压阶段，一般情况下气辅注塑工艺不用注塑机来保压。

② 有些制品由于结构原因仍需使用一定的注塑保压来保证产品表观的质量。但不可使用高的保压，因为保压过高会使气针封死，腔内气体不能回收，开模时极易产生吹爆。高保压也会使气体穿透受阻，有可能使制品出现更大缩痕。

（6）注射量

① 气辅注塑是采用所谓的“短射”（short size）方法，即先在模腔内注入一定量的熔料（通常为满射时的 70％～95％），然后再注入气体，实现充满过程。

② 熔料注射量与模具气道大小及模腔结构关系最大。气道截面越大，气体越易穿透，掏空率越高，适宜于采用较大的“短射率”。

③ 熔料注射量过多，则很容易发生熔料堆积，熔料多的地方会出现缩痕。

④ 熔料注射量太少，则会导致气体吹穿熔料。

七、气辅设备工艺设定

1. 氮气设备的设定

① 氮气发生器的压力一般设定在 30MPa 左右。

② 氮气控制台要素的设定（延迟时间、气体压入时间、气体保持时间、气体放气时间、压力的设定、气体速率）。

2. 注气参数

气辅控制单元是控制各阶段气体压力大小的装置，气辅参数只有两个值：注气时间（s）和注气压力（MPa）。

（1）气体压力

气体压力与材料的流动性关系最大。流动性好的材料（如 PP）采用较低的注气压力。气体压力大，易于穿透，但容易吹穿；气体压力小，可能出现充模不足，填不满或制品表面有缩痕。几种材料推荐压力见表 4-1。

表 4-1　材料推荐压力

塑料种类	熔体流动速率/(g/10min)	使用气压/MPa
PP	20～30	8～10
HIPS	2～10	15～20
ABS	1～5	20～25

（2）注气速度

注气速度高，可在熔料温度较高的情况下充满模腔。对流程长或气道小的模具，提高注气速度有利于熔料的充模，可改善产品表面的质量。但注气速度太快可能出现吹穿，对气道粗大的制品则可能会产生表面流痕、气纹等缺陷。

（3）延迟时间

延迟时间是注塑机注射开始到气辅控制单元开始注气时的时间段，可以理解为反映注射和注气“同步性”的参数。延迟时间短，即在熔料还处于较高温度的情况下开始注气，显然有利于气体穿透及充模，但延迟时间太短，气体容易发散，掏空形状不佳，掏空率亦不够。

八、气辅注塑成型产品常见缺陷及排除方法

1. 气体贯穿

气体贯穿缺陷可通过提高预填充量、加快注射速度、提高熔体温度、增加气体延迟时间或选用流动性较高的材料等方法来解决。

2. 无腔室或腔室太小

① 可以通过降低预填充程度。

② 提高熔体温度和气体压力。

③ 缩短气体延迟时间。

④ 选用流动性较高的材料。

⑤ 加大气体通道，使用侧腔方式等方法。

⑥ 检查气针有无故障或堵塞，气体管路有无泄漏。

3. 缩痕

① 降低熔体温度和预填充程度。

② 提高保压压力。

③ 缩短气体延迟时间。

④ 提高气体压力。

⑤ 延长气体泄压时间。

⑥ 降低模具温度。

⑦ 加大浇口直径、流道口和气道等。

⑧ 调整注气的压力曲线。

⑨ 检查管路和气针是否工作正常。

4. 重量不够稳定

① 降低注射速度。

② 提高储料背压。

③ 改进模具排气。

④ 改变浇口位置和加大浇口尺寸。

5. 气道壁太薄

① 降低注射速度。

② 降低机筒温度。

③ 降低气体压力、延长气体延迟时间。

④ 加大气道。

6. 指形效应

① 提高填充程度。

② 降低注射速度。

③ 降低机筒温度。

④ 降低气体压力。

⑤ 延长气体延迟时间，缩短气体泄压时间。

⑥ 重新设定注气的压力曲线。

⑦ 选用流动性较低的材料。

⑧ 降低模具温度。

⑨ 减小壁厚。

⑩ 改变浇口位置。

7. 气体进入机筒

① 提高熔体保压压力，延长保压时间。

② 降低喷嘴温度。

③ 降低气体压力。

④ 缩短气体保压时间和泄压时间。

⑤ 重新设定注气的压力曲线。

⑥ 减小浇口直径和改变浇口位置。

8. 脱模后产生爆裂

① 降低气体压力。

② 延长保压时间。

③ 重新设定注气的压力曲线，减小气量等。

④ 检查气针有无堵塞。

九、采用气体辅助注塑成型的主要产品

1. 车类

机动车乘客辅助手柄、卡车保险杠端帽、卡车滤油器外罩、卡车空气过滤器外罩、加油器管路、加速器踏板臂、制动器踏板臂、车门把手、椅子座、车门模板、椅子扶手、挡泥板外延、汽车保险杠、汽车侧镜安装座、汽车车牌座等，见图 4-5。

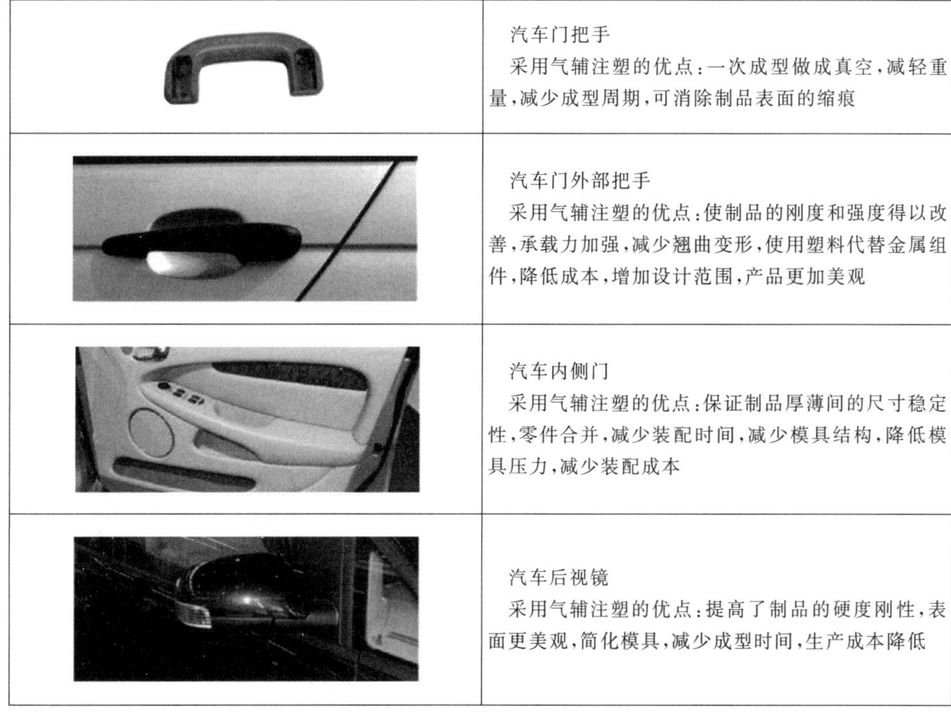

	汽车门把手 采用气辅注塑的优点：一次成型做成真空，减轻重量，减少成型周期，可消除制品表面的缩痕
	汽车门外部把手 采用气辅注塑的优点：使制品的刚度和强度得以改善，承载力加强，减少翘曲变形，使用塑料代替金属组件，降低成本，增加设计范围，产品更加美观
	汽车内侧门 采用气辅注塑的优点：保证制品厚薄间的尺寸稳定性，零件合并，减少装配时间，减少模具结构，降低模具压力，减少装配成本
	汽车后视镜 采用气辅注塑的优点：提高了制品的硬度刚性，表面更美观，简化模具，减少成型时间，生产成本降低

图 4-5　车类气辅产品

2. 家电类

电视机外壳、吸尘器储灰箱、饮水机外罩板、洗衣机搅拌器、洗碗机仪表板、音箱外壳、电冰箱门把手、气体过滤器机架、电视柜等，见图 4-6。

3. 办公用品类

传真机机座、电脑外壳、复印机面板、打印机提手、文具柜面板、打印机控制面板、打印机硒鼓、复印机纸张输入辊、鼠标外壳、计算机仪表盖、自动贩卖机外壳、移动式档案架、光驱托盘、服务器机箱面板、LCD 显示器支架、功率放大器机架、键盘包覆物等，见图 4-7。

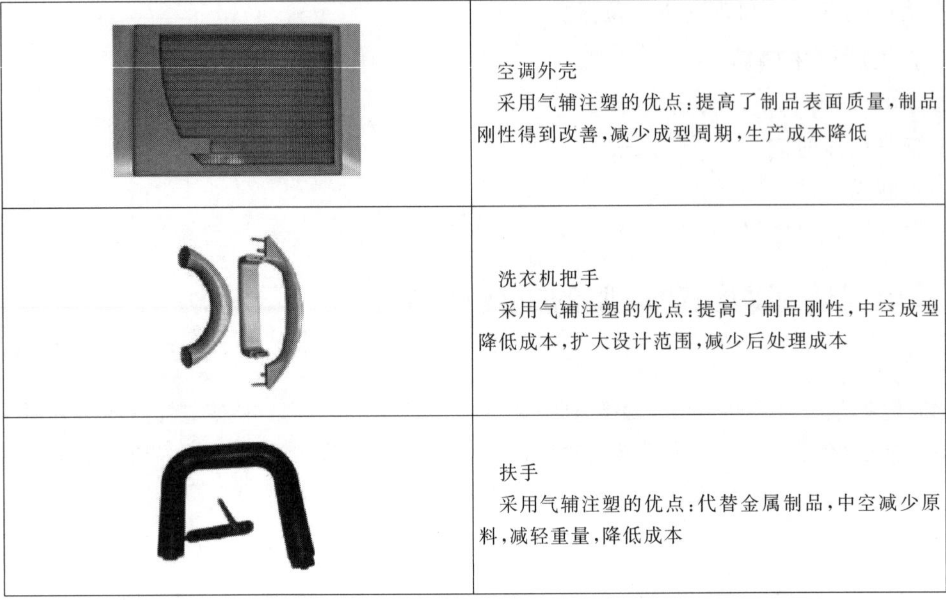

	空调外壳 采用气辅注塑的优点：提高了制品表面质量，制品刚性得到改善，减少成型周期，生产成本降低
	洗衣机把手 采用气辅注塑的优点：提高了制品刚性，中空成型降低成本，扩大设计范围，减少后处理成本
	扶手 采用气辅注塑的优点：代替金属制品，中空减少原料，减轻重量，降低成本

图 4-6　家电类气辅产品

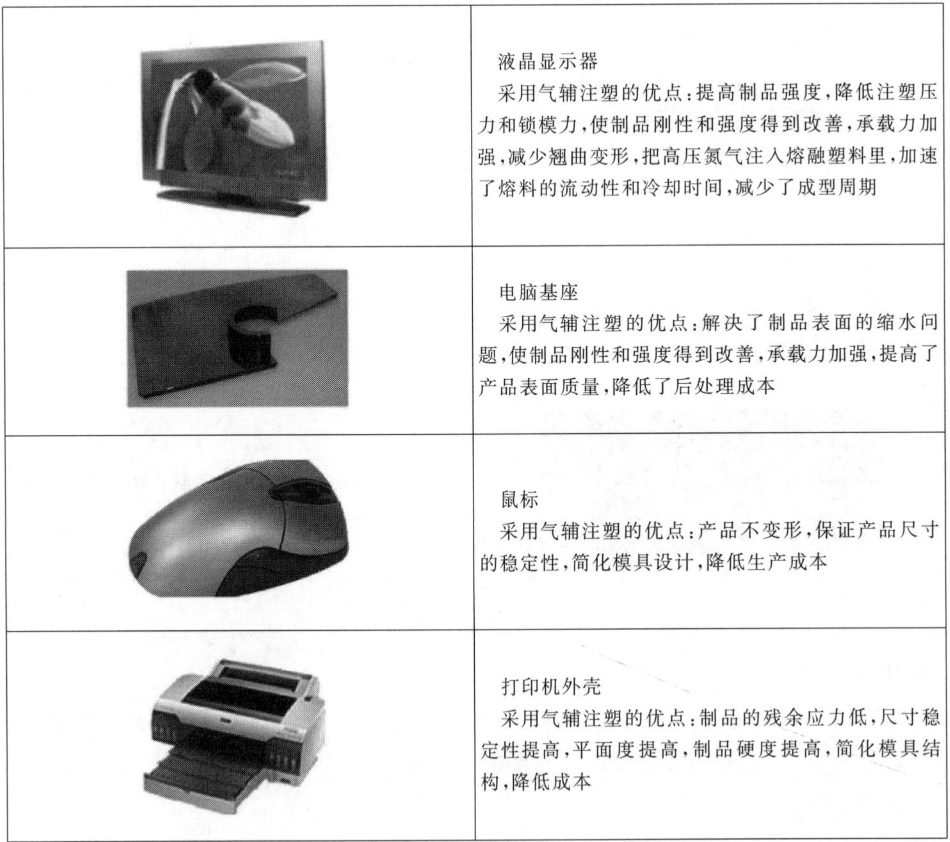

	液晶显示器 采用气辅注塑的优点：提高制品强度，降低注塑压力和锁模力，使制品刚性和强度得到改善，承载力加强，减少翘曲变形，把高压氮气注入熔融塑料里，加速了熔料的流动性和冷却时间，减少了成型周期
	电脑基座 采用气辅注塑的优点：解决了制品表面的缩水问题，使制品刚性和强度得到改善，承载力加强，提高了产品表面质量，降低了后处理成本
	鼠标 采用气辅注塑的优点：产品不变形，保证产品尺寸的稳定性，简化模具设计，降低生产成本
	打印机外壳 采用气辅注塑的优点：制品的残余应力低，尺寸稳定性提高，平面度提高，制品硬度提高，简化模具结构，降低成本

图 4-7　办公用品类气辅产品

4. 医疗器具

缓冲器仪表盘、医疗分析仪器外壳、医院病床护栏等。

第二节 注塑压缩成型

一、简介

1. 注塑压缩成型技术

注塑压缩成型，是一种注塑和压缩模塑的组合成型技术，又叫二次合模注塑成型。适用于各种热塑性工程塑料产品，如大尺寸的曲面零件，薄壁、微型化零件，光学镜片以及有良好抗冲击特性要求的零件。

2. 注塑压缩成型技术工作原理

注塑压缩成型要经过注塑和压缩两个阶段。熔料先由螺杆推送注射入模腔，随后对注入模腔中的熔料进行压缩，这种压缩十分重要；它可以减少熔料在压力注射入模时对分子取向的影响，有助于降低注塑件中的残余应力，使成型注塑件具有很高的精度。注塑压缩成型与传统注塑的区别如下：

① 注塑压缩成型与传统注塑相比，其优势在于有较大的流注长度与壁厚比例，见图 4-8。

② 锁模力和注射压力可以减少。

③ 在更小的注塑设备上制作大型零件。

④ 制品具有较低的内应力。

⑤ 适用于制作一些光学产品，如眼用镜片等。

⑥ 模具型腔空间可以按照不同要求自动调整。例如，它可以在材料未注入型腔前，使模具导向部分有所封闭，而型腔空间则扩大到零件完工壁厚的两倍。另外，还可根据不同的操作方式，在材料注射期间或在注射完毕之后控制型腔空间的大小，使之与注射过程相配合，让聚合物保持适当的受压状态，并达到补偿材料收缩的效果。

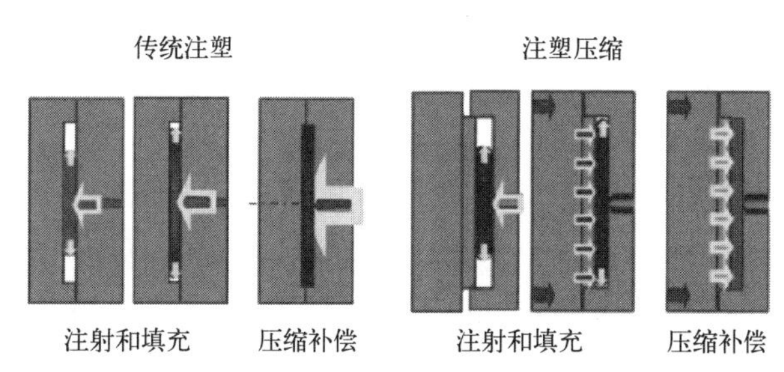

图 4-8 传统注塑和注塑压缩

二、注塑压缩成型方式

根据注塑零件的几何形状、产品质量要求以及不同的注塑设备条件，注塑压缩成型方式可分为顺序式、共动式、呼吸式和局部加压式四种。

1. 顺序式注塑压缩成型

顺序式注塑压缩成型过程，其注射操作和模具型腔的推合是顺序进行的。开始时，模具导引部分略有闭合，并有一个约为零件壁厚两倍的型腔空间。而当树脂注入模具型腔后，即推动模具活动部分直至完全闭合，并使聚合物在型腔内受到压缩，见图 4-9。由于从完成注入到开始压缩会有一个聚合物流动暂停和静止的瞬间，故可能会在零件表面形成流线痕迹，其可见程度取决于聚合物材料的颜色以及零件成型时的纹理结构和材料种类。

可以采用曲柄杆式设备来进行顺序式注塑压缩成型。

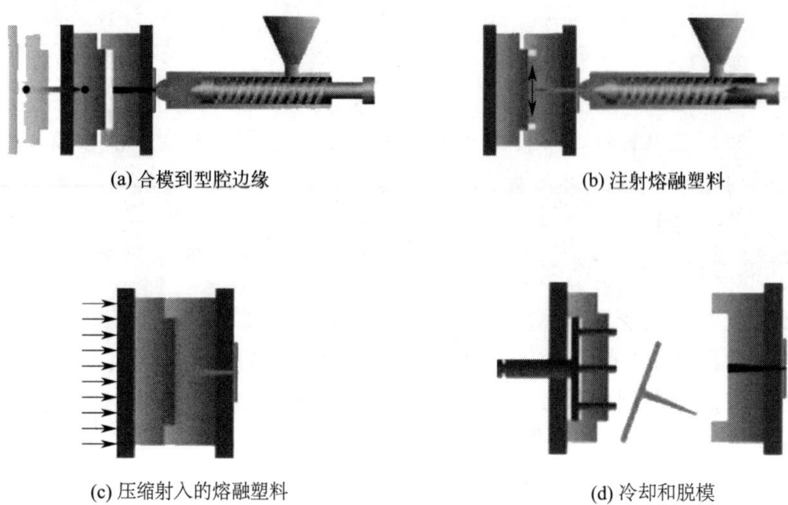

(a) 合模到型腔边缘　(b) 注射熔融塑料

(c) 压缩射入的熔融塑料　(d) 冷却和脱模

图 4-9　顺序式注塑压缩

2. 共动式注塑压缩成型

与顺序式注塑压缩成型相同，共动式注塑压缩成型开始时模具导引部分也是略有闭合的，不同的是在材料开始注入型腔的同时，模具即开始推合施压。注料螺杆和模具型腔在共同运动期间，可能会有延迟。由于聚合物流动前方一直保持着稳定的流动状态，故它不会出现如顺序式过程的暂停和表面的流线痕迹。

由于上述两种方式都在操作开始时留有较大的型腔空间，而在熔融聚合物注入型腔尚未遇到压力之时，可能因为重力作用而首先流入型腔的较低一侧，导致制品中出现气泡。而且，零件壁厚越大，型腔空间也会越大，流注长度的延长也会增加模具完全闭合的时间周期，这些都可能会使上述现象加剧。

3. 呼吸式注塑压缩成型

呼吸式注塑压缩成型，模具在注射开始时即处于完全闭合状态。因此，聚合物一经注入即会保持在受压状态。这就克服了前述两种方式可能出现的潜在问题。在聚合物向型腔注入时，模具也逐渐拉开并形成较大的型腔空间，而型腔内的聚合物始终保持在一定压力之下。而当材料接近满型腔时，模具已开始反向推合，直至完全闭合，使聚合物进一步压缩并达到零件所需求的厚度。上述模具型腔的运动，可借助于射入型腔内聚合物所传出的注射压力或预置的注塑机运动程序来实现。

4. 局部加压式注塑压缩成型

采用局部加压式或称行压式注塑压缩成型时，模具将完全处于闭合状态。有一个内置的行压头在聚合物注射时或注射完毕后，从型腔的某个局部位置压向型腔，以使零件的较大实体部位局部受压并被压薄，这种局部加压，可通过注塑设备或单独的液压装置预设内置行压头程序来进行控制。

三、注塑压缩成型注塑件与模具的设计

① 注塑压缩成型适于注塑有曲面外形的零件，如手提电脑外壳、小汽车尾门、汽车仪表板以及较为平坦的汽车挡泥板等。

② 合理设计模具的浇口及流道位置，使之达到填充型腔的良好效果。

③ 模具伸出的导向轨和导向芯部以及型腔，要有严密的公差配合，以防聚合物渗漏溢出型腔。

④ 使用带止逆开关的喷嘴，用以防止聚合物回流入注塑机。也可以在模具上安装一个带止逆阀的热注嘴代替注塑机喷嘴。

⑤ 对于有通孔的零件，应当使固定在模具一侧的销钉穿入另一侧模具，并有良好的滑动配合，以防模具型腔运动使销子松动或被卡死。

⑥ 在注塑压缩成型注射过程中，型腔压力比传统注塑时低，所以，模具结构不必像传统注塑时那样坚实笨重。

四、注塑压缩成型设备

① 由于注塑压缩成型的推挤力夹紧和送料螺杆的运动与传统注塑的操作有所不同，所以必须给注塑机增加一些软件功能。

② 为了获得如共动式和呼吸式的模具与螺杆同时运动，液压式注塑机的液压油流量必须提高。

③ 在采用液压注塑设备用于顺序式注塑压缩成型时，可以利用传统注塑用于锁模的液压阀，来实现模具的推挤运动。

④ 大多数液压式注塑设备都可用于大型零件的注塑压缩成型。

⑤ 对于型腔的闭合运动应当使用预先编好的压力程序来控制。

第三节　微发泡注塑成型

一、简介

发泡塑料是以热塑性或热固性树脂为基体，其内部具有无数微小气孔的塑料。发泡是塑料加工的重要方法之一，塑料发泡得到的泡沫塑料含有气固两项——气体和固体。气体存在于泡沫体的泡孔中，泡孔与泡孔互相隔绝的称为闭孔，连通的称为开孔，从而有闭孔泡沫塑料和开孔泡沫塑料之分。泡沫结构的开孔或闭孔是由原材料性能及其加工工艺所决定的。

微发泡聚合物的泡孔尺寸从小于1微米到几十微米。常规的物理或化学发泡法制备的泡沫塑料孔径也较大，通常不属于微发泡这一范畴。微发泡聚合物的泡孔要小得多（平均直径为1～100μm，有时甚至能够达到0.001mm以下），且泡孔密度要大得多（泡孔密度在10^4～10^6个/cm^3）。

微发泡技术在制品内部形成蜂窝状的泡孔结构，切开制品后截面明显呈现三明治结构，上下是厚实的表层，中间是具有微孔结构的发泡层，见图4-10。

1. 微发泡注塑成型工艺与传统注塑成型工艺对比

微发泡注塑成型工艺与传统注塑成型工艺对比见表4-2。

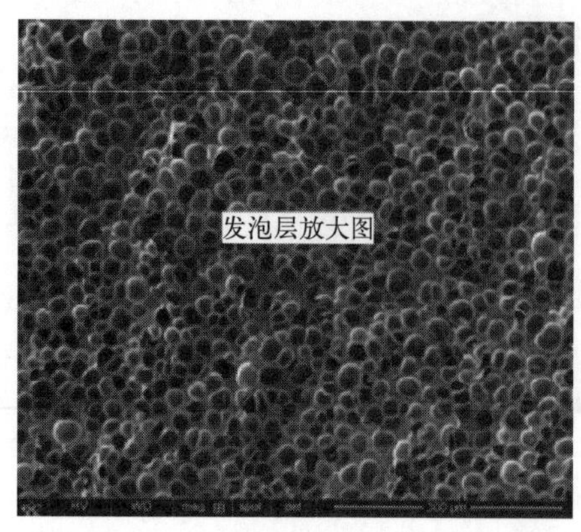

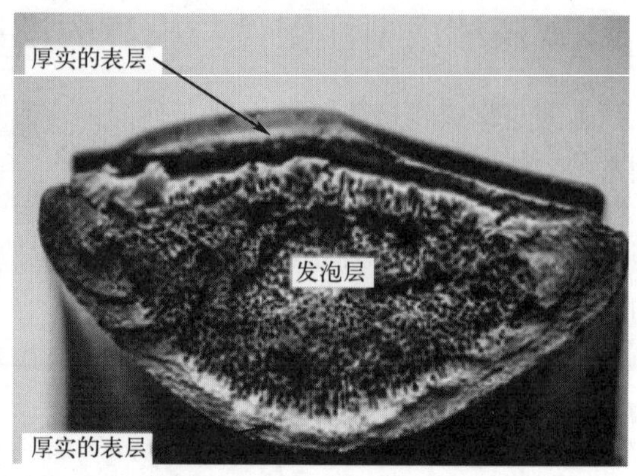

图 4-10 发泡层及孔结构

表 4-2 微发泡注塑成型工艺与传统注塑成型工艺对比

传统注塑	微发泡注塑
高成型应力	低模制应力
易发生翘曲和凹陷	减少翘曲与缩痕
高锁模力	降低锁模力
流长比的壁厚限制	增加流长比
从厚向薄处填充	能够从薄向厚处填充
传统周期	周期缩短
实体密度	密度降低，减轻重量
传统设计与重量	设计自由

2. 微发泡注塑成型工艺的优势

（1）降低成本

① 缩短成型周期（一般可以缩短 15%～30%的成型时间），见图 4-11。

② 提高产量。

③ 使用更小吨位的注塑机。

熔体的发泡可补偿模具壁上的收缩，因而，发泡所需的合模压力会相对低很多，甚至在理想状态下无需合模压力；与此相通的内部模具压力也比传统注塑的注塑压力降低很多，熔体和模具温度也相应降低，最终表现为保压和冷却时间降低。这样每台注塑机每小时可多生产 20%～33%的零件。由于微发泡工艺降低了材料黏度和消除注塑机保压，故可以采用更小吨位的注塑机以降低成本。

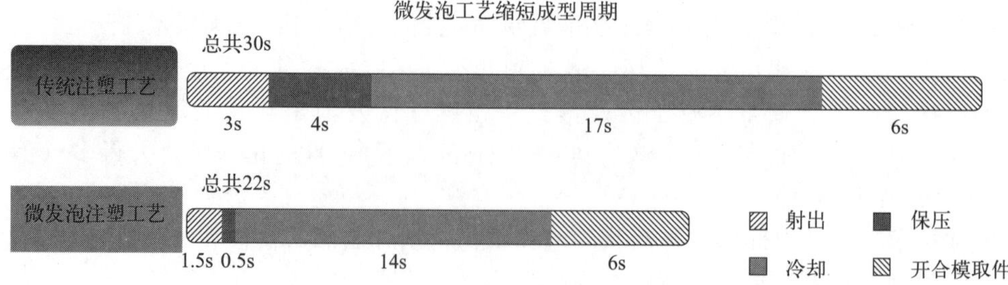

图 4-11 微发泡注塑与传统注塑成型成型周期对比

（2）设计自由度高，产品质量提高

① 薄壁向厚壁流动。

② 1∶1 的主壁与筋位结构。

③ 有更长的流长比。

④ 减少翘曲变形。

微发泡注塑使得塑件设计可以灵活优化，在强度有要求的部位配合适当的材料厚度，在非结构性部位减少壁厚。而浇口的位置则开在薄截面处以优化填充，同时在填充末端的厚截面处以泡孔成长提供保压。在使用较厚的加强筋以满足结构性要求的情况下，可减少主面壁厚，见图 4-12。微发泡工艺通常可以改善关键尺寸 50%～75%，例如平面度、圆度和翘曲度，同时消除所有缩痕。原因是与传统成型相比在微发泡工艺成型中产生了相对均匀的应力。

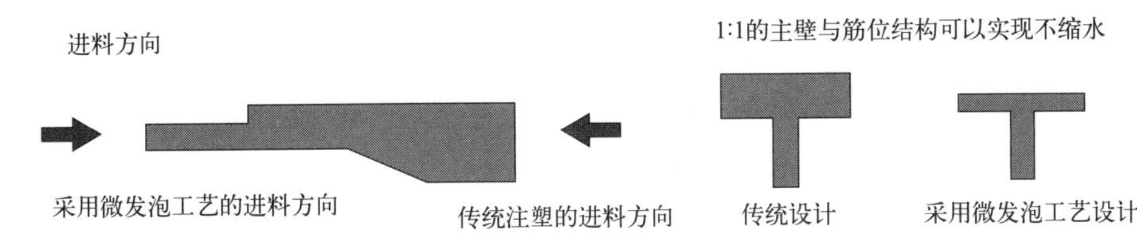

图 4-12　微发泡注塑浇口的位置与不同壁厚的设计

（3）实现轻量化

密度降低，减轻重量。通过微发泡注塑成型的制品内部形成蜂窝状的泡孔结构，刨开制品后截面明显呈现三明治结构，上下是厚实的皮层，中间是具有微孔结构的发泡层，在保证制品一定性能的情况下可大幅减轻重量，通常可以减少材料和制品重量 20%以上。

（4）可持续性好

① 减少原料消耗。

② 减少注塑机能耗。

③ 可回收循环再用。

二、微发泡成型工艺的分类

根据发泡剂不同可将微发泡成型工艺分为化学发泡法和物理发泡法。

1. 化学发泡法

化学发泡法是利用化学方法产生气体来使塑料发泡：对加入塑料中的化学发泡剂进行加热使之分解释放出气体；也可以利用各塑料组分之间相互发生化学反应释放出气体。

化学发泡法的特点：发泡剂加入塑料中在机筒内与塑料一起塑化发泡，不需增加设备，喷嘴采用自锁式喷嘴。采用化学发泡剂进行发泡塑料注塑的工艺基本上与一般的注塑工艺相同，塑料的加热升温、混合、塑化及大部分的发泡膨胀都是在注塑机中完成的。通常情况下用普通的注塑机便可以生产发泡塑料，但如果采用高压发泡法加工，则需要增加二次合模保压装置。

化学发泡法可分为如下几类。

（1）低压发泡法

低压发泡法注塑与普通注塑的区别是其模具的模腔压力较低，约 2～7MPa，而普通注塑工艺中模具的模腔压力则为30～60MPa。低压发泡法注塑一般采用欠注法，即将定量（不能注满模腔）的熔料注入模腔，发泡剂分解出来的气体使塑料膨胀而充满模腔。在普通注塑机上进行低压发泡注塑，一般是将化学发泡剂与塑料混合，在机筒内塑化，必须采用自锁喷嘴，为避免制品的表面粗糙，注塑机的注射速度要足够快，因此一般采用增压器来提高注射速度和注射量，使注射能在瞬间完成。

低压发泡法注塑的特点：可生产大型较厚的制品；制品的表面致密，其表面可以印刷或涂层；模腔压力小、合模力小、生产成本低。缺点是表面光洁度较差，可以通过提高模具的温度来改善。

（2）高压发泡法

高压发泡法的注塑模腔压力为7～15MPa，采用满注方式，为了得到发泡，可以扩大模腔，或者使一部分塑料流出模腔。扩大模腔法的注塑机与普通注塑机相比，增加了二次合模保压装置，当塑料和发泡剂的熔融混合物被注入模腔后延长一段时间，合模机构的动模板向后移动一小段距离，使模具的动模和定模稍微分开，模腔扩大，模腔内的塑料开始发泡膨胀。制品冷却后在其表面形成致密的表皮，由于塑料熔体的发泡膨胀受到动模板的控制，因此，也就可以对制品的致密表层的厚度进行控制。

高压发泡法注塑的优点：制品表面平整、清晰，能体现出模腔内的细小形状。缺点是模具的制造精度要求高，模具费用高，对注塑机的二次锁模保压的要求高。

（3）双组分发泡法

双组分发泡法注塑是一种特殊的高压发泡注塑，它采用专门的注塑机，这种注塑机有两套注射装置：一套注塑制品的表层，另一套注塑制品的芯部。不同配方的塑料，分别通过这两个注塑装置按一定的程序先后注入同一套模具的模腔，从而得到具有致密的表层和发泡的芯部的轻质制品。对于大型的制品，芯部可以掺用填充料、废料等，从而大大地降低制品的生产成本。表层材料和芯部发泡材料的选择原则：

① 两种塑料之间必黏合性能好。

② 两种塑料膨胀和收缩相同或接近。

③ 热稳定性和流动性相近。

④ 发泡材料有PS、ABS、PE、PP、PA、PC、AS、PPO、PMMA等。

⑤ 芯部的填料有玻璃纤维、玻璃珠、陶瓷颗粒等。

双组分发泡注塑通常有以下两种情况。

一种是表层塑料A和芯部塑料B是同一种塑料，B中含有发泡剂；另一种是A和B是不同类塑料，但能很好地黏合在一起，A中含有纤维类的增强材料，B中含有发泡剂和填充料。

注塑过程为：先注一部分A料入模腔，再由另一装置注B入模腔，B将A推向模腔的边缘但不将A冲破，注满模腔后，再补注一定数量的A，以清洗流道中的B，以避免在浇口处有B的发泡结构而影响外观和防止B料进入下次注射的A料中而形成表层发泡，模腔被注满后延长一段时间，动模开启一定的距离，以控制塑料B的发泡。

在注塑过程中必须控制好塑料熔体的温度、模具的温度、注射速度、注射压力等因素，以保证B料能顺利将A料推向模腔的边缘形成均匀的表层，且不会冲破它。双组分发泡注塑制品的特点：

① 具有较大的挠曲刚性；

② 厚壁制品的表面质量较好，不会产生凹痕；

③ 芯部材料可以采用较便宜的材料，可以降低制品的成本；

④ 制品的表面光洁度较高。

2. 物理发泡法

物理发泡法即利用物理的方法来使塑料发泡，一般有三种方法：

① 先将惰性气体在压力下溶于塑料熔体或糊状物中，再经过减压释放出气体，从而在塑料中形成气孔而发泡；

② 通过对溶入聚合物熔体中的低沸点液体进行蒸发使之汽化而发泡；

③ 在塑料中添加空心球形成发泡体而发泡等。

上述物理发泡法中第一种方法是目前应用最广的。MuCell 微发泡注塑成型所用的物理发泡剂成本相对较低，尤其是二氧化碳和氮气的成本低、阻燃且无污染，而且物理发泡剂发泡后无残余物，对发泡塑料性能的影响不大，因此具有较高应用价值。但是采用物理发泡法需要专用的注塑机以及辅助设备，技术难度很大（全自动注塑设备、定位控制螺杆和增加注塑量，有特殊设计螺杆的塑化单元是系统的核心）。所以早期主要以化学发泡为主，随着技术的发展，物理发泡法逐渐展现其优势。

3. 化学发泡与物理发泡的对比

（1）制程参数可控性

化学发泡法是经由计量设备间接引入发泡剂，操作十分简单，但其工艺非直接可控，仅能够间接通过温度控制和螺杆速度来加以调整。物理发泡工艺虽然有些许复杂，但采用直接注入气体的方式，保证了其流程明晰可控且生产可复制。物理发泡法工艺优点除了机械强度较佳外，发泡的密度与孔隙比化学发泡更容易控制，且属于无毒制程。化学发泡与物理发泡制程对比，见表 4-3。

表 4-3　化学发泡与物理发泡制程对比

制程参数	化学发泡	物理发泡(Mucell)
机械强度	不稳定	极佳
发泡空隙与大小	不好控制	可调整
发泡密度	不好控制	可控制
发泡剂使用范围	受高温塑料材料限制	适用于多种材料
发泡使用元素	有毒化学元素	大自然气体-氮气

（2）成本优势

化学发泡可以采用标准的注塑设备，设备投入成本低。尽管物理发泡设备的投资成本较高，但其操作成本显著低于化学发泡。操作成本的降低是因为物理发泡工艺中发泡剂成本降低且原材料消耗量减少，与化学发泡剂相比，物理发泡剂成本至少低 80%，特别是用于大批量生产时，成本优势不言而喻。

（3）制品性能

不同类型的发泡剂适用于不同温度下分解发泡，对于薄壁制品使用化学发泡剂会使表面质量劣化，同时会显著降低其力学性能。而且，从经济性角度出发，化学发泡不能够大幅度降低密度。

许多吸热型的化学发泡剂会生成水（也产生 CO_2 气体），因此需要添加吸水剂以防止由于水的存在而造成聚合物熔体的降解现象。气体发泡剂生产批号的不同致使在生产过程中不得不随时调整生产工艺。另外，由于化学发泡剂本质上的热稳定性不佳，因而很难用于加工高温型树脂。化学发泡剂通常会在树脂中有所残留，或产生副产品。带有副产品或未分解化学发泡剂的树脂通常会使制品耐老化性能降低，并可能导致模具排气孔堵塞。而且，其加工过程中产生的下脚料很难就地回收使用。

MuCell 物理发泡，制品性能更优，在最终的制品上没有化学添加剂残留物。最重要的是，该工艺不会改变聚合物的化学性质，MuCell 技术物理发泡制品可按原聚合物类别回收利用。

三、微发泡注塑与气体辅助注塑对比

气体辅助注塑可以成型表面质量非常高的制品，通过对模具和制品进行特殊设计，在厚壁制品的内部设计空腔实现气体辅助注塑。而微发泡对于厚壁制品的成型没有优势，而且其制品的表面质量也无法达到非常完善。

气体辅助注塑通常只用于消除制品的收缩痕，因此从这方面来说，微发泡注塑可能是一个更好的选择，能够更多地降低制品重量，以更短的循环时间成型，并且制品翘曲较少，同时也能够消除收缩痕。MuCell 成型过程中由于气孔在制品表面破裂产生流痕，使制品表面不美观，因此对于要求透明性强和表面质量非常高的制品，采用微发泡注塑成型技术需要更加慎重，见图 4-13。

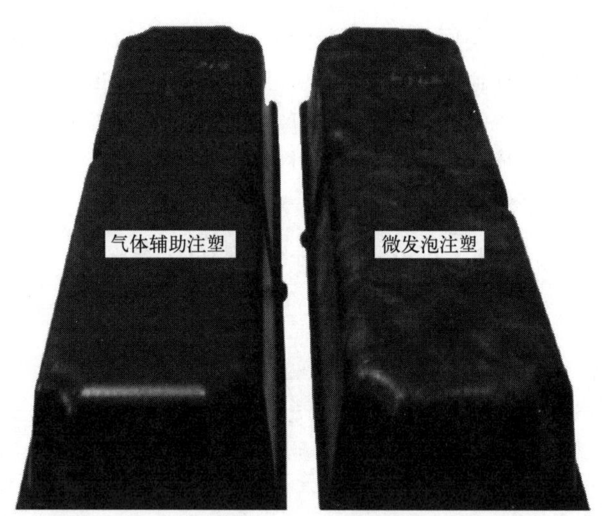

图 4-13　微发泡注塑与气体辅助注塑产品表观对比

四、 MuCell（物理发泡）注塑成型原理

MuCell 注塑成型需要专用的注塑机以及辅助设备，见图 4-14，技术难度很大（全自动注塑设备、定位控制螺杆和增加注塑量，有特殊设计螺杆的塑化单元是系统的核心，图 4-15）。

MuCell 注塑成型是将气体（N_2 或 CO_2）加压至超临界状态后注入机筒熔料中，透过螺杆将两者混炼成单相流体。超临界流体在注塑过程中因瞬间压降造成热力学不平衡，使得流体进入型腔后气体得以从熔料当中扩散成核，并长成均匀微细气泡，见图 4-16。含有微细气泡的熔融物料经模具冷却固化得到如蜂巢般的内部构造成品。

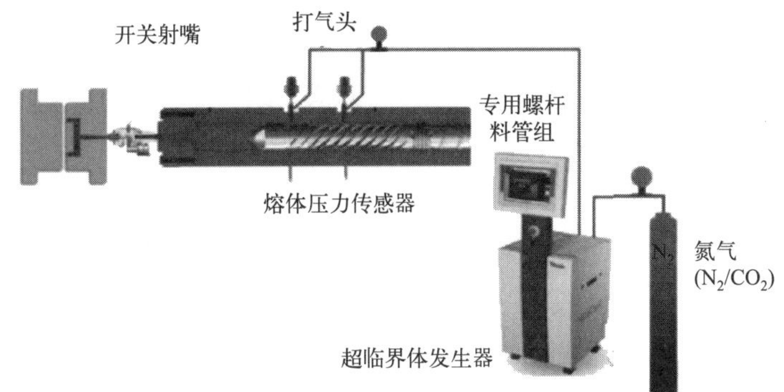

图 4-14　物理发泡专用的注塑机以及辅助设备

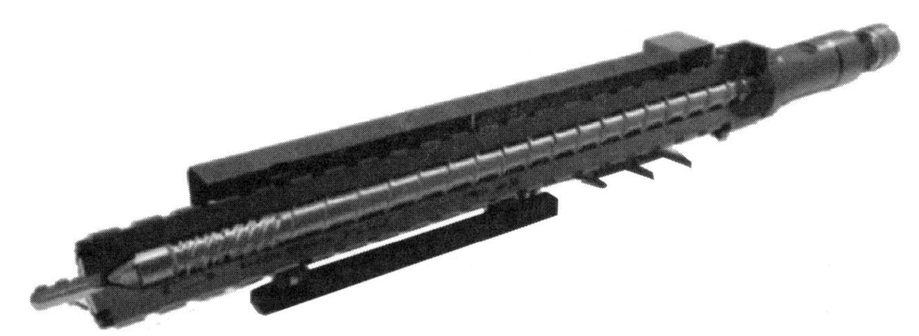

图 4-15　特殊设计螺杆

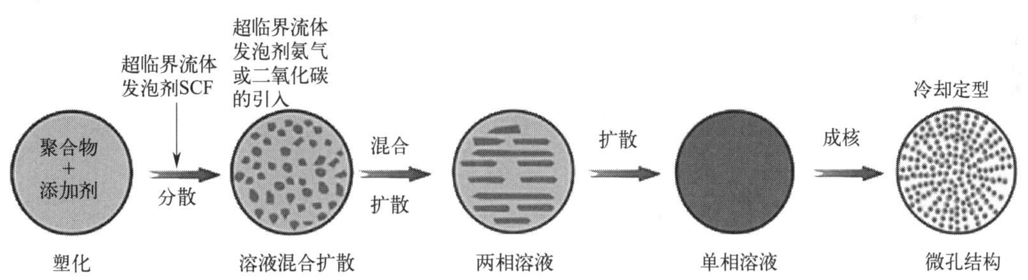

图 4-16　气体从熔料当中扩散成微细气泡过程

MuCell 注塑成型主要分为四个技术步骤，见图 4-17。

① 塑化过程中经过精确计量的超临界流体，通常为 N_2 或 CO_2，由安装在塑化机筒上的注射装置注入聚合物中。

② 超临界流体进入塑化机筒中特制的混合段，与聚合物熔体均匀地混合并扩散，形成超临界流体-熔融聚合物的单相熔体。

③ 聚合物射入模具型腔，单相熔体一进入压力较低的型腔内，便开始成核，超临界流体分子扩散，在密实的表层下形成均匀的团孔结构。

④ 在模腔内进行低压填充，受控的泡孔成长阶段取代了保压阶段，当型腔被填满时，泡孔停止成长，泡孔的成长在型腔内产生均匀的保压压力。

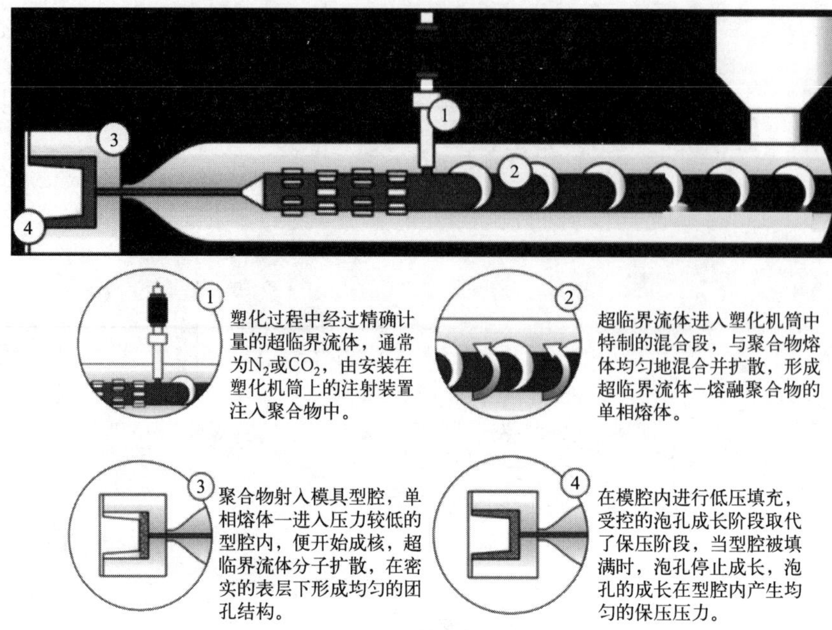

图 4-17　微发泡成型的四个技术步骤

五、微发泡（化学发泡）注塑成型原理与工艺控制要点

微发泡（化学发泡）注塑成型工艺可采用标准或普通的注塑机完成，当然也可采用模板尺寸大、锁模力低、注塑量大、注塑速度快的专用发泡注塑机加工；在微发泡（化学发泡）注塑成型中，材料、发泡剂、混料、烘料、料温、模温、压力、速度等对制件的质量均有很大的影响。以下介绍微发泡（化学发泡）注塑成型工艺控制要求。

1. 材料和发泡剂

微发泡（化学发泡）注塑加工通常用于 HDPE、PP、ABS、PC、PC/ABS 和 PPO 等聚合物。采用微发泡（化学发泡）塑料成型工艺加工的树脂都含有少量的发泡剂。采用的发泡剂其分解温度与树脂基体的加工温度要匹配。在加工过程中，发泡剂分解产生大量的气体（CO_2、N_2 等）使塑料熔体在机筒内发泡。

2. 注塑设备和喷嘴

① 标准注塑机可以用于微发泡（化学发泡）注塑成型的加工，与专用的发泡注塑机相比，普通注塑机的注塑速率（400cm^3/s）约为专用注塑机（16000cm^3/s）的 2.5%。因此，材料到达模具的最远点需要较长的时间。这样就要求扩大流道尺寸，有时可能还需要增加制件的壁厚，以克服发泡材料流程短的问题。

② 喷嘴的流延是必须克服的问题，常用的熔体释压控制流延的方法对发泡材料无法使用。对于微发泡注塑成型喷嘴要承担两个额外的功能，即允许快速流动，同时阻止流延。对于一般的注塑机，最小喷嘴孔径为 5mm。如果需长喷嘴，应当在喷嘴的端部装一个 30mm 宽的发热圈控制流延，另一个发热圈在喷嘴后部控制熔融温度。推荐使用既能控制流延又不影响注塑速度的自锁式喷嘴，并且在喷嘴与模具的接触面上增加一层聚四氟乙烯或其他绝热材料，有助于防止物料冻结，堵塞喷嘴。如果使用普通喷嘴，在生产时也可以采用射台后退功能，防止发泡材料进入流道或堵塞喷嘴。

3. 温度控制

（1）机筒温度

微发泡（化学发泡）注塑成型工艺的熔料温度、模温和干燥温度等参数的设定值应当参照材料物性表；机筒后段温度应低于中段和前段10%左右，以避免发泡剂发生有害分解。实际的塑化温度还要考虑到制品的大小、发泡剂的含量、产品表面质量、材料含水量的大小和产品生产周期（料在机筒中的停留时间）。

（2）模具温度

冷却对于微发泡（化学发泡）制件十分重要，微发泡制件的壁厚比一般制件厚，最小壁厚3.5～4mm，否则不能发泡。微发泡制件含有微小的气泡，泡孔结构的热导率小（约为不发泡物的1/4），散热慢，冷却时间比一般注射件要长，模具温度应适当偏低，在模具温度低时有利于快速形成表皮层。模具要求冷却均匀，否则制件外观会有明显的差别，不同的塑料对模具温度要求不同，发泡PC的模具温度应控制在30～50℃。

（3）干燥温度

材料干燥对产品质量有很大影响，干燥温度和时间都要达到工艺要求，对于发泡PC等容易水解的材料，材料干燥不良还会影响制件的强度。要定期对烘干设备进行点检，如用多个料斗烘干，要对不同烘干料斗的加料时间进行登记，以保证材料的干燥效果。

4. 注射压力和速度

注射压力和速度对微发泡（化学发泡）制件的质量有重要影响。注射速度应使聚合物能在最有利的时间之内到达流动长度的最远点，提高注射速度和压力会改善产品的外观质量。较高的注射压力在一定程度上可以消除旋纹表面的形成。

为了改善产品外观质量，常对微发泡制件进行喷涂和上漆。在喷涂和上漆之前，产品必须存放72h以上排除干净产品中的气体，以保证漆膜的附着力。

5. 冷却时间

微发泡制件冷却时间的设定原则是：在顶出之前达到足够的刚度，以抵抗顶出时产生的应力和内部的气体压力。如果制件没有足够的刚度，那么残余的气体会导致制件后发泡（顶出后制件厚度增大或鼓泡）。

六、微发泡注塑成型产品和模具设计要点

1. 产品设计

（1）壁厚方面

① 壁厚一般厚4～10mm，厚壁制件的发泡充分，产品的密度减少10%～20%，但表面质量较差。

② 薄壁制件发泡少，产品的表面质量较好。

③ 产品的壁厚一般不小于3.0mm，否则将导致产品在该位置很难充满料，壁厚过薄还会导致过高的注塑压力和过低的发泡比率。

（2）区别于一般注塑制品的特点

① 微发泡模塑制件必须有适当的半径和变流区，以利于熔体流动和降低因承受负荷而导致的应力集中；

② 充模过程中熔接线强度必须加以考虑。由于需要排放气体和型腔压力较低，使熔接线的强度成为一个特殊问题；

③ 微发泡制件设计自由度增加，可以在产品上设置很厚的筋位，以加强产品的结构；

④ 设置很厚的螺钉柱，简化产品的装配，不必过多担心普通注塑加工产品表面缩痕等质量问题；

⑤ 对于自攻螺钉柱必须考虑在模内放置金属嵌件，以增加螺钉柱的强度，防止装配自攻螺钉时开裂。

2. 模具设计

由于微发泡注塑成型属于欠料注塑，所以模内压力小，可以用强度比较低的金属，如铝、锌、铜等材料做型腔，优点是造价低、制造周期短，缺点是容易碰伤，使用寿命短。对于型腔比较理想的使用材料是钢，例如 40 号、45 号、50 号、P20 等，采用哪种材料主要依据生产批量决定。

模具设计原则与普通注塑模具基本是一致的，针对微发泡加工工艺要求，还有如下一些特殊的要求。

(1) 浇注系统

微发泡注塑成型要保证产品能够尽可能快速地注入型腔，整个浇注系统的设计必须尽可能地减少压力损失。

① 主流道衬套。主流道衬套内孔尺寸应比喷嘴孔大 1mm，内孔斜度应为 2.5°以上。主流道应较短（不大于 65mm），主流道出口和向分流道或制件的过渡区应当设计较大圆角。

② 分流道。最好采用圆形或梯形分流道截面。其直径范围应为 10～20mm，视流动长度、注射速度和制品体积而异。

③ 浇口的形式、位置和大小。微发泡模具浇口的设计直接关系到制件的质量，浇口位置的选择要考虑熔接痕、发泡倍数大小、充填均匀性和发泡均匀性，并且不要影响产品外观。

适合微发泡注塑工艺的浇口形状有直接浇口、薄膜浇口、扇形浇口、多点侧浇口、点浇口、热流道（阀式浇口）。一般建议使用直接式主流道浇口，其次用侧浇口。

如果微发泡塑料制件的壁厚变化不定，通常最好在制件的薄壁部分开浇口。与常规的注塑成型不同，由于这是欠量注塑工艺，而且通过内部气体来保压，所以不存在厚壁部分和浇口之间薄壁部分的预固化问题。

采用直接浇口时，浇口长 4～14mm，这种浇口阻力小，有利于发泡，但是过量的填充会造成浇口附近密度增大，颜色变深。如果冷却时间不够，浇口处的塑料未冷却好，会有鼓泡现象，因此需要延长冷却时间。同时由于浇口比较大，所得制件的外观纹理紊乱和粗糙。一般来说，直浇口适用于大型制件和厚壁制件，主要解决塌坑收缩现象。

采用其他窄浇口，所得制件纹理比较细致，但是塑料通过浇口后压力损失大，需要较高的注射压力，但是浇口过薄也不行，一般浇口厚度为制件厚度的 1/3～1/2，这样成型的制件纹理较好，浇口的位置应设在不影响制件外观处，浇口的长度应尽可能短，一般为 1.5～3mm。

④ 流动平衡。进料需要考虑流动平衡，尤其是多个浇口或者多个型腔的模具应避免泡

孔在充模过程中受到局部挤压而影响整体减重。

(2) 排气系统

① 要及时排除多余的气体，防止气体聚集，影响塑料的流动，引起流动紊乱，使制件表面劣化或外观不美观。

② 由于制件壁厚比较厚，注射速度快及发泡剂分解产生气体，因此，微发泡模具必须设排气槽。

③ 由于模腔内的压力低，根据经验，排气槽的深度最好是 0.1～0.2mm，对于大型制件的排气，排气槽应按制件模具分型面上 60mm 的中心距离布置。

④ 在一些较薄的筋位困气位置，可通过模具镶件或顶针进行排气。

(3) 模具冷却

与普通注塑成型一样，良好的冷却水路布局有利于减少注塑成型周期。特别在一些难冷却或者“热点”位置（包括冷流道、冷流道浇口套、产品较厚的区域、较高的独立型芯、较深的螺柱孔等），加强冷却是必须的。微发泡注塑工艺能改善物料的流动性，成型时所使用的模具温度可比普通注塑低，这对缩短冷却时间是有帮助的。

七、微发泡注塑成型产品缺陷原因及解决方法

微发泡注塑成型产品缺陷原因及解决方法见表 4-4。

表 4-4 微发泡注塑成型产品缺陷原因及解决方法

制品缺陷类型	可能产生缺陷的原因	解决措施
1. 制件发脆	料温高、滞留时间长	降低料温、加快成型周期
	原料含水分	加长时间烘料
	发泡剂含杂质	选择合适、合格的发泡剂
	回收料含杂质	清洁回收料
2. 制件脱色	料温高、滞留时间长	降低料温、加快成型周期
	物料加热不均匀	检查注塑机加热系统
	喷嘴温度太高	降低喷嘴温度
3. 飞边	锁模压力太小	加大锁模力
	注射量太大	减少注射料量
	模具分型面质量差	修配模具分型面
4. 缺料	机筒温度低	升高机筒温度
	喷嘴未完全打开	检查喷嘴发热圈、采用射台后退功能，在喷嘴和浇口套之间加隔热
	模具排气不当	加大加多排气
	机筒加热器加热异常	检查机筒的发热圈
	料流动长度太长	增加浇口大小和数量，增加产品的壁厚
	注射压力偏低	增加注射压力和速度，使用专用注塑机
5. 堵喷嘴	喷嘴温度太低	检查喷嘴发热圈、采用射台后退功能
	喷嘴向主流道衬套传热太多	采用在喷嘴和浇口套之间加隔热
	喷嘴关闭不良	采用自锁式喷嘴
6. 制件出模后鼓泡(后发泡)	冷却时间太短	延长冷却时间
	充模过量	减少料量
	发泡剂太多	减少发泡剂比率
	模具温度不均	平衡各处的模具温度
	模温过高	降低模温

续表

制品缺陷类型	可能产生缺陷的原因	解决措施
7. 表面粗糙质量差	原料含水分	加长烘料时间
	发泡剂过多	减少发泡剂比率
	排气不当	加大加多排气
	料温太低或过高	检查是否塑化不良(升高料温) 检查是否发泡过多(降低料温)
	注射速度太低	升高注射速度和压力
	流动长度过长	增加浇口大小和数量,增加产品的壁厚,采用两板模
	料在机筒中滞留时间长	加快周期
	注射量太小	采用自锁式喷嘴,避免流涎,加大背压增加料量
8. 表面有大的有光泽的孔隙	排气不当	加大加多排气
	料温太高	检查是否发泡过多(降低料温)
	发泡剂过多	减少发泡剂比率
	流动长度过长	升高注射速度和压力 增加浇口大小和数量,增加产品的壁厚,采用两板模
	注射量太小	增加料量
	料温不均	检查机筒的发热圈
9. 制件超重	注射料内固体材料较多,发泡少	增加发泡剂比率、升高料温、减少料量加大加多排气
	充模时间太长	增加注射速度 增加浇口尺寸、采用两板模
	料温太低	升高料温
10. 熔接线强度太差	料温较低	升高料温
	排气不当	加大加多排气
	流动长度过长	增加注射速度
	注射速度太低	增加浇口大小、采用两板模(避免三板模) 增加产品的壁厚
11. 发泡不均匀	混料不均匀	检查发泡剂的混合均匀程度,重新混料
	产品壁厚不均匀	改善产品的结构
	模具温度不均匀	平衡模具温度,使制品冷却均匀
	料温不均匀	机筒加热器需要检查
12. 缩痕	料温低	升高料温
	注射速度太低	增加注射速度 增加浇口大小、采用两板模(避免三板模)
	混料不均匀	检查发泡剂的混合均匀程度,重新混料
	发泡剂过少	增加发泡剂比率
	模具温度不均匀	平衡模具温度,使制品冷却均匀
	料温不均匀	对机筒加热圈进行检查

八、微发泡制件的质量标准

① 表面光洁度良好。

② 皮层厚度均匀。

③ 泡孔结构均匀良好。

④ 制品重量和密度适当。

⑤ 脱色程度小。

⑥ 制件充填完整。

⑦ 无孔隙和表面缩痕。

⑧ 无翘曲、内应力小。

⑨ 尺寸稳定性好。

⑩ 产品强度好。

⑪ 涂料附着性良好。

第四节　薄壁注塑成型

一、薄壁注塑成型技术简介

目前我国已成为世界工业加工中心（生产基地），尤其是彩电、手机、空调、冰箱、洗衣机等系列产品已占据全球产量的50%。这些产品大量使用塑料件，其成本占产品总成本的50%～80%，因而在保证产品质量的同时，薄壁有助于降低产品成本。另外，手机、音频播放机、数码相机、掌上计算机、平板电脑越来越要求小型化及轻便化，需要有关产品的注塑件设计越来越薄，以满足相应的产品要求，再加上一次性水杯、碗、勺、饭盒等大量使用，促使国内外相关科研人员着手研究注塑件的薄壁技术。注塑件壁厚减薄对其结构设计、材料性能要求、模具结构、注塑工艺等方面都有特殊要求。

二、注塑件厚度与结构设计

注塑件不仅有结构及外观形状要求，内部还要安装一些零部件，需具有一定强度和刚度，同时还要考虑注塑成型工艺要求等。因此，薄壁注塑件的厚度设计非常重要，如图4-18所示。

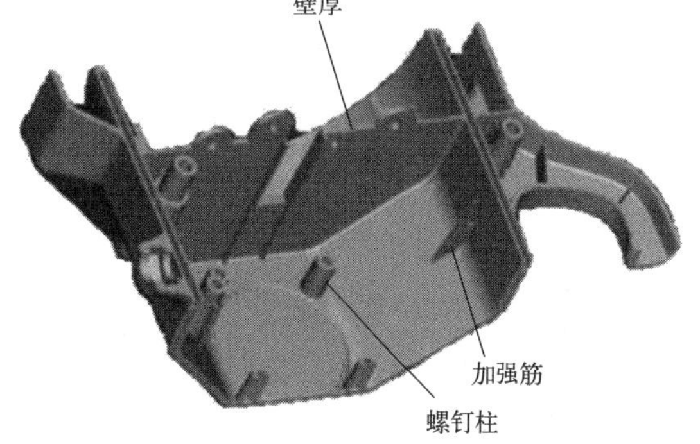

图4-18　薄壁注塑件

1. 普通注塑件厚度设计

（1）壁厚

注塑件壁厚过薄，会使成型时的流动阻力太大，大型注塑件难以充满；注塑件壁厚过厚，则易产生缩痕、气泡等缺陷。在保证刚度和强度的基础上，推荐注塑件壁厚范围在0.45～6.5mm，常用范围为1.5～3.0mm，要求壁厚均匀。根据使用要求，设计注塑件整体壁厚时，必须考虑加强筋、螺钉柱等结构对刚度、强度、外观的影响。

（2）加强筋

设立加强筋可提高注塑件的强度和刚度，还可以防止注塑件变形，有利于塑料熔体的流动。普通加强筋的结构及尺寸，见图4-19。从图4-19可以看出，$b=(0.40\sim0.75)t$，$L=(2.5\sim5.0)t$，$\alpha=0.5^\circ\sim1.5^\circ$。

（3）螺钉柱

通常在注塑件内部需用自攻螺钉安装其他部件，故可设立图4-20所示的螺钉柱。螺钉柱分为有加强筋和无加强筋两种，其中加强筋底部长度$c=(0.2\sim0.5)\times$螺钉柱高度。

此外，壁厚还涉及凸台、转角、通孔和不通孔等结构的设计，但如果采用薄壁结构，上述加强筋和螺钉柱等的结构和尺寸都要改变。

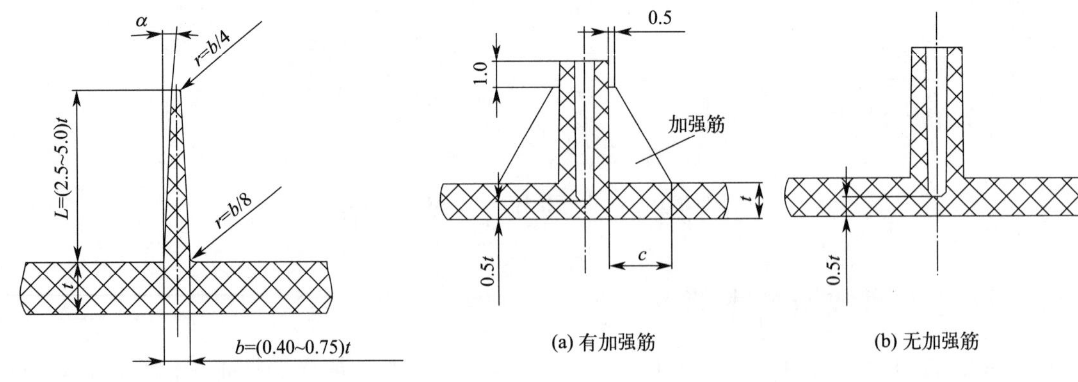

图 4-19　普通注塑件加强筋

b—加强筋厚度；t—壁厚；L—加强筋高度；α—脱模斜度；r—加强筋底部厚度

图 4-20　普通塑件螺钉柱

2. 薄壁塑件结构设计

薄壁注塑件其壁厚通常小于 1mm，但定义薄壁塑件并不是只看厚度尺寸，还要计算熔体流程与塑件壁厚之比 l/t，当 $l/t>150$ 时称之为薄壁。由于塑料熔体在注塑过程中先经过主流道、分流道、浇口，然后注入模具型腔，因此实际流程与壁厚各处均不相同（图 4-21），总的流程与壁厚之比等于各段流程与壁厚之比的和。$l/t=l_1/t_1+l_2/t_2+l_3/t_3+l_4/t_4$。

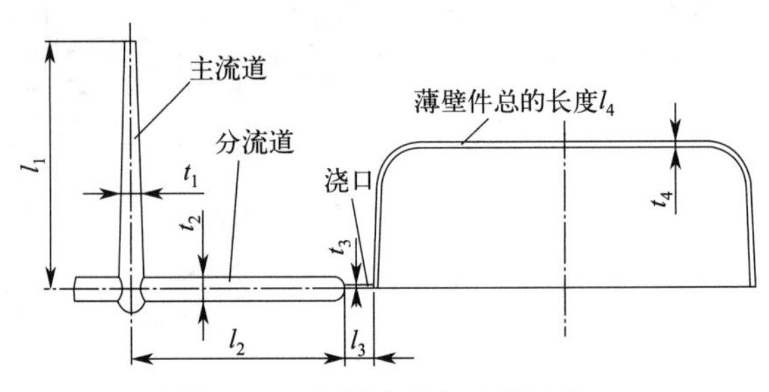

图 4-21　实际流程与壁厚比值

薄壁塑件为了提高刚性，大多数薄壁塑件的结构形状采用曲面、加强筋等。薄壁加强筋见图 4-22，其中，加强筋厚度 b 与壁厚 t 相等，甚至小于壁厚。固定自攻螺钉的薄壁塑件螺钉柱见图 4-23。

由于壁厚较薄，而加强筋、凸台（如螺钉柱）厚度没有改变，按照常规生产方式，注塑件易出现凹陷、欠注、扭曲变形等缺陷，因此还要从塑件材质、模具结构、注塑工艺等着手研究。

三、薄壁塑件材质选择

由于薄壁塑件厚度的减小，需使用流动性好的材料，该材料还需具有较高冲击强度和热变形温度，以及良好的尺寸稳定性等。

1. 塑料的流动性

注塑成型薄壁塑件时，塑料的流动性要好，其流动距离与厚度之比（l/t）大于 150。塑料的流动性可以用其熔体黏度系数来表征，常用塑料的熔体黏度系数见表 4-5 所示。在实际生产中，通常以塑料树脂的熔体流动速率（MFR）作为其流动性选择的依据。由于不同企业生产的不同牌号和批次塑料树脂的 MFR 各不相同，故需要在生产前进行检验。

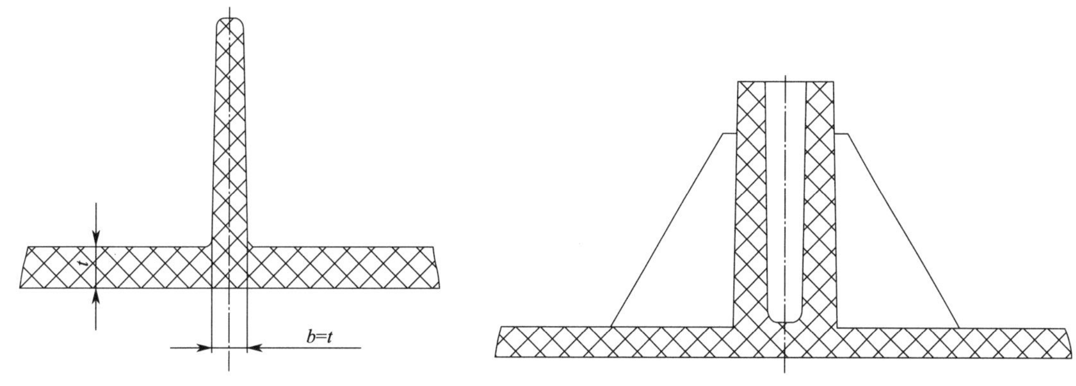

图 4-22 薄壁加强筋

图 4-23 薄壁塑件的螺钉柱

表 4-5 常用塑料的熔体黏度系数

塑料树脂名称	熔体黏度系数	流动性能
聚丙烯(PP)	1.0	极好
聚碳酸酯(PC)	1.7～2.0	差
丙烯腈-丁二烯-苯乙烯共聚物(ABS)	1.3～1.5	中等
聚酰胺 6(PA6)	1.2～1.4	中等
聚苯乙烯(PS)	1.0	极好
PC/ABS 合金	1.0	极好
聚甲醛(POM)	1.2～1.4	中等
聚甲基丙烯酸甲酯(PMMA)	1.5～1.7	中等
聚乙烯(PE)	1.0	极好

生产薄壁塑件需要低黏度、中高流动性的塑料树脂，对于表 4-5 中流动性差的树脂（如 PC），可以通过改性，使其黏度降低，MFR 提高到 30g/10min，达到中高流动性，即可用于薄壁塑件的生产。因此生产薄壁塑件所用材料是比较广泛的。

2. 塑料的冲击性能

薄壁塑件所使用的材料应具有较高的冲击性能，常温冲击强度不能低于 640J/m，同时应确保所用材料在低温（−29℃）条件下能正常使用。

3. 塑料的耐热性

为保证薄壁塑件在 70～90℃下不变形，不出现凹陷和老化现象，综合塑料的流动性、冲击性能、耐热性等要求，推荐薄壁塑件常用材料有 PP、ABS、PC/ABS 合金、PA6 等。

四、薄壁注塑件模具的结构设计

1. 模具总体结构

薄壁塑件在注塑过程中采用薄壁技术，所以所用材料在模具内的流动性较差，因而需要较高的注射压力，故所用模具的刚度、强度都要相应提高。因此在设计模具动模板、定模板及其支承板时，其厚度通常比传统模具的模板要厚 30%～50%，而且要增加支承柱。模具合模面定模板与动模板要设置锥面定位（整体圆锥面定位或锥面定位块），以保证精确定位和良好的侧支撑，防止弯曲和偏移。另外，薄壁塑件需要注射机高速注射，增加了模具的磨损，因此，要求模具型腔、型芯、浇口等材料具有较高的硬度、强度、刚度和耐磨性。通常采用 S136、2344、SKD61、PMS 等模具钢，并进行预硬或热处理，使其表面硬度达到 48～52 HRC。

2. 浇注系统

对于 PP 等流动性极好的塑料，可以采用点浇口形式；对于流动性中等的塑料（如 ABS、聚甲醛等)，浇口尽量设计在塑件的较厚部位，注塑过程从较厚向较薄过渡以减少凹陷、翘曲现象。可以采用多浇口形式（见图 4-24)，使塑料熔体容易充满型腔，减小压力降。还可以采用热流道技术，以降低塑料熔体黏度，达到快速将其注入模具型腔的目的。

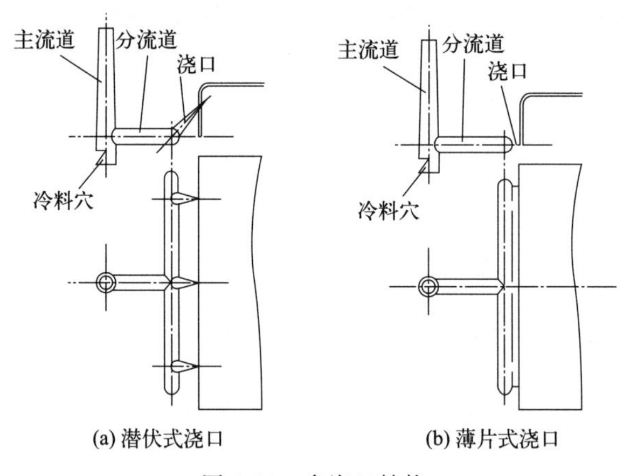

图 4-24　多浇口结构

3. 脱模机构

薄壁塑件由于塑件壁厚很薄，还带有加强筋、凸台等，出模时极易损坏。塑件沿厚度方向的收缩很小，同时较高的保压压力使其收缩更小，加强筋等部位容易粘模，为避免顶穿和粘模，需要比常规注塑成型数量更多、尺寸更大的顶出推杆。

4. 模具排气

薄壁注塑一般采用高速注射，因而要做好模具排气。可以采用足够的排气槽或使用透气模具钢及抽真空等方法。

五、薄壁注塑成型设备

标准的注塑机可用于生产多种薄壁制品。目前新型注塑机的性能大大超过了 10 年前。材料、浇口技术以及设计的进步，进一步拓宽了标准注塑机对薄壁制件充模的性能。但由于壁厚不断变薄，薄壁制品最好使用具有高速和高压性能的注塑机。用于薄壁注塑的液压式注塑机设计有储压器，可频繁地驱动注塑和合模。具有高速和高压性能的全电动注塑机和电动-液压式注塑机也用于薄壁注塑。

生产薄壁制品时，当壁厚减少、注塑压力增加时，大型模板有助于减少弯曲。注塑速度和压力以及其他加工参数的闭环控制有助于在高压和高速下控制充模和保压。针对薄壁注塑成型特点，对薄壁注塑成型设备性能要求做一下简单介绍。

1. 满足高速充填

薄壁注塑要求注塑机高速注射，在固化层不太厚时填满模腔。一般注塑机的注射速度在100mm/s左右，不能支持薄壁注塑，加大油泵能将注射速度提高25%，双泵注射则提高70%。

液压注塑机采用气体辅助注射装置（ACC），氮气瓶能将油泵的能量以压力的形式储存起来，在注射时释放，是常用的大幅提高注射速度的方法。以下将注射速度分为四类：低速200～300mm/s、中速300～600mm/s、高速600～1000mm/s、超高速1000～2000mm/s。

氮气瓶又称储能器，见图4-25。高压氮气存储在橡胶囊内，而氮气瓶的剩余空间则充以高压的压力油。在注射时，压力油释放出来。氮气瓶是个基本上恒压的瞬间大流量动力源，氮气瓶可以提供瞬间的大流量，在0.5s左右，这对高速的薄壁注射是足够的。氮气瓶越大，压力越恒定，储存的压力油越多。

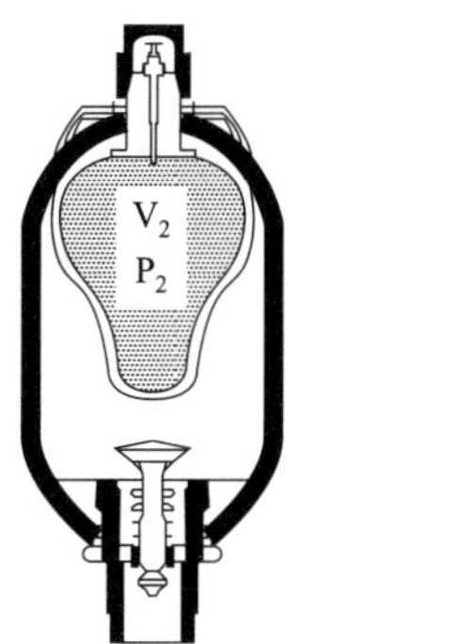

图4-25 储压氮气瓶

2. 低惯性注射

高速注射还要考虑是高的加速还是高的减速。注射开始时，螺杆是静止的。从静止到全速，如达到400mm/s，螺杆要加速，如整个注射时间只有0.5s，希望能在0.05s便达到全速，加速率超过8G。相反，如加速时间需要0.3s，平均速度被低的加速率拉低，见图4-26。

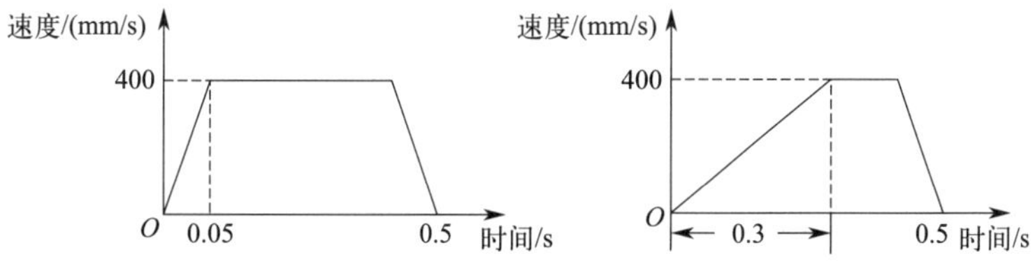

图4-26 螺杆加速示意图

忽略熔料阻力，则

$$a=F/m$$

式中，a是加速率；F是推力；m是质量。故薄壁注塑还需要大的推力及小的注射后座及液压马达质量。

一般的油压注塑机以双注射缸设计为主，注射时，注射后座及液压马达也往前走，质量不算低。常见的全电动注塑机设计，在注射时，负责螺杆转动的电机也是往前走的。采用单注射缸设计时，液压马达在注射时不动，只有螺杆及注射缸的活塞及活塞杆往前，质量便下降了许多，注射时可以得到较高的加速率。

3. 高刚性油路

压力油是有弹性的，在要求 0.05s 加速时油路的刚性是要考虑的。采用大的油缸活塞面积、短的行程、短的油管均能降低压力油弹性的影响。油管能用硬管取代软管时，油路的刚性也会提高。

4. 伺服阀使用

伺服阀的反应比一般比例阀要快，它能在充填满模腔后转保压时发挥最大效用。反应不及时便会溢料，成品产生毛边，见图 4-27。

图 4-27　伺服阀

5. 全闭环控制

伺服阀的采用一般配合全闭环控制，可以做到注射速度、保压压力及背压压力波动范围的控制。全闭环控制监测有关的变量（速度或压力），与设置量有偏差时可通知伺服阀更正。全闭环控制提高了注塑的稳定性（重复性），降低了废品率。

6. 实现短注塑周期

薄壁注塑要求注塑机模板的开合要快及稳，不能产生震动。高刚性的机架，格林柱空间不宜过大。采用比例阀对开合模有制动的功能。生产时边开模边顶出可以节省约 1s 的周期时间。模具方面模板的刚性要高，模板的变型直接影响模腔的厚度，当壁厚是 0.5mm 时，模板变型要控制在 0.05mm 以下。

7. 高的塑化能力

薄壁注塑成型周期比较短，要在周期内做好塑化，需将螺杆的塑化能力提高。双螺纹螺杆设计能提高塑化能力。大的长径比为 24～25，能增加螺杆吸热面积，也有效增加塑化能力，采用高的螺杆转速可以将螺杆表面速度提升到 1m/s 以上。气动封嘴容许开合模时继续塑化，可以采用气动封嘴来延长塑化时间。

六、薄壁塑件成型工艺

1. 薄壁塑件的充模过程

在塑件生产过程中，塑料熔体经过分流道、浇口填充至模腔（图 4-28）时，贴在模壁的熔料变成凝固层，使流动通道变小。薄壁塑件由于壁厚很小，流动通道会变得更窄，容易出现欠注现象。因此薄壁塑件需较高的注射压力与注射速度才能将型腔完全充满，此外注射速度高还可以提高剪切热，增大熔料的流动距离。

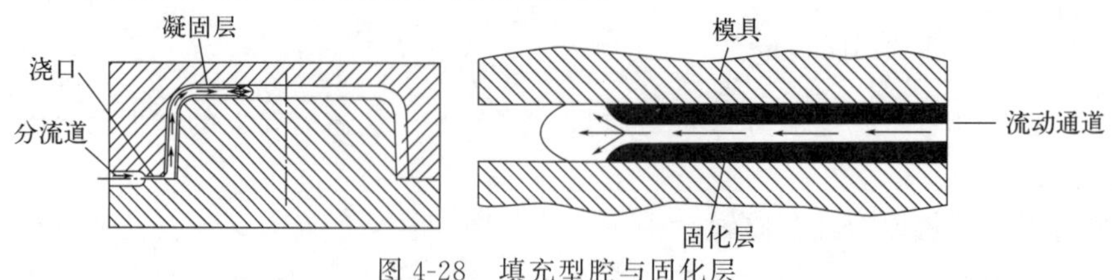

图 4-28　填充型腔与固化层

2. 薄壁塑件注塑工艺

薄壁塑件的生产除了模具之外，非常重要的是注塑工艺参数（时间、压力、温度）的选择。由于注射压力增大、时间缩短，故需要专门的薄壁注射机。薄壁塑件厚度薄，单件重量轻，每次注塑量较少，薄壁注射机的机筒容积要小，可避免塑料原料因停留时间过长而分解。不同壁厚塑件注塑成型时，其注射机工艺参数参考表 4-6 所示。

表 4-6 不同壁厚注塑件注塑工艺参数

项目	不同壁厚时的参数		
	2～3mm	1～2mm	≤1mm
注射压力/MPa	62～97	110～138	138～241
注射时间/s	>2	1～2	0.1～1
单件生产时间/s	40～60	20～40	6～20

第五节 多色/多物料注塑加工技术

一、多色/多物料注塑成型技术简介

多色/多物料注塑工艺是指在一个制造工序或一个生产单元内把若干种塑料组合成多功能部件。这种技术是利用多种物料进行注塑生产，并在模塑过程中将不同材料的特性相结合，通过适合的粘接方法进行装配，以提高产品的功能性和美观度。最早是以双色注塑为代表，我们日常接触较多的也是双色产品，比如每天早晚都在用的牙刷，其手柄，就是采用了双色注塑成型，见图 4-29。手柄部分比较常用的材质为 PP（硬胶）＋TPE（软胶），TPE 是与 PP 包胶结合性最好的材料，包覆软胶是为了提高握感。

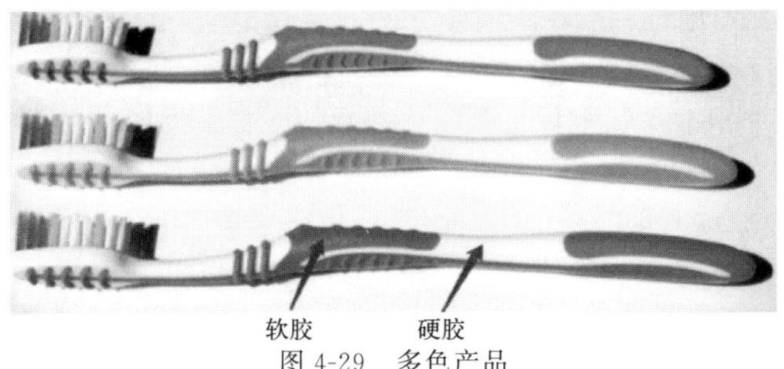

图 4-29 多色产品

随着产品复杂度的提高，三色甚至四色的需求开始浮现。

一般而言，三色机有两种类型：一种为两工位三色机（俗称假三色），另一种为三工位三色机（俗称真三色）。实际上，两者的区别不在于“真假”，而是根据产品结构设计（两副模具或三副模具）采用不同的转盘控制方式。“两工位”三色机的转盘旋转定位在两个位置，等同于双色机的 180°转盘控制方式。换言之，两工位三色机的三组注塑单元中，有两组是同时注塑在同一副模具里的。因此，产品中若有两组分的边界不相邻（可设计在同一副模具同时注塑），只需要两副模具来生产三组分产品，则适用两工位三色机。“三工位”则将转盘旋转定位在三个位置（120°）。换言之，三工位三色机的三组注塑单元分别注塑在三副模具中。因此，产品中若三组分的边界均相邻，则适用三工位三色机。

同样的，四色机也可区分为“两工位”及“多工位”四色机。从技术的角度而言，多工位转盘控制精度明显高于两工位，在机台的制作成本上也相对较高。所以，要根据产品结构需求选择最具效益的方案。

1. 配对注塑材料之间的结合性

多色注塑的配对材料必须满足的基本条件是加工过程中结合性（粘接性能）较好，见表 4-7。

表 4-7　配对注塑材料之间的结合性

材质	ABS	PA6	PA66	PBT	PC	PC/ABS	PC/PBT	PC/PET	PET	PMMA	POM	PP	PPO	TPE	TPU
ABS	极好	好	好	好	好	好	好	好	一般	好	一般	差	差	好	好
PA6	好	极好	极好	好	一般	好	好	好	无数据	无数据	差	差	差	一般	好
PA66	好	极好	极好	一般	一般	好	好	好	无数据	无数据	差	差	差	一般	好
PBT	好	好	一般	极好	好	好	好	好	好	一般	一般	一般	无数据	一般	好
PC	好	一般	一般	好	极好	好	好	好	好	无数据	一般	差	无数据	一般	好
PC/ABS	好	好	好	好	好	极好	好	好	无数据	无数据	一般	差	无数据	一般	好
PC/PBT	好	好	好	好	好	好	极好	好	好	好	一般	差	无数据	一般	好
PC/PET	好	好	好	好	好	好	好	极好	好	好	一般	差	无数据	一般	好
PET	一般	无数据	无数据	好	好	无数据	好	好	极好	无数据	无数据	无数据	无数据	一般	一般
PMMA	好	无数据	无数据	一般	无数据	无数据	好	好	无数据	极好	无数据	差	差	一般	好
POM	一般	差	差	一般	一般	一般	一般	一般	无数据	无数据	极好	无数据	无数据	一般	差
PP	差	一般	一般	一般	差	差	差	差	无数据	差	无数据	极好	一般	极好	一般
PPO	差	差	差	无数据	无数据	无数据	无数据	无数据	无数据	差	无数据	好	极好	一般	好
TPE	极好	一般	一般	一般	一般	一般	一般	一般	好	一般	一般	极好	一般	极好	好
TPU	极好	好	好	好	好	好	好	好	好	好	差	一般	好	好	极好

材料之间的结合性：极好；好；一般；差；无数据

2. 双色模具的工作原理

双色模通常有两副模具，一半装在双色注塑机的定模固定板上，也就是有注塑浇口的一侧，另一半装在动模回转板上，即模具顶出的一侧。这两副模具的后模通常是完全一样的，而前模不一样。当第一种材料在第一模具注塑完毕后，注塑机定、动模打开，动模转盘带着两副模具的后模部分旋转 180°，此时第一模具后模的半成品不顶出，然后合模，进行第二种材料的注塑（这个过程中，第一种材料继续在第二模具注塑成半成品），保温冷却后，定、动模被打开，第一模具的动模后模的成品被顶出。这是一个成型周期的过程，每个成形周期内都会有一次半成品及一次成品产生。

3. 多色/多物料注塑成型产品分类

① 多物料共注成一件产品，见图 4-30。

② 多色塑料共注成一件产品，见图 4-31。

4. 多色/多物料注塑加工优点

多色/多物料注塑成型已经成为注塑技术发展的一个热点方向，其能带来的益处也毋庸赘言。多色/多物料注塑成型的实现技术有多种，允许在同一组件中存在不同的硬度和韧性，由于软胶 TPE 可以具有颜色的多样性、透明的表面及其他令人感兴趣的特征，从而在美观设计上更加得心应手；免除安装过程、缩短成型周期、减少加工成本，对最终用户而言还有附加价值（美观设计、质量、功能……）。

图 4-30　多物料共注成一件产品

图 4-31　多色塑料共注成一件产品

二、多色注塑机的种类

多色注塑对注射设备也提出了新的要求。就射出单元而言，可采用平行同向、平行对向、水平及垂直 L 型、Y 型同向单缸射出结构。就混合喷嘴而言，可选择花纹、波浪、流痕、渐层、夹层等特殊喷嘴。就夹模而言，可选择标准型、垂直转盘式、水平转盘式、转轴式、机械手转动式等机构。就油路而言，可提供 ACC 蓄压高速射出及闭环回路设计。根据注塑单元（副发射台）的布置方式，双色/多色注塑机的配置形式有如下几种分类。

① 双色注塑结构分为五类：P 型（平行双射）、L 型（直角双射）、V 型（天侧双射）、W 型（斜背式双射）、H 型（对向双射）（图 4-32）。这几种类型的双色注塑机各有特点，用

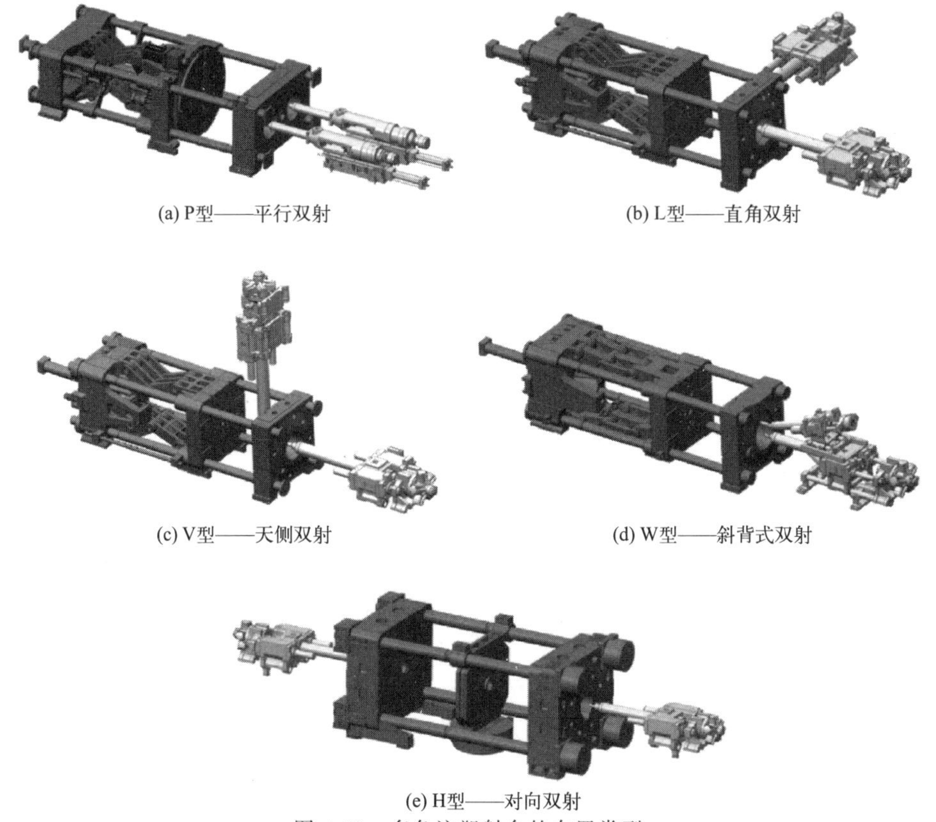

(a) P型——平行双射

(b) L型——直角双射

(c) V型——天侧双射

(d) W型——斜背式双射

(e) H型——对向双射

图 4-32　多色注塑射台的布置类型

户根据自身需求来选择。其中，V 型及 L 型在欧洲注塑机的应用较为广泛，而日本及国产机台则多数采用 P 型。再以双色机的五个形式为基础，可继续衍生出三色机及四色机的射出形式。

② 三色注塑结构分为五类：直角三色-L 型、天侧三色-V 型、背式三色-LW 型、背式三色-VW 型、独立三色-LV 型。

③ 四色注塑结构分为两类：平行四色-LV 型、背式四色-LVW 型。

三、多色/多物料注塑产品的设计要点

多色注塑制品的结构和普通塑料制品的结构有着极大的不同，制品结构和形状的设计，首先需要从制品的使用目的和用途来进行考虑，要进行细致的注塑产品结构设计，充分考虑几种材料的兼容特点。

一般是通过加大原料的接触面积来增强牢固性，可以在制品内部设计一些小型凹槽和凸槽进行镶嵌和缝合，达到增加材料的接触面积的目的，提高制品的使用强度和使用寿命，增强实用性。

1. 多色/多物料结合方式

一般在多色/多物料注塑产品设计中，相邻组分的结合采用两种结合方式实现，通常同时使用下述的两种结合方法。

（1）机械固定法

机械固定法不包括相邻物质间的物理粘接，一般指相邻组分间具有连接点，利用注塑成型得到半成品上的倒陷或孔或两种材料相互之间利用结构上的相互连接。

（2）结合法

多色/多物料注塑加工产品的结合通常是指相邻两种物质的物理结合。这种结合有时被认为是化学连接，其实热塑性塑料之间没有很明显的化学反应，结合是由分子之间的相互作用（范德华力）及分子缠结（在热能驱动下，大分子易发生机械缠结及分子间的相互缠结，大分子的相邻部分相互穿插形成机械连接）引起的。

2. 封胶位设计

封胶位是指硬胶和软胶的结合位、分界线位；一般封胶位必须避免“羽毛状”的设计（即封胶位处的胶位不能逐步变薄），因为在过薄的边缘容易产生粘接不良和反边，见图 4-33(a)。

理想的封胶位处的设计必须能够做一个明显的台阶和凹陷，以保证胶位的壁厚一致，见图 4-33(b)、(c)；在一些产品中，当流程特别长时或该区域需经常使用磨损时，可以在软胶和硬胶之间设计一些机械的连接，使两种材料产品结构上相互穿透，保证产品的连接强度。

3. 合理选择壁厚和表面蚀纹

以 TPE 包胶为例，由于 TPE 材料的价格很贵，设计者必须在产品设计的过程考虑降低成本。使用较小 TPE 的壁厚，TPE 优良的手感和触觉与 TPE 的壁厚、TPE 的硬度有直接的关系。当 TPE 的厚度小于 1.5mm 时，软硬程度的感觉主要取决于 TPE 下方硬胶的硬度，来自 TPE 功能性的缓冲和防震也将受 TPE 下方硬胶的硬度的影响。TPE 厚度的降低，将严重影响 TPE 与硬胶的粘接强度，主要是因为过薄的 TPE 将使 TPE 在模具中过早冷却，导致粘接强度下降。

(a) TPE逐步变薄封胶位

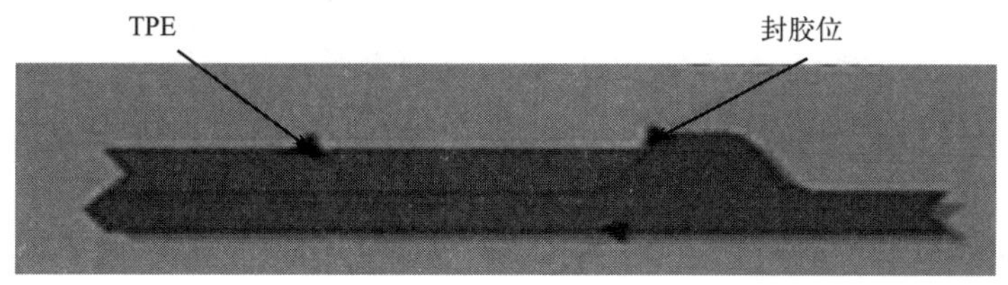

(b) TPE台阶封胶位

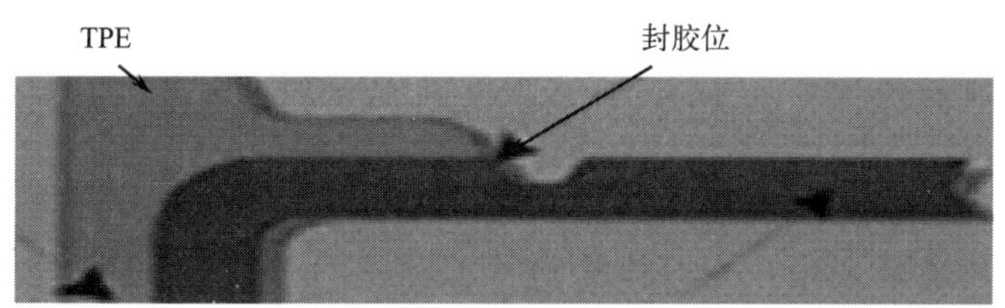

(c) TPE凹陷封胶位

图 4-33　封胶位的设计

TPE 产品表面加上蚀纹后，能够给人以皮革的感觉，产生更好的手感，并且能掩盖许多表面的缺陷；有些蚀纹还能够调整 TPE 产品表面的硬度，使其比 TPE 材料做成光面时更软或更硬。如果设计者将 TPE 的表面抛光处理成镜面，在镜面上会出现许多料纹和色纹，或在使用的过程中发白导致表面的质量变差。

四、多色/多物料注塑模具设计要点

现在以双色模为重点介绍一下注塑模具设计重点。目前制造双色产品的方法有包胶和双色注塑，它们使用的模具分别称为“包胶模”和“双色模”。包胶模是两次成型的模具，先在第一套模具上面注塑第一次的产品，然后将这个“半成品”放入第二套模具中注塑第二次的产品，使第二种产品包住第一次的产品，得到的成品就是双色产品，见图 4-34。

双色模是指两种塑料材料在同一台注塑机上注塑，分两次成型，注塑完第一次产品，后模旋转 180°，前模不动，注塑第二次产品，产品在一套模具上面。但是需要专门的双色注塑机。

双色模的优点是生产效率高，制造出来的产品尺寸精度高、质量稳定。包胶产品的两种塑料材料不一定在同一台注塑机上注塑，不需要专门的双色注塑机。目前使用比较广泛，但是生产效率比较低，不良品比较多，特别是大型的产品。

1. 包胶模设计的基本原则

① 包胶模收缩率问题。包胶模的缩水，要根据产品材料的种类、产品结构、尺寸精度

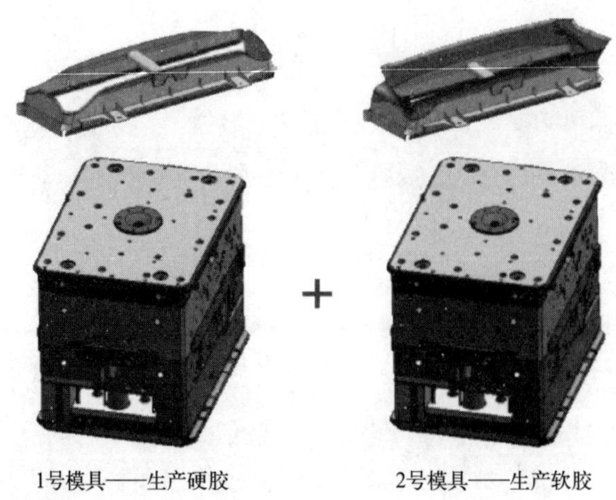

图 4-34 包胶模

的要求来确定，但一般来说，第一次成型的模具按正常的收缩率计算，第二次产品如果是软胶就不用考虑收缩率问题。

② 包胶模通常是软胶包硬胶，软胶常用 TPU、TPE、TPR 等塑料，硬胶可能是 ABS、PC、PP 等。大多数的情况都是先注塑产品的硬胶部分，再注塑产品的软胶部分，因为如果先注塑软胶，第二次注塑会把软胶冲变形。

③ 双色模注塑成型通常选用不同颜色的同一种塑料，也可以是两种不同的塑料原料。第一次成型产品的塑料软化温度比第二次成型产品的塑料软化温度要高 20℃，否则第一次成型产品的塑料会被熔化分解产生混色。不同材料之间要考虑材料的流动性，要选择适当的壁厚，如果第二次成型的产品壁厚不够，就会造成充填不好，容易导致缺料、收缩、熔接痕等不良状况。

④ 当软胶采用点进胶和潜进胶的时候，同浇口相连的流道的直径和长度应尽量做小一点，同时注意浇口处的冷却，否则同浇口相连的流道容易断在模内，不易取出。

2. 双色模设计的基本原则

双色模又分为单腔双射（顶出后模仁旋转，或滑块控制不需要旋转）、旋转双色（平行喷嘴双色和直角双色）。

(1) 注塑顺序原则

① 硬胶做一次，软胶做两次。

② 透明做一次，非透明做两次。

③ 特殊情况下必须非透明做第一次时，熔料必须耐高温，不会被第二次透明熔料分解。

④ 成型温度高的塑料做一次，成型温度低的做两次。

⑤ 都是硬胶时，塑料比例大的做第一次，比例小的做第二次。

(2) 封胶时尽量用碰穿封胶，而不用插穿封胶

哪怕是建议客户修改产品也要尽量采用碰穿封胶，边锁、模架、导柱导套必须上下左右对称，否则当后模旋转 180°后与前模对不上。

(3) 双色模的收缩率

要根据产品材料的种类、产品结构，尺寸精度的要求等因素来确定收缩率。但一般来说，双色模的第一次产品与第二次成型的产品收缩是同步一起考虑的，这个时候就要考虑两

种材料的界面作用、收缩率差异、第一次材料是否比第二次耐高温，且不会被第二次材料熔化。

(4) 注塑机参数

① 喷嘴之间的距离。

② 各个机筒的注射量，以决定哪一种颜色用哪一个机筒。

③ 顶出孔（KO）的位置距离及最大顶出行程。

④ 转盘的尺寸及承载重量。

⑤ 转盘上水路、油路、电路的配置情况。

⑥ 喷嘴的深度不要超越模板 40mm。

⑦ 前后模底板上定位圈数量与尺寸。

⑧ 运水的标准连接方式。

(5) 前模与后模旋转 180°后可装配

模具的前模不动，后模绕转盘的中心旋转 180°后必须可以和前模装配在一起，否则无法合模成型，设计时必须做这个检查动作，尤其要留意模架的导柱导套、边锁、导柱辅助器、尼龙塞等零件的位置尺寸。

(6) 浇口套的间距

模具上浇口套的间距必须以注塑机喷嘴的间距为准，有的双色注塑机的喷嘴间距是可调的，有的不可调，要了解清楚客户生产和试模的注塑机参数，但注塑机顶出孔（KO）的间距是不可调的，因此不要在调喷嘴的间距时连同顶出孔的间距也跟着调。

3. 单腔双射（顶出后型腔旋转，由滑块控制不需要旋转，也称闸阀双色）

① 设计单腔双射模的顶出系统时要留意，这种模的两次胶位成型到一件后型腔上，设计一个型腔，只有一套模具，只有一个顶出系统，因为生产时第一次成型的产品不用顶出，第二次成型后才顶出。利用油缸或开合模的动力驱动相关的模具零件，使第二色处于两种位置的状态，并在两种状态下分别成型，这种技术也叫双色模具单腔双射技术，是成本最低、生产效率最高的双色模结构，设计时可优先考虑采用这种结构。

② 在一套模具上设计两个型腔，利用齿轮齿条机构驱动型芯带着第一腔成型的产品旋转至第二腔成型；只是在后模增加了齿轮齿条机构来驱动型芯带着产品旋转，它不需要利用注塑机的驱动机构和机械手为动力来给产品置换型腔，可用于没有驱动机构和机械手的双色注塑机。

4. 取件成型双色（同包胶模）

① 在一套模具上设计两个型腔，分别成型两种材料，这种方式的动作原理是将两套传统的注塑模具合并成整体的一套，但是后模和前模的型腔都是独立的，利用机械手快速将第一腔成型的产品取出，放入第二腔再成型。

② 在第二次成型的产品与第一次成型的产品表面需要封胶的情况下，第一次产品面要留预压量，使它在第二次成型的时候能够与第一次成型的前模压得更紧，以达到封胶的效果，预压量一般为 0.02～0.05mm。

③ 在第一次成型的产品上要做一些反斜度孔或倒钩结构，用来拉住第二次成型的材位，使两种材料能更好地结合在一起。

5. 旋转双色（平行射台双色和直角双色）

① 双色注塑机有两个注塑单元，可各自独立或同时注塑。按注塑单元的排布分类，有

平行排布注塑单元的注塑机，也有L形呈90°角的双色机。双色机有两套独立的顶出系统，可以独立顶出，一般情况下非操作侧的顶杆是关闭的。后模两个型腔相同，顶针也都相同，两个型腔应是旋转关系，避免做成平移关系。

② 因为后模要旋转，顶针板只能用弹簧或油缸复位，不可用拉杆强制复位。

③ 注意客户提供的注塑机平行注塑单元的方向，是 X 轴或是 Y 轴（一般是 X 轴），以此来定产品的排位。

④ 对于注塑机的集水块没有装在转盘上的，冷却水进出水的方向必须在同一面上，不可进水在天侧，出水在地侧，因为后模要旋转180°。且注意模架要同注塑机集水块保持合适的间距，否则无法接冷却水。

⑤ 第一次注塑的产品要放在非操作侧，因为第一次注塑后产品要旋转180°进行第二次注塑，正好转到操作侧，方便取产品。

⑥ 有些需要全自动装夹模具的双色注塑机，码模位要设置在操作侧和非操作侧，不可在天地侧。

⑦ 设计分型面时，要用两种产品合并后的产品图来设计，这样可将后模和第二次成型的前模分出来，第一次成型的前模胶位面要取第一次成型的产品图进行设计；两个前模和后模的冷却回路要尽量设计充分，并且均衡一致；模板之间要设计定位销或定位块，使模板不因螺钉的间隙问题而造成偏移；要借助模流进行流动性分析，降低失败的风险。

⑧ 前后定位圈的公差为－0.05mm，定位圈间距公差为±0.02mm，顶针与顶针孔的间隙单边为0.1mm，前后模导套导柱的中心距公差为±0.01，模框四边和深度都要加公差，否则当后模旋转180°后，因高低不一致而产生飞边。

⑨ 如果在模架厂已经将模架加工完，本厂要加工浇口套和顶针孔时，要以4个导柱导套孔的间距中心为基准取数，否则偏差太多，容易卡死模。订模架时要注明是双色模架，四个导柱导套和框对称，后模旋转180°后能与前模匹配。

⑩ 留意顶针孔的位置，最小间隔200mm。大的模具必须恰当增加顶针孔的数量（当无法利用双色注塑机上的顶出脱模机构时，顶针板需要安装油缸复位）。由于注塑机本身附带顶杆不够长，模具要设计加长顶杆，顶杆长出模架底板150mm左右。

⑪ 在设计第二次注塑的前模时，为了防止前模擦伤第一次已经成型好的产品料位，可以设计局部避空。如果产品是PMMA包PMMA需要考虑模具抽真空，因为PMMA塑料易脆，开模一瞬间产品会有开裂的风险，所以排气也很关键的。顶出一定要平衡，顶针或者顶块一定要足够多。

⑫ 在A、B板合模前，要留意前模有滑块或斜顶的情况下，需要控制合模顺序。

⑬ 双色模一定要谨慎选择浇口位置。一次产品最好选择潜伏式进料，这样产品和流道可以自动切断。当无法采用潜伏式进胶时，可以考虑三板模或者热流道模具。

⑭ 双色注塑制品一般以ABS、PC等硬塑料配合TPE或TPU软塑料为主。由于成本或应用的关系，要充分考虑采用的两种物料之间可能没有良好的结合性。一般都会有压花纹路的现象，需在第一色产品上做柱位或者碰穿孔增加产品之间的结合性。为了使两种塑料“粘”得更紧，要考虑材料之间的结合性以及模具外表的粗糙度。

⑮ 留意前后模的定位，所有的插穿斜度落差尽量大些，要0.15mm以上，插穿面最少做到3°～5°，不然插穿面会烧伤。

⑯ ABS/PC、ABS/PMMA、PMMA/PMMA双色注塑时，需要先注塑温度较高的，如果产品是透明时，模具上大部分采用顺序阀热流道。

五、多色/多物料注塑加工工艺控制要点

多色/多物料注塑加工必须熟练掌握材料的加工特性，同时在注塑过程中控制好材料之间的粘接强度、封胶质量等，在试模过程中按注射顺序逐步调试好每一次产品质量。

1. 加工设备

根据所加工的材料确定适合的注塑机。主要考虑螺杆压缩比、长径比、塑化能力等参数，以得到塑化良好的熔料。

2. 熔融温度

塑化温度方面基本与普通注塑加工材料的塑化温度没有太大的变化，通过对空注射和实际测量料温等方式判断材料的塑化效果。主要考虑的因素是多色机加工性能，因多色机需加工多种产品，但产品各色重量相差很大，因此在评估设备时要比较谨慎，同时在实际的试模过程中要通过验证来确定合适的塑化温度。

3. 模具温度

模温一般根据各色材料性能来确定，在运水连接时，前后模各腔单独连接，以便在模温上可以单独控制，达到最佳的冷却效果。

4. 注塑压力和速度

在二次或三次注塑时，在保证产品质量的前提下，尽量使用较低的注塑压力及速度，防止一次注塑件在模具中的变形和控制二次或三次注射时飞边、混色等缺陷的产生。

第六节　热固性塑料的注塑成型

一、热固性塑料注塑成型技术简介

热固性塑料指在加热、加压下或在固化剂、紫外光作用下，进行化学反应，交联固化成为不熔物质的一大类合成树脂。这种树脂在固化前一般为分子量不高的固体或黏稠液体；在成型过程中能软化或流动，具有可塑性，可制成一定形状，同时也会发生化学反应而交联固化，有时释放出一些副产物（如水等）。

热固性塑料的树脂固化前是线型或带支链的，固化后分子链之间形成化学键，成为三维的网状结构，不仅不能再熔融，在溶剂中也不能溶解。酚醛、三聚氰胺甲醛、环氧、不饱和聚酯以及有机硅等塑料，都是热固性塑料。

热固性塑料第一次加热时可以软化流动，加热到一定温度，产生化学反应，交链固化而变硬，这种变化是不可逆的，此后，再次加热时，已不能再变软流动了。正是借助这种特性进行成型加工，利用第一次加热时的塑化流动，在压力下充满型腔，进而固化成为确定形状和尺寸的制品。

热固性塑料注塑利用螺杆或柱塞把聚合物送入注塑机机筒，聚合物经机筒加热黏度会降低，注塑机把黏度降低的聚合物注塑进加热过的模具中。物料充满模具，即对其保压。此时产生化学交联，使聚合物变硬。硬的（即固化的）制品趁热即可自模具中顶出，固化后的塑料不能再成型或再熔融。

最早应用于热固性塑料成型的工艺方法是压塑法（compression moulding）和压铸法

(transfer moulding)。与它们相比，注塑法（injection moulding）的优点是：有较快的成型周期（2～3 倍），过程自动化；制品生产稳定性较好；较低的人工费；较高的生产能力。缺点是：需要较高的设备和模具投资；压塑法可以得到较高的制品强度和较好的表面光洁度。

二、热固性塑料注塑成型工艺过程

1. 热固性塑料注塑工艺步骤

热塑性塑料和热固性塑料在加热时都将降低黏度。然而，热固性塑料的黏度却随时间和温度而增加，这是因为发生了化学交联反应。这些作用的综合结果是黏度随时间和温度的变化曲线呈 U 形。在最低黏度区域完成充填模具的操作也是热固性注塑的工艺要求，此时物料注塑成型所需压力小，对聚合物中的纤维损害最低。

热固性塑料注塑过程一般分为锁模（合模）、注射、保压、加热固化、开模、顶出产品六个步骤。各成型步骤代表注塑成型的不同阶段，通过对注塑机参数的设定，在正常生产的情况下注塑机会自动完成。

热固性塑料注塑工艺过程利用一个螺杆使物料流经加热过的机筒，机筒则以水或油循环于机筒四周的夹套中。螺杆可按每种材料的不同类型加以设计，稍加压缩以脱除空气并加热物料获得低黏度，在合适的工艺条件下，大多数热固性物料在螺杆中都可以得到比较好的流动性。

物料进入模具的操作是利用注塑压力把螺杆高速推向前，使被塑化的低黏度物料压入模具中。这种快速流动要求在几秒（0～5s）的时间里填满模腔。填充模具时物料的高速流动产生更大的摩擦热会加速化学反应。模腔一旦被填满，注塑压力就降到保压压力。保压压力维持 2～10s 后卸压，然后开始下一个周期塑化阶段。

加热固化过程是指物料被保持在热的模具中，直至变硬，然后打开合模装置，顶出制品。制品刚顶出时可以是轻度未固化和有点柔软，在取出后 1～2min 内利用制品内部保留的热量完成最终固化。热固性制品的整个生产周期为 10～120s，同制品厚度和原材料的类别有关。

2. 热固性塑料成型加工过程中注意事项

① 利用“最低黏度”状态充填型腔。由于热固性树脂所具备的这种特殊流变行为，其“最低黏度”状态持续时间短，必须利用这一时机充填型腔。过早过晚都会造成制品充模不完全形成废品。另外，选择先进的成型设备和富有加工经验的技术人员，是确保成型高质量制品的关键因素之一。

② 注意对温度、压力和时间三要素的控制。如果温度掌握不好，既无法充满型腔，也不能使制品固化完全，特别是注塑成型时，如果控制不好温度，物料在机筒内固化会造成整台机组报废。热固性塑料中含大量的填料或增强材料，其黏度自然比热塑性塑料大，其成型压力自然要比热塑性塑料高得多。另外，在其固化反应中，还会生成水和低分子挥发气体，水汽还易从熔体内部冒出，使制品表面留有气泡。鉴于这些情况，热固性塑料往往是采用低塑化温度，高注射压力成型。因此，热固性塑料成型过程中对温度、压力和时间三要素的控制要比热塑性塑料困难和复杂得多。

③ 按照热固性塑料成型条件和工艺要求，正确控制固化热量、固化时间，防止制品“过熟化”或“欠熟化”。

④ 热固性塑料制品出模后，通常要进行后处理。后处理一般在烘箱中进行，温度通常

为 120～160℃，时间以 5～20h 为宜。经过后处理的制品其性能和尺寸稳定性均得到不同程度的提高，有机改善制品在使用过程中易发生变形、翘曲或开裂的问题。

⑤ 热固性塑料存放及使用要求要按工艺规范执行，特别是 BMC 原材料，要防止阳光直射、勿重压、密封保存、包装无破损、低于 25℃保存，遵守先进先出的原则，否则会影响材料的流动性和产品质量。

三、热固性塑料注塑成型设备

热固性塑料的注塑成型与热塑性塑料注塑成型工艺程序相同，但工艺参数条件不同。选择热固性塑料注塑成型机的因素包括：合模力、注射能力、控制系统、机筒和模具温度、辅助性设备的选择。

1. 合模力

合模力以锁模力的吨位计算，其选择应根据制品和流道确定投影面积。所需吨位可按 1.5～5tf/in^2（1tf/in^2＝1.5200×10^{7}N/m^2）计算，系数大小取决于模塑制品的复杂程度和所用的原材料。设备大小在 30～3000t 之间，大多数常见设备在 100～600t 之间。因热固性塑料制件产生的溢料去除困难，机器模板的厚度和刚性至关重要，注射时尽可能产生小的弯曲变形。

2. 注射能力

机器的注射能力，需要根据充填模具所需最大注射压力和模腔与流道进行分析。所需注射压力由 85MPa 直到 207MPa。机器的注射能力往往是以理论体积量来标识（螺杆或活塞注射的面积乘以其冲程）。

一般情况下，设备的注射能力按该设备所能生产的制品体积的 85%确定。当设备以聚苯乙烯生产能力来标识时，在确定制件重量生产能力时必须考虑到它和热固性塑料密度上的差异。

3. 控制系统

常用热固性塑料注塑成型机控制系统是计算机控制，实现对注射速度、合模装置、顶出装置、机筒和模具温度的控制。

4. 机筒和模具温度

机筒温度的控制是通过流经包覆机筒夹套的热水进行的。模具温度的控制利用最普遍的是插入式加热器，也可以采用蒸汽或循环热油进行。高度可控的模具温度是获取均匀制品十分重要的因素。

5. 辅助性设备的选择

热固性塑料所用的供料器、快速更换模具系统、为快速注射用的增压罐、机械手取件系统、机器人修飞边系统以及空气吹气装置（去除每个成型周期中产生的溢料），见图 4-35。

四、热固性塑料注塑成型的主要产品

① 汽车工业：发动机部件、车前灯反射镜和制动用制品。

② 电气工业：断路器、开关壳体和线圈架。

③ 家用电器：面包烘箱板、咖啡机底座、电动机整流子、电动机外壳和垃圾处理机

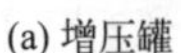
(a) 增压罐

(b) 取件机械手

(c) 修飞边机器人

图 4-35　辅助性设备

外壳。

④ 其他：电动工具壳、灯具外壳、气体流量计和餐具。

五、热固性塑料注塑成型实例

现以 BMC 料生产车前灯反光镜为例说明热固性塑料注塑成型过程。

1. 原材料为 BMC

BMC(DMC) 材料（图 4-36）是 bulk(dough) molding compounds 的缩写，指团状模塑料。国内常称作不饱和聚酯团状模塑料。其主要原料由 GF（短切玻璃纤维）、UP（不饱和树脂）、MD（填料）以及各种添加剂经充分混合而成的料团状预浸料，是当前使用量最大的一类增强热固性塑料。

(a)

(b)

图 4-36　BMC 材料

(1) BMC 的加工特性

① 流动性：BMC 的流动性很好，并可在低压下保持良好的流动性。

② 固化性：BMC 的固化速度很快，成型温度在 135～145℃ 时固化时间为 30～60s/mm。

③ 收缩率：BMC 的收缩率很低，在 0～0.5%之间，收缩率还可以根据需要加入添加剂进行调节；可分为无收缩（收缩率＜0.05%）、低收缩率（0.05%～0.3%）、高收缩率（0.3%～0.5%）三个等级。

④ 着色性：BMC 有较好的着色性。

(2) BMC 的加工缺点

成型时间较长、制品毛刺较大。

(3) 生产前要对BMC材料进行的检查

生产前的检查内容包括以下几点：

① 查看箱子标签上的生产日期、批号、有效期是否符合工艺要求[图4-36(a)]；

② 使用钢钎往团料中插，直到将团料插穿（每包均匀插30次），检查材料中是否有硬块[图4-36(b)]；

③ 合格的材料放进料斗里。控制每次的加料量在25kg以内。

2. BMC热固性塑料注塑成型设备

热固性塑料注塑设备图片见图4-37。

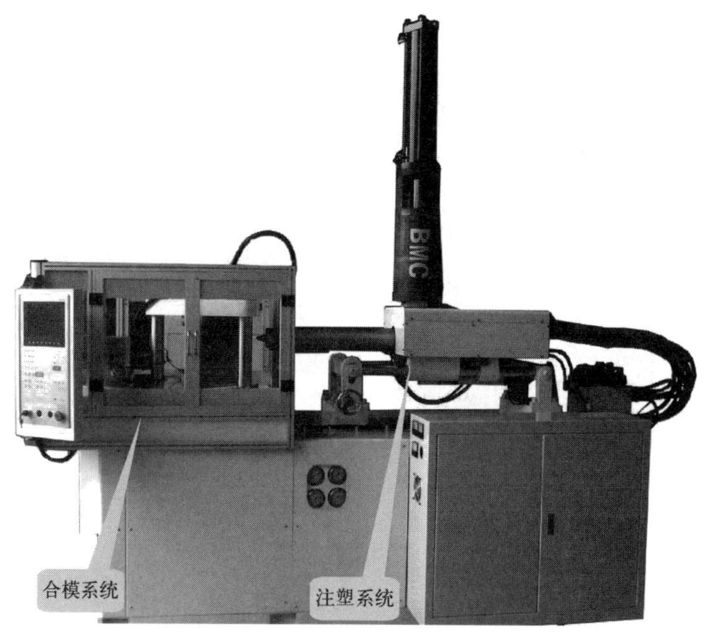

图4-37 BMC热固注塑机

在BMC材料中，由于加入了玻璃纤维，材料是团状物，因此所用设备与通常热固性塑料注塑成型设备有些不同，使用柱塞式和螺杆式注塑机均可。

(1) 加料系统

不论是螺杆式还是柱塞式，都必须附加一个挤压式加料装置（图4-38），以强制物料进入机筒。该加料装置多采用柱塞式加压进料。将一活塞式供料机连接于机筒上，以强制供料，随后可以用两种不同的方式进行作业。一种带有传统的往复式螺杆，螺杆将物料推向前

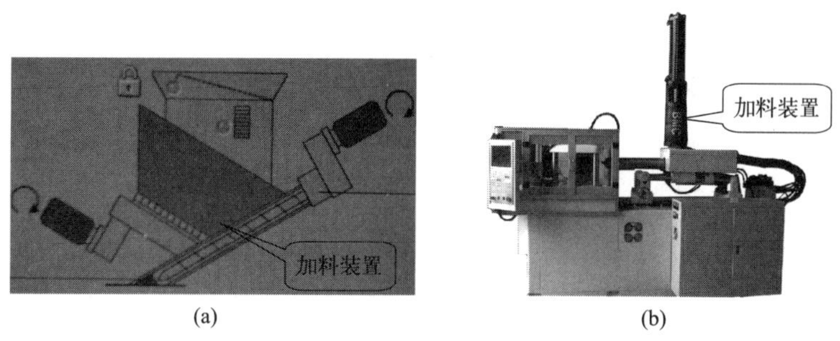

(a) (b)

图4-38 加料装置图

方，同时混炼和加热。这需要螺杆前端有一止逆阀。防止物料返流回螺杆螺纹上。另外一种方式是利用柱塞或活塞将物料压入模具模腔中，柱塞往往用于含玻璃纤维量超过 22%的物料，因为这对纤维的损害较小，亦可得到较高的强度 BMC 热固性塑料注塑成型制品。

（2）注塑系统

由于柱塞式注塑机的注射量准确而恒定，使玻纤少受损伤地分散于熔料中，因此，柱塞式注塑机使用较多，但排气不便。

（3）机筒温度和模具温度控制系统

在 BMC 的注塑成型中，控制机筒温度和模具温度十分重要，必须有一套控制系统控制温度，确保加料段到喷嘴的温度为最佳。目前多采用水温机控制机筒温度（见图 4-39），用油温机为模具进行加热来控制模具温度（图 4-40），也可采用电加热。

图 4-39　水温机

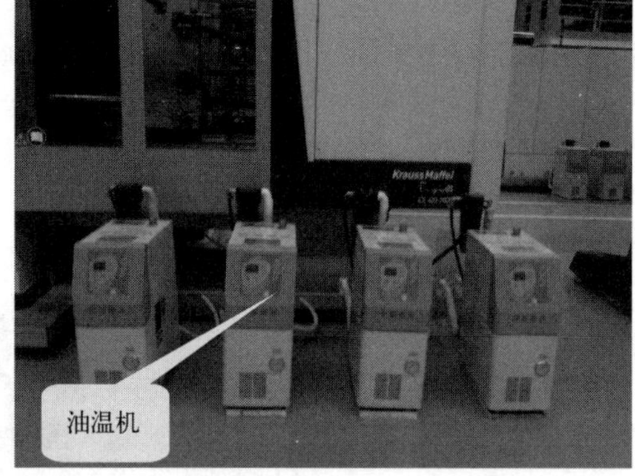

图 4-40　油温机

（4）合模装置

可以采用机械、液压式和全液压式等几种合模装置。

3. BMC 热固性塑料注塑成型模具

模具是 BMC 工艺的基础，良好的产品质量是由可靠的模具来保证的。因此，在 BMC 产品注塑生产中，模具的设计尤为重要。

在 BMC 模具设计过程中，要根据产品的具体尺寸设计模具的型腔。除此之外还要根据产品的表面质量要求和需求量大小选择合适的材料。为了保证产品的质量和工艺可行性，应合理设计模具的分型面、加热系统、顶出系统等。

（1）分型面设计

为产品易于脱模，保证产品精度、强度及便于模具加工等因素，分型面的选择应考虑如下原则。

① 为使产品便于推出，简化顶出机构，分型面的位置应使产品在开模后尽可能留在动模。

② 尽量减少飞边对产品外观的损害，同时应便于清除残余的飞边。

③ 便于模具制造及模具零件加工。

④ 径向尺寸精度要求高的产品，应考虑飞边厚度对产品精度的影响，取垂直分型面便于保证产品径向精度。

⑤ 保证产品的强度，避免产品出现尖角及薄壁。

⑥ 分型面的设计非常重要，应该在模具设计初期对产品进行分型设计，画出分型设计图纸，确保产品能顺利脱模且便于生产。

（2）加工精度要求

① 新模具加工精度主要有三个方面：尺寸公差、形位公差及表面粗糙度。通常对模具厂家提的加工精度要求主要是尺寸公差和表面粗糙度。

② 模腔尺寸精度要求必须按图纸严格控制，一般不超过 0.1mm。我们所说的模具表面精度一般指表面粗糙度，根据实际产品表面要求提出相对应的模具表面加工精度。

（3）脱模斜度设计

由于 BMC 制品冷却后产生收缩，会使产品紧紧包住模具型芯和型腔中的凸起部分。为了便于顺利取出产品，防止脱模时撞伤或擦伤产品，设计 BMC 制品时，其内外表面沿脱模方向均应具有足够的脱模斜度。在设计时，应注意以下两个方面：

① 成型较大的 BMC 制品时，要求内表面的脱模斜度大于外表面的脱模斜度；

② 常用脱模斜度值为 1°～1.5°，也可小到 0.5°。

（4）圆角设计

所有转角处均应尽可能有圆弧过渡。产品尖角处易产生应力集中，在受力或冲击振动时会发生破裂，甚至在脱模过程中由于内应力而容易裂开，影响产品强度。一般情况下，采用圆角半径为 0.5mm 就能使产品强度大大增加。采用圆角的优点主要有两方面：

① 避免应力集中，提高了产品强度及美观；

② 模具在淬火和使用时不致因应力集中而开裂。

（5）加热方式的确定

模具的温度直接影响到制品的成型质量和生产效率，所以模具上需要添加加热系统以达到理想的温度要求。加热系统分为电加热、蒸汽加热及油加热。

① 电加热为最常用的加热方式，其优点是设备简单、紧凑，投资少，便于安装、维修、使用，温度容易调节，易于自动控制。

② 蒸汽加热，加热快，温度比较均匀，但不易控制，费用相对电加热较高。

③ 油加热，温度均匀稳定，加热快，但对工作环境有污染。

对于新模具选用何种加热方式，可根据各公司现有条件及模具大小、模腔复杂程度等因素确定。

（6）模具材料的选择

选用模具材料时，应根据不同的生产批量、工艺方法和加工对象进行选择。BMC 模具应选择易切削、组织致密、抛光性能好的材料。以下几种是制作 BMC 模具时常用的模具钢材。

P20(3Cr2Mo)：常用于注塑模具，质量较好的钢材。

738：注塑模具钢，超级预加硬塑胶模钢，适合高要求持久塑胶模具，抛光良好，硬度均匀。

718(3Cr2NiMo)：预加硬钢，长期生产的注塑模用，抛光性、蚀花加工性更佳，质量比 P20 略好。

40Cr：合金调质用钢，适用于制作模具上下模板，硬度及抛光性能略胜于 50C 钢材。

50C：模具普遍使用的钢材，适用于制作注塑模架、五金模架及零件。

45 号钢：最常用的模具钢材，硬度较低，不耐磨，塑性、韧性较好，因此加工性能较好，价格也相对低廉。现在通常用45号钢来加工垫块、压板等辅助备件。

(7) 表面处理的选择

为了提高模具表面的耐磨性和耐蚀性，常对其进行适当的表面处理。

模具镀铬是一种应用最多的表面处理方法。镀铬层在大气中具有强烈的钝化能力，能长久保持金属光泽，在多种酸性介质中均不发生化学反应。镀层硬度达1000HV相当于HRC65，因而具有优良的耐磨性。镀铬层还具有较高的耐热性，在空气中加热到500℃时其外观和硬度仍无明显变化。

渗氮具有处理温度（一般为550～570℃）、模具变形甚微和渗层硬度高（可达1000～1200HV，相当于HRC65-72）等优点，因而也非常适合模塑料制品模具的表面处理。含有铬、钼、铝、钒和钛等合金元素的钢种比碳钢有更好的渗氮性能，用作BMC模具时进行渗氮处理可大大提高耐磨性。表面处理对模具寿命的影响见表4-8。

表4-8 表面处理对模具寿命的影响

处理方法	镀铬	渗碳渗氮
寿命增加程度	1.5～2倍	2～5倍

(8) 顶出杆的设计要求

① 顶出杆的设计要求为最小的顶出杆直径允许达6mm，杆的长径比不超过10∶1。

② 曲面上的顶出杆必须锁定，以防止转动，并提供单方向组装控制。

③ 顶出杆要配有顶出杆套，其配合区最好大于15mm。

④ 顶出杆配合间隙为0.05～0.07mm。

⑤ 顶出杆套必须是坚固的，不允许用焊接结构。

⑥ 所有顶出杆和顶出杆套都应加以编号，并且在模具内用一类似的数字标明它们相互的位置。

⑦ 顶出杆和顶出杆套的端部必须有60°的导角。

(9) 顶出板厚度

顶出板厚度应根据模具大小、形状及重量来确定，其厚度一般不低于30mm，否则容易发生顶出板变形等问题。

(10) 模具加热孔分布

① 模具加热孔分布要求为加热孔距型腔不能太近，也不能太远，最好能保持40～80mm。

② 加热孔的分布应中间稀，两端密集。

③ 如果采用电加热，加热孔即电热管数量最好是3的倍数，以便于接电，同时两端的电热管要超出型腔边缘一定距离。

④ 加热孔分布应和模具随形分布。

(11) 侧向轴芯机构

当产品的侧面带有孔或侧凹凸时，必须采用侧向成型的型芯才能满足产品上的要求。侧面型芯必须在产品脱模前将其抽出。应尽量避免侧向抽芯机构，若无法避免侧向抽芯，应使抽芯尽量短。

常用侧向抽芯机构分为液压和气动侧抽芯。液压或气动抽芯特点是传动平衡、抽芯力大、抽芯距长，适合大型模具。

（12）BMC 注塑模具排气

排气要求要好。

4. BMC 热固性塑料注塑成型工艺

（1）机筒温度与模具温度

加工时，要求 BMC 在机筒温度下，较长时间保持低黏度的流动态，一般机筒温度应能满足 BMC 的低限值。机筒温度一般分为两段或三段控制，温度控制在 20～45℃，近料斗端较低，近喷嘴端温度较高，一般相差 5～10℃，模具温度一般控制在 135～185℃。

（2）注射压力

由于 BMC 的流动性差，固化快，模具结构复杂，故注塑压力宜选择较高压力，一般为 80～160MPa。

（3）注射速度

注射速度的提高，有助于提高塑件表面质量，缩短固化时间，但不利于排气，并增加玻璃纤维的取向程度。故应在保证塑件表面质量的前提下采用较低的注塑速度，通常为 1.8～3.5m/min。

（4）螺杆转速及背压

若采用螺杆式注塑机，在注射 BMC 时，螺杆对玻纤的损伤较大，为了尽量减少玻纤的损伤，螺杆转速宜选低值，一般为 20～50r/ min。而根据 BMC 的黏度，以采用低背压为宜，一般为 1.4～2.0MPa。

（5）成型周期

由于塑件的大小和复杂程度不同，各段的工艺时间也不同，一般注射时间为 2～20s，固化时间为 20～50s（随产品壁厚变化）。

5. BMC 热固性塑料注塑成型制品缺陷改进措施

BMC 热固性塑料注塑成型制品缺陷改进措施见表 4-9。

表 4-9　BMC 热固性塑料注塑成型制品缺陷改进措施

现象	原因	对策
填充不良	排气不良，可能是空气积聚	真空成型 设计气孔 模具上设顶出销等并兼作气孔 注射速度减慢
	模具温度太高，材料尚未充满模腔就固化了	降低模具温度
	由于注射速度慢，材料未流动即固化	提高注射速度
	材料供应不足	检查计量情况
	模具间隙太大	维修模具
气泡	温度过高，苯乙烯气体挥发	降低模具温度
	固化时间短，内部固化慢	延长固化时间
	模具温度低，固化不良	提高模具温度
脱模不良	模具表面不好	研磨修理模具
	倒锥	维修模具
	模具温度低，固化不良	提高模具温度
	制品受热膨胀	延长固化时间 注意温度差 再考虑顶出装置优化 改用热膨胀系数小的材料
	新模具上有油等	把油等完全擦去

续表

现象	原因	对策
翘曲	因后收缩	重新调整固化过程
	因纤维配置方向不当	重新调整产品设计
		重新调整浇口位置
		用注射压缩成型
熔接纹	尖端部的熔接纹	浇口位置做调整
	因销、孔等使两个以上料流不融合	把孔用薄飞边连接
		真空成型，设排气口
光泽不好	固化不充分	提高模具温度
	压力不足	延长固化时间
		提高注射压力
	模具表面不光	研磨模具
	模具温度不均匀	改善模具温度分布情况
变色(烧焦)	排气不良，模内的空气受压缩，温度升高造成热分解	真空成型，开通气孔
		降低模具温度
		注射速度减慢
裂纹	顶出部分破损	增加顶针数目
		使顶针位置合适
		调整顶出板的动作平衡
		研磨模具
		固化时间延长，固化充分，变更浇口位置
	注射压力太高	降低注射压力

第五章
常用塑料

第一节　塑料的特性

一、塑料组成

塑料的主要成分是合成树脂，也就是聚合物，例如聚氯乙烯、聚乙烯、聚丙烯、聚苯乙烯、聚酰胺、聚碳酸酯、酚醛树脂、环氧树脂、聚氨酯等。

助剂是用来改善塑料的加工性能和使用性能的物质。例如增塑剂、稳定剂、润滑剂、填充剂、阻燃剂、发泡剂、着色剂等。

树脂约占塑料总重量的40%～100%。塑料的基本性能主要决定于树脂的本性，助剂起到改善塑料加工和使用性能的作用。

二、塑料分类

1. 按塑料的结晶结构分类

根据塑料的结晶结构，可分为结晶型塑料、非结晶型塑料。

(1) 结晶型塑料

结晶型塑料是指聚合物的分子链的部分原子和其他分子链的部分原子互相以位置精确的、有规则的排列方式聚集在一起。结晶型塑料有明显的熔点，见图5-1。

(2) 非结晶型塑料

非结晶型塑料是指聚合物的分子链之间以杂乱、纠缠、卷曲的方式聚集在一起。非结晶型塑料没有明显的熔点。其物理性能则受玻璃化转变温度 T_g 高低以及聚合物本身耐热性的影响，见图5-2。

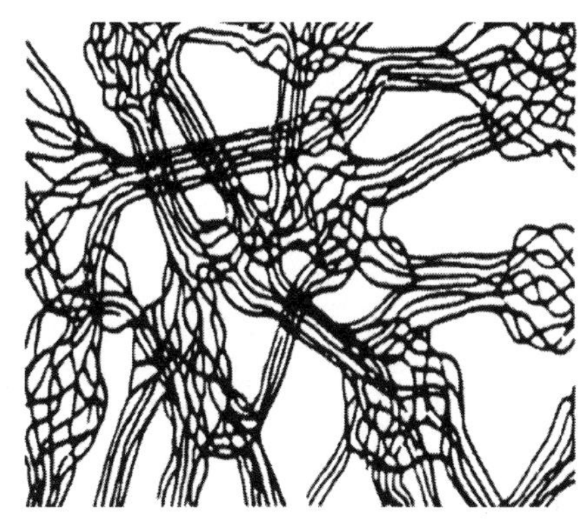

图5-1　结晶型塑料

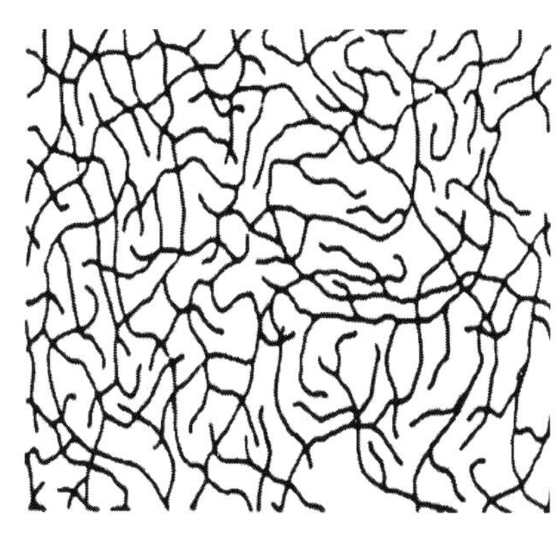

图5-2　非结晶型塑料

2. 按塑料使用性能分类

按塑料使用性能可分为通用塑料、工程塑料和功能塑料。

（1）通用塑料

普通非结构件塑料制品，如聚氯乙烯、聚乙烯、聚丙烯、聚苯乙烯、酚醛树脂和氨基塑料。

（2）工程塑料

工程结构塑料，一般指能承受一定外力作用，具有良好的力学性能和耐高、低温性能，尺寸稳定性较好，可以用作工程结构的塑料，如聚酰胺、聚碳酸酯、聚甲醛、ABS 塑料、聚苯醚、聚砜、聚酯等。

（3）功能塑料

一般是指用于特定用途，具有特种功能的塑料，如医用塑料、光敏塑料、导磁塑料、高温耐热塑料及高频绝缘性塑料等。

3. 按受热成型特性分类

按受热成型特性可将塑料分为热塑性塑料和热固性塑料。

（1）热塑性塑料

具有线型或支链型分子结构，见图 5-3，能反复加热软化或熔融流动，可回收重复受热成型，如聚乙烯、聚氯乙烯、聚丙烯、聚苯乙烯、聚碳酸酯、ABS、聚甲醛、聚酰胺、聚甲基丙烯酸甲酯（PMMA）等。

（2）热固性塑料

热固性塑料是指加热到一定程度后成为不熔性物质，不能受热软化，交联反应转变成网状分子链结构（图 5-4），如酚醛塑料、环氧塑料、氨基塑料、不饱和聚酯、三聚氰胺塑料等。

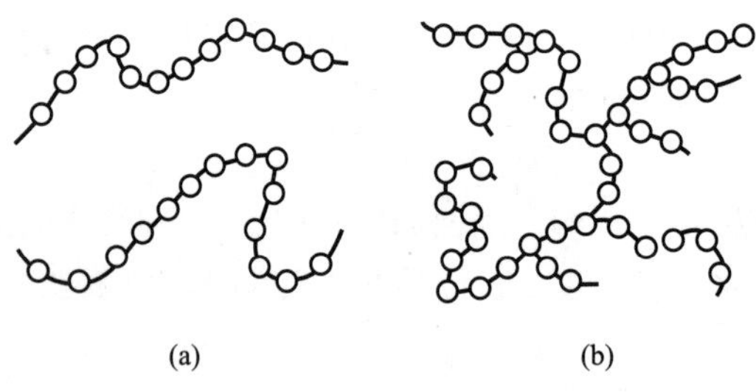

图 5-3　热塑性塑料线型（a）或支链型（b）分子结构

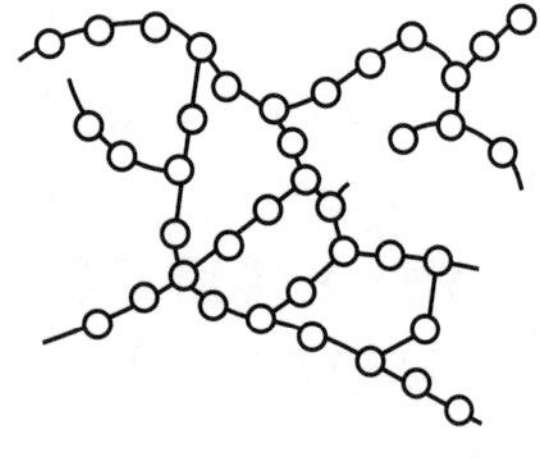

图 5-4　热固性塑料网状分子链结构

三、塑料的物理性能

1. 热塑性塑料的三种物理状态

三种物理状态有玻璃态、高弹态、黏流态（见图 5-5）。

① 玻璃态：在温度较低时材料为刚性固体状，与玻璃相似，在外力作用下只会发生很小的形变，此时的状态称为玻璃态。

② 高弹态：当温度上升到一定的程度，塑料便具有像橡胶一样的弹性，材料形变明显增加，并在一定的温度区间内相对稳定，此时的状态称为高弹态。

③ 黏流态：当温度继续上升，形变逐渐增大并不可恢复，材料逐渐变成黏性流体，此时的状态称为黏流态。

④ 玻璃化转变温度：玻璃态与高弹态之间的转变温度，称为玻璃化转变温度（T_g）。玻璃化转变温度 T_g 是非晶态热塑性塑料的最高使用温度，也是它们成型温度的下限。

⑤ 黏流温度：高弹态与黏流态之间的转变温度称为黏流温度（T_f）。大多数成型方法（如注塑、挤出、压延等）都要将塑料加热至黏流态。

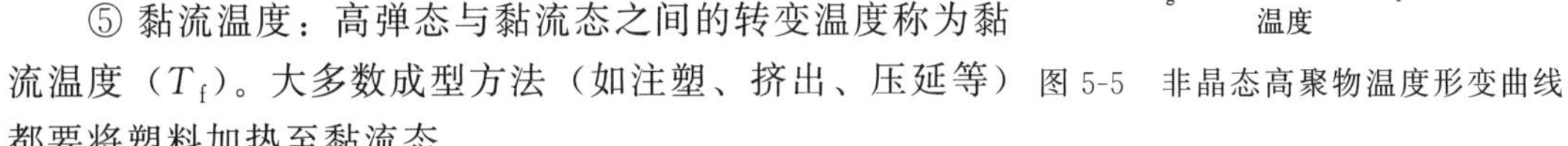

图 5-5　非晶态高聚物温度形变曲线

⑥ 熔化温度（熔点，T_m）：指结晶型聚合物从高分子链结构的三维有序态转变为无序的黏流态时的温度，$T_m/T_g=1.5\sim2$。

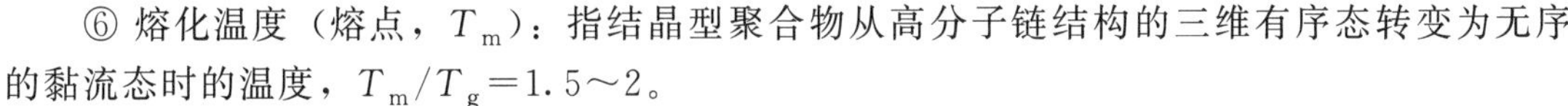

2. 塑料的热降解、分解温度和热稳定性

塑料热降解是塑料因加工温度偏高，或在加工温度下停留时间过长，而使平均分子量降低的现象。

塑料分解温度是指塑料因受热而迅速分解为低分子可燃物的温度。

塑料热稳定性是指塑料在高温条件下抗化学反应的能力，热稳定性不仅与加工温度有关，还与加工温度条件下的停留时间有关。为使塑料不起化学反应，加工温度愈高，则塑料停留的时间应愈短。

分解温度是成型温度的上限，塑料从黏流态温度到分解温度之间范围的大小非常重要，它决定了成型的难易程度和成型温度的可选择范围。此温度区间愈小、温度愈高，则塑料成型愈困难（如 PVC、PET 等）；而此温度区间愈大，成型愈容易（如 ABS、PS、PP、PE 等）。为了提高塑料的热稳定性，常在塑料中加入热稳定剂，以便使加工温度区间变宽，允许停留时间延长。

3. 塑料物性的概念

（1）收缩率

指制品成型硬化后，从型腔中取出冷却到室温的尺寸与制品对应型腔尺寸之差同制品实际尺寸的百分比。

（2）应力松弛

指高聚物在一定的温度下固定形变时，应力随时间的增长而逐渐衰减的现象。

（3）熔体流动速率

高聚物在恒温槽内，以砝码施加恒负载使它从细管流出，以单位时间（例如 10min）流出的高聚物质量作为它的熔体流动速率，记作 MFR。MFR 大的，流动性大，同时表明相应分子量小。所以，MFR 常用作塑料、树脂的控制指标。不同的聚合物，测量 MFR 时的控制条件（温度、砝码重量）不同，不能以 MI 大小直接比较它们之间流动性的好坏。

（4）弹性模量

材料在弹性变形阶段，应力（σ）与应变（ε）成正比，两者的比值称为弹性模量，记为 E（$E=\sigma/\varepsilon$），它表征材料对弹性变形的抗力。

（5）热变形温度

热变形温度是指对高分子材料或聚合物施加一定的负荷，以一定的速度升温，当达到规定形变时所对应的温度。不同的负荷值所确定的热变形温度值是不同的，而且没有可比性，所以测定热变形温度值一定要指出所用规定负荷数值（即所采用的标准）。热变形温度是衡量塑料（树脂）耐热性的主要指标之一。

（6）比热容

比热容是指单位质量的材料升高1℃时所需的热量，它可以分为比定压热容 c_p 和比定容热容 c_V。

（7）拉伸强度

拉伸强度指使得测试片由原始横截面开始断裂的最大负荷，也称最大抗拉应力。

（8）吸水性

聚合物的分子结构中含有极性基团，在常温下，那些极性基团会吸收一定的水分，故称这种材料具有吸水性。

（9）热导率

热导率[W/(m·K)]定义为面积热流量（W/m^2）与温度梯度（K/m）的比值。从塑料成型加工出发，较低的热导率会在成型中引起一些实际问题：一方面在加热时它限制了加热和塑化速度；另一方面在冷却时会引起非均匀的冷却和收缩，这种非均匀收缩可能会造成制品的残余应力、变形、缩孔等。

4. 塑料的黏度及对黏度的影响因素

塑料熔体黏度是反映塑料熔体流动的难易程度的特性，是熔体流动阻力的度量。黏度越高，流动阻力越大，流动越困难。黏度是塑料加工性最重要的基本概念之一，是对流动性的定量表示。影响黏度的因素有熔体温度、压力、剪切速率以及分子量等。

塑料在不同的温度范围表现出三种不同的状态，即玻璃态、高弹态和黏流态。只有在黏流态下，塑料才具有大幅度的熔变性，才能容许其通过狭窄的通道注射入模。熔变后的塑料黏度越小越容易充满模腔，黏度越大越难以充满模腔。

塑料的黏度并非一成不变，塑料本身特性的改变，外界温度、压力等条件的影响，都可造成黏度的变化。

（1）熔体温度的影响

就工艺条件而言，熔体温度越高，塑料大分子链的热运动越强烈，黏度越低。各种塑料熔体黏度降低的幅度有较大差别，用升温来降低黏度有利于成型，但不是对所有塑料都是等效的。也就是说，不同的塑料对温度的敏感性不同。各种常用塑料的黏度与温度的关系，见图5-6。

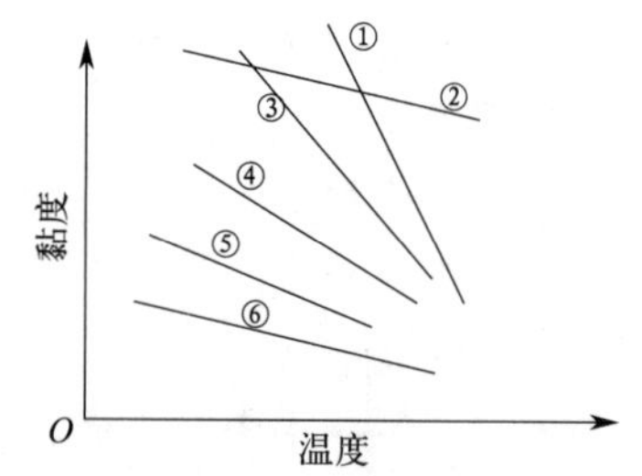

图5-6　常用塑料的黏度与温度的关系

①—聚碳酸酯；②—高密度聚乙烯；③—聚苯乙烯；④—ABS；⑤—低密度聚乙烯；⑥—聚丙烯

从图中可以看出，像聚乙烯、聚丙烯这类非极性聚合物，即使温度幅度增加很大，它们的黏度降低却很少，在成型加工中就不应该着重采取升温的办法来达到降低黏度的目的。聚甲醛也是如此，盲目升温则可能使之降解。另一方面，像聚碳酸酯、PMMA、聚酰胺类等材料，温度升高时黏度就显著下降，因此加工时可以采用升高温度来达到降低黏度的目的。其他如聚苯乙烯、ABS塑料，温度升高也有利于注塑成型。

（2）注塑压力的影响

塑料熔体内部的分子之间、分子链之间具有微小的空间，即所谓的自由体积。因此塑料是可以压缩的。注射过程中，塑料受到的外部压力最大可以达到几十甚至几百兆帕。在此压力作用下，大分子之间的距离减小，链段活动范围减小，分子间距离缩小，分子间的作用力增加，致使链间的运动更为困难，表现为整体黏度增大。

增加压力引起黏度增加这一事实表明，单纯通过增加压力去提高塑料熔体的流量是不恰当的。过高的压力不仅不能明显地改善流体的填充，而且由于黏度的增加，填充性能有时还会有下降的可能，不仅造成过多的功率损耗和过大的设备磨损，还会引起溢料、增加制品内应力和制品变形等缺陷。但压力过低则会造成缺料。

（3）剪切速率的影响

流体的黏度不随剪切速率变化而变化，这种流体被称为牛顿流体，如水、气体、低分子化合物液体或溶液为典型的牛顿流体，如果流体的黏度依赖于对其的剪切速率，这样的流体为非牛顿流体，塑料熔体黏度剪切变稀。大部分塑料熔体表现为非牛顿流体的特性。

尽管大多数塑料熔体的黏度是随着剪切速率的增加而下降的，但是不同的塑料对剪切速率（切应力）的敏感程度是不一样的。ABS 对剪切速率最敏感，PC、PMMA、PVC、PA、PP、PS 对剪切的敏感度依次降低，LDPE 最不敏感。

（4）分子量的影响

同一种塑料可以有不同的分子量和分子量分布。分子量愈大，分子间作用力愈强，反映出来的黏度愈大。比如 ABS 塑料，有普通型的、耐高温型的、阻燃型的、电镀型的等，它们性能品质不同，黏度也不同。

四、塑料原料的干燥

1. 塑料干燥的定义

在塑料连续受热而不变形的温度下，排除塑料原料中的水汽和其他易气化物质，这个过程称为干燥。

2. 塑料原料中的水分有两种形式

① 吸收水分进入基体内部，如 ABS。

② 表面带潮，水分只是披覆在基体外表，很少渗透进入基体内部，如 PP、HIPS。

3. 塑料原料预先干燥对注塑制品的作用

原料预先干燥对注塑制品的质量影响显著，尤其对工程塑料，可以增进表面光泽，提高抗弯曲强度、拉伸强度，避免内部裂纹和气泡，提高塑化能力，缩短成型周期。干燥后和未充分干燥材料的熔体的比较见图 5-7。

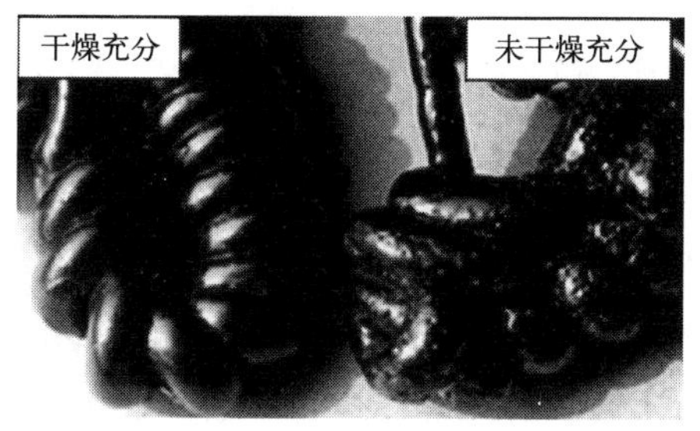

图 5-7　干燥后和未充分干燥材料的熔体的比较

4. 塑料干燥设备

塑料干燥设备有热风料斗干燥器、热风循环烘箱、远红外线干燥箱、除湿干燥送料一体机等。其中热风料斗干燥器（见图 5-8）、除湿干燥送料一体机（见图 5-9）是常用设备，能实现加料的连续自动化，避免重新吸潮，能够大大缩短干燥时间。

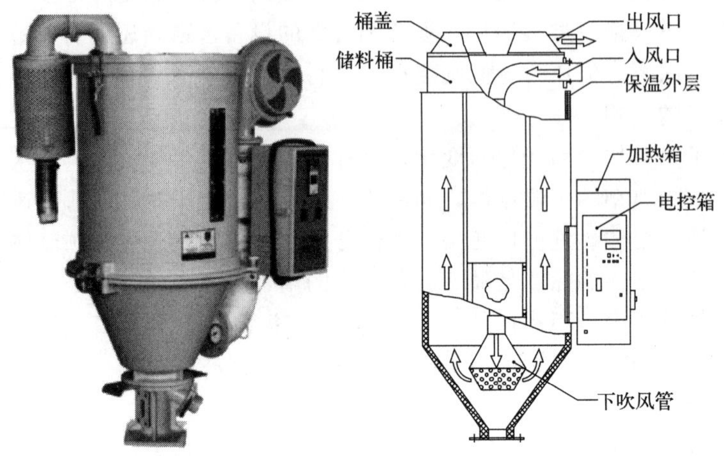

图 5-8　热风料斗干燥器

图 5-9　除湿干燥送料一体机

第二节　常用工程塑料的性能与加工工艺

一、 PC/ABS（聚碳酸酯和丙烯腈-丁二烯-苯乙烯共聚物混合物）

1. 典型应用范围

计算机、电气设备、草坪园艺机器、汽车零件仪表板、内部装饰以及车轮盖。

2. 化学和物理特性

PC/ABS 具有 PC 和 ABS 两者的综合特性。例如 ABS 的易加工特性和 PC 的优良力学特性和热稳定性。二者的比率将影响 PC/ABS 材料的热稳定性。PC/ABS 这种混合材料还显示了优异的流动特性。

3. 注塑工艺条件

干燥处理：加工前进行干燥处理，湿度应小于0.04%，建议干燥条件为90～120℃，2～4h。

塑化温度：230～300℃。

模具温度：50～100℃。

注射压力：取决于塑件。

注射速度：尽可能地高。

二、 PC/PBT（聚碳酸酯和聚对苯二甲酸丁二醇酯的混合物）

1. 典型应用范围

齿轮箱、汽车保险杠以及要求具有耐化学品和耐腐蚀性、热稳定性、抗冲击性以及几何稳定性的产品。

2. 化学和物理特性

PC/PBT具有PC和PBT二者的综合特性，例如PC的高韧性和几何稳定性以及PBT的化学稳定性、热稳定性和润滑特性等。

3. 注塑工艺条件

干燥处理：加工前进行干燥处理，建议干燥温度110～135℃，干燥时间约4h。

塑化温度：235～300℃。

模具温度：37～93℃。

注射压力：取决于注塑件。

注射速度：尽可能地高。

三、 HDPE（高密度聚乙烯）

1. 典型应用范围

电冰箱容器、存储容器、家用厨具、密封盖等。

2. 化学和物理特性

HDPE的高结晶度导致了它的高密度、高温扭曲温度、黏性以及优异的拉伸强度和化学稳定性。HDPE比LDPE有更强的抗渗透性。HDPE的抗冲击强度较低。HDPE的特性主要由密度和分子量分布所控制。适用于注塑的HDPE分子量分布很窄。密度为0.91～0.925g/cm^{3}时，称之为第一类型HDPE；密度为0.926～0.94g/cm^{3}时，称之为第二类型HDPE；密度为0.94℃～0.965g/cm^{3}时，称之为第三类型HDPE。材料的流动特性很好，MFR在0.1～28之间。HDPE很容易发生环境应力开裂现象。可以通过使用低流动性的材料以减小内部应力，从而减轻开裂现象。HDPE当温度高于60℃时很容易在烃类溶剂中溶解，其抗溶解性比LDPE要好。

3. 注塑工艺条件

干燥：如果存储恰当则无需干燥。

塑化温度：180～260℃。对于分子量较大的材料，建议塑化温度范围在200～250℃之间。

模具温度：30～70℃。6mm以下壁厚的塑件应使用较高的模具温度，6mm以上壁厚的塑件使用较低的模具温度。塑件冷却温度应当均匀，以减小收缩率的差异。对于最优的加工周期时间，冷却水道直径应不小于 8mm，并且距模具表面的距离应在 1.3d 之内（这里“d”是冷却腔道的直径）。

注射压力：700～1050bar（70～105MPa）。

注射速度：建议使用高速注射。

流道和浇口：流道直径在 4～7.5mm 之间，流道长度应尽可能短。可以使用各种类型的浇口，浇口长度不要超过 0.75mm。特别适用于使用热流道模具。

四、 LDPE（低密度聚乙烯）

1. 典型应用范围

碗、箱柜、管道连接器等。

2. 化学和物理特性

商业用的 LDPE 材料的密度为 0.91～0.94g/cm^3。LDPE 对水蒸气和其他气体具有渗透性。LDPE 的热膨胀系数很高，不适合于加工长期使用的制品。如果 LDPE 的密度在 0.91～0.925g/cm^3 之间，那么其收缩率在 2%～5%之间；如果密度在 0.926～0.94g/cm^3 之间，那么其收缩率在 1.5%～4%之间。实际的收缩率还要取决于注塑工艺参数。LDPE 在室温下可以抵抗多种溶剂，但是芳香烃和氯化烃溶剂可使其膨胀。同 HDPE 类似，LDPE 容易发生环境应力开裂现象。

3. 注塑工艺条件

干燥：一般不需要。

熔化温度：180～230℃。

模具温度：20～40℃，为了实现冷却均匀以及经济，建议冷却腔道直径至少为 8mm，并且从冷却腔道到模具表面的距离不要超过冷却水道直径的 1.5 倍。

注射压力：最大可到 1500bar（150MPa）。

保压压力：最大可到 750bar（75MPa）。

注射速度：建议使用快速注射。

流道和浇口：可以使用各种类型的流道和浇口，LDPE 特别适合于使用热流道模具。

五、 PEI（聚乙烯亚胺）

1. 典型应用范围

汽车工业（发动机配件如温度传感器、燃料和空气处理器等），电气及电子设备（电气连接器、印刷电路板、芯片外壳、防爆盒等），产品包装，飞机内部设备，医药行业（外科器械、工具壳体、非植入器械）。

2. 化学和物理特性

PEI 具有很强的高温稳定性，即使是非增强型的 PEI，仍具有很好的韧性和强度。因此，利用 PEI 优越的热稳定性可用来制作高温耐热器件。PEI 还有良好的阻燃性、抗化学反应以及电绝缘特性。玻璃化转化温度高达 215℃。PEI 还具有很低的收缩率及良好的等方向机械特性。

3. 注塑工艺条件

干燥处理：PEI 具有吸湿特性并可导致材料降解。要求湿度值应小于 0.02%。建议干燥条件为 150℃、4h。

熔化温度：普通类型材料为 340～400℃；增强类型材料为 340～425℃。

模具温度：107～175℃，建议模具温度为 140℃。

注射压力：700～1500bar（70～150MPa）。

注射速度：使用尽可能高的注射速度。

六、 ABS（丙烯腈-丁二烯-苯乙烯共聚物）

1. 典型应用范围

汽车（仪表板、工具舱门、车轮盖、反光镜盒等），电冰箱，大强度工具（吹风机、搅拌器、食品加工机、割草机等），电话机壳体，打字机键盘，娱乐用车辆如高尔夫球手推车以及喷气式雪橇车等。

2. 化学和物理特性

ABS 由丙烯腈、丁二烯和苯乙烯三种单体聚合而成。每种单体都具有不同特性：丙烯腈有高强度、热稳定性及化学稳定性；丁二烯具有坚韧性、抗冲击特性；苯乙烯具有易加工、高光洁度及高强度。从形态上看，ABS 是非结晶性材料。三种单体的聚合产生了具有两相的三元共聚物：一个是苯乙烯-丙烯腈的连续相，另一个是聚丁二烯橡胶分散相。ABS 的特性主要取决于三种单体的比率以及两相中的分子结构。在产品设计上具有很大的灵活性，由此产生了市场中上百种不同品质的 ABS 材料。这些不同品质的材料提供了不同的特性，例如从中等到高等的抗冲击性，从低到高的光洁度和高温扭曲特性等。ABS 材料具有超强的易加工性、外观特性、低蠕变性和优异的尺寸稳定性以及很高的抗冲击强度。

3. 注塑工艺条件

干燥处理：ABS 材料具有吸湿性，在加工之前进行干燥处理。建议干燥温度 80～90℃，干燥时间 2h 以上。材料湿度应保证小于 0.1%。

熔化温度：180～260℃；建议温度：245℃。

模具温度：50～80℃。模具温度将影响塑件光洁度，温度较低则导致光洁度较低。

注射压力：500～1000bar（50～100MPa）。

注射速度：中高速度。

七、 PA12（聚酰胺 12）

1. 典型应用范围

水量表和其他商业设备、电缆套、机械凸轮、滑动机构及轴承等。

2. 化学和物理特性

PA12 的特性和 PA11 相似，但晶体结构不同。PA12 是很好的电气绝缘体，并且和其他聚酰胺一样不会因潮湿影响绝缘性能。它有很好的抗冲击性及化学稳定性。PA12 有许多在塑化特性和增强特性方面的改良品种。与 PA6 及 PA66 相比，PA12 有较低的熔点和密度，具有非常高的回潮率。PA12 对强氧化性酸无抵抗能力。PA12 流动性很好，收缩率在 0.5%～2%之间，这主要取决于材料品种、壁厚及其它工艺条件。

3. 注塑工艺条件

干燥处理：加工之前应保证湿度在 0.1%以下。如果材料是暴露在空气中储存，建议干燥温度85℃，干燥时间4～5h。如果材料是在密闭容器中储存，那么经过3h烘干即可使用。

熔化温度：240～300℃；对于普通特性的材料不要超过310℃，对于有阻燃特性的材料不要超过270℃。

模具温度：对于未增强型材料，模具温度为30～40℃；对于薄壁或大面积元件，模具温度为80～90℃；对于增强型材料，模具温度为90～100℃。提高模具温度将增加材料的结晶度，精确地控制模具温度对PA12来说是很重要的。

注射压力：最大可到1000bar（100MPa）（建议使用低保压压力和高熔化温度）。

注射速度：高速（对于有玻璃添加剂的材料更好些）。

流道和浇口：

① 对于未加添加剂的材料，由于材料黏度较低，流道直径应在3mm左右。

② 增强型材料要求5～8mm的大流道直径。

③ 流道形状应当全部为圆形。

④ 浇口应尽可能短，可以使用多种形式的浇口。

⑤ 大型塑件不要使用小浇口，这是为了避免对塑件过高的压力或过大的收缩率。

⑥ 浇口厚度最好和塑件厚度相等。

⑦ 如果使用潜入式浇口，建议最小直径为0.8mm。

⑧ 热流道模具很有效，但是要求温度控制很精确，以防止材料在喷嘴处渗漏或凝固。

⑨ 如果使用热流道，浇口尺寸应当比冷流道要小一些。

八、PA6（聚酰胺6）

1. 典型应用范围

由于有很好的机械强度和刚度，故被广泛用于结构部件；有很好的耐磨损特性，还用于制造轴承。

2. 化学和物理特性

PA6的化学物理特性和PA66相似。然而，它的熔点较低，而且工艺温度范围很宽。它的抗冲击性和抗溶解性比PA66要好，但吸湿性更强。因为塑件的许多品质特性都要受到吸湿性的影响，因此使用PA6设计产品时要充分考虑到这一点。为了提高PA6的机械特性，经常加入各种各样的改性剂。玻璃纤维就是最常见的添加剂，有时为了提高抗冲击性还加入合成橡胶，如EPDM和SBR等。对于没有添加剂的产品，PA6的收缩率在1%～1.5%之间。加入玻璃纤维可以使收缩率降低到0.3%（但和流动相垂直的方向比还要稍高一些）。成型的收缩率主要受材料结晶度和吸湿性影响。实际的收缩率还和塑件设计、壁厚及其他工艺参数相关。

3. 注塑工艺条件

干燥处理：由于PA6很容易吸收水分，因此在加工前进行干燥处理。如果湿度大于0.2%，建议在80℃以上的热空气中干燥16h。如果材料已经在空气中暴露超过8h，建议进行105℃，8h以上的真空烘干。对PA6及其他聚酰胺材料建议使用除湿、干燥、上料三位一体的干燥机，可以防止回潮，同时也可以缩短烘干时间到4～5h。

熔化温度：230～280℃。对于增强品种来说，熔化温度为250～280℃。

模具温度：80～90℃。模具温度能显著影响结晶度，而结晶度又影响着塑件的机械特性。对于结构部件建议模具温度为80～90℃。对于薄壁的、流程较长的塑件，也建议使用较高的模具温度。高模具温度可以提高塑件的强度和刚度，但韧性降低。对于玻璃增强材料，模具温度应大于 80℃。如果壁厚大于 3mm，建议使用 20～40℃的低温模具。

注射压力：一般在 750～1250bar（75～125MPa）之间（取决于材料和产品设计）。

注射速度：高速（对增强型材料要稍微降低）。

流道和浇口：PA6 的凝固时间很短，因此浇口的位置非常重要。浇口孔径不要小于 $0.5t$（这里 t 为塑件厚度）。如果使用热流道，浇口尺寸应比使用常规流道小一些，热流道能够防止材料过早凝固。如果用潜入式浇口，浇口的最小直径应当是 0.75mm。

九、 PA66（聚酰胺 66）

1. 典型应用范围

同 PA6 相比，PA66 能更广泛地应用于汽车工业、仪器壳体以及其他需要有抗冲击性和高强度要求的产品。

2. 化学和物理特性

PA66 在聚酰胺材料中有较高的熔点。它是一种半晶体-晶体材料。PA66 在较高温度也能保持较好的强度和刚度。PA66 在成型后仍然具有吸湿性，其程度主要取决于材料的组成、壁厚以及环境条件。在产品设计时，一定要考虑吸湿性对几何尺寸的影响。PA66 的黏度较低，因此流动性很好（但不如 PA6）。这个性质可以用来加工很薄的元件。它的黏度对温度变化很敏感。PA66 的收缩率在 1%～2%之间，加入玻璃纤维可以将收缩率降低到 0.2%～1%。收缩率在流动方向与垂直方向上的差异比较大。PA66 对许多溶剂具有抗溶性，但对酸和其他一些氯化剂的抵抗力较弱。

3. 注塑工艺条件

干燥处理：建议在 85℃的热空气中干燥 16h。如果湿度大于 0.2%，还需要进行 105℃、12h 的真空干燥。对 PA66 及其他聚酰胺材料建议使用除湿、干燥、上料三位一体的干燥机，可以防止回潮，同时烘干时间也可缩短到 4～5h。

熔化温度：260～290℃。对添加了玻璃纤维的产品来说，熔化温度为 275～280℃。熔化温度应避免高于 300℃。

模具温度：建议 80℃。模具温度将影响结晶度，而结晶度将影响产品的物理特性。对于薄壁塑件，如果使用低于 40℃的模具温度，则塑件的结晶度将随着时间而变化，为了保持塑件的几何尺寸稳定性，需要进行退火处理。

注射压力：通常在 750～1250bar（75～125MPa），取决于材料和产品设计。

注射速度：高速（对于增强型材料应稍低一些）。

流道和浇口：参照 PA6。

十、 PBT（聚对苯二甲酸丁二醇酯）

1. 典型应用范围

① 家用器具（食品加工刀具、真空吸尘器元件、电风扇、吹风机壳体、咖啡机等）。

② 电气元件（开关、电机壳、保险丝盒、计算机键盘按键等）。

③ 汽车工业（车灯装饰框、散热器格窗、车身嵌板、车轮盖、门窗部件等）。

2. 化学和物理特性

PBT 是最坚韧的工程热塑材料之一，它是半结晶材料，有非常好的化学稳定性、机械强度、电绝缘特性和热稳定性。PBT 在环境条件下有很好的稳定性。PBT 吸湿特性很弱。非增强型PBT的张力强度为50MPa，添加玻璃纤维的PBT张力强度为170MPa。玻璃纤维添加过多将导致材料变脆。PBT的结晶很迅速，冷却不均匀而造成弯曲变形。对于有玻纤添加剂类型的材料，流程方向的收缩率可以减小，垂直方向的收缩率基本上和普通材料没有区别。一般PBT材料收缩率在1.5%～2.8%之间。含30%玻纤添加剂的材料收缩率在0.3%～1.6%之间。

3. 注塑工艺条件

干燥处理：PBT材料在高温下很容易水解，加工前需要干燥处理。建议在120℃热空气中干燥，时间6～8h，或者150℃，2～4h。湿度必须小于0.03%。如果用除湿干燥机，建议烘干温度120℃，烘干时间4h。

熔化温度：225～275℃，建议温度250℃。

模具温度：对于未增强型的材料，模具温度为40～60℃。模具冷却要均匀，以减小塑件的弯曲变形，建议模具冷却腔道的直径为12mm。

注射压力：中等（最大到1500bar，即150MPa）。

注射速度：应使用尽可能快的注射速度（因为PBT的凝固很快）。

流道和浇口：建议使用圆形流道以增加压力的传递（经验公式：流道直径=塑件厚度+1.5mm）。可以使用各种型式的浇口，也可以使用热流道。浇口直径应该在（0.8～1.0）t之间，t是塑件厚度。如果是潜入式浇口，建议最小直径为0.75mm。

十一、 PC（聚碳酸酯）

1. 典型应用范围

① 电气设备（计算机元件、连接器等）。

② 器具（食品加工机、电冰箱抽屉等）。

③ 汽车行业（车辆的前后灯面罩、装饰框、仪表板等）。

2. 化学和物理特性

PC是一种非晶体工程材料，具有特别好的抗冲击强度、热稳定性、光泽度、抑制细菌特性、阻燃特性以及抗污染性。PC的缺口冲击强度非常高，收缩率很低，一般为0.1%～0.2%。PC有很好的机械特性，流动性较差，因此PC材料的注塑过程较困难。在选用何种品质的PC材料时，要以产品的性能要求为基准。

3. 注塑工艺条件

干燥处理：PC材料具有吸湿性，加工前需要干燥处理。建议干燥条件为100～120℃，3～4h。加工前的湿度必须小于0.02%。

熔化温度：260～340℃。

模具温度：70～120℃。

注射压力：尽可能地使用高注射压力。

注射速度：对于较小的浇口使用低速注射，对其他类型的浇口使用中高速注射。

十二、 PET（聚对苯二甲酸乙二醇酯）

1. 典型应用范围

① 汽车工业（结构器件如反光镜盒，电气部件如车头灯反光镜等）。

② 电气元件（电机壳体、电气连接器、继电器、开关、微波炉内部器件）。

③ 工业应用（泵壳体、手工器械等）。

2. 化学和物理特性

① PET 的玻璃化转变温度在 165℃左右，材料结晶温度范围是 120～220℃。

② PET 在高温下有很强的吸湿性。

③ 对于玻璃纤维增强型的 PET 材料来说，在高温下还非常容易发生弯曲形变。

④ 可以通过添加结晶增强剂来提高材料的结晶程度。

⑤ 可以向 PET 中添加云母等特殊添加剂使弯曲变形减小到最小。

⑥ 使用较低的模具温度，使用非填充的 PET 材料也可获得透明制品。

3. 注塑工艺条件

干燥处理：加工前进行干燥处理，因为 PET 的吸湿性较强。建议干燥温度 120～165℃，干燥时间 4h。要求湿度应小于 0.02%。

熔化温度：对于非填充类型，熔化温度为 265～280℃；对于玻纤填充类型，熔化温度为 275～290℃。

模具温度：80～120℃。

注射压力：300～1300bar（30～130MPa）。

注射速度：在不导致脆化的前提下可使用较高的注射速度。

流道和浇口：可以使用所有常规类型的浇口。浇口尺寸应当为塑件厚度的（0.5～1.0）t（t 为塑件厚度）。

十三、 PETG（乙二醇改性聚对苯二甲酸乙二醇酯）

1. 典型应用范围

医药设备（试管、试剂瓶等），玩具，显示器，光源外罩，防护面罩，冰箱保鲜盘等。

2. 化学和物理特性

PETG 是透明的非晶体材料，玻璃化转化温度为 88℃。PETG 注塑工艺条件的允许范围比 PET 要广一些，并具有透明、高强度、高韧性的综合特性。

3. 注塑工艺条件

干燥处理：加工前需要干燥处理，湿度必须低于 0.04%。建议干燥温度为 65℃、干燥时间 4h，注意干燥温度不要超过 66℃。

熔化温度：220～290℃。

模具温度：10～30℃，建议为 15℃。

注射压力：300～1300bar（30～130MPa）。

注射速度：在不导致脆化的前提下可使用较高的注射速度。

十四、 PMMA（聚甲基丙烯酸甲酯）

1. 典型应用范围

① 汽车工业（汽车尾灯面罩、信号灯、仪表盘等）。

② 医药行业（储血容器等）。

③ 工业应用（灯光散射器等）。

④ 日用消费品（饮料杯、文具等）。

2. 化学和物理特性

① PMMA 具有优良的光学特性及耐气候变化特性。

② 白光的穿透性高达 92%。

③ PMMA 制品具有很低的双折射率，特别适合制作影碟等。

④ PMMA 具有室温蠕变特性。随着负荷加大、时间增长，可导致应力开裂现象。

⑤ PMMA 具有较好的抗冲击特性。

3. 注塑工艺条件

干燥处理：PMMA 具有吸湿性，加工前需要干燥处理。建议干燥温度为 80～90℃，干燥时间 2～4h。

熔化温度：240～270℃。

模具温度：35～70℃。

注射速度：中等。

十五、 POM（聚甲醛）

1. 典型应用范围

POM 具有很低的摩擦系数和很好的几何稳定性，特别适合于制作齿轮和轴承。具有耐高温特性，还用于管道器件（阀门、泵壳体）、草坪设备等。

2. 化学和物理特性

① POM 是一种坚韧有弹性的材料，即使在低温下仍有很好的抗蠕变特性、几何稳定性和抗冲击特性。

② POM 既有均聚物材料也有共聚物材料。均聚物材料具有很好的延展强度、抗疲劳强度，但不易于加工。共聚物材料有很好的热稳定性、化学稳定性并且易于加工。无论均聚物材料还是共聚物材料，都是结晶性材料，并且不易吸收水分。

③ POM 的高结晶程度导致它有相当高的收缩率，可高达到 2%～3.5%。对于各种不同的增强型材料有不同的收缩率。

3. 注塑工艺条件

干燥处理：如果材料储存在干燥环境中，通常不需要干燥处理。

熔化温度：均聚物材料为 190～230℃；共聚物材料为 190～210℃。

模具温度：80～105℃，为了减小成型后收缩率可选用高的模具温度。

注射压力：700～1200bar（70～120MPa）。

注射速度：中等或偏高的注射速度。

流道和浇口：

① 可以使用任何类型的浇口；

② 如果使用潜伏式浇口，则最好使用流道较短的类型；

③ 对于均聚物材料建议使用热流道。

十六、 PP（聚丙烯）

1. 典型应用范围

① 汽车工业（前灯灯壳、挡泥板、通风管、风扇等）。

② 家电类（洗碗机门衬垫、干燥机通风管、洗衣机框架及机盖、冰箱门衬垫等）。

③ 日用消费品（草坪和园艺设备如剪草机和喷水器等）。

2. 化学和物理特性

① PP 是一种半结晶型材料，它比 PE 要更坚硬并且有更高的熔点。

② 由于均聚物型的 PP 温度高于 0℃以上时非常脆，因此许多 PP 材料是加入 1%～4%乙烯的无规则共聚物或更高乙烯含量的嵌段式共聚物。

③ 共聚物型的 PP 材料有较低的热扭曲温度（100℃）、低透明度、低光泽度、低刚性，有更强的抗冲击强度。PP 的强度随着乙烯含量的增加而增大。

④ PP 的维卡软化温度为 150℃。

⑤ 由于结晶度较高，PP 材料的表面刚度和抗划痕特性很好。

⑥ PP 不存在环境应力开裂问题。

⑦ 通常，采用加入玻璃纤维、金属添加剂或热塑橡胶的方法对 PP 进行改性。

⑧ PP 的 MFR 范围在 1～40。低 MFR 的 PP 材料抗冲击特性较好，但延展强度较低。对于相同 MFR 的材料，共聚物型的强度比均聚物型的要高。

⑨ PP 的收缩率相当高，一般为 1.8%～2.5%。并且收缩率的方向均匀性比 HDPE 等材料要好得多。加入 30%的玻璃添加剂可以使收缩率降到 0.7%。

⑩ 均聚物型和共聚物型的 PP 材料都具有优良的抗吸湿性、抗酸碱腐蚀性、抗溶解性。然而，它对芳香烃（如苯）溶剂、氯化烃（四氯化碳）溶剂等没有抵抗力。

⑪ PP 也不像 PE 那样在高温下仍具有抗氧化性。

3. 注塑工艺条件

干燥处理：如果储存适当则不需要干燥处理。

熔化温度：220～275℃，注意不要超过 275℃。

模具温度：40～80℃，建议使用 50℃。结晶程度主要由模具温度决定。

注射压力：可大到 1800bar（180MPa）。

注射速度：使用高速注塑可以使内部压力减小到最小。如果制品表面出现了缺陷，可使用较高塑化温度下的低速注塑。

流道和浇口：

① 对于冷流道，典型的流道直径范围是 4～7mm；

② 建议使用圆形流道，所有类型的浇口都可以使用。典型的浇口直径范围是 1～1.5mm，但也可以使用小到 0.7mm 的浇口；

③ 对于边缘浇口，最小的浇口深度应为壁厚的一半，最小的浇口宽度应至少为壁厚的两倍；

④ PP 材料可以使用热流道系统。

十七、 PPE（聚苯醚）

1. 典型应用范围

家庭用品洗碗机、洗衣机等，电气设备如控制器壳体、光纤连接器等。

2. 化学和物理特性

① 商业上提供的 PPE（或 PPO）材料一般都混入了其他热塑性材料例如 PS、PA 等。

这些混合材料一般仍被称为PPE或PPO。

② 混合型的PPE的加工特性比纯净材料好得多。

③ 特性的变化依赖于混合物如PPE和PS的比率。

④ 混入了PA66的混合材料在高温下具有更强的化学稳定性。这种材料的吸湿性很小，其制品具有优良的几何稳定性。

⑤ 混入了PS的材料是非结晶型的，而混入了PA的材料是结晶型的。

⑥ 加入玻璃纤维可以使收缩率减小到0.2%。

⑦ PPE材料还具有优良的电绝缘特性和很低的热膨胀系数。

⑧ 其黏度取决于材料中混合物的比率，PPE的比率增大将导致黏度增加。

3. 注塑工艺条件

干燥处理：建议在加工前进行2～4h、100℃的干燥处理。

熔化温度：240～320℃。

模具温度：60～105℃。

注射压力：600～1500bar（60～150MPa）。

流道和浇口：可以使用所有类型的浇口。特别适合于使用柄形浇口和扇形浇口。

十八、 PS（聚苯乙烯）

1. 典型应用范围

产品包装、家庭用品、餐具、托盘等以及电气行业（透明容器、光源散射器、绝缘薄膜等）。

2. 化学和物理特性

① 大多数商业用的PS都是透明的非晶体材料。

② PS具有非常好的几何稳定性、热稳定性、透光性、电绝缘性以及微小的吸湿倾向。

③ 它能够抵抗水、稀释的无机酸。

④ 能够被强氧化酸如浓硫酸所腐蚀。

⑤ 在一些有机溶剂中膨胀变形。

⑥ 典型的收缩率在0.4%～0.7%之间。

3. 注塑工艺条件

干燥处理：通常不需要干燥处理，除非储存不当。如果需要干燥，建议干燥温度80℃，干燥时间2～3h。

熔化温度：180～280℃。对于阻燃型材料其上限为250℃。

模具温度：40～50℃。

注射压力：200～600bar（20～60MPa）。

注射速度：建议使用快速注射。

流道和浇口：可以使用所有常规类型的浇口。

十九、 PVC（聚氯乙烯）

1. 典型应用范围

供水管道，家用管道，房屋墙板，商用机器壳体，电子产品包装，医疗器械，食品包装等。

2. 化学和物理特性

① 刚性 PVC 是使用最广泛的塑料材料之一，PVC 材料是一种非结晶型材料。

② PVC 材料在实际使用中经常加入稳定剂、润滑剂、辅助加工剂、色料、抗冲击剂及其他添加剂。

③ PVC 材料具有不易燃性、高强度、耐气候变化性以及优良的几何稳定性。

④ PVC 对氧化剂、还原剂和强酸都有很强的抵抗力。

⑤ 它能够被强氧化酸如浓硫酸、浓硝酸所腐蚀，并且也不适用于与芳香烃、氯化烃接触的场合。

⑥ PVC 在加工时熔化温度是一个非常重要的工艺参数，如果此参数设置不当将导致材料分解。

⑦ PVC 的流动特性相当差，其工艺范围很窄。特别是大分子量的 PVC 材料更难于加工（这种材料通常要加入润滑剂改善流动特性）。

⑧ 通常使用的都是小分子量的 PVC 材料。PVC 的收缩率相当低，一般为 0.2%～0.6%。

3. 注塑工艺条件

干燥处理：通常不需要干燥处理。

熔化温度：185～205℃。

模具温度：20～50℃。

注射压力：可大到 1500bar（150MPa）。

保压压力：可大到 1000bar（100MPa）。

注射速度：为避免材料降解，一般要用适当的注射速度。

流道和浇口：

① 所有常规的浇口都可以使用。

② 如果加工较小的部件，最好使用针尖型浇口或潜入式浇口。

③ 对于较厚的部件，最好使用扇形浇口。

④ 针尖型浇口或潜入式浇口的最小直径应为 1mm。

⑤ 扇形浇口的厚度不能小于 1mm。

二十、 SA（苯乙烯-丙烯腈共聚物）

1. 典型应用范围

① 电器插座、壳体等。

② 汽车工业（车头灯盒、反光镜、仪表盘等）。

③ 家庭用品。

④ 化妆品包装等。

2. 化学和物理特性

① SA 是一种坚硬、透明的材料。苯乙烯成分使 SA 坚硬、透明并易于加工；丙烯腈成分使 SA 具有化学稳定性和热稳定性。

② SA 具有很强的承受载荷的能力、耐化学品性、抗热变形特性和几何稳定性。

③ SA 中加入玻璃纤维可以增加强度和抗热变形能力，减小热膨胀系数。

④ SA 的维卡软化温度约为 110℃。载荷下挠曲变形温度约为 100℃。

⑤ SA 的收缩率为 0.3%～0.7%。

3. 注塑工艺条件

干燥处理：SA 有一些吸湿特性。建议的干燥温度为 80℃，干燥时间为 2～4h。

熔化温度：200～270℃。如果加工厚壁制品，可以使用低于下限的熔化温度。

模具温度：40～80℃。对于增强型材料，模具温度不要超过 60℃。模具温度将直接影响制品的外观、收缩率和弯曲。

注射压力：350～1300bar（35～130MPa）。

注射速度：建议使用高速注射。

流道和浇口：所有常规的浇口都可以使用。浇口尺寸要适宜，以避免产生条纹、焦斑和空隙。

第三节　塑料简易鉴别法

在对废旧塑料进行再利用前，大多需要将塑料分拣。由于塑料消费渠道多而复杂，有些消费后的塑料又难于通过外观简单将其区分，因此，最好能在塑料制品上标明材料品种。中国参照美国塑料工程师协会（SPE）提出并实施的材料品种标记制定了 GB/T 16288—2008《塑料制品的标志》，虽可利用上述标记的方法分拣，但由于中国尚有许多无标记的塑料制品，给分拣带来困难，为将不同品种的塑料分辨，以便分类回收，首先要掌握鉴别不同塑料的知识，下面介绍塑料简易鉴别法。

一、塑料的外观鉴别

通过观察塑料的外观，可初步鉴别出塑料制品所属大类：热塑性塑料、热固性塑料或弹性体。一般热塑性塑料有结晶和非结晶型两类。结晶型塑料外观呈半透明、乳浊状或不透明，只有在薄膜状态呈透明状，硬度从柔软到角质。非结晶型塑料一般为无色，在不加添加剂时为全透明。热固性塑料通常含有填料且不透明，如不含填料时为透明。弹性体具有橡胶手感，有一定的拉伸率。

二、塑料的加热鉴别

上述三类塑料的加热特征也是各不相同的，通过加热的方法可以鉴别。热塑性塑料加热时软化，易熔融，且熔融时变得透明，常能从熔体拉出丝来。热固性塑料加热至材料化学分解前，保持其原有硬度不软化，尺寸较稳定，直至分解温度炭化。弹性体加热时，直到化学分解温度前，不发生流动，至分解温度材料分解炭化。常用热塑性塑料的软化或熔融温度范围见表 5-1。

表 5-1　常用热塑性塑料的软化或熔融温度范围

塑料品种	软化或熔融范围/℃	塑料品种	软化或熔融范围/℃
聚醋酸乙烯酯	35～85	聚氧化甲烯	165～185

续表

塑料品种	软化或熔融范围/℃	塑料品种	软化或熔融范围/℃
聚苯乙烯	70～115	聚丙烯	160～170
聚氯乙烯	75～90	尼龙 12	170～180
尼龙 6	215～225	尼龙 66	250～260
聚甲基丙烯酸甲酯	126～160	聚丙烯腈	130～150(软化)
聚对苯二甲酸乙二醇酯	250～260		

三、塑料的密度鉴别

塑料的品种不同，其密度也不同，可利用测定密度的方法来鉴别塑料，但此时应将发泡制品分别出来，因为发泡沫塑料的密度不是材料的真正密度。在实际工业上，也有利用塑料的密度不同来分选塑料的。常用塑料的密度见表 5-2。

表 5-2　常用塑料的密度

塑料	密度/(g/cm³)	塑料	密度/(g/cm³)
聚甲基戊烯	0.83	交联聚氨酯	1.20～1.26
聚丙烯	0.85～0.91	酚甲醛树脂(未填充)	1.26～1.28
高压(低密度)聚乙烯	0.89～0.93	聚乙烯醇	1.26～1.31
低压(高密度)聚乙烯	0.92～0.98	乙酸纤维素	1.25～1.35
尼龙 12	1.01～1.04	苯酚甲醛树脂(填充有机材料:纸、织物)	1.30～1.41
尼龙 11	1.03～1.05	聚氟乙烯	1.30～1.40
丙烯腈-丁二烯-苯乙烯共聚物(ABS)	1.04～1.06	赛璐珞(硝化纤维塑料)	1.34～1.40
聚苯乙烯	1.04～1.08	聚对苯二甲酸乙二醇酯	1.38～1.41
聚苯醚	1.05～1.07	硬质 PVC	1.38～1.50
苯乙烯-丙烯腈共聚物	1.06～1.10	聚甲醛	1.41～1.43
尼龙 610	1.07～1.09	脲-三聚氰胺树脂(加有机填料)	1.47～1.52
尼龙 6	1.12～1.15	氯化聚氯乙烯	1.47～1.55
尼龙 66	1.13～1.16	酚醛塑料和氨基塑料(加无机填料)	1.50～2.00
环氧树脂/不饱和聚酯树脂	1.10～1.40	聚偏二氟乙烯	1.70～1.80
聚丙烯腈	1.14～1.17	聚酯和环氧树脂(加有玻璃纤维)	1.80～2.30
乙酰丁酸纤维素	1.15～1.25	聚偏二氯乙烯	1.86～1.88
聚甲基丙烯酸甲酯	1.16～1.20	聚三氟氯乙烯	2.10～2.20
丙酸纤维素	1.18～1.24	聚四氟乙烯	2.10～2.30
增塑聚氯乙烯(大约含有 40%增塑剂)	1.19～1.35	聚乙酸乙烯酯	1.17～1.20
聚碳酸酯(双酚 A 型)	1.20～1.22		

常用于塑料密度的鉴别的溶液见表 5-3。

表 5-3　常用于塑料密度的鉴别的溶液

溶液种类	密度(25℃)/(g/ cm³)	配制方法	塑料(制品)种类	
			浮于溶液	沉入溶液
水	1		聚乙烯,聚丙烯	聚氯乙烯,聚苯乙烯
饱和食盐溶液	1.19	74mL 水和 26g 食盐	聚苯乙烯,ABS	聚氯乙烯
58.4%的酒精溶液	0.91	100mL 水和 140mL95%的酒精	聚丙烯	聚乙烯
55.4%的酒精溶液	0.925	100mL 水和 124mL95%的酒精	高压聚乙烯	低压聚乙烯

续表

溶液种类	密度(25℃)/(g/cm³)	配制方法	塑料(制品)种类	
			浮于溶液	沉入溶液
氯化钙水溶液	1.27	100g的氯化钙(工业用)和150mL水	聚苯乙烯,有机玻璃,ABS	聚氯乙烯,酚醛塑料

四、塑料的燃烧鉴别

塑料的燃烧鉴别法是利用小火燃烧塑料试样，观察塑料在火中和火外时的燃烧性，同时注意熄火后熔融塑料的滴落形式及气味来鉴别塑料种类的方法。见表5-4。

表5-4 塑料的燃烧鉴别

名称	英文	燃烧情况	燃烧火焰状态	离火后情况	气味
聚丙烯	PP	容易	熔融滴落,上黄下蓝	烟少,继续燃烧	石油味
聚乙烯	PE	容易	熔融滴落,上黄下蓝	继续燃烧	石蜡燃烧气味
聚氯乙烯	PVC	难、软化	上黄下绿,有烟	离火熄灭	刺激性酸味
聚甲醛	POM	容易、熔融滴落	上黄下蓝,无烟	继续燃烧	强烈刺激甲醛味
聚苯乙烯	PS	容易	软化起泡橙黄色,浓黑烟,炭末	继续燃烧,表面油性光亮	特殊乙烯气味
尼龙	PA	慢	熔融滴落	起泡,慢慢熄灭	特殊羊毛、指甲气味
聚甲基丙烯酸甲酯	PMMA	容易	熔化起泡,浅蓝色,质白,无烟	继续燃烧	强烈花果臭味,腐烂蔬菜味
聚碳酸酯	PC	容易,软化起泡	有小量黑烟	离火熄灭	无特殊味
聚四氟乙烯	PTFE	不燃烧			在烈火中分解出刺鼻的氟化氢气味
聚对苯二甲酸乙二酯	PET	容易 软化起泡	橙色,有小量黑烟	离火慢慢熄灭	酸味
丙烯腈-丁二烯-苯乙烯共聚物	ABS	缓慢软化燃烧,无滴落	黄色,黑烟	继续燃烧	特殊气味

第六章
注塑成型设备

注塑机是注塑成型的主要设备，是一种专用的塑料成型机械，它的工作原理是利用塑料的热塑性，将其加热熔化后，施以高的压力使其快速流入模腔，经一段时间的保压和冷却，成为各种形状的塑料制品 。注塑机能一次成型外形复杂、尺寸精确或带有金属嵌件的质地密致的塑料制品，被广泛应用于国防、机电、交通运输、建材、包装、农业、文教卫生等各个领域。注塑机对各种塑料的加工具有良好的适应性，生产能力较高，并易于实现自动化。在塑料工业迅速发展的今天，注塑机不论在数量上或品种上都占有重要地位，从而成为目前塑料机械中增长最快、生产数量最多的机种之一。

第一节　注塑机的型式与特点

一、注塑机的分类

① 注塑机根据塑化方式分为柱塞式注塑机和螺杆式注塑机。

② 按机器的传动方式又可分为全液压机、全电动机、电液复合式。

③ 按机筒的数目分为单色机、双色机及多色机。

单色机指一个机筒的注塑机，双色机指有两个机筒的注塑机，多色机指有两个以上机筒的注塑机。

④ 注塑机按照注射装置和锁模装置的排列方式，可分为立式、卧式和立卧复合式，角式注塑机，多模转盘式注塑机。

二、常用类型注塑机的特点

1. 卧式注塑机

合模部分和注射部分处于同一水平中心线上，且模具是沿水平方向打开的。目前，市场上的注塑机多采用此种形式（图 6-1）。其特点是：

图 6-1　卧式注塑机

① 由于机身低，对于安置的厂房无高度限制；

② 产品可自动落下的场合，不需要使用机械手也可以实现自动成型；

③ 由于机身低，供料方便，检修容易；

④ 模具需通过吊车安装；

⑤ 多台并列排列下，成型品容易由输送带收集包装。

2. 立式注塑机

其合模部分和注射部分处于同一垂直中心线上，且模具是沿垂直方向打开的。立式注塑机宜用于小型注塑机，60g 以下的注塑机采用较多，大、中型机不宜采用，见图 6-2。立式注塑机的特点如下。

① 注射装置和锁模装置处于同一垂直中心线上，且模具是沿上下方向开闭。其占地面积大概只有卧式机的一半。

② 容易实现嵌件成型。因为模具表面朝上，嵌件放入定位容易。

③ 模具的重量由水平模板支承做上下开闭动作，不会发生类似卧式机由于模具重力引起的前倒，使得模板无法开闭的现象。有利于持久性保持机械和模具的精度。

图 6-2　立式注塑机

④ 通过简单的机械手可取出各个型腔塑件，有利于精密成型。

⑤ 一般锁模装置周围为开放式，容易配置各类自动化装置，适应于复杂、精巧产品的自动成型。

⑥ 容易实现串联几台设备，便于实现复杂产品成型的自动生产。

⑦ 容易保证模具内树脂流动性及模具温度分布的一致性。

⑧ 配备有旋转台面、移动台面及倾斜台面等形式，容易实现嵌件成型、模内组合成型。

⑨ 小批量试生产时，模具构造简单成本低，且便于卸装。

⑩ 立式机由于重心低，相对卧式机抗震性更好。

3. 角式注塑机

其注射方向和模具分界面在同一个面上，它特别适合于加工中心部分不允许留有浇口痕迹的平面制品。它占地面积比卧式注塑机小，但放入模具内的嵌件容易倾斜落下。角式注塑机一般吨位比较小见图 6-3。

图 6-3　角式注塑机

4. 多模转盘式注塑机

多模转盘注塑机是一种多工位操作的特殊注塑机，其特点是合模装置采用了转盘式结构，模具围绕转轴转动。这种型式的注塑机充分发挥了注射装置的塑化能力，可以缩短生产周期，提高机器的生产能力，因而特别适合于冷却定型时间长或因安放嵌件而需要较多辅助时间的大批量塑制品的生产。但因合模系统庞大、复杂，合模装置的合模力往往较小，故这种注塑机在塑料鞋底等制品生产中应用较多，见图 6-4。

图 6-4　多模转盘式注塑机

第二节　注塑机的组成和各部分的功能

液压注塑机通常由注射系统、合模系统、液压传动系统、电气控制系统、润滑系统、加热及冷却系统、安全监测系统等组成，见图 6-5。

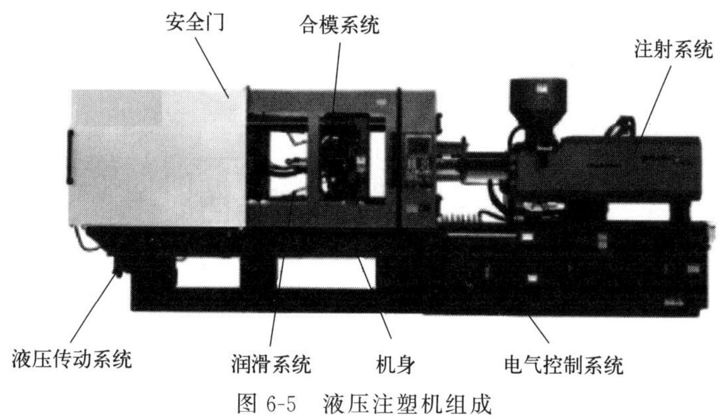

图 6-5　液压注塑机组成

一、注射系统

注射系统是注塑机最主要的组成部分之一，一般有柱塞式、螺杆式、螺杆预塑柱塞注射式 3 种主要形式。目前应用最广泛的是螺杆式。其作用能在规定的时间内将一定数量的塑料加热塑化后，在一定的压力和速度下，通过螺杆将熔融塑料注入模具型腔中。注射结束后，对注射到模腔中的熔料保持定型。

注射系统由塑化装置和动力传递装置组成。螺杆式注塑机塑化装置主要由加料装置、机筒、螺杆、喷嘴部分组成。动力传递装置包括注射油缸、注射座移动油缸以及螺杆驱动装置（储料电机）。

二、合模系统

合模系统的作用是保证模具闭合、开启及顶出制品。同时，在模具闭合后，能给予模具足够的锁模力，以抵抗熔融塑料进入模腔产生的模腔压力，防止模具胀开。

合模机构无论是机械还是液压或液压机械式，应保证模具开合灵活、准确、迅速而安全。从工艺上要求，开合模要有缓冲作用，模板的运行速度应在合模时先快后慢，而在开模时应先快再慢。借以防止损坏模具及制件。

合模系统的组成：合模系统主要由合模装置、调模机构、顶出机构、前后固定模板、移动模板、合模油缸和安全保护机构组成。

三、液压系统

液压传动系统的作用是实现注塑机按工艺过程所要求的各种动作提供动力，并满足注塑机各部分所需压力、速度等要求。它主要由各种液压元件和液压辅助元件所组成，其中油泵和电机是注塑机的动力来源。各种阀控制液压油压力和流量，从而满足注射成型工艺各项要求。

四、电气控制系统

电气控制系统与液压系统合理配合，可实现注塑工艺过程要求（压力、温度、速度、时间）和各种程序动作。主要由电气、电子元件、仪表、加热器、传感器等组成。一般有手动、半自动、全自动、调模（低压手动）四种控制方式。

五、加热/冷却系统

加热系统是用来加热机筒及注射喷嘴的，注塑机机筒一般采用电热圈作为加热装置，安装在机筒的外部，并用热电偶分段检测，热量通过筒壁导热为物料塑化提供热源。冷却系统主要是用来冷却油温，油温过高会引起多种故障出现，所以油温必须加以控制。另一处需要冷却的位置在料管下料口附近，防止原料在下料口熔化，导致原料不能正常下料。

六、润滑系统

润滑系统是注塑机的动模板、调模装置、连杆机铰等有相对运动的部位提供润滑条件的回路，以便减少能耗和提高零件寿命。润滑可以是定期的手动润滑，也可以是自动电动润滑。

七、安全保护与监测系统

注塑机的安全装置主要是用来保护人、机安全的装置。主要由安全门、液压阀、限位开关、光电检测元件等组成，实现电气-机械-液压的连锁保护。

监测系统主要对注塑机的油温、料温、系统超载以及工艺和设备故障进行监测，发现异常情况时进行指示或报警。

第三节　注塑部件的常见型式及结构

注射装置是使塑料受热熔化后射入模具内的装置，见图 6-6。把树脂从料斗挤入机筒中，在加热器的作用下使机筒内的塑料受热，在螺杆的剪切应力作用下使塑料成为熔融状态，通过螺杆的转动将熔体输送至机筒的前端。在一定的压力和速度下，通过螺杆将熔融塑料注入模具型腔中，当熔融塑料在模具内流动时，须控制螺杆的移动速度（注射速度），并在塑料充满模腔后用压力（保压）进行控制。当螺杆位置，注射压力达到一定值时，将速度控制切换成压力控制。

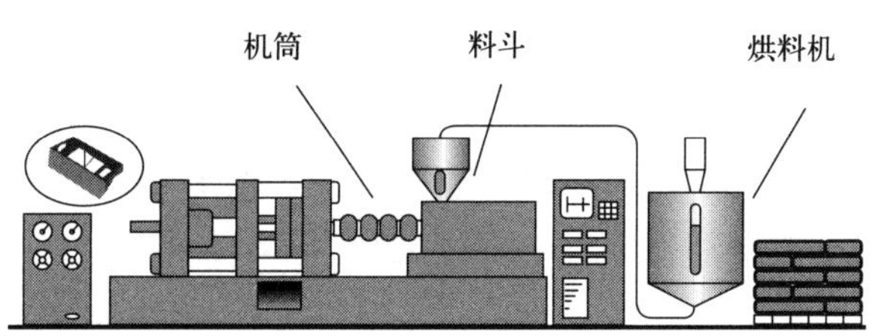

图 6-6　注射装置示意图

注射部分主要有两种形式：活塞式和往复螺杆式。现在活塞式的注塑机已很少见，这里不作介绍。往复螺杆式注塑机通过螺杆在加热机筒中的旋转，把固态塑料颗粒（或粉末）熔化并混合，挤入机筒前端空腔中，然后螺杆沿轴向往前移动，把空腔中的塑料熔体注入模具型腔中。塑化时，塑料在螺杆螺棱的推动下，在螺槽中被压实，并接收机筒壁所传热量，加上塑料与塑料、塑料与机筒及螺杆表面摩擦生热，温度逐渐升高到熔融温度。熔化后的塑料被螺杆搅拌进一步混合，并沿螺槽进入机筒前部，并推动螺杆后退。

注射部分与塑化相关的部件主要有：螺杆、机筒、分流梭、止逆环、喷嘴、法兰、加料斗等。下面分别就其在塑化过程中的作用与影响加以说明。

一、螺杆

螺杆是注塑机的重要部件，见图 6-7。它的作用是对塑料进行输送、压实、熔化、搅拌和施压。所有这些都是通过螺杆在机筒内的旋转来完成的。在螺杆旋转时，塑料对于机筒内壁、螺杆螺槽底面、螺棱推进面以及塑料与塑料之间都会产生摩擦及相互运动。塑料的向前推进就是这种运动组合的结果，而摩擦产生的热量也被吸收用来提高塑料温度及熔化塑料。

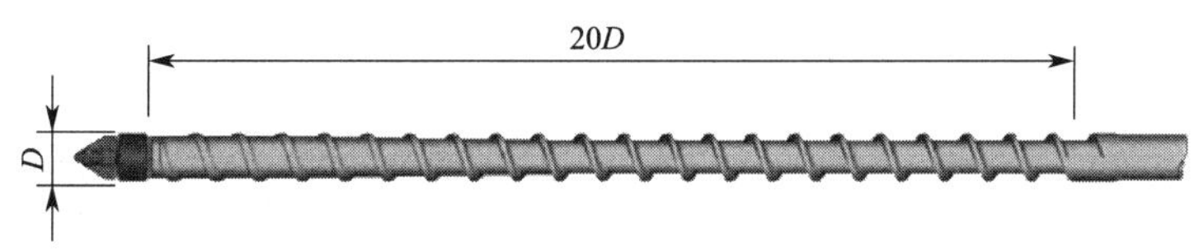

图 6-7　通用螺杆

不同种类的塑料加工因其特性的差异，对注塑机螺杆的形式要求也有很大区别。即使同一种塑料，不同改性剂及填充物也对螺杆结构有不同的要求。

螺杆的结构有通用注塑螺杆结构，有的也为了提高塑化质量设计成专用螺杆结构。对于通用塑料，使用普通通用螺杆就可以加工；对于性能较特殊的塑料（PA、PVC、CA、CP，热固性塑料等）、特殊制品（瓶坯、光学透镜、有色太阳镜片、PP-R 管接头、液晶显示发光板等）或特殊颗粒形状（粉状、片状）的塑料，必须使用专用螺杆。

以下是各种专用螺杆介绍。

PC 专用螺杆：针对 PC 等高黏度塑料，PC 专用螺杆剪切发热少，耐酸性腐蚀，中小直径，成型 PC、PP-R、阻燃 ABS 等效果好。也可成型一般塑料及 PMMA 普通制品，如塑料中加色粉，需定做加强混色型螺杆。

PA 专用螺杆：针对 PA 黏度低、着色难、熔融速度快、自润滑性好等特点，PA 专用螺杆混色效果好，进料量稳定、排气效果好。成型 PA、PP、LCP 等结晶类低黏度塑料效果好，也可成型一般塑料。对于 PC、PMMA、阻燃 ABS 等高黏度及热稳定性差的塑料不适用（中段温度过高、分解）。

PMMA 专用螺杆：针对 PMMA 透明产品要求塑化效果好、分解率低等特性，PMMA 专用螺杆塑化好、剪切发热低、混色好。成型 PMMA、PP-R、PC、ABS 等加色粉时效果好，如塑料加有阻燃剂、螺杆需镀铬。

UPVC 专用螺杆：针对 UPVC 黏度高、易分解、腐蚀性强以及 PVC 管接头要求塑化好等特点，UPVC 专用螺杆塑化好、剪切发热少，耐酸性腐蚀。因为没有止逆环，UPVC 专用螺杆不能用于低黏度塑料和注射速度压力分级较精确的制品。另外，由于需散热降温，做 UPVC 产品时机筒要采用强制风冷措施与螺杆配合使用。

PET 专用螺杆：针对 PET 黏度低、比热容大、易粘料以及 PET 瓶坯要求塑化快、塑化均匀的特性，PET 专用螺杆塑化好、稳定性高、不粘料、熔融物料速度快，所做瓶坯吹瓶时成品率高。

PBT 专用螺杆：针对 PBT 容易分解，对压力敏感以及需添加玻璃纤维的特性，PBT 专用螺杆产生压力稳定，并使用双合金提高耐磨性。

酸性螺杆组件：针对 CP、CA 等酸性塑料腐蚀性强的特性，螺杆、机筒以及其他塑化零件在结构及表面处理上都做了特殊设计，螺杆组件耐腐蚀性好。

双合金螺杆：针对杂质含量较多的再生料，玻璃纤维增强塑料及无机矿物填料（钙粉、碳粉、滑石粉等）含量较多的塑料，双合金螺杆耐磨性好。

二、机筒

机筒的结构其实就是一根中间开了下料口的圆管。在塑料的塑化过程中，其前进和混合的动力都是来源于螺杆和机筒的相对旋转。根据塑料在螺杆螺槽中的不同形态，一般把螺杆分为三段：固体输送段（也叫加料段）、熔融段（也叫压缩段）、均化段（也称计量段）。图 6-8 所示为注塑机机筒和螺杆。

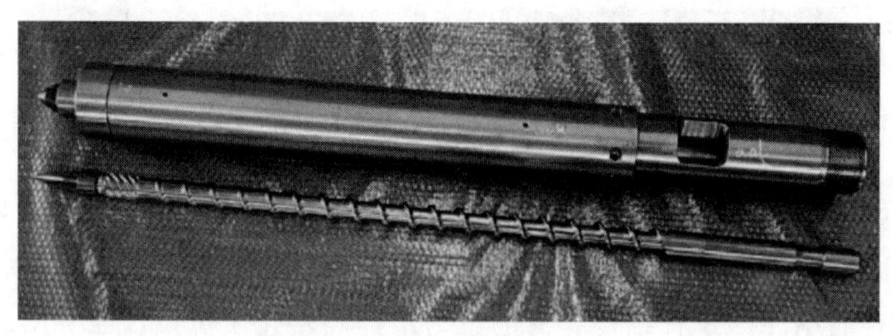

图 6-8　注塑机机筒和螺杆

一般情况下都把塑料在螺杆的固体输送段看成一个塑料颗粒间没有相互运动的固体床，然后通过固体床与机筒壁、螺棱推进面以及螺槽表面相互运动和摩擦的理想状态的计算，来确定塑料向前输送的速度。这与实际情况有不小差距，也不能以此为依据来分析不同形状塑料颗粒的进料情况。如果塑料的颗粒不大，它们在被机筒内壁拉动向前运动时会出现分层和翻滚，并逐步被压实形成固体塞。当塑料颗粒的直径与螺槽深度尺寸差不多时，它们的运动轨迹基本上是沿螺槽径向的直线运动加上转一个角度的直线运动。由于颗粒大时塑料在螺槽中的排列很疏松，所以其输送速度也较慢。当颗粒大到一定程度，在进入压缩段而其直径大于螺槽深度时，塑料就会卡在螺杆与机筒之间，如果向前拉动的力不足以克服压扁塑料颗粒所需的力，则塑料会卡在螺槽里不向前推进。

塑料在接近熔点温度时，与机筒相接触的塑料已开始熔融而形成一层熔膜。当熔膜厚度超过螺杆与机筒间的间隙时，螺棱顶部把熔膜从机筒内壁径向地刮向螺棱根部，从而逐渐在螺棱的推进面汇集成旋涡状的流动区——熔池。

由于熔融段螺槽深度的逐渐变浅以及熔池的挤压，固体床被挤向机筒内壁，这样就加速了机筒向固体床的传热过程。同时，螺杆的旋转使固体床和机筒内壁之间的熔膜产生剪切作用，从而使熔膜和固体床分界面间的固体熔化。随着固体床的螺旋形向前推移，固体床的体积逐渐缩小，而熔池的体积逐渐增大。如果固体床厚度减小的速度低于螺槽深度变浅的速度，则固体床就可能部分或完全堵塞螺槽，使塑化产生波动，或者由于局部压力过大造成摩擦生热剧增，从而产生局部过热。

在螺杆均化段，固体床已经因体积过小而破裂形成分散在熔池里的小固体颗粒。这些固体颗粒通过各自与包覆周围的熔体摩擦及热传递而熔融。这时，螺杆的功能主要是通过搅拌塑料熔体使之混合均匀，熔体的速度分布从贴近机筒壁的最高速到贴近螺槽底部的最低速。如果螺槽深度不大而熔体黏度很高，则这时熔体分子间的摩擦会很剧烈。

由于各种塑料的熔融速度、熔体黏度、熔融温度范围、黏度对温度及剪切速率的敏感程度、高温分解气体的腐蚀性、塑料颗粒间的摩擦系数差异很大，通常意义上的普通通用螺杆在加工某些熔体特性比较突出的塑料（如 PC、PA、高分子 ABS、PP-R、PVC 等）时会出现某一段剪切热过高的现象，这种现象一般可通过降低螺杆转速得以消除，但这势必影响生产效率。为了实现对这些塑料的高效塑化，很多公司先后开发了这些塑料的专用塑化螺杆和机筒。这些专用螺杆和机筒在设计时针对的主要问题是以上塑料的固体摩擦系数、熔体黏度、熔融速度等。

三、分流梭（过胶头）

分流梭是装在螺杆前端形状像鱼雷体的零件。分流梭在塑料塑化时的作用主要是分流混合塑料熔体，使熔体进一步混炼均匀。同时分流梭还有在塑化时限定止逆环位置的作用。为了进一步加强混炼作用，建议在 250tf 以上锁模力注塑机上采用屏障型混炼结构的分流梭。不仅可以提高制品颜色的均匀程度，也使制品的机械强度更高。

四、止逆环 (过胶圈)

顾名思义，止逆环的作用就是止逆。它是防止塑料熔体在注射时往后泄漏的一个零件。在注射时，止逆环和止逆垫圈（过胶垫圈）接触形成一个封闭的结构，阻止塑料熔体从螺杆向后泄漏；一台注塑机注塑制品重量的精密程度与止逆环止逆动作的快慢关系很大。而一个止逆环动作反应的快慢，是由它的止逆动作行程、密封压合时间、离开分流梭时间等因素决定的。通过实验确定最优化的止逆面参数、止逆环与分流梭贴合参数、止逆环与机筒间隙参数等，可以实现高精密注射量控制。

五、喷嘴

喷嘴是连接机筒和模具的过渡部分。注射时，机筒内的熔料在螺杆的推动下，以高压和快速流经喷嘴注入模具。因此喷嘴的结构形式、喷嘴孔大小以及制造精度将影响熔料的压力和温度损失，射程远近、补缩作用的优劣以及是否产生流涎现象等。目前使用的喷嘴种类繁多，且都有其适用范围，这里只讨论用得最多的三种。

1. 直通式喷嘴

这种喷嘴呈短管状，熔料流经这种喷嘴时压力和热量损失都很小，而且不易产生滞料和分解，所以其外部一般都不附设加热装置。但是由于喷嘴体较短，伸进定模板孔中的长度受到限制，因此所用模具的主流道较长。为弥补这种缺陷而加大喷嘴的长度，成为直通式喷嘴的一种改进型式，又称为延伸式喷嘴（加长喷嘴）。这种喷嘴必须添设加热设置。为了滤掉熔料中的固体杂质，喷嘴中也可加设过滤网，见图 6-9。直通式喷嘴适用于加工高黏度的塑料，加工低黏度塑料时，会产生流涎现象。

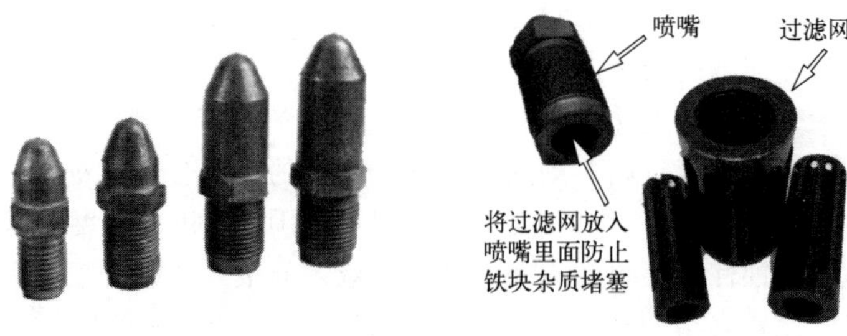

(a) 直通式喷嘴　　(b) 喷嘴中加设过滤网

图 6-9　直通式喷嘴

2. 弹簧式自锁喷嘴

注射过程中，为了防止熔料的流涎或回缩，需要对喷嘴通道实行暂时封闭而采用自锁式喷嘴。弹簧式自锁喷嘴是依靠弹簧压合喷嘴体内的阀芯实现自锁的。注射时，阀芯受熔料的高压而被顶开，熔料遂向模具射出。熔融物料时，阀芯在弹簧作用下复位而自锁，见图 6-10。其优点是能有效地杜绝注射低黏度塑料时的流涎现象，使用方便，自锁效果显著。其缺点是结构比较复杂，注射压力损失大，射程较短，补缩作用小，对弹簧的要求高。

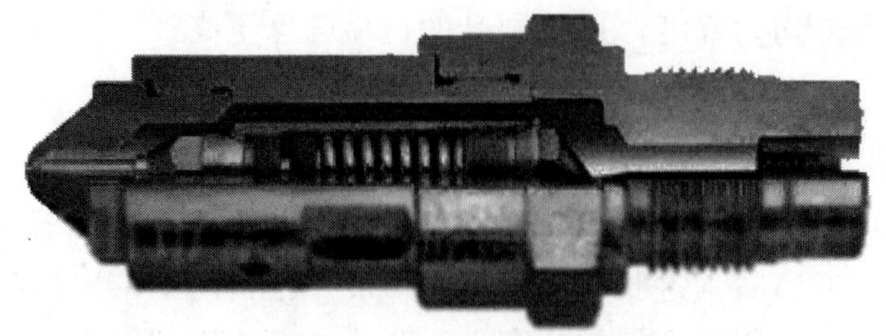

图 6-10　弹簧式自锁喷嘴

3. 杠杆针阀式喷嘴

这种喷嘴与自锁式喷嘴一样，也是在注射过程中对喷嘴通道实行暂时启闭的一种，它是用外在液压系统通过杠杆来控制联动机构启闭阀芯的。使用时可根据需要操纵液压系统准确及时地开启阀芯，具有使用方便、自锁可靠、压力损失小、计量准确等优点。此外，它不使用弹簧，所以，没有更换弹簧之虑，主要缺点是结构较复杂，成本较高。

4. 喷嘴的选用

注射时，塑料熔体在螺杆的推动下，以极高的剪切速度流经喷嘴而进入模腔。在这种高速剪切作用下，熔体温度快速升高。喷嘴选择不当会直接影响注塑的稳定性及产品质量。

① 对于黏度较高的 PVC、PP-R、PMMA、PC、高抗冲击 ABS 等，过小的喷嘴孔直径会造成塑料的高温分解。

② 对于充模困难的薄壁精密制品，宜用射程较远的喷嘴。

③ 对于厚壁制品则需要补塑作用好的喷嘴。

④ 对于某些熔体黏度很低的塑料（如 PA 等），需要使用具有防流涎功能的自锁喷嘴。

⑤ 在许多机器上，除了配备针对一般黏度的通用型喷嘴，还配有自锁喷嘴、PVC 喷嘴、PMMA 喷嘴等专用喷嘴。

六、法兰

法兰是连接喷嘴与机筒的零件，在塑料的塑化注射过程中只起通道的作用。如果法兰与喷嘴或法兰与机筒的结合面出现较大的间隙或槽，则塑料会在间隙或槽中滞留时间过长分解而出现制品黑点。

七、加料斗

加料斗是储存塑料原料的部件，有的加料斗上加发热和吹风装置做成干燥料斗。加料斗的形状一般是下部圆锥形与上部圆筒形。圆锥形的锥面斜度影响加料斗供料的顺畅性，要根据粒度大小、颗粒形状、颗粒之间摩擦系数和黏结系数选择。防止出现加料不畅或根本不下料的“架桥”或“漏斗成管”现象。“架桥”现象是塑料颗粒在料斗圆锥下料口形成颗粒架，一般发生在颗粒较大以及形状不规则的再生料上。“漏斗成管”是因为往下流的颗粒不足以拉动其相邻的颗粒一起流动，往往发生在塑料粒度较小时。如果机筒上热量传递到加料斗使加料斗温度过高，塑料粒表面软化或黏结成块，也容易形成“架桥”或阻塞。

一般的解决方法是在加料斗上装振动装置或减小圆锥斜度。对于机筒上热量传递到加料斗的情况，要合理设定靠近加料口处塑化温度，并在加强机筒下料口处冷却。

第四节 合模部件的常见型式与结构

合模部件是注塑机的重要部件之一，其功能是实现启闭运动，使模具闭合产生锁模力，将模具锁紧。合模机构有液压式、机械式和机械-液压复合式。

一、合模方式介绍

1. 液压曲肘连杆式

属机械-液压复合式，其结构特点是液压缸通过曲柄连杆机构驱动模板实现启闭模运动，充分利用了曲柄连杆机构的行程、速度、力的放大特性和自锁特性，达到快速、高效和节能的开合模效，见图 6-11。常用的液压曲肘连杆形式有：双曲肘内翻式、双曲肘外翻式、撑肘式、单曲肘摆缸式和单曲肘挂缸式。

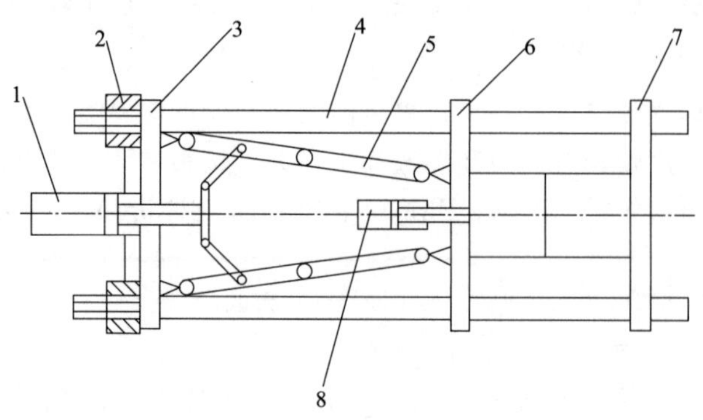

图 6-11 液压曲肘连杆式

1—合模油缸；2—调模装置；3—固定后模板；4—拉杆；5—曲肘连杆机构；6—移动模板；7—固定前模板；8—顶出油缸

2. 直压式合模

此种结构的特点是其开关模具动作及锁模动作都是通过油缸直接作用完成的。移模速度和合模力的大小分别由活塞杆的移动速度和活塞产生的最大轴向力确定，见图 6-12。

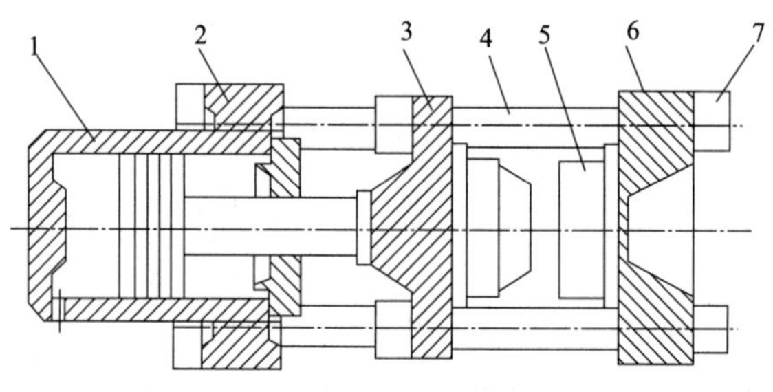

图 6-12 直压式合模

1—锁模油缸；2—后固定模板；3—移动模板；4—拉杆；5—模具；6—前固定模板；7—拉杆螺母

二、合模机架的组成

合模架是合模部件的基础部分，是由 4 根拉杆（格林柱）、后模板、动模板、定模板及拉杆螺母组成的具有一定刚度和强度要求的合模框架。动模板在移模装置的驱动下，以拉杆为导向，实现启闭模运动。因此，4 根拉杆与 3 块模板的材料、结构尺寸、拉杆之间的平行度与 3 块模板垂直度都有较高的要求。

1. 模板

后模板、动模板和定模板是合模部分的重要零件，后模板和头板通过拉杆组成合模框架(立式机是由底板和动模板形成合模框架)。锁模后动模板、定模板在锁模力的作用下，将模具锁紧并使其产生压缩变形，与此同时，3 块板将发生弯曲变形，模板中部将产生挠度。模板的结构、尺寸、材料、弹性模量将直接影响合模系统的强度、刚性，最终影响到锁模力。

2. 拉杆

拉杆又称格林柱，是合模装置的主要零件，除与模板组成刚性框架外，还兼有导柱功能，使动模板在上滑动，因此要求有较高的几何精度、尺寸精度、4 根拉杆的同步精度、光洁度及耐磨性能。合模系统作用时拉杆受到非对称循环应力的作用，将受疲劳极限的考验。

三、调模装置

在注塑机合模部件的技术参数中，有最大和最小模具厚度，这个最大与最小模具厚度的调整是通过调模装置来实现的。

对调模装置的要求是调整要方便，便于操作。轴间位移准确，灵活，保证同步性，受力均匀，对合模系统应有放松、预紧作用，安全可靠，调节行程有限位及过载保护。

调模装置主要由液压马达、齿圈、定位轮、调模螺母的外齿圈等组成，均固定在后模板上。调模装置设在后模板上，其动作原理是：当调模时，后模板连同曲肘连杆机构及动模板一起移动，调模时 4 个带有齿轮的后螺母在大齿轮驱动下同步转动，推动后模板及其整个合模机构沿拉杆向前或向后移动，调节动模板与前模板的距离，根据允许模厚及工艺所要求的锁模力实现调模功能。此种结构紧凑，减少了轴向尺寸，提高了系统刚性。

各齿轮与齿圈的啮合精度，调整螺母与拉杆端纹的配合精度及运行同步精度，将影响调模的灵活性、调模误差、调模精度。

对于直压式合模机构，动模板、定模板间的距离可以通过移模油缸活塞杆进行调整，没有专门的调模装置。

四、顶出装置

注塑机顶出形式有机械顶出和液压顶出两种，有的还配有气动顶出系统，顶出次数设有单次和多次两种。顶出动作可以是手动，也可以是自动。顶出动作是由开模停止限位开关来启动。

顶出装置要有足够的顶出力、顶出速度、顶出次数和顶出精度，在顶出油缸上做顶出动作。

第五节　注塑机规格简介

对于注塑机的规格表示，虽然各个国家有所差异，但大部分是采用注射容量、合模力及注射容量与合模力同时表示的方法。

一、注射容量表示法

该法是以注塑机的标准螺杆理论注射量的 80% 为注塑机的注射容量。但容量是随设计注塑机时所取的注射压力及螺杆直径而改变，同时，注射容量与加工塑料的性能和状态有密切的关系。因此，采用注射容量表示法，并不能直接判断出两台注塑机的规格大小。

二、合模力表示法

该法是以注塑机的最大合模力（单位：kN）来表示注塑机的规格。由于合模力不会受到其他取值的影响而变化，因此采用合模力表示既直观又简单。但由于合模力并不能直接反映出注塑成型制品的体积大小，所以，此法不能表示出注塑机在加工制品时的全部能力及规格的大小，使用起来不够方便。

三、注射容量与合模力表示法

注射容量与合模力表示法是注塑机的国际规格表示法。该法是以理论注射量作分子，合模力作分母（即注射容量/合模力）。具体表示为SZ-□/□，S表示塑料机械，Z表示塑料成型机。如SZ-320/1600，表示塑料注塑机（SZ），理论注射量为320cm^3，合模力为1600kN。

中国注塑机的规格是按照国家标准GB/T 12783—2000编制的。注塑机规格表示的第一项是类别代号。用S表示塑料机械；第二项表示组别代号，用Z表示注射；第三项是品种代号，用英文字母表示；第四项是规格参数，用阿拉伯数字表示。第三项与第四项之间一般用短横线隔开。

注塑机品种代号、规格参数表示见表6-1。

表6-1 注塑机品种代号、规格参数（GB/T 12783—2000）

品种名称	代号	规格参数
塑料注射成型机	不标	合模力(kN)
立式塑料注射成型机	L	合模力(kN)
角式塑料注射成型机	J	合模力(kN)
柱塞式塑料注射成型机	Z	合模力(kN)
塑料低发泡注射成型机	F	合模力(kN)
塑料排气注射成型机	P	合模力(kN)
塑料反应注射成型机	A	合模力(kN)
热固性塑料注射成型机	G	合模力(kN)
塑料鞋用注射成型机	E	工位数×注射装置数
聚氨酯鞋用注射成型机	EJ	工位数×注射装置数
全塑鞋用注射成型机	EQ	工位数×注射装置数
塑料雨鞋、靴注射成型机	EY	工位数×注射装置数
塑料鞋底注射成型机	ED	工位数×注射装置数
塑料双色注射成型机	S	合模力(kN)
塑料混色注射成型机	H	合模力(kN)

第六节 注塑机的技术条件、技术参数与常设装置

一般包括螺杆直径、注射容量（理论）、注射重量（PS）、注射压力、注射行程、螺杆转速、机筒加热功率、锁模力、拉杆内间距（水平×垂直）、允许模具厚度（最大、最小）、移模行程、模板开距（最大）、液压顶出行程、液压顶出力、液压顶出杆数量、油泵电机功率、油箱容积、机器尺寸（长×宽×高）、机器重量、最小模具尺寸（长×宽）、模板平行度。

一、螺杆长径比

用L/D表示，指螺杆螺纹部分的有效长度和注射螺杆的外圆直径的比值。

二、注射量

注射量又称注射容量或最大注射量，即注塑机在对空注射条件下，注射螺杆（柱塞）做

一次最大注射行程时，注射装置所能达到的最大注射量。注射量一般有两种表示方法，一种是以PS为标准（密度1.05g/cm^3），用射出熔料的质量（g）表示；另一种是用注射出的熔料的容积（cm^3）来表示。它反映了注塑机的加工能力，标志着机器所能生产的塑料制品的最大质量，是注塑机的一个重要参数。我国注塑机系列标准采用注射出熔料的容积（cm^3）表示。系列标准规定的注射量有16cm^3、25cm^3、40cm^3、63cm^3、100cm^3、160cm^3、200cm^3、250cm^3、320cm^3、400cm^3、500cm^3、630cm^3、800cm^3、1000cm^3、1250cm^3、1600cm^3、2000cm^3、2500cm^3、3200cm^3、4000cm^3、5000cm^3、6300cm^3、8000cm^3、10000cm^3、16000cm^3、25000cm^3、40000cm^3等。

三、注射速度

注射速度是指注射时螺杆或柱塞的移动速度，单位mm/s。注射速率是指注塑机单位时间内的最大注射量，即螺杆或柱塞的横截面积与其前进行程的乘积，cm^3/s。注射时间是指螺杆或柱塞做一次注射所需时间。

四、注射压力

注射压力是指在注射中加在机筒内腔横截面上的压力。选择注射压力的大小时应考虑塑料性能、塑化方式、塑化温度、模具温度、流动阻力、制件的形状及精度要求等因素。注射压力是熔料充模的必要条件，是直接影响成型制件质量的重要因素。

五、塑化能力

塑化能力是指注塑机塑化装置在1h内所能塑化物料的能力。一般是以聚苯乙烯为塑化能力的基准，注塑机塑化装置应该在规定时间内，保证提供足够的塑化均匀的物料。塑化能力必须满足注塑成型周期中单位时间内注射量的要求。

六、注射座推力

注射座推力（kN）由注射座油缸提供。它是指在注射时，为了将熔体可靠地注入型腔，必须使注射喷嘴压在模具的主浇套上，形成足够的压力来封闭从喷嘴流过的高压高速熔体。为了有效地封闭熔体，不仅需要足够的注射座油缸推力，而且需有合理的喷嘴与浇套的结构、尺寸。

七、螺杆转速

螺杆转速是预塑时螺杆转动的速度。其转速由液压马达或电机提供，可以通过流量阀调节液压马达的供油量或驱动螺杆伺服电机的转速进行调节。

八、机筒加热功率

机筒加热功率（kW）由机筒加热圈的加热能力来决定。加热圈有电阻、铸铝、陶瓷等种类。机筒加热功率不足时，会影响预热时的升温速度，延长升温时间。

九、锁模力

锁模力是指注塑机合模机构对模具所能施加的最大锁紧力。锁模力是注塑机的一个重要参数，在一定程度上反映了注塑机生产制品能力的大小。锁模力的大小主要取决于制件最大成型面积和模腔压力。锁模力与注射量有关。注射量越大，锁模力也越大。锁模力应大于最大成型面积与实际模腔内压力之乘积。

十、拉杆间距

拉杆间距表示装载模具的大小，反映了容模空间与成型制品的最大投影面积有关，是确定模具的首选参数。拉杆间距已系列化。

十一、允许模具厚度

允许模具厚度是指动模板与定模板之间装模的最小模具厚度（H_{min}）和最大模具厚度（H_{max}）。两者之差为最大调模厚度，由调模装置来完成，是模具首选的重要参数。

十二、移模行程

动模板行程是动模板能够移动的最大值。当所安装的模具厚度为最小值时，动模板行程达到最大值。动模板行程即移模行程。

十三、模板开距

模板最大开距是指动模板、定模板之间的最大距离。为了取件方便，模板最大开距通常为成型制品最大高度的 3～4 倍。

十四、开、合模速度

开、合模速度是注塑机的经济指标之一。它不仅影响注塑成型周期，而且影响到动模板的运动平稳性。开、合模速度是变化的，一般注塑机动模板运动速度设定是慢—快—慢的过程。

十五、顶出行程

指顶出装置上顶杆运动的最大行程，顶出行程与制品深度有关，应能使制品从模具型腔中顶出落下。

十六、顶出力

制品在模腔压力作用下与金属表面产生很大的静摩擦力，所以在顶出时，必须施以足够的顶出力克服静摩擦力在顶出方向的合力，制品才能落下。

十七、油泵电机功率

油泵电机的额定功率。

十八、油箱容积

油箱的体积空间。

十九、机器尺寸

机器长、宽、高的尺寸。

二十、机器重量

机器重量（t）指机器总重量。

第七节 如何选择注塑机

一、注塑机选择的重要因素

一般而言，从事注塑行业多年的客户多半有能力自行判断并选择合适的注塑机来生产。但是在某些状况下，客户可能需要厂商的协助才能决定采用哪一个规格的注塑机，甚至客户可能只有产品的样品或构想，就询问厂商的机器是否能生产，或是哪一种机型比较适合。此外，某些特殊产品可能需要搭配特殊装置如蓄压器、闭环回路、射出压缩等，才能更有效率地生产。由此可见，如何选定合适的注塑机来生产，是一个极为重要的问题。通常影响注塑机选择的重要因素包括模具、产品、塑料、成型要求等。因此，在进行选择前必须先收集或具备下列资讯：

① 模具尺寸（宽度、高度、厚度）、重量、特殊设计等；

② 使用塑料的种类及数量（单一原料或多种塑料）；

③ 注塑成品的外观尺寸（长、宽、高、厚度）、重量等；

④ 成型要求，如品质要求、生产速度等。

二、注塑机选择步骤

在获得模具、产品、塑料、成型要求资讯后，即可按照下列步骤来选择合适的注塑机。

1. 注塑机选型

由产品及塑料决定机种及系列。

由于注塑机有非常多的种类，因此一开始要先正确判断此产品应由哪一种注塑机，或是哪一个系列来生产，例如是一般热塑性塑料还是热固性塑料或 PET 原料等，是单色、双色、多色、夹层还是混色等。此外，某些产品需要高稳定（闭环回路）、高精密、超高射速、高射压或快速生产（多回路）等条件，都必须选择合适的机型才能满足生产。

2. 确定装模尺寸

由模具尺寸判定机台的拉杆内距、模厚、模具最小尺寸及转盘尺寸是否适当，以确认模具是否放得下。

① 模具的长度及宽度需小于或至少有一边小于格林柱内距。

② 模具的长度及宽度最好在转盘尺寸范围内。

③ 模具的厚度需介于注塑机的模厚之间。

④ 模具的长度及宽度需符合该注塑机建议的最小模具尺寸，太小也不行。

3. 确定产品顶出

由模具及成品判定“开模行程”及“托模行程”是否足以让成品取出，有机械手还要考虑机械手臂和夹具宽度。

① 开模行程至少需大于成品在开关模方向高度的两倍，包含流道的长度。

② 托模行程需足够将成品顶出。

4. 确定锁模力

由产品及塑料决定锁模力。当原料以高压注入型腔内时会产生一个胀模的力量，因此，注塑机的锁模单元必须提供足够的锁模力使模具不至于被撑开。锁模力大小的计算方法如下：

由成品外观尺寸求出成品在开关模方向的投影面积，然后计算撑模力。

$$撑模力=成品在开关模方向的投影面积(cm^2)\times型腔数\times模内压力(kgf/cm^2)$$

模内压力随原料而不同，一般原料取 $350\sim400kgf/cm^2$。机器锁模力需大于撑模力，且为了保险起见，机器锁模力通常需大于撑模力的 1.17 倍以上。至此已初步决定锁模单元的规格，并大致确定机种、吨数，接着再进行下列步骤，以确认射出单元的螺杆直径是否符合所需。

5. 确定注射量

由成品重量及型腔数判定所需射出量，并选择合适的螺杆直径。计算成品重量需考虑型腔数（一模几腔），为了稳妥起见，射出量需为成品重量的 1.35 倍以上，也即成品重量需为射出量的 75%以内。

6. 确定螺杆形式

由塑料判定螺杆压缩比及射出压力等条件。有些工程塑料需要较高的射出压力及合适的螺杆压缩比设计，才有较好的成型效果。因此，为了使成品注射得更好，在选择螺杆时需考虑注射压力的需求及压缩比。一般而言，直径较小的螺杆可提供较高的射出压力。

7. 确定注射速率

确定注射速率即射出速度的确认。有些产品需要高射出速度才能稳定成型，如超薄类成品，在此情况下，可能需要确认机器的射出速率是否足够，是否需搭配蓄压器、闭回路控制等装置。一般而言，在相同条件下，可提供较高注射压力的螺杆通常射速较低，相反地，可提供较低射压的螺杆通常射速较高。因此，选择螺杆直径时，射出量、射出压力及注射速率（射出速度），需交叉考量及取舍。此外，也可以采用多回路设计，以同步复合动作缩短成型时间。

8. 确定合模部分同注射部分的搭配

在某些特殊状况下，客户的模具或产品可能体积小但所需注射量大，或体积大但所需注射量小。在这种状况下，注塑机厂家所预先设定的标准规格可能无法符合客户需求，必须进行所谓“大小匹配”，亦即“大壁小射”或“小壁大射”。所谓“大壁小射”指以原先标准的合模单元搭配较小的射出螺杆，反之，“小壁大射”即是以原先标准的合模单元搭配较大的射出螺杆。当然，在搭配上合模单元也可能与射出单元相差好几级。

经过以上步骤确认之后，原则上已经可以选定符合需求的注塑机。

第八节　注塑机维修的基本方法和要点

一、对注塑机维修工作的要求

注塑机维修工作的核心是故障的判断和故障的处理。它涉及知识面广，复杂程度大，具有一定的深度（如综合专业知识水平）。需要具有机械设备维修、液压维修、电气维修基础知识。注塑机维修工作是个不断学习进取的过程，只要掌握注塑机的基本工作原理，掌握基本工作方法，不论何种机型，万变不离其宗，都能探索出一套维修工作程序，保证注塑机正常工作运行。

首先必须了解和掌握注塑机的操作说明书中的内容，熟悉和掌握注塑机的机械部件、电路及油路，了解注塑机在正常工作时机械、电路及油路的工作过程，了解和掌握电气元器件、液压元器件的检查和维修使用方法。清楚正常工作状态与不正常工作状态，以避免费时的误判断和误拆卸。

维修工作者必须了解设备的操作方法及要有一些注塑成型基础知识，并且会正确使用注塑机。若不知道操作注塑机，检修工作是非常困难的，对故障的判断也可能不可靠。注塑机中电路板及电气元器件长期受高温、环境、时间等因素影响，元器件工作点偏移，元器件的老化都是属于正常范围。所以，调试注塑机也是维修工作中必不可少的基本功之一。了解注塑机的工作程序，调试注塑机电子电路、液压油路是十分重要的环节。

维修工作要做到准确、可靠和及时，必须对各类型注塑机的使用说明书中内容加以研究和掌握，一般维修过程中，维修思路通常是电路—油路—机械部件动作。而调校工作又反过来进行，如机械动作和锁模压力异常，可去找油路和电路，如电路输出正常，则调校油路阀。若油路正常工作则调校电路电子板。当然最后需要对三者统调，但三者关系相互依赖、相互控制。调校检测电路、检修油路、调试机械部分的位置及动作，是判断故障的重要手段。一般注塑机生产厂家只给出设备的电气方框图、油路的方框图和机械的主要部分，这对于维修工作是不够的。必须注意日常维护工作中收集、整理各方面的有关资料，如电气、电子、机械备件、油路、电磁阀体等方面的资料。例如电气方面若有机会就要测绘电路原理图，测绘电子板的原理图及实际的接线图，测出接线端子对应的器件等有关资料，以便在维修中为故障的判断和分析提供准确的检测点，测出其检测点的具体参数。在必要的时候，还要自己制作电源，模拟输入和输出信号，进行模拟测试或调校，以掌握和取得第一手维修资料数据，如各级工作点的参数等。

油路维修也是如此，必须根据油路及油压电磁阀的特点综合调校和维修。定期拆卸、清洗、检查、安装电磁阀。这些检修工作看似很麻烦，但对保证设备正常运行却是至关重要的。

设备维修工作必须总结出按设备工作原理，系统逻辑关系进行故障检测和判断的工作方法，其方法有逐步检查法、模拟检查法、电压测试法、通断测试法、电路板替代法等方法。通过维修实践，要针对不同的设备故障，调整工作重点和工作方法，实现对故障的准确、快速维修。

二、注塑机液压系统故障常用诊断方法

注塑机液压系统出故障，往往受现场条件的限制难以进行准确的诊断，从而影响工作进度。以下介绍几种现场注塑机液压系统故障诊断方法，供参考。

1. 直观检查法

① 对于一些较为简单的故障，可以通过看、摸、听、嗅等手段对零部件进行检查。例如，通过视觉检查能发现诸如破裂、漏油、松脱和变形等故障现象，从而可及时地维修或更换配件。

② 用手握住油管（特别是胶管），当有压力油流过时会有振动的感觉，而无油液流过或压力过低时则没有这种现象。

③ 通过触摸还可判断带有机械传动部件的液压元件润滑情况是否良好。用手感觉一下元件壳体温度的变化，若元件壳体过热，则说明润滑不良。

④ 通过倾听可以判断机械零部件损坏造成的故障点和损坏程度，如液压泵吸空、溢流阀开启、元件发卡等故障都会发出异常响声。

⑤ 有些部件会由于过热、润滑不良和气蚀等原因而发出异味，通过嗅闻可以判断出故障点。

2. 对换诊断法

在维修现场缺乏诊断仪器或被查元件比较精密不宜拆开时，先将怀疑出现故障的元件拆下，换上新件或其他机器上工作正常、同型号的元件进行试验，看故障能否排除即可做出诊断。用对换诊断法检查故障，尽管受到结构、现场元件储备或拆卸不便等因素的限制，操作起来也比较麻烦，但对于如平衡阀、溢流阀、单向阀之类的体积小、易拆装的元件，采用此法还是比较方便的。对换诊断法可以避免因盲目拆卸而导致液压元件的性能降低。

3. 仪表测量检查法

仪表测量检查法就是借助对注塑机液压系统各部分液压油的压力、流量和油温的测量来判断该系统的故障点。在一般的现场检测中，由于注塑机液压系统的故障往往表现为压力不足，容易察觉；而流量的检测则比较困难，流量的大小只可通过执行元件动作的快慢做出粗略的判断。因此，在现场检测中，更多的是采用检测系统压力的方法。

4. 原理推理法

注塑机液压系统的基本原理都是利用不同的液压元件、按照注塑机液压系统回路组合匹配而成的，当出现故障现象时可据此进行分析推理，初步判断出故障的部位和原因，对症下药，迅速予以排除。对于现场注塑机液压系统的故障，可根据注塑机液压系统的工作原理，按照动力元件→控制元件→执行元件的顺序在系统图上正向推理分析故障原因。

例如发现机铰工作无力，从原理上分析认为，工作无力一般是由油压下降或流量减小造成的。从系统图上看，造成压力下降或流量减小的可能因素有如下几点。

① 油箱，比如缺油、吸油滤油器堵塞、通气孔不畅通。

② 液压泵内漏，如液压泵柱塞的配合间隙增大。

③ 操纵阀上主安全阀压力调节过低或内漏严重。

④ 机铰液压缸过载阀调定压力过低或内漏严重。

⑤ 回油路不畅等。

考虑到这些因素后，再根据已有的检查结果排除某些因素，缩小故障的范围，直至找到故障点并予以排除。

现场注塑机液压系统故障诊断中，根据系统工作原理，要掌握一些规律或常识。

① 分析故障过程是渐变还是突变。如果是渐变，一般是由于磨损导致原始尺寸与配合的改变而丧失原始功能；如果是突变，往往是零部件突然损坏所致，例如弹簧折断、密封件损坏、运动件卡死或污物堵塞等。

② 要分清是易损件还是非易损件，或是处于高频重载下的运动件，或者为易发生故障的液压元件，如液压泵的柱塞、配流盘、变量伺服和液压缸等。而处于低频、轻载或基本相对静止的元件，则不易发生故障，如换向阀、顺序阀、滑阀等就不易发生故障。掌握这些规律后，对于快速判断故障部位可起到积极的作用。

第九节 注塑机的维护与保养

工厂为了增加工作效率，一天接近 24h 生产，若以一个月操作 25 日来算，则每月将累积到 600h，如此一年将是 7200h。注塑机的操作时长是一般机器的 4～5 倍，故为延长机器的使用期限，必须更加重视对注塑机的维护。

一、操作前的检查

① 液压油容积的检查。确定油量是否高过油量表的最低界限和低于最高界限。

② 温度开启及检查。确定干燥机、机筒、模具上的电热装置是否正常。

③ 安全门及紧急停止开关按钮的检查。

④ 低压合模装置检查。确定保护模具的低压合模装置是否良好。

⑤ 润滑装置及检查。油杯及打油器内的油量是否充裕，打油装置的管路是否完全通畅。

⑥ 活动部件的检查。凡是机器上的每个活动部件都需要加以适当的润滑，并将活动部位的杂质、灰尘等拭去，保持活动摩擦面的光滑清洁，并不可将工具放在活动部位上。

⑦ 冷却水的检查。确定冷却水管系统无漏水现象，水量是否充足，以保持正常的冷却效率。

⑧ 其他条件检查。检查其他条件包括各种设定的温度、压力、速度、时间、距离等是否正确。

⑨ 极限开关及撞击凸轮的检查。需要时要加以调整及固定，尤其是模具更换时。

⑩ 空车运转的检查。手动操作开机启动，设备空车运转 10～30min，待有一个稳定的条件后，即可正式生产。

⑪ 产生异响的检查。检查是否有异常声，如油泵的声响。通过异常声能测知过滤器阻塞、吸风、内部磨损等异常现象，继电器的嗡嗡声显示有脏物和灰尘存在接触点之间。

二、停机时的检查

① 关料斗的料闸，降低或关闭料斗加温，视停机时间长短来定。

② 再持续做一两模。

③ 关闭或降低机筒加热，根据停机时间长短来定。

④ 清理模具及防锈处理，视停机时间长短来定。

⑤ 关冷却水。

⑥ 切掉电源。

⑦ 清理机台。

三、 每周定期检查

① 检查机筒热电偶及加热圈的固定螺钉或螺栓及接线端子是否松动，并紧固。

② 检查机筒加热圈的电流（根据说明书标注功率，用钳流表检测每个加热圈电流）。

③ 检查液压元件电磁阀线圈插头是否脱落破损，各油管是否有漏油及干涉。

④ 检查机械零件和滑轨是否完好，并清理老化润滑油（运行平稳，无异响）。

⑤ 检查电气元件和线路是否完好，对接触器触点重点检查（器件表面无变色现象，线路整齐）。

⑥ 清洗注塑机底部地面，清理清洁废油、废水、灰尘。

⑦ 检查注塑机门限位开关及信号线，有必要时更换固定绑扎。

⑧ 定期对安全门滑轮进行保养。

⑨ 用 R 规检查喷嘴的球面是否符合标准 R，并判断球面是否破损和压伤，如损伤请立刻更换或维修。

⑩ 清洁两根合模油缸杆、四根拉杆上的油污与灰尘。

⑪ 开合模活塞杆固定杆处加注黄油（EP2）。

⑫ 拆卸下控制柜门上散热空调过滤网，更换过滤棉。

⑬ 检查下料口冷却水套的冷却效果，需在生产正常后跟踪该处的温度偏差。若实际温度偏差超过设定 5℃，则清洗下料口水套、电磁阀及过滤器芯。

⑭ 启动液压马达检查液压油位，是否在合理范围内接近下刻度线时添加液压油。

⑮ 检查开合模、高压锁模、顶出、射移、射出电子尺是否有松动并做紧固。用酒精清洁表面油污。

⑯ 检查机械合模位置限位块及电气限位开关是否松动，并坚固螺钉或螺栓。

⑰ 清洗冷却水管道上的过滤器芯。

⑱ 加注集中润滑油壶内润滑脂（00 号润滑脂）。

⑲ 按手动润滑，检查集中润滑油管有无泄漏，更换破损的管路，特别关注动模滑脚处的软管。

⑳ 特别检查动模板上连接的钢丝水管、橡胶水管、油管，注意运动部位及折弯部位是否有龟裂、磨损，若有则需及时更换。

㉑ 对动定模定位圈打磨，去毛刺，修平变形。

四、每月定期检查

① 检查液压油质量，发现油中含有杂质，油量不足或含有水分时要及时进行处理，补加不足液压油。

② 检查各电器线路有无松动的现象。

③ 检查电控箱上的通风过滤器，及时清洁清洗。

④ 清洗液压油过滤网。

⑤ 对各活动面（如拉杆、注射座滑动导轨面等）进行一次清洁处理，然后重新涂好润

滑油。

⑥ 冷却器的清洁和检查：若使用地下水、工业用水、盐水时，请每月将冷却器拆下清洁，可提高冷却器的效率及寿命，一般净化的自来水每半年清洁一次。

五、每三个月定期检查

① 检查并调整喷嘴的中心度，要求偏差不超过 1mm。

② 重新固定开合模电子尺，校准零点。

六、每六个月定期检查

清洗集中润滑吸油泵过滤器。

七、每年定期检查

① 电机绝缘检查：用 500V 兆欧表测量绝缘电阻不小于 10MΩ。

② 测量动、定模之间的平行度。

③ 检查整机的水平：合模至最小模厚，将水平仪分别横放在正、反操作侧道轨上，位置在动模与调模板之间，尽量靠近动模板，测量横向水平。将水平仪旋转 90°，分别在正、反操作侧道轨上，测量纵向水平。

第七章
注塑模具

第一节　注塑模具结构与分类

一、注塑模具的结构组成

根据模具中各个部件的不同作用，一套注塑模具可以分成以下几个部分。

① 内模零部件：赋予成型材料形状和尺寸的零件。通常由凸模（公模、动模）、凹模（母模、前模）、镶件（镶针）等组成。

② 浇注系统：将熔融塑料由注塑机喷嘴引向闭合的模腔，一般由主流道、分流道、浇口和冷料井组成。

③ 热交换（冷却）系统：为了满足注射成形工艺对模具温度的要求（冷却或加热），需要对模具温度进行较精确的控制。

④ 行位系统：当侧向有凸凹及孔时，在塑料产品被顶出之前，必须先抽拔侧向的型芯（或镶件），才能使塑料产品顺利脱模。

⑤ 顶出系统：实现塑料产品脱模的机构，其结构形式很多，最常用的是顶针、司筒和推板等脱模机构。

⑥ 导向定位部件：导向定位部件是保证动模与定模闭合时能准确对准、脱模时运动灵活，注射时承受侧向力的部件，常由导柱和导套及定位块、锥等组成。

⑦ 排气系统：将型腔内空气导出的结构，如排气槽及镶件配合时的间隙。

⑧ 结构件：如模架板、支承柱、限位件等。

二、典型注塑模具结构

1. 标准型

标准型模具结构见图 7-1。

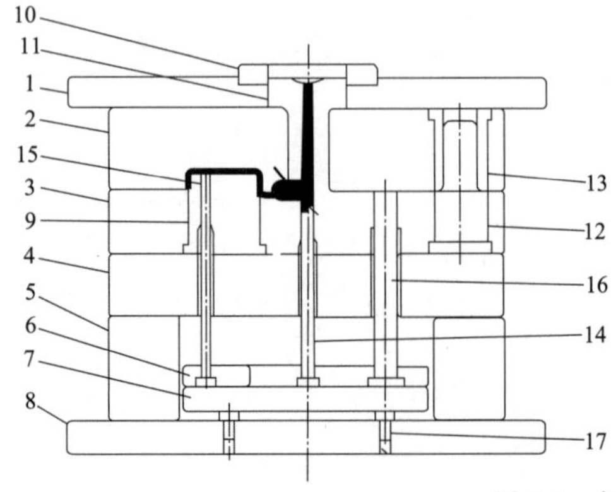

序号	名称	序号	名称	序号	名称
1	固定侧装模板	7	顶出板（下）	13	导套
2	固定侧型腔板	8	可动侧装模板	14	顶杆
3	可动侧型腔板	9	型芯	15	顶杆
4	承板	10	定位环	16	回位杆
5	间隔件	11	浇口套	17	停止销
6	顶出板（上）	12	导柱		

图 7-1　标准型模具结构

2. 脱模板型

脱模板型模具结构（侧向浇口用）见图 7-2。

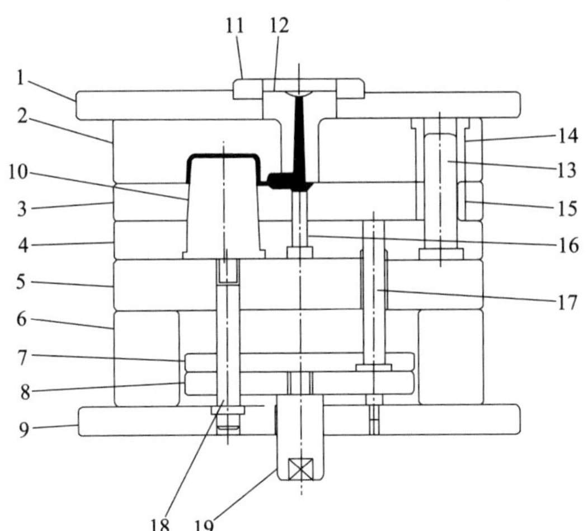

序号	名称	序号	名称	序号	名称
1	固定侧装模板	8	顶出板（下）	15	导套
2	固定侧型腔板	9	可动侧装模板	16	注道定位杆
3	脱模板	10	型芯	17	扣杆
4	可动侧模板	11	定位环	18	顶出板导杆
5	承板	12	浇口套	19	顶出杆
6	间隔件	13	导柱		
7	顶出板（上）	14	导套		

图 7-2 脱模板型模具结构

3. 滑板型

滑板型模具结构（点状浇口用）见图 7-3。

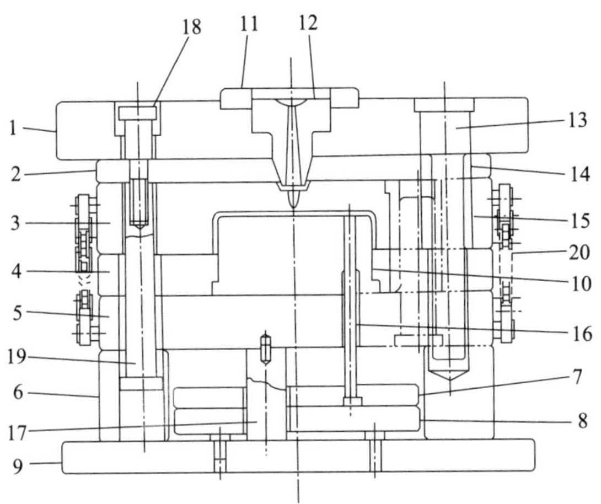

序号	名称	序号	名称	序号	名称
1	固定侧装模板	9	可动侧装模板	17	支柱
2	流道板	10	型芯	18	止动螺钉
3	固定侧型腔板	11	定位环	19	限动螺钉
4	可动侧型腔板	12	浇口套	20	链条
5	承板	13	导柱		
6	间隔件	14	导套		
7	顶出板（上）	15	导套		
8	顶出板（下）	16	顶杆		

图 7-3 滑板型模具结构（点状浇口用）

4. 滑板型

滑板型模具结构（“L”型流道用）见图 7-4。

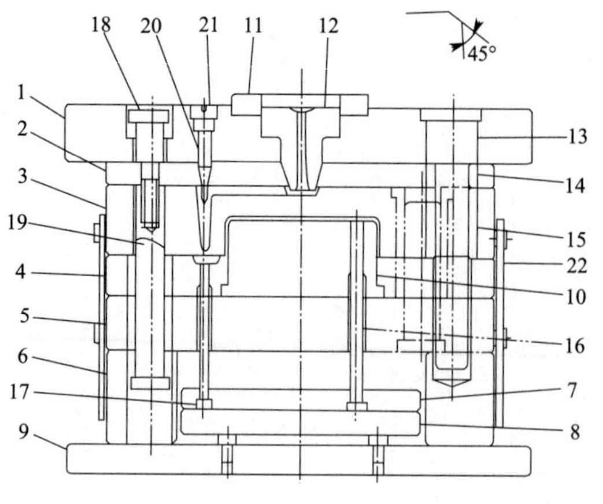

序号	名称	序号	名称	序号	名称
1	固定侧装模板	9	可动侧装模板	17	流道顶出杆
2	水口板	10	型芯	18	止动螺钉
3	固定侧型腔板	11	定位环	19	限动螺钉
4	可动侧型腔板	12	浇口套	20	抓料杆
5	承板	13	导柱	21	固定螺钉
6	间隔板	14	导套	22	张力环
7	顶出板（上）	15	导套		
8	顶出板（下）	16	顶杆		

图 7-4　滑板型模具结构（“L”型流道用）

5. 分割型

分割型模具结构见图 7-5。

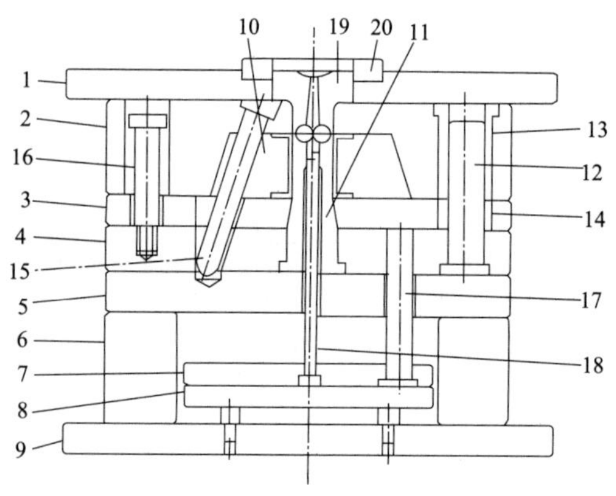

序号	名称	序号	名称	序号	名称
1	固定侧装模板	8	顶出板（下）	15	斜角撑杆
2	固定侧型腔板	9	可动侧装模板	16	脱模螺钉
3	脱模板	10	分割型模件	17	扣杆
4	可动侧型腔板	11	型芯	18	注道定位杆
5	承板	12	导柱	19	浇口套
6	间隔件	13	导套	20	定位环
7	顶出板（上）	14	导套		

图 7-5　分割型模具结构

6. 侧向型模型

侧向型模具结构（可动侧）见图 7-6。

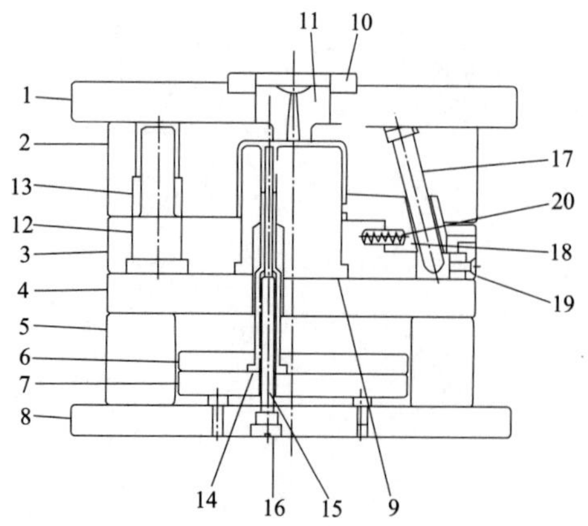

序号	名称	序号	名称	序号	名称
1	固定侧装模板	8	可动侧装模板	15	型芯杆
2	固定侧型腔板	9	型芯	16	止动螺钉
3	可动侧型腔板	10	定位环	17	斜导柱
4	承板	11	导套	18	滑块
5	间隔件	12	导柱	19	止动件
6	顶出板（上）	13	导套	20	弹簧
7	顶出板（下）	14	顶出套筒		

图 7-6　侧向型模具结构（可动侧）

7. 侧向型模型

侧向型模具结构（固定侧）见图 7-7。

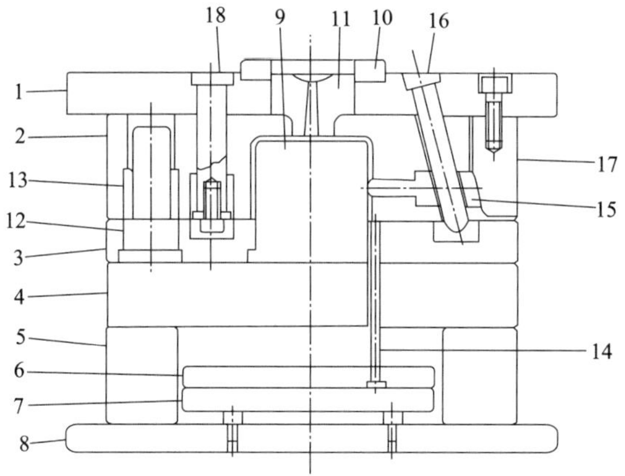

序号	名称	序号	名称	序号	名称
1	固定侧装模板	7	顶出板（下）	13	导套
2	固定侧型腔板	8	可动侧装模板	14	顶出杆
3	可动侧型腔板	9	型芯	15	侧向型芯
4	承板	10	定位环	16	斜角撑杆
5	间隔件	11	导套	17	定位杆
6	顶出板（上）	12	导柱	18	止动螺钉

图 7-7 侧向型模具结构（固定侧）

第二节 注塑模具的选材

一、模具钢简介

模具钢大致可分为冷作模具钢、热作模具钢和塑料模具钢 3 类，用于锻造、冲压、切型、压铸等。由于各种模具用途不同，工作条件复杂，因此对模具用钢，按其所制造模具的工作条件，应具有高的硬度、强度、耐磨性、足够的韧性以及高的淬透性、淬硬性和其他工艺性能。由于用途不同，工作条件复杂，因此对模具用钢的性能要求也不同。

冷作模具包括冷冲模、拉丝模、拉延模、压印模、搓丝模、滚丝板、冷镦模和冷挤压模等。冷作模具用钢，按其制造的工作条件，应具有高的硬度、强度、耐磨性、足够的韧性，以及高的淬透性、淬硬性和其他工艺性能。用于这类用途的合金工具用钢一般属于高碳合金钢，碳质量分数在 0.80%以上，铬是这类钢的重要合金元素，其质量分数通常不大于 5%。但对于一些耐磨性要求很高，淬火后变形很小的模具用钢，最高铬质量分数可达 13%，并且为了形成大量碳化物，钢中碳质量分数也很高，最高可达 2.0%～2.3%。冷作模具钢的碳含量较高，其组织大部分属于过共析钢或莱氏体钢。常用的钢类有高碳低合金钢、高碳高铬钢、铬钼钢、中碳铬钨钒钢等。

热作模具分为锤锻、模锻、挤压和压铸几种主要类型，包括热锻模、压力机锻模、冲压模、热挤压模和金属压铸模等。热作模具在工作中除要承受巨大的机械应力外，还要承受反复受热和冷却的作用，而引起很大的热应力。热作模具钢除应具有高的硬度、强度、红硬性、耐磨性和韧性外，还应具有良好的高温强度、热疲劳稳定性、导热性和耐蚀性，此外还要求具有较高的淬透性，以保证整个截面具有一致的力学性能。对于压铸模用钢，还应具有表面层经反复受热和冷却不产生裂纹，以及经受液态金属流的冲击和侵蚀的性能。这类钢一般属于中碳合金钢，碳质量分数为 0.30%～0.60%，属于亚共析钢，也有一部分钢由于加入较多的合金元素（如钨、钼、钒等）而成为共析或过共析钢。常用的钢类有铬锰钢、铬镍钢、铬钨钢等。

塑料模具包括热塑性塑料模具和热固性塑料模具。塑料模具用钢要求具有一定的强度、硬度、耐磨性、热稳定性和耐蚀性等性能。此外，还要求具有良好的工艺性，如热处理形变小、加工性能好、耐蚀性好、研磨和抛光性能好、补焊性能好、粗糙度高、导热性好、工作条件尺寸和形状稳定等。一般情况下，注塑成型或挤压成型模具可选用热作模具钢；热固性成型和要求高耐磨、高强度的模具可选用冷作模具钢。

二、模具钢型号分类

1. 冷作模具钢

（1）高碳低合金冷作模具钢

9SiCr、9CrWMn、CrWMn、Cr2、9Cr2Mo、7CrSiMnMoV、8Cr2MnWMoVS、Cr2Mn2SiWMoV。

（2）抗磨损冷作模具钢

6Cr4W3Mo2VNb、6W6Mo5Cr4V、7Cr7Mo3V2Si、Cr4W2MoV、Cr5Mo1V、Cr6WV、Cr12、Cr12MoV、Cr12W、Cr12Mo1V1。

（3）抗冲击冷作模具钢

4CrW2Si、5CrW2Si、6CrW2Si。

（4）冷作模具碳素工具钢

T7、T8、T9、T10、T11、T12。

（5）冷作模具用高速钢

W6Mo5Cr4V2、W12Mo3Cr4V3N、W18Cr4V、W9Mo3Cr4V。

（6）无磁模具用钢

7Mn15Cr2Ae3V2Wmo、1Cr18Ni9Ti。

2. 热作模具钢

（1）低耐热性热作模具钢

5CrMnMo、5CrNiMo、4CrMnSiMoV、5Cr2NiMoVSi。

（2）中耐热性热作模具钢

4Cr5MoSiV、4Cr5MoSiV1、4Cr5W2VSi、8Cr3。

（3）高耐热性热作模具钢

3Cr2W8V、3Cr3Mo3W2V、5Cr4Mo2W2VSi、5Cr4Mo3SiMnVAe、5Cr4W5Mo2V、6Cr4Mo3Ni2WV。

3. 塑料模具钢

（1）碳素塑料模具钢

SM45、SM50、SM55。

（2）预硬化型塑料模具钢

3Cr2Mo、3Cr2NiMnMo、5CrNiMnMoVSCa、40Cr、42CrMo、30CrMnSiNi2A。

（3）渗碳型塑料模具钢

20Cr、12CrNi3A。

（4）时效硬化型塑料模具钢

06Ni6CrMoVTiAe、INi3Mn2CuAeMo。

（5）耐腐蚀型塑料模具钢

2Cr13、4Cr13、9Cr18、9Cr18Mo、Cr14Mo4V、1Cr17Ni2。

另外，在钢板（板材）中，也有许多材质被列入模具钢系列：45（45号），P20，S45C，S50C，等等。

注：参考对应钢号，我国GB/JB的标准钢号是50、德国DIN标准材料编号是1.1213、德国DIN标准钢号是Cf53、英国BS标准钢号是060A52、法国AFNOR标准钢号是XC48TS、法国NF标准钢号是C50、意大利UNI标准钢号是C53、比利时NBN标准钢号是C53、瑞典SS标准钢号是1674、美国AISI/SAE/ASTM标准钢号是1050、日本JIS标准钢号是S50C/S53C、国际标准化组织ISO标准钢号是C50E4。

三、模具钢工艺性能

1. 可加工性

① 热加工性能，指热塑性、加工温度范围等。

② 冷加工性能，指切削、磨削、抛光、冷拔等加工性能。

冷作模具钢大多属于过共析钢和莱氏体钢，热加工和冷加工性能都不太好，因此必须严格控制热加工和冷加工的工艺参数，以避免产生缺陷和废品。另一方面，通过提高钢的纯净度，减少有害杂质的含量，改善钢的组织状态，以改善钢的热加工和冷加工性能，从而降低模具的生产成本。

为改善模具钢的冷加工性能，自20世纪30年代开始，研究向模具钢中加入S、Pb、Ca、Te等易切削加工元素或导致模具钢中碳的石墨化的元素，发展了各种易切削模具钢，以进一步改善其切削性能和磨削性能，减少刀具磨料消耗、降低成本。

2. 淬透性和淬硬性

淬透性主要取决于钢的化学成分和淬火前的原始组织状态；淬硬性则主要取决于钢中的含碳量。对于大部分的冷作模具钢，淬硬性往往是主要的考虑因素之一。对于热作模具钢和塑料模具钢，一般模具尺寸较大，尤其是制造大型模具，其淬透性更为重要。另外，对于形状复杂容易产生热处理变形的各种模具，为了减少淬火变形，往往尽可能采用冷却能力较弱的淬火介质，如空冷、油冷或盐浴冷却，为了得到要求的硬度和淬硬层深度，需要采用淬透性较好的模具钢。

3. 淬火温度和热处理变形

为了便于生产，要求模具钢淬火温度范围尽可能放宽一些，特别是当模具采用火焰加热局部淬火时，由于难于准确地测量和控制温度，故要求模具钢有更宽的淬火温度范围。

模具在热处理时，尤其是在淬火过程中，会产生体积变化、形状翘曲、畸变等，为保证模具质量，要求模具钢的热处理变形小，特别是对形状复杂的精密模具，淬火后难以修整，对于热处理变形程度的要求更为苛刻，应该选用微变形模具钢制造。

4. 氧化、脱碳敏感性

模具在加热过程中，如果发生氧化、脱碳现象，就会使其硬度、耐磨性、使用性能和使用寿命降低，因此，要求模具钢的氧化、脱碳敏感性好。对于含钼量较高的模具钢，由于氧化、脱碳敏感性强，需采用特种热处理，如真空热处理、可控气热处理、盐浴热处理等。

四、模具零部件材料选用原则

模具的型腔、型芯、模架或其他关键零部件材料按客户指定的材料；一般性模具结构零件由制模厂根据实际需要自行选用，但必须确保模具运行可靠耐磨耐用，使用寿命达到《技术合同》要求。模具零部件材料选用原则如下。

① 模架材料参照模架标准，模板一般选用进口 S50C 或国产 SM45，要求 HB 为 160～200，硬度均匀，且内应力小，不易变形。导柱材料采用 GCr15 或 SUJ2，硬度为 HRC56～62。导套、推板导柱、推板导套及复位杆材料可采用 GCr15 或 SUJ2，硬度为 HRC56～62；也可采用 T8A、T10A，硬度为 HRC52～56。

② 模具中的一般结构件，如顶出定位圈、立柱、顶出限位块、限位拉杆、锁模块等，对硬度和耐磨性无特别要求，可选用国产 SM45 钢，正火状态，硬度 HB160～200，不需再进行热处理。

③ 模具中的浇口套、楔紧块、耐磨块、滑块压板等对硬度、强度、耐磨性要求较高的零件，应选用碳素工具钢或优质碳素工具钢，如 T8A、T10A 等。此类钢使用时均需进行淬火处理，以提高其硬度和耐磨性。

根据所成型塑料的种类、制品的形状、尺寸精度、制品的外观质量及使用要求、生产批量大小等，兼顾材料的切削、抛光、焊接、蚀纹、变形、耐磨等各项性能，同时考虑经济性以及模具的制造条件和加工方法，以选用不同类型的钢材。一般选用的材料为：618、738、2738、638、318、718（P20 或 P20＋Ni 类）、NAK80（P21 类）、S136（420 类）、H13 类钢等；根据成型要求可对表面进行氮化处理，氮化层深度为 0.15～0.2mm，或进行热处理淬火。

在选择模具钢时，除了必须考虑使用性能和工艺性能，还必须考虑模具钢的通用性和钢材的价格。模具钢一般用量不大，为了便于备料，应尽可能地考虑钢的通用性，尽量利用大量生产的通用型模具钢，以便于采购、备料和材料管理。另外还必须从经济上进行综合分析，考虑模具的制造费用、工件的生产批量和分摊到每一个工件上的模具费用。从技术、经济方面全面分析，以最终选定合理的模具材料。

第三节　模架规格的选用

一、模架尺寸的选择

(1) 模架宽度

模架宽度应小于注塑机两条导柱内间距，要求模具的长（L）或宽（B）应小于配用设备的拉杆内间距单边 10mm。一般情况在选定注塑机后模架应尽量大些。有机械手取件要求的模具，应确保易于抓取和出模，同时水口板应保留的机械手水口夹进入的最小有效空间为150mm（开模方向）×200mm（横向）。

（2）模架厚度要保证

① 在注塑机前后模板极限开合范围内，厚度 H 在 $H_{min}+5$ 与 $H_{max}-5$ 之间。（H_{min}、H_{max} 为设备的最小及最大允许模厚）。

② 满足模具结构的要求。

③ 达到模具强度和刚性方面的要求。

二、模架板吊环螺钉孔的规定

① 模架板都必须要钻吊环螺钉孔（至少上下 2 个），按标准模架螺钉规格（见表 7-1）加工螺钉孔。

表 7-1 模架板吊环螺钉规格

模架板重量(G)/kg	≤50	50<G≤100	100<G≤150	150<G≤250	210<G≤300	310<G≤400
吊环螺钉规格	M12	M16	M20	M24	M30	M36

② 对于 25kg 以上的每块模架板须有上、下吊环螺钉孔，100kg 以上模板四边都须有螺钉孔。

③ 为防止特别场合下螺钉孔与定位块、行位运水等相干涉，螺钉孔须偏移模板中心，此时螺钉孔须成双加工。

④ 通用吊环螺钉规格系列为：M12、M16、M20、M24、M30、M36、M42、M48、M64。要按此系列选择，当使用的吊环螺钉为 M20 或以下及 M42 或以上时，要随模具配备两只相应的吊环螺钉。吊环螺钉位置必须确保吊装平稳，模具固定板与注塑机安装板的偏斜角度小于 5°。

三、模架字码的刻印

① 模架回厂后要先在各模架板上刻上钢印；刻字位置及大小，无论模架大小都要用 8 号钢印刻 8mm 高的字于模板基准角对角位：每个字间隔 1mm，要求刻印前先轻划一条线，保证刻字平整、清晰。

② 运水进出孔要标注“IN_1”“OUT_1”“IN_2”“OUT_2”等字样。

③ 对于顶针等易装错的零件，要在模架相应位置刻上相同记号：1、2、3……

四、模架辅助装置

（1）撑头（支柱）

为防止锁模力或在注塑时注塑压力将模板弯曲变形而造成成型塑件成品及品质不能达到要求，要在码模板和下模间加撑头。要求 ：

① 撑头直径尽量选大，撑头高度＝模具间隔板高＋0.05(30×30 以下）或＋0.1(30×30 以上)；

② 撑头位置应放在下模板所受注塑压力集中处，且尽量放间隔板中间。

（2）定位块

定位块能保证上下模精确对位，并承受注射时模具受到充模熔融物料产生的侧向力。定位块分三种：方定位块、圆定位锥、模具原身定位块。大模具要承受较大的侧向力，一般采用模具原身定位。

（3）锁模板

为防止模具搬运及运输过程中分离而导致事故，要在模架表面加锁模板，见图 7-8。锁模板按实际需要选用，方便使用，符合安全性。多分型面锁模板统一做成（螺孔距）100mm 长，单独固定，一个分型面对角两块，当生产时可转 90°或 180°固定在模上，锁模板的位置不得干涉、阻碍其他部件的运作，锁模板要做警示字样，以防止未拆卸时拉断。锁模板采用 M16 螺钉固定。

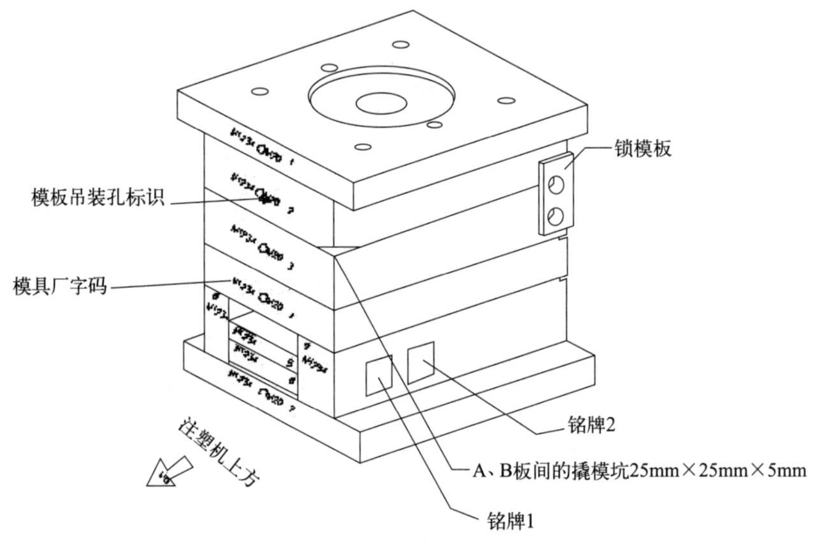

图 7-8　模架辅助装置示意图

（4）定位环

定位环是注塑机与模具连接定位的部分。可采用自制标准件。

（5）配用喷嘴、浇口套

喷嘴进入模具的空间深度方向<120mm，直径方向>80mm，当结构要求喷嘴伸入尺寸与上述两尺寸有冲突时，模具制造方应为模具配做专用喷嘴。浇口套口至定位环表面所形成的喷嘴伸入内腔做成圆形或锥形空腔，并形成密封和带有一定锥度的形式，以阻止喷嘴漏料进入模内（如有漏料也易于取出），见图 7-9。

五、撬模坑

① 除面板、底板及顶针板外，所有模板必须在四角有撬模坑。

② A、B 板间的撬模坑尺寸：25mm×25mm×5mm。

③ 其他模板尺寸：20mm×20mm×3mm。

六、模具铭牌规格（供参考）

① 锁模力在 350t 及其以上设备用：100×70（mm）。

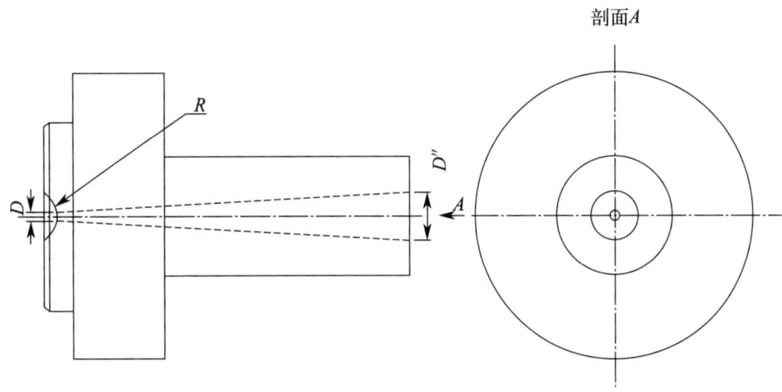

图 7-9　浇口套示意图

② 铭牌材料：用厚 0.5～1mm 铝板制作（图 7-8）。

铭牌格式见表 7-2。

表 7-2　模具铭牌格式

铭牌 1

模具名称		重量 /(kg 或 t)
模具类别		
模具编号		
外形尺寸		
制造单位		↑
制造时间		
码模块数量		

铭牌 2

模具名称	
适合机台	
配用喷嘴	
顶出行程	
动作要点	
运水连接	

注：1. 铭牌 1 填写说明：

①“模具名称”允许仅填“制件名称”。

②“模具类别”指气辅、热转印、双色模等特种加工方式。

③“模具编号”按合同所给定编号。

④“外形尺寸”按模具最大外形尺寸。

⑤“重量”栏：大于 1000kg 时，单位用“t”。

⑥“↑”表示吊装方向，用“红色”。

⑦“码模块数量”：指上、下、前、后装夹数量。

2. 铭牌 2 填写说明：

①“模具名称”允许仅填“制件名称”。

②“适合机台”：按“合同”要求。

③“配用喷嘴”：在通用要求指定的序列中选择。

④“顶出行程”：顶出行程范围（最小值～最大值）。

⑤“动作要点”：对模具使用的重要提示或警示。

⑥“运水连接”：标识每组水的路径（即冷却水路径，按通用要求）。

七、码模槽

① 模具的外形尺寸与配用设备的工作空间有足够余量时，采用螺钉孔直压或 U 形槽的安装方式。如果在模腔上使用铣空螺钉直接固定，应考虑螺钉装拆空位。

② 模具的外形尺寸与配用设备的工作空间没有足够余量时，采用工字模压板安装座或直身模开码模槽的压紧方式。

③ 码模槽应尽可能长，使旁边有足够空间各放两个码模夹。

第四节　模具内模设计

一、内模概述

为了节省材料，使加工方便简易，并保证模具有足够的寿命，一套模具应该有内模。内模即是除模架和其他功能部件外的部分，内模一般镶嵌在模架板上。

内模一般采用冷作钢、热作钢、高速钢或塑料模钢等合金材料制造。其他如合金钢、合金铝、石墨等新材料时有采用。

大型模具为了精简模具规格，一般定模型腔直接加工在定模型腔板上。

内模设计要求如下。

① 具有足够的强度、刚度，以承受塑料熔体的高压。

② 具有足够的硬度和耐磨性，以承受料流的摩擦；通常内模材料硬度应在 HRC35 以上。特别要求场合要在 HRC50～52 以上。

③ 材料抛光性能好，表面应光滑美观，表面粗糙度 Ra 要求在 0.4μm 以下。

④ 切削加工性能好，工艺性能好。重要精密部位尽量能磨出，一般部位尽量能铣出。

⑤ 便于维修，易损难加工处要考虑镶件结构。

⑥ 有足够的精度，一般孔类零件配合精度达 H6～H7，轴类达 h4～h6。

二、内模材料的选择及其热处理

① 成型零部件指与塑料直接接触而成型制品的模具零部件，如型腔、型芯、滑块、镶件、斜顶、侧向抽芯等。

② 成型零部件的材质直接关系到模具的质量、寿命，决定着所成型塑料制品的外观及内在质量，必须十分慎重，一般要在合同规定的基础上，根据制品和模具的要求及特点选用。

③ 成型零部件材料的选用原则是：根据所成型塑料的种类、制品的形状、尺寸精度、制品的外观质量及使用要求、生产批量大小等，兼顾材料的切削、抛光、焊接、蚀纹、变形、耐磨等各项性能，同时考虑经济性以及模具的制造条件和加工方法，以选用不同类型的钢材。

④ 对于成型透明塑料制品的模具，其型腔和型芯均需选用高镜面抛旋光性能的钢材，如 718（P20＋Ni 类）、NAK80（P21 类）、S136（420 类）、H13 类钢等，其中 718、NAK80 为预硬状态，不需再进行热处理；S136 及 H13 类钢均为退火状态，硬度一般为 HB160～200，粗加工后需进行真空淬火及回火处理，S136 的硬度一般为 HRC40～50，H13 类钢的硬度一般为 HRC45～55（可根据具体牌号确定）。

⑤ 对于制品外观质量要求高、寿命长、大批量生产的模具，其成型零部件材料选择如下。

a. 型腔需选用高镜面抛旋光性能的钢材，如 718（P20＋Ni 类）、NAK80（P21 类）等，均为预硬状态，不需再进行热处理；表面进行氮化处理，氮化层深度为 0.15～0.2mm，硬度为 HV700～900。

b. 型芯可选用中低档 P20 或 P20＋Ni 类钢材，如 618、738、2738、638、318 等，均为

预硬状态；对生产批量不大的模具，也可选用国产塑料模具钢或S50C、S55C等进口优质碳素钢。

⑥ 对于制品外观质量要求一般的模具，其成型零部件材料选择如下。

a. 小型、精密模具型腔和型芯均选用中档进口P20或P20+Ni类钢材。

b. 大中型模具，所成型塑料对钢材无特殊要求，型腔可选用中低档进口P20或P20+Ni类钢材；型芯可选用低档进口P20类钢材或进口优质碳素钢S50C、S55C等，也可选用国产塑料模具钢。

c. 对于蚀皮纹的型腔，应尽量避免选用P20+Ni类的2738（738）牌号。

⑦ 对无外观质量要求的内部结构件，成型材料对钢材的模具亦无特殊要求，其成型零部件材料选择如下。

a. 对于大中型模具，型腔可选用低档的进口P20或P20+Ni类钢材，也可选用进口优质碳素钢S55C、S50C或国产P20或P20+Ni类塑料模具钢；型芯可选用进口或国产优质碳素钢。

b. 对于小型模具，若产量较高，结构较复杂，型腔可选用低档的进口P20或P20+Ni类钢材，也可选用国产P20或P20+Ni类塑料模具钢；型芯可选用国产塑料模具钢。

c. 对于结构较简单，产量不高的小型模具，型腔型芯均可选用国产塑料模具钢或优质碳素钢。

⑧ 对于成型含氟、氯等有腐蚀性的塑料和各类添加阻燃剂塑料的模具，若制品要求较高，可选用进口的耐蚀钢，要求选S136淬火至HRC50～52；要求一般的可选用国产的耐蚀钢。

⑨ 成型材料对钢材有较强摩擦、冲击性的模具，例如用来注射尼龙+玻璃纤维料的模具，需选用具有高耐磨、高韧性、良好的抗热疲劳性和优良的抗热烈性等优点的进口或国产H13类钢材；可选SKD11，淬火至HRC56～58。

⑩ 成型镶件一般与所镶入的零件选用相同材料。对于模具较难冷却的部分或要求冷却效果较高的部分，镶件材料应选用铍青铜或合金铝。

⑪ 对于模具中参与成型的活动部件材料选择原则如下。

a. 透明件应选用抛旋光性好的高档进口钢材，如718、NAK80等。

b. 非透明件，一般应选用硬度和强度较高的中档进口钢材，如618、738、2738、638、318等，表面进行氮化处理，氮化层深度为0.15～0.2mm，硬度为HV700～900。

c. 若模具要求较低，也可选用低档进口钢材或国产钢材，氮化处理硬度一般为HV600～800。

⑫ 硬模料的选用原则如下。

a. 有耐蚀要求选S136淬火至HRC50～52。

b. 有纤维料及耐磨性要求的模具可选SKD11，淬火至HRC56～58。

c. 有耐磨要求的活动件，如斜顶、推块料可选8407，淬火至HRC43～45再氮化使用。

d. 较便宜的硬模可选用W302淬火至HRC50～52。

e. 对高寿命模具可考虑M2钢材。

三、主分型面的分取

1. 分型面的形状与类型

模具上用以取出塑料制品和浇口的可分离的接触表面，称为分型面，也可称为合模面。

分型面可以是平面、曲面或阶梯面，但应尽可能简单，以便于塑料制品成型和模具制造。一般情况都是将简单的平面作为分型面，特殊情况下才采用复杂的形式。

模具设计开始的第一步就是选择分型面的位置，分型面的选择受塑件形状、壁厚、成型方法、后处理工序、塑件的外观、塑件的尺寸精度、塑件的脱模方法、模具类型、模腔数目、模具排气、嵌件、浇口的位置以及注塑机的结构等因素的影响。对于模具设计人员来说，分型面的正确选择对模具制造及操作都有着至关重要的影响。

分型面的形式通常有以下几种，见图 7-10。

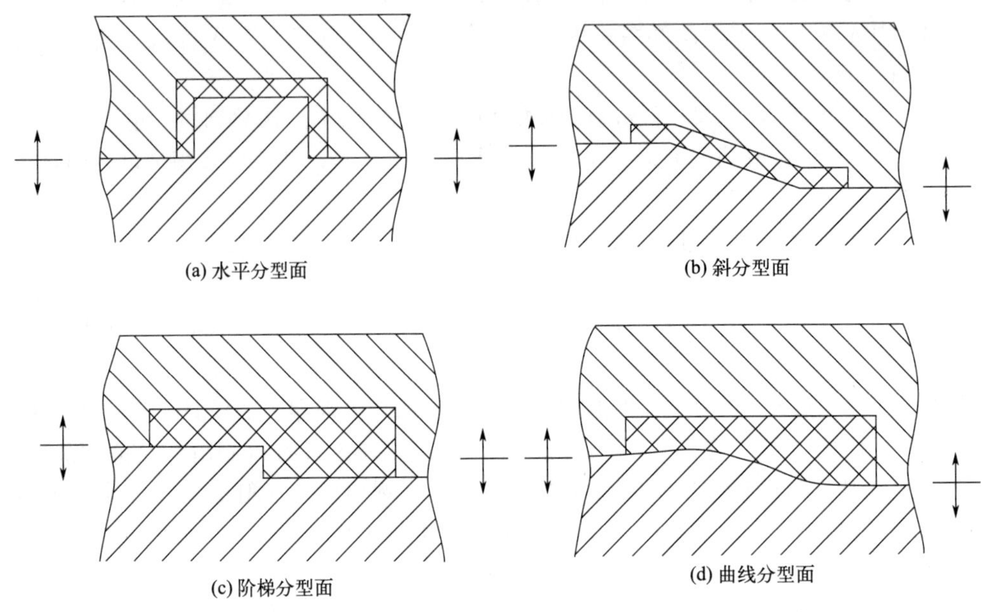

图 7-10　分型面

2. 分型面的选取原则

① 分型面最好开设在制品截面轮廓最大的部位，以便于制品顺利脱模。

② 分型面应该选择在不影响塑料件外观质量的部位，如四角或边缘，要防止由于分型面而造成过厚的飞边，分型面所产生的飞边应容易修整清除。

③ 注塑机的顶出机构在动模一侧，故分型面应尽量选在制品留在动模一侧的地方，将型芯设在动模板上，依靠塑件的抱紧力，塑件留在动模一侧。

④ 分型面不影响塑件的尺寸精度。精度要求高的塑件部分，若被分型面所分割会由于合模不准确而造成尺寸上的误差。

⑤ 一般侧向分型抽芯机构的抽拔距离都较小，选择分型面时应将抽芯或分型距离长的一边放在动定模的开模方向上，短的一边作侧抽芯。

⑥ 因侧向锁模力较小，对于投影面积较大的大型制品，应将投影面积大的分型面放在动定模合模的主平面上，投影面积小的分型面作侧向分型面。

⑦ 分型面应尽量简单，避免采用复杂形状。

⑧ 当分型面作为主要排气面时，应将分型面设计在料流末端，以利于排气。

⑨ 在选择非平面分型面时，应有利于型腔加工和制品脱模方便。

第五节　浇注系统

一、浇注系统功能

流道系统是将熔融的塑料从注塑机机筒引到模具的每一个型腔，因此流道系统的结构、长短大小及驳接方式都会影响注塑填充的效果，从而直接影响制品的质量。此外，设计流道系统更要从经济效益着眼，实现快冷却及短周期。

二、 浇注系统结构

流道系统包括四个结构：主流道、分流道、浇口及冷料井，见图 7-11。

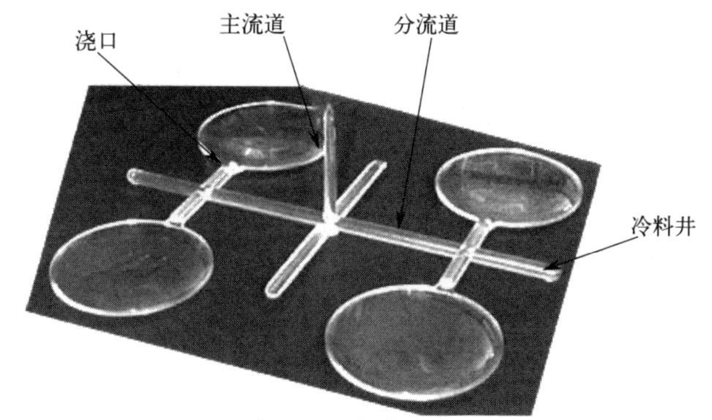

图 7-11　流道示意图

1. 主流道（sprue）

主流道（浇道）是指连接注射机喷嘴与分流道的塑料通道，它是流道系统的第一个组成部分。

2. 分流道（primary and secondary runner）

分流道（流道）是连接主流道与内模的浇口的塑料通道，使熔融塑料能流入内模。在两板模的情况下，流道的设置是在分模线上。

设计流道时要注意其切面形状及大小。流道的切面形状一般有四种：全圆形、梯形、改良梯形及六角形（见图 7-12）。从注射压力传送方面考虑，流道的切面面积愈大愈好；而从热传导的观点考虑，切面表面积愈小愈好。因此，切面面积与表面积比数愈大，流道愈有效。圆形及方形切面流道设计的 R 值最大。因圆形切面较方形冷却较快，所以圆形切面设计最好。（R 值指切面面积与表面积比数，切面面积就是指流道的截面面积）

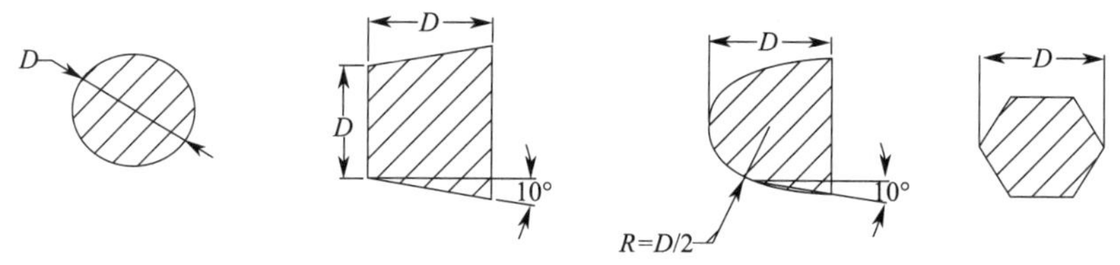

图 7-12　流道切面图

流道直径与流长有关，直径越大，流程越长。同时，考虑流道要尽量细，尽量短。每种塑料都有一个最小流道直径要求，过小的直径影响塑料在模腔中的流动。流道直径一般比成品料位厚 1.0mm，避免流道内塑料比成品先凝固而不能保压。

3. 浇口（gate）

浇口对于成形性及内部应力有较大的影响，通常依据制品的形状来决定适当形式，可分为限制浇口与非限制浇口两大类。

限制浇口是在浇道与型腔的进入口做成狭小部分，加工容易，易从浇道切断制品，可减少残留应力。多个制品一次成型的多型腔浇口容易均衡，型腔内塑料不易逆流，一般都采用此种形式。其又可分为侧浇口、重叠浇口、凸片浇口、扇形浇口、膜状浇口、环形浇口、盘状浇口、点状浇口及潜状浇口等。非限制浇口是由竖浇道直接将塑料注入型腔的浇口。

浇口的种类、位置、大小、数目等，直接影响成型品的外观、变形、成型收缩率及强度，所以在设计上应考虑下列事项。

（1）浇口形状确定要考虑的因素

浇口形状影响型腔内树脂流动性、成型品外观、材料流动配向，所以选择浇口种类时，要依材料种类或制品形状，并考虑流动配向的影响。

（2）浇口的尺寸确定要考虑的因素

① 塑料流动特性。

② 模件的壁厚（厚薄）。

③ 注入模腔的塑料量。

④ 塑料熔融温度。

⑤ 模具温度。

（3）浇口位置确定时要考虑的因素

① 浇口应尽量开设在塑件截面最厚处，这样，浇口处冷却较慢，有利于熔料通过浇口往型腔中补料，防止缩水等缺陷产生。

② 浇口的位置应使熔料的流程最短、流向变化最小、压力损失最小，一般浇口处于塑件中心处效果较好。

③ 浇口的位置应有利于型腔内气体的排出。若进入型腔的熔料过早地封闭了排气系统，会使型腔中的气体难以排出，以致影响制品质量，应在熔料到达型腔的最后位置开设排气槽，以利排气。

④ 浇口位置应开设在正对型腔壁或粗大型芯的位置，使高速熔料流直接冲击在型腔或型芯壁上，从而改变流向、降低流速，平稳地充满型腔，可消除塑件上明显的喷射痕，避免熔体出现破裂。

⑤ 浇口的数量控制，若从几个浇口进入型腔，会产生更多熔接痕。

⑥ 浇口位置应使熔料进料均匀，从主流道到型腔各处的流程相同或相近，以减少飞边和熔接痕的产生。

⑦ 对于有型芯或嵌件的塑件，特别是有细长型芯的筒形塑件，应避免正对型芯或嵌件进料，以防型芯弯曲或嵌件移位。

⑧ 浇口的位置应避免引起熔体破裂的现象，当小浇口正对着宽度和厚度很大的型腔时，高速熔料流通过浇口会受到很高的剪切应力，由此产生喷射和蠕动等熔体断裂现象。而喷射的熔体易造成折叠，使制品上产生波纹痕迹。

⑨ 塑料熔体在通过浇口高速射入型腔时，会产生定向作用，浇口位置应尽量避免高分子的定向作用产生的不利影响。

⑩ 在确定一套模具的浇口位置和数量时，需校核流动比，以保证熔体能充满型腔，流动比是由总流动通道长度与总流动通道厚度之比来确定的。其允许值随熔体的性质、温度、注射压力等不同而变化。

⑪ 对于平板类塑件，易产生翘曲、变形，因为它在各方向上的收缩率不一致，采用多点浇口，效果要好得多。

⑫ 对于框架式塑件，按对角设置浇口，可改善因收缩引起的塑件变形。

⑬ 对于圆环形塑件，浇口应安置在切向，可减少熔接痕，提高熔接部位强度，并有利于排气。

⑭ 对于壁厚不均匀的塑件，浇口位置应尽量保持流程一致。避免产生涡流。

⑮ 对于壳体塑件，可采用中心全面进料的浇口布置，可减少熔接痕。

⑯ 对于罩形、细长筒形、薄壁形塑件，为防止缺料，可设置多个浇点，并设置工艺筋，用以导流。

上述浇口位置的选择原则，在应用时可能会产生矛盾，这时需根据实际情况灵活处理。

（4）浇口的平衡

如果不能获得平衡的流道系统，可采用下述浇口平衡法，以达到统一注模的目标。这种方法适用于有大量型腔的模具，浇口的平衡法有两种：改变浇口槽道的长度及改变浇口的横切面面积。

在型腔有不同的投影面积时，浇口也需要平衡。这时，要决定浇口的大小，就要先将其中一个浇口尺寸定出，求出这个浇口尺寸与对应型腔体积相较的比值，然后把这个比值应用到其他浇口与各对应型腔体积的比较上，便可相继求出各个浇口的尺寸，经过实际试注后，便可完成浇口的平衡操作。

当同一套模出两件或以上成品时，其中有部分料位较薄时，水口要加粗，加多少视成品大小而定。一般厚料位的成品流动较好，所以压力正常，薄料位的成品流动较差，所以压力会变大，因此如想同时注满成品，厚料位的成品可能会出现飞边。为了防止流动不平衡问题的发生，薄料位的成品流道要加粗，补偿压力损失，见图 7-13。

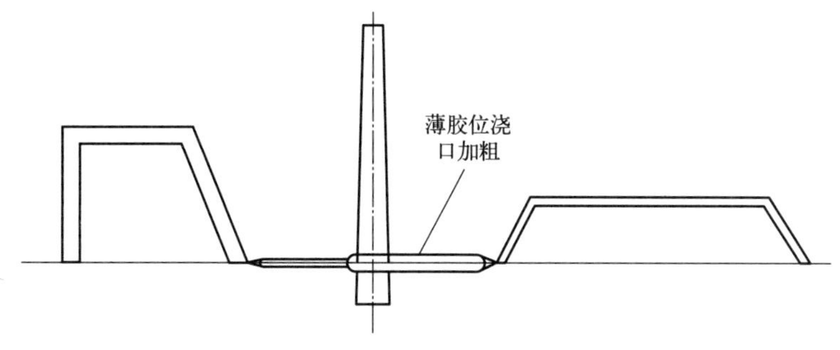

图 7-13　薄胶位浇口加粗

4. 冷料井

冷料井也称作冷料穴，目的在于储存充填初始阶段流道中较冷的塑料前端熔料，防止冷料直接进入模腔堵塞浇口或影响产品质量，冷料井通常设置在主流道末端，当分流道长度较长时，在末端也应开设冷料井。

三、浇口的种类及优缺点

为获得最佳填充状况，须合理选择浇口的类型。常见的浇口有下列几类，见图 7-14。

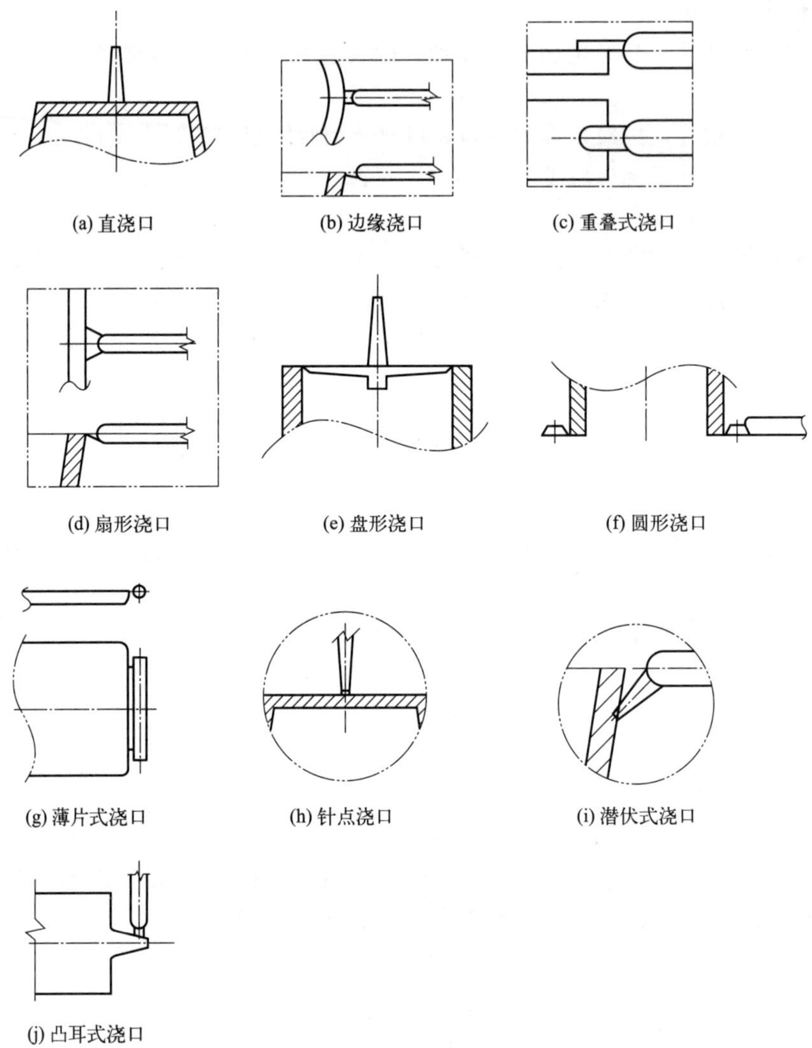

图 7-14　浇口种类

1. 直浇口

直浇口（direct gate 或 sprue gate），又叫中心浇口、直接浇口，在单型腔模具中它一般处于塑件中心，塑料熔体直接注入型腔。

（1）直浇口的优点

① 熔体从喷嘴直接通过浇口进入型腔，流程最短，进料速度快，成型效果好。

② 直浇口的截面一般较大，因此，压力和热量损失都较小，保压补缩作用强。

③ 模具结构简单，易于制造，成本较低。

（2）直浇口的缺点

① 直浇口的截面积大，将浇口去除较困难，且浇口去除后痕迹明显，影响制品美观。

② 浇口部位熔体多，热量集中，冷却后内应力大，易产生气孔及缩孔缺陷。

③ 对于扁平、薄壁塑件的成型，直浇口易发生翘曲变形，若是结晶型塑料变形尤甚。

(3) 直浇口的应用

直浇口一般用在单型腔模具上，特别适合大型塑件、厚壁塑件，如大盆、电视机外壳等的成型，也适于高黏度、流动性不好的塑料成型。

2. 边缘浇口

边缘浇口（edge gate），又叫侧浇口（side gate）、矩形浇口，是浇口种类中使用最多的一种，因而又称为普通浇口。其截面形状一般加工成矩形。它一般开在分型面上，从型腔外侧进料。由于边缘浇口的尺寸一般都较小，所以截面形状与压力、热量损失的关系可忽略不计。矩形浇口的长一般为 0.5～3mm，宽为 1.5～5mm，浇口深为 0.5～2mm。

(1) 边缘浇口的优点

① 截面形状简单，加工方便，能对浇口尺寸进行精细加工，表面粗糙度值小。

② 可根据塑件的形状特点和充模需要，灵活地选择浇口位置，如框形或环形塑件，其浇口可设在外侧，也可设在内侧。

③ 由于截面尺寸小，因此去除浇口容易，痕迹小，制品无熔合线，质量好。

④ 对于非平衡式浇注系统，合理变化浇口尺寸，可以改变充模条件和充模状态。

⑤ 边缘浇口一般适用于多型腔模具，生产率很高。

(2) 边缘浇口的缺点

① 对于壳形塑件，采用这种浇口不易排气，还容易产生熔接痕、缩孔等缺陷。

② 在塑件的分型面上允许有进料痕迹的情况下才可使用边缘浇口。

③ 注射时压力损失较大，保压补缩作用比直浇口要小。

(3) 边缘浇口的应用

边缘浇口的应用十分广泛，特别适用于两板式多型腔模具，多用于中小型塑件的注塑成型。

3. 重叠式浇口

重叠式浇口（overlap gate）又称为搭接浇口，直接在分型面上加工而成，可视作矩形浇品的变体，部分浇口重合于制品上，不会在产品侧面留下浇口痕迹，对于平面形状的制品可有效防喷流。但是浇口处易产生缩痕，浇口切除较为困难，浇口痕迹明显。

4. 扇形浇口

扇形浇口（fan gate）是一种逐渐扩大的浇口，有如折扇，是由侧浇口变异而来的。其浇口沿进料方向逐渐变宽，厚度逐渐变薄，熔体通过约 1mm 的浇口台阶进入型腔。浇口深度根据制品厚度而定，一般取 0.25～1.5mm，浇口宽度一般为浇口处型腔宽度的 1/4，但最小不得小于 8mm。

(1) 扇形浇口的优点

① 熔体是通过一个逐渐展开的扇形进入型腔的，因此，熔体在横向可得到更均匀的分配，可降低制品的内应力，减少变形。

② 由于熔体是沿横向分散进入型腔，所以流纹和定向效应大为减少。

③ 可减少带入空气的可能性，加之型腔排气良好，可避免气体混入熔体中。

(2) 扇形浇口的缺点

① 由于浇口很宽，成型后去除浇口的工作量较大，既麻烦，又增加成本。

② 沿制品侧面有较长的剪切痕迹，影响制品的美观，若再处理，又增加工作量。

（3）扇形浇口的应用

扇形浇口由于进料口宽阔，进料通畅，故常用来成型长条、扁平面薄的制品，如盖板、标尺、托盘、板材等。对于流动性不好的塑料，如 PC、PSF 等，扇形浇口也能适应。

5. 盘形浇口

盘形浇口（diaphragm gate）用于内孔较大的圆筒形塑件，或具有较大长方形内孔的塑件，浇口在整个内孔周边上。塑料熔体从内孔周边以大致同步的方式注入型腔，型芯受力均匀，熔接线可以避免，排气顺畅，但是会在塑件内缘留下明显的浇口痕迹。

6. 圆形浇口

圆形浇口（ring gate），又叫环形浇口，与盘形浇口有些类似，只是浇口设置在型腔的外侧，即在型腔的四周设置浇口。其浇口位置正好与盘形浇口相对应，圆形浇口也可看成是矩形浇口的变异。在设计时仍可按矩形浇口对待，可参照盘形浇口尺寸的选择。

（1）圆形浇口的优点

① 熔体沿浇口的圆周均匀地进入型腔，平稳地将气体排出，故排气效果良好。

② 熔体在整个圆周上可取得大致相同的流速，无波纹及熔接痕。

③ 由于熔体在型腔中平稳流动，所以制品的内应力小，变形也小。

（2）圆形浇口的缺点

① 圆形浇口的截面积大，去除较困难，并在侧面留下较明显的痕迹。

② 由于浇口残留物较多，又在制品外表面，为使其美观，常用车削和冲切法去除。

（3）圆形浇口的应用

圆形浇口多用于小型、多型腔模具，适用于成型周期较长、壁厚较薄的圆筒形塑件。

7. 薄片式浇口

薄片式浇口（film gate），又叫平缝式浇口、膜状浇口，也是侧浇口的一种变异形式。其浇口的分配流道与型腔侧边平行，称作平行流道，其长度可以大于或等于塑件宽度。熔体先在平行流道内得到均匀分配，再以较低的速度均匀进入型腔。薄片式浇口的厚度很小，一般取 0.25～0.65mm，其宽度取浇口处型腔宽的 0.25～1 倍，浇口狭缝的长度为 0.6～0.8mm。

（1）薄片式浇口的优点

① 熔体进入型腔的速度均匀而平稳，使得塑件的内应力降低，塑件外观良好。

② 熔体由一个方向进入型腔，可将气体顺利地排除，以免气体进入塑件中。

③ 由于浇口的截面积较大，改善了熔体的流动状态，使塑件的变形限制在很小的范围内。

（2）薄片式浇口的缺点

① 由于平缝式浇口截面积大，使得成型后去除浇口不易，工作量很大，因而成本增加。

② 在去除浇口时，沿塑件一侧有一较长的剪切痕，有碍塑件美观。

（3）薄片式浇口的应用

薄片式浇口主要适用于成型面积大的薄板类塑件，对于易变形的 PE 等塑料，此浇口可有效地控制其变形。

8. 点浇口

点浇口（pin point gate 或 pin gate），又叫橄榄形浇口、针点浇口或菱形浇口，是一种截面尺寸特小的圆形截面浇口，也是应用非常广泛的一种浇口形式。点浇口的尺寸很重要，如果点浇口开得太大，在开模时，浇口中的塑料很难被拉断，而且，制品受到浇口处塑料的拉力，其应力会影响塑件的形状。另外，如果点浇口的锥度太小，开模时，浇口中塑料在何位置拉断难以确定，会使制品外观不良。点浇口的直径一般为 0.6～2.8mm，长度为 0.7～1.5mm。

（1）点浇口的优点

① 点浇口的位置选择可根据工艺要求而定，对制品外观质量影响较小。

② 熔体通过截面积很小的浇口时流速增高，摩擦加剧，熔体温度升高，流动性增加，能获得外形清晰、表面光泽的塑件。

③ 由于浇口截面积小，开模时浇口可自动拉断，有利于自动化生产。

④ 由于浇口在拉断时用力较小，因此，制品在浇口处的残余应力较小。

⑤ 浇口处熔体凝固较快，可减少模内剩余应力，有利于制品脱模。

（2）点浇口的缺点

① 压力损失较大，对塑件的成型不利，要求较高的注射压力。

② 模具结构较复杂，一般要采用三板式模具（双分型面模具），才能顺利脱模，在热流道模具中可采用二板式模具。

③ 由于浇口处流速高，造成分子高度定向，增加了局部应力，易发生开裂现象。

④ 对于大型塑件或易于变形的塑件，采用一个点浇口易产生翘曲变形。

（3）点浇口的应用

点浇口适用于低黏度塑料及黏度对剪切速率敏感的塑料，如 PE、PP、PA、PS、ABS 等的注塑成型，适用于多型腔中心进料模具。

9. 潜伏式浇口

潜伏式浇口（submarine gate 或 subsurface gate），又叫隧道式浇口，是由点浇口演变而来的。它既克服了点浇口模具复杂的缺点，又保持了点浇口的优点。潜伏式浇口可设在动模一侧，也可设在定模一侧。它可以设置在塑件的内表面或侧面隐蔽处，也可设置在塑件的筋、柱上，还可设置在分型面上。利用模具的顶出杆来设置浇口也是一种简便易行的办法。潜伏式浇口一般为锥形体，且与型腔成一定的角度，常为 20°～40°，浇口尺寸可根据点浇口尺寸选取。

（1）潜伏式浇口的优点

① 进料浇口一般都在塑件的内表面或侧面隐蔽处，不影响制品外观。

② 制品成型后，在顶出时会与塑件自动拉断。因此，易于实现生产自动化。

③ 由于潜伏式浇口可设置在制品表面见不到的筋、柱上，成型时不会在制品表面留下由于喷射带来的喷痕和气纹。

（2）潜伏式浇口的缺点

① 由于潜伏式浇口潜入分型面下面，沿斜向进入型腔，因此加工较为困难。

② 潜伏式浇口对于薄壁制品，由于压力损失太大并易冷凝，故不大适用。

③ 在顶出时需要切断浇口，对于过于强韧的塑料如 PA 等，则难以切断。

④ 对于脆性塑料，如 PS 等，则易于断裂而堵塞浇口。

（3）潜伏式浇口的应用

潜伏式浇口特别适用于从一侧进料的塑件，一般适用于两板式模具。

10. 凸耳式浇口

凸耳式浇口（tab gate），又叫分接式浇口或调整式浇口，是一种典型的冲击式浇口，凸耳式浇口可以看作是由侧浇口演变而来的。这种浇口一般应开设在塑件厚壁处。浇口常为正方形或矩形，耳槽最好是矩形，也可是半圆形，流道最好采用圆形。

（1）凸耳式浇口的优点

① 由于浇口与护耳呈直角，当熔体冲击护耳的对面壁上时，方向改变，流速降低，使熔体平稳而均匀地进入型腔。如此应力得以释放，可以避免喷流。

② 熔体通过浇口进入耳槽，使温度升高，从而提高了熔体的流动性。

③ 浇口离型腔较远，故浇口处的残余应力不会影响塑件质量。

④ 熔体进入型腔时，流动平稳，不产生涡流，所以塑料中的内应力很小。

（2）凸耳式浇口的缺点

① 由于浇口截面积较大，去除较困难，故留下痕迹较大，有损外观。

② 流道长而复杂。

第六节　模具的热交换系统

注塑模具温度调节能力不仅影响到塑件质量，而且决定着生产效率。

一、提高模具温度调节能力的途径

① 模具上开设尺寸尽可能大、数量尽可能多的冷却通道，以增大传热面积，缩短冷却时间，达到提高生产效率的目的。

② 选用热导率高的模具材料。模具材料通常选钢料，在某些难以散热的位置，在保证模具刚度和强度的条件下可选铜、铝合金作为嵌件使用。

③ 冷却介质一般采用常温水，冷却水出、入口处温差小于5℃为好，流速应尽可能高，流动状态以湍流为佳。

④ 塑件壁厚越薄，所需冷却时间越少。反之，壁厚越厚，所需冷却时间越长。

⑤ 冷却回路的分布，即冷却回路距型腔距离。冷却回路通道之间的间隔应能保证模腔表面的温度均匀。

⑥ 强化浇口冷却，塑料充模时浇口附近温度最高，因此，浇口附近最好能强化冷却。

二、冷却水设计的一般原则

1. 冷却水通道常用规格

常用规格有 ϕ6、ϕ8、ϕ10、ϕ12、ϕ14。设计时尽量采用大直径通道以增加热交换量。其对应的管接头规格常用 1/8in、1/4in、3/8in（1in＝0.0254m）。用于螺纹密封的圆柱管螺纹或圆锥管螺纹（圆锥外螺纹一般用 R 代表），螺纹孔用 BSPT 型丝锥加工相应的圆柱内螺纹（圆柱内螺纹一般用 R_p 代表）。以上无特殊规定优先选用 1/4in 规格，冷却水通道设计时注意：

① 冷却水通道要求 $\phi4$ 以上，才有冷却作用。

② 要求同一个回路冷却水通道截面相等。

③ 冷却水通道必须是一个回路，避免死水。

2. 模具的外部冷却水系统（供参考）

模具水道进出口螺纹连接为 1/4in 管螺纹，水管接头为“尼龙快速接头”，水路中间连接管线应完整，规格为 $\phi12$ 胶管。当有三组以上冷却水回路时，冷却水进、出应集中在“分流板”上（分流板为不生锈材料），分流板应设置于模具的非操作侧，冷却水进出（包括中间连接）要在模具上做永久标记。标识方式：

（1）分流板上进、出连接标识

第一组水：（进）IN1　、（出）OUT1；

第二组水：（进）IN2　、（出）OUT2；

⋮

以此类推。

（2）模具上各侧面孔位的标识

XY

Y → 孔位编码：使用从“1”开始的连续阿拉伯数字，即所有侧面孔位连续编号。

X → 侧面位置：模具操作侧为“O”；模具非操作侧为“N”；
模具上面为“U”；模具下面为“D”；
模具滑块为“S”。

（3）冷却水回路的标识（在“铭牌 2”上的“运水连接”栏内）

如第一组冷却水回路：IN1→N2→U4→O6→D9→OUT1。

路径说明：从第一组水进口“IN1”开始连接到非操作侧（N）编码为“2”的孔，之后至上部编码为“4”的孔再到操作侧（O）编码为“6”的孔，再继续至下部（D）编码为“9”的孔，最后至第一组出口“OUT1”。

3. 模具特殊部分的冷却水系统

模具抽芯滑块需要冷却时，若由于模具结构所限，采用特殊设计的水嘴和水管接头时，除配置好模具需要外，还需另外提供一套特殊水嘴和接头作为备件。

4. 水孔布置

最佳冷却范围为水孔中心到成品表面为 25～30mm，小模具可以适当缩小，以节约模芯材料。一般模具两水孔间距为 50～70mm，大模具两水孔间距可以达到 70～90（100）mm，见图 7-15。

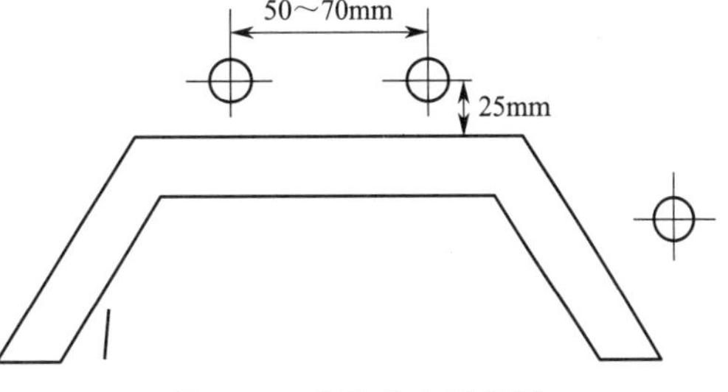

图 7-15　水孔分布示意图

5. 冷却系统设计原则

① 冷却水道布置原则。

a. 当壁厚均匀时，冷却通道与型腔表面距离最好相等，壁厚不均时，在壁厚处加强冷却。

b. 塑料熔体在充填型腔过程中，一般在浇口附近温度较高，应加强冷却。冷却水应从浇口附近流向他方或在浇口附近设置单独的冷却水路。

c. 模具型腔、型芯、滑块、顶块等冷却水要分布均匀、均衡，实现模温持续均衡稳定，实现最短生产周期。

② 冷却水道应避免靠近可能产生熔接痕的部位。

③ 冷却水回路结构应便于加工和清理，其孔径一般为 8～12mm。

④ 直通水孔简单方便，两端头部做偷孔，偷孔长度不可大于 70mm。（偷孔，是机加工的一种方法，为了方便加工，水路两头通常是做偷孔，也就是非紧配）

⑤ 冷却水道应尽量多，截面尺寸应尽量做大的规格。

⑥ 浇口处应加强冷却。

⑦ 冷却水道（出入口）温差应尽量小。

⑧ 冷却水道应沿着塑料收缩方向设置。

⑨ 冷却水道至型腔表面距离应适宜。

⑩ 在设置模具的运水路径及其加工时，要保证模具的强度不受影响。

⑪ 水孔布置最易出现干涉，要求水孔密封性好，模具不漏水。

三、模具局部温度控制

在模具的适当部位钻孔，插入电热棒，并接入温度自动控制调节器可以控制模具局部的温度。这种加热形式结构简单，使用方便，清洁卫生，热损失比电热圈小，但使用时须注意局部过热现象。注意一些电器元件尽量设计在运水接口的上方，以防漏水滴在电器元件上。

第七节　模具的顶出、复位机构

产品顶出方法受产品材料及形状等影响，一般使用顶杆（直梢，阶段梢）、筒套、推板、空气等。顶出方法可以单独使用或组合使用，视模具寿命的长短和模具加工难易来定。

一、对顶出机构的要求

① 模具的顶出系统以保证制件顶出顺畅、彻底、不变形为原则。机构尽量简单可靠，顶出平稳，复位完全。

② 在一般情况下，采用弹簧复位方式。主要因为制件结构造成脱模力不平衡时，模具要有顶出的平衡、导向装置。

③ 塑件留在有顶出机构的半模上，一般在公模。

④ 塑件不能变形损坏。顶出力应施于塑件刚性强度最大部，如筋部、凸缘、壳体侧壁，作用面应尽可能大。

⑤ 良好的塑件外观，顶出机构位置设在产品内部。

⑥ 顶出机构结构可靠。

二、顶针类顶出机构

1. 顶针类顶出机构的优缺点

（1）顶针类顶出机构优点

① 顶针的加工比较容易，即使有硬度要求的情况下，施行淬火磨削等亦较其他方法容

易，可在产品的任意位置上配置，是使用最多的。

② 顶针孔加工也容易，精度亦能达到规定，滑动阻力最小，卡住的情况很少发生。

③ 损坏互换性较好，维修容易。

④ 最常用的顶出组件，包括圆顶针、有托顶针、扁顶针、司筒。顶出位置应设在脱模力大的地方，不宜设在产品最薄处，可增大顶出面积来改善受力。

(2) 顶针类顶出机构缺点

在小面积上顶出，顶出应力集中于制品的局部。杯类及箱形产品的脱模斜度小，脱模力大，将发生压陷及顶穿等，使用顶针大多不适当。

2. 顶针布置原则

① 顶针布置应使顶出力尽量平衡。结构复杂部位所需脱模力较大，顶针数量应相应增加。

② 顶针应设置于有效部位，如骨位、柱位、台阶、金属嵌件、局部厚胶等结构复杂部位。骨位、柱位两侧的顶针应尽量对称布置，顶针与骨位、柱位的边间距一般取 $D=1.5$mm，见图 7-16。另外，应尽量保证柱位两侧顶针的中心连线通过柱位中心。

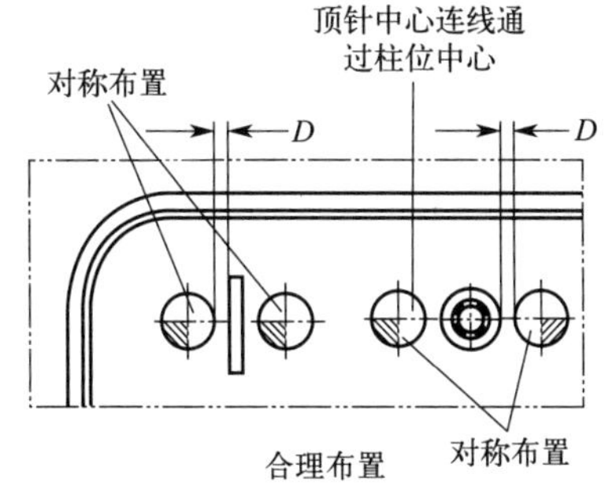

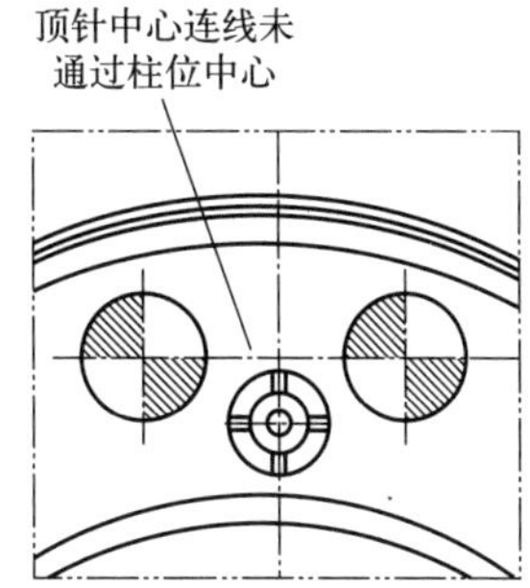

图 7-16 柱位两侧顶针

③ 避免跨台阶或在斜面上设置顶针，顶针顶面应尽量平缓，顶针应布置于塑料件受力较好的结构部位，见图 7-17。

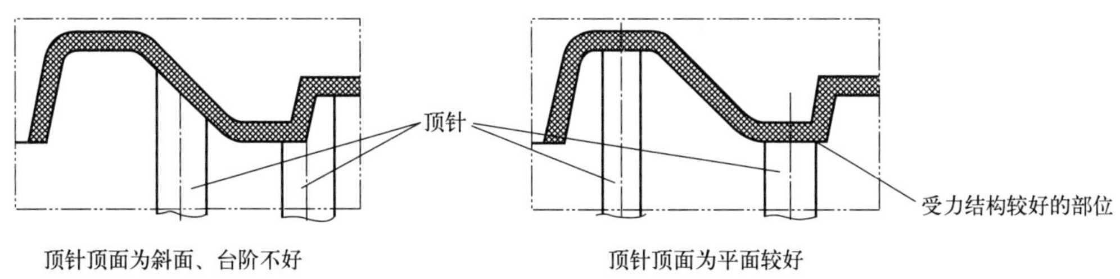

图 7-17 台阶或在斜面上设置的顶针位置

④ 在塑件较深的骨位（深度≥20mm）或难以布置圆顶针时，应使用扁顶针。需要使用扁顶针时，扁顶针处尽量采用镶件形式以利于加工，见图 7-18(a)。

⑤ 避免尖钢、薄钢，特别是顶针顶面不可碰触前模面，见图 7-18(b)。

⑥ 顶针布置应考虑顶针与运水道的边间距，避免影响运水道的加工及漏水。

⑦ 考虑顶针的排气功能，为了顶出时的排气，在易形成抽真空的部位应布置顶针。例如型腔较大平面处，虽制件包紧力较小，但易形成抽真空，导致脱模力加大。

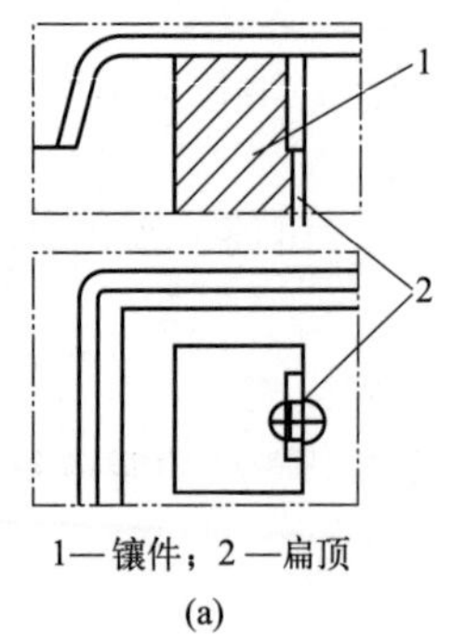

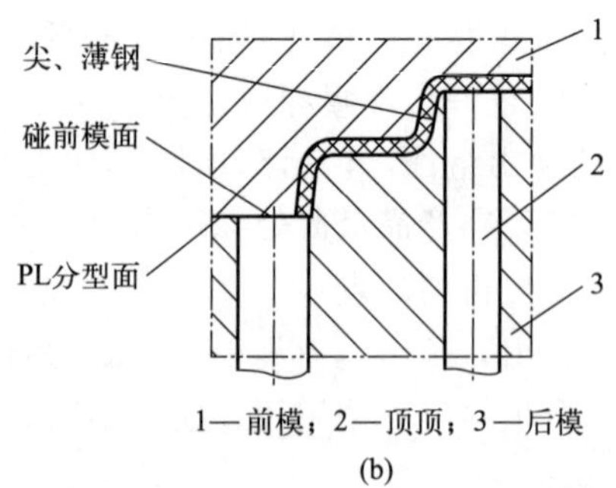

图 7-18 镶件形式的扁顶针（a）和顶针顶面不可碰触前模面（b）

⑧ 有外观要求的塑料件，顶针不能布置在外观面上，应采用其他顶出方法。

⑨ 对于透明件，顶针不能布置在需透光的部位。

⑩ 在大平面上不用小顶针，柱孔处用顶出套筒。

⑪ 顶针应在产品强度最大处布置，效果最好，不易顶白。

⑫ 顶针不可布置在滑块下面，如无法避免，要加滑块回退到位信号配合。

3. 顶针选用的注意事项

① 选用直径较大的顶针。即在有足够顶出位置的情况下，应选用较大直径且尺寸优先的顶针。

② 选用顶针的规格应尽量少。选用顶针时，应调整顶针的大小使尺寸规格最小，同时尽量选用优先的尺寸系列。

③ 选用的顶针应满足顶出强度要求。顶出时，顶针要承受较大的压力，要避免小顶针弯曲变形。

④ 顶针直径在 2.5mm 以下，而且位置足够时要做有托顶针；司筒壁在 1mm 以下或司筒壁径比≤0.1 的要做有托司筒，托长尽量取大值。

⑤ 顶针的有效配合长度=(2.5～3)D，最小不得小于 8mm 尺寸。

⑥ 一般场合顶针面应高于型芯平面 0.03～0.05mm，对于胶位平面有要求的场合，可考虑在顶针周边加沉台。

⑦ 对于 10mm 以上高的长筋位胶位，建议用扁顶针顶出。

⑧ 顶针面位于斜面时，顶针必须做定位，见图 7-19。

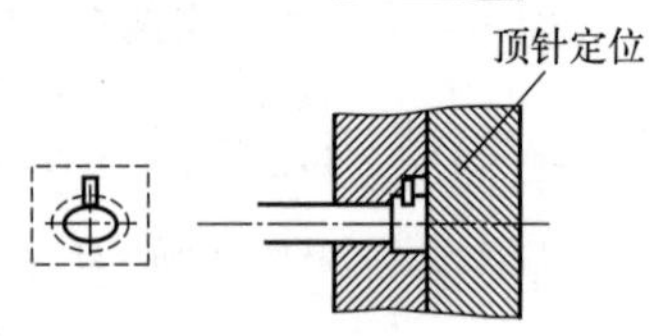

图 7-19 顶针定位

三、推板类顶出机构

推板顶出是模具设计中一种非常常用的顶出机构，推板类脱模机构适用于大筒形塑件、薄壁容器及各型罩壳形塑件的脱模。不适合分模面周边形状复杂、推板型芯孔加工困难的塑料件。推件板脱模的特点是顶出均匀、力量大、运动平稳、塑件不易变形。推板类脱模机构设计要点有如下几点：

① 推板与型芯的配合结构应呈锥面，见图 7-20；这样可减少运动擦伤，并起到辅助导向作用；锥面斜度应为 3°～10°。

② 推板应与型芯呈锥度配合，推板内孔应比型芯成形部分大 0.2～0.3 mm，见图 7-21，

防止两者之间磨伤、卡死等。

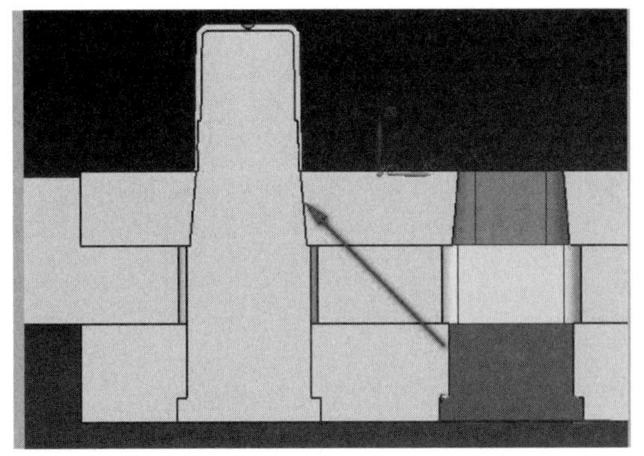

图 7-20　推板与型芯的配合结构应呈锥面

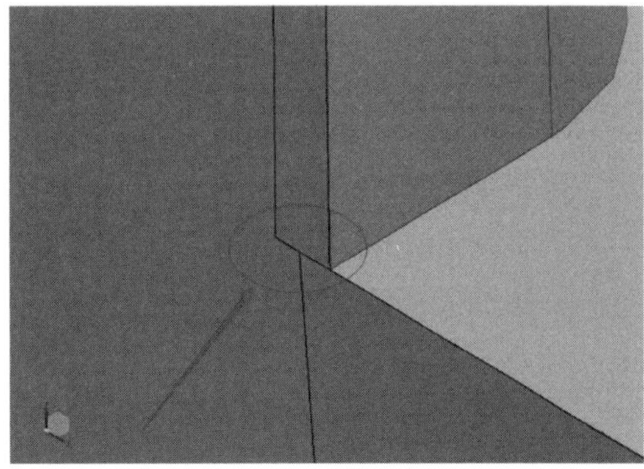

图 7-21　推板内孔和型芯成型部分的配合

③ 推板与回针通过螺钉连接，见图 7-22。

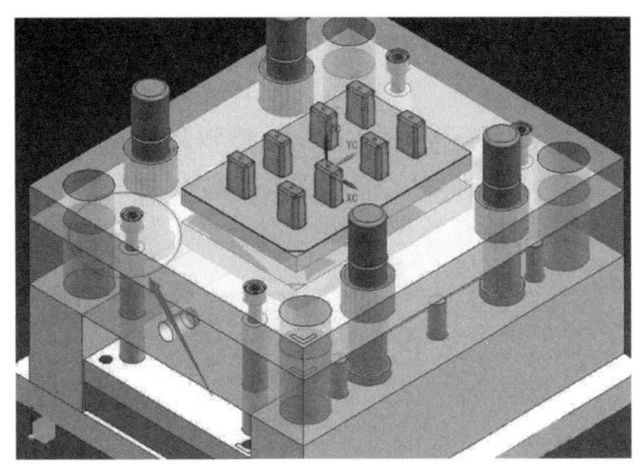

图 7-22　推板与回针连接

④ 推板脱模后，须保证塑件不滞留在推板上。

⑤ 当用推板推出无通孔的大型深腔壳体类塑件时，须在型芯增加一个进气装置。

第八节　模具的热流道系统

一、热流道系统简介

热流道是通过加热的办法来保证流道和浇口的塑料保持熔融状态。由于在流道附近或中心设有加热板和加热管，从注塑机喷嘴出口到浇口的整个流道都处于高温状态，使流道中的塑料保持熔融，停机后一般不需要打开流道取出凝料，再开机时只需加热流道到所需温度即可。因此，热流道工艺有时被称为无流道模塑。

1. 热流道技术与常规的冷流道相比的优点

① 节约原材料，降低成本。

② 缩短成型周期，提高机器效率。

③ 改善制品表面质量和力学性能。

④ 不必用三板式模具即可以使用点浇口。

⑤ 可经济地以侧浇口成型单个制品。

⑥ 提高自动化程度。

⑦ 可用针阀式浇口控制浇口封胶。

⑧ 扩大提高多模腔模具的注塑件质量一致性和平衡性，十分适合多腔模具的使用。

⑨ 提高注塑制品表面美观度。

2. 热流道模具的缺点

① 热流道模具结构复杂，造价高，维护费用高。

② 热流道出现熔体泄漏、加热元件故障时，对产品质量和生产进度影响较大。

热流道模具的缺点通过采购质量上等的加热元件、热流道板以及喷嘴，使用时精心维护，可以减少这些不利情况的出现。随着热流道技术的进一步发展和成熟，热流道模具的这些缺点将慢慢被克服，会显现更多的优势。热流道模具将会被更广泛地应用。

二、热流道系统的组成

通常热流道系统主要包括热喷嘴、热流道分流板、温度控制系统和附件等部分。热流道分流板是热流道系统的中心部件，它将主流道喷嘴传输来的塑料熔体经流道分送到各注射点喷嘴。它与气缸活塞、气缸垫块、阀针、注嘴座、注嘴、气缸套、活塞密封圈、注嘴隔热帽、注嘴座加热圈、温控箱、加热管等组成热流道系统，见图 7-23。

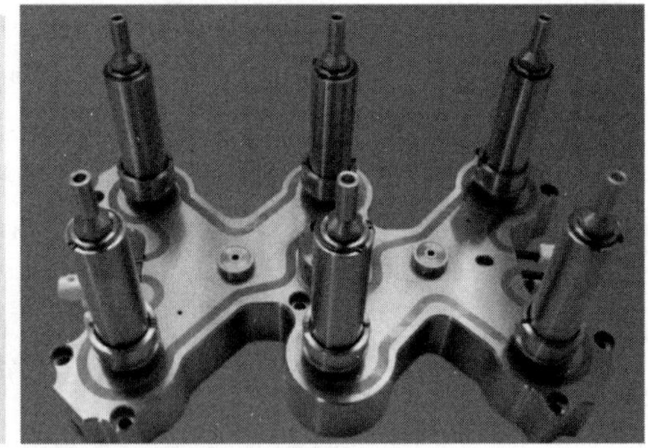

图 7-23　热流道系统

1. 热喷嘴

热喷嘴一般包括两种：开放式热喷嘴和针阀式热喷嘴。由于热喷嘴形式直接决定热流道系统选用和模具的制造，因而常相应地将热流道系统分成开放式热流道系统和针阀式热流道系统。热喷嘴的选择取决于需要什么样的浇口形式、使用何种塑料、注塑的塑件的单件重量等因素，见图 7-24。

（1）单喷嘴和多喷嘴

单喷嘴用于一模一腔的注射模，是电加热的主流道。针阀式单喷嘴，见图 7-25，它的流道要绕过驱动阀针的气缸，因此结构复杂，体积较大。图 7-26 所示单喷嘴的浇口是大直径倒锥，是大流量的开放式浇口，被称为主流道型浇口，也称直接浇口、直浇口。塑料熔体流经直浇口时的压力损失较小，故 300 mm 以上的长喷嘴用这种浇口为好。

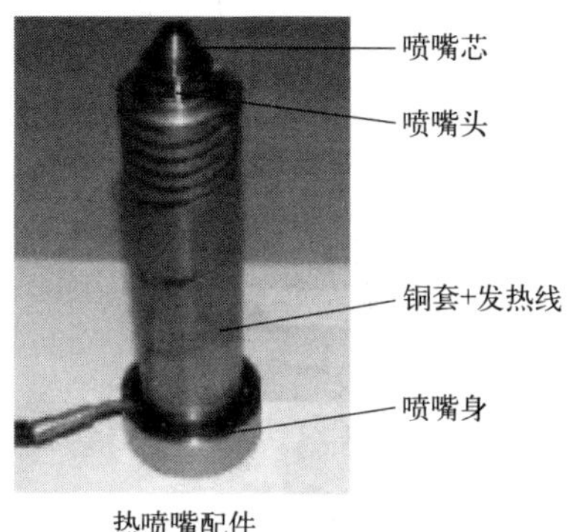

热喷嘴配件

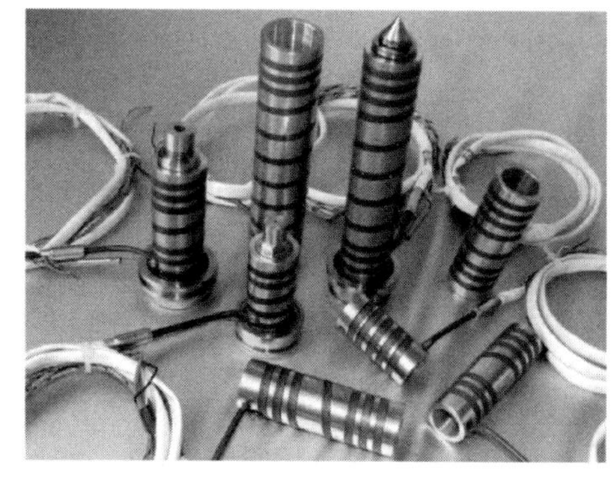

图 7-24　热喷嘴

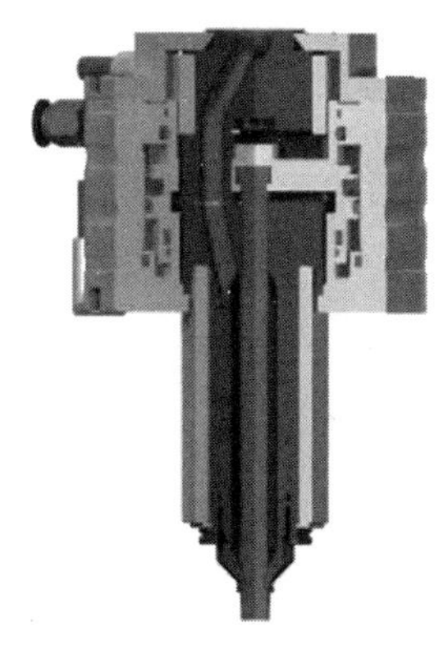

图 7-25　针阀式单喷嘴

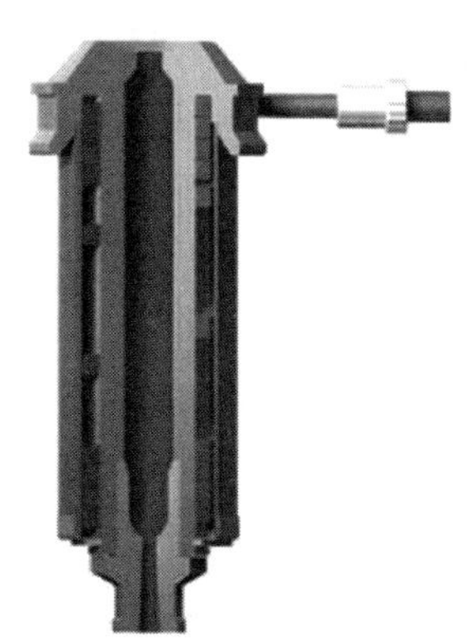

图 7-26　主流道型浇口的单喷嘴

单喷嘴的输入端与注塑机的喷嘴头压合，在两者的贴合面上要防止熔料注射时泄漏和反喷，需要单喷嘴凹坑的球半径大于注塑机喷嘴的球面半径；单喷嘴的入口流道直径，必须大于注塑机的喷嘴直径 1mm 左右。单喷嘴的主流道零件要有足够的硬度和强度，能够抵御注塑机喷嘴的挤压。

多喷嘴也被称为分喷嘴，见图 7-27～图 7-32。多喷嘴用于一模多腔，此种多喷嘴的注塑模具，有热流道系统的电加热流道板（或称分流板）。多喷嘴的输入端平面与流道板贴合来防止熔体泄漏。

(2) 针阀式和开放式喷嘴

热流道的浇口形式大致可分为针阀式和开放式两种，开放式中又可分为直接式（双模板）、针尖式和侧孔式浇口。针阀式喷嘴采用机械闭合，而开放式喷嘴属于热力闭合。

图 7-27 是装在流道板下的针阀式多喷嘴。它的结构是阀针穿过流道板，由安装在定模固定板上的气缸驱动。针阀式浇口适用的塑料品种，基本上无限制。塑料熔体在喷嘴中有较大压力降，过长的阀针在熔体压力下容易失稳。针阀式喷嘴使用需要液压油或压缩空气驱动，需要与注塑机的操作信号相连接。对于多个针阀式喷嘴，能按程序控制各个喷嘴打开和关闭，可使熔接线转移到最优位置；也可实现在料流前锋过后打开喷嘴，成功地消除熔接线。

图 7-28 是开放式多喷嘴（针尖式浇口），适用于热流道板下有两个或两个以上喷嘴的热流道注射模。浇口在定模板上，由模具厂加工浇口孔。开放式喷嘴口有导流梭，中间

镶有导热良好的铍铜，提高浇口中央的熔料温度。针尖式浇口在注塑件表面上只有微小针点痕，浇口附近又有冷却水管，冷却充分，浇口区的温度较低，适合于无定形的 ABS、PS 和 PMMA 等塑料和慢结晶固化 PE 和 PP 等塑料。但针尖式浇口喷嘴的射出量较小，见表 7-3。

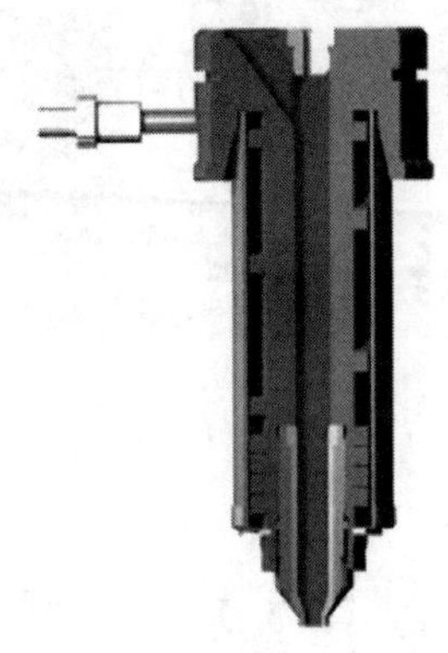

图 7-27 针阀式多喷嘴

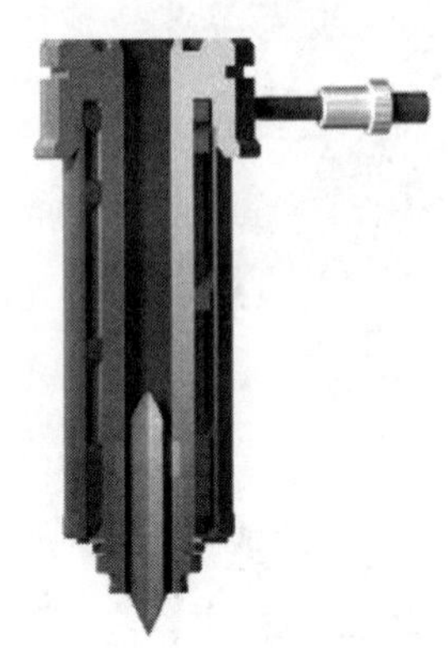

图 7-28 开放式多喷嘴（针尖式浇口）

表 7-3 塑料流动性决定喷嘴的最大注射量

塑料流动性	塑料种类	注射量/g	
		直接浇口	针尖式
好	PE、PP、PS	2000	170
中等	ABS、ASA、PA、PBT、PET、POM、PPO、SAN	1500	120
差	PC、PEEK、PEI、PMMA、PPS、PSU	800	60

（3）开放式喷嘴的浇口

开放式喷嘴的浇口在注射充模的过程中，既是节流阀，又是热工阀。塑料熔体是对压力、温度和流动剪切速率敏感的物料。浇口区域的温度取决于浇口结构零件的导热性，取决于浇口内塑料绝热皮层的利用，它们都将影响开放式浇口的启闭。

① 浇口在模板上的喷嘴。图 7-29 为开放式多喷嘴的侧孔式浇口，没有浇口套，浇口在定模板上，由模具厂加工浇口孔。浇口区的温度较低，在注塑件表面上只有微小针点痕。侧孔式与图 7-28 所示的针尖式浇口相比，塑料熔体从流道中，经锥尖上 2～3 孔中涌射，流经浇口的压力损失较小。而且在锥尖的浇口孔里壁，能形成绝热皮层。因此，浇口区的温度和允许注射量比针尖式浇口高些，比较适合熔体注射温度较低的 ABS、PMMA、PE 和 PP 等塑料。

图 7-30 为图 7-29 侧孔式多喷嘴的改进型。侧孔管尖材料的导热性较好，喷嘴的浇口零件装拆较方便，侧孔管尖上有不锈钢套，使它温度稳定，但注射量比前者小些。浇口在定模板上，浇口区的温度较低，在注塑件表面上只有微小针点痕。比较适合熔体注射温度较低的 ABS 和 PE 等塑料。

在一模多腔注塑模中，如果有十几个以上侧孔式或针尖式分喷嘴，浇口孔又都在定模板上，那么这些喷嘴的安装误差，加上喷嘴两个方向上的热膨胀量不一致，故很难保证这些针尖和浇口的尺寸精度和位置精度。尤其是 1mm 左右的点浇口，很难做到每个顶尖与浇口型腔面平齐。所造成的误差会影响对各型腔的平衡浇注。

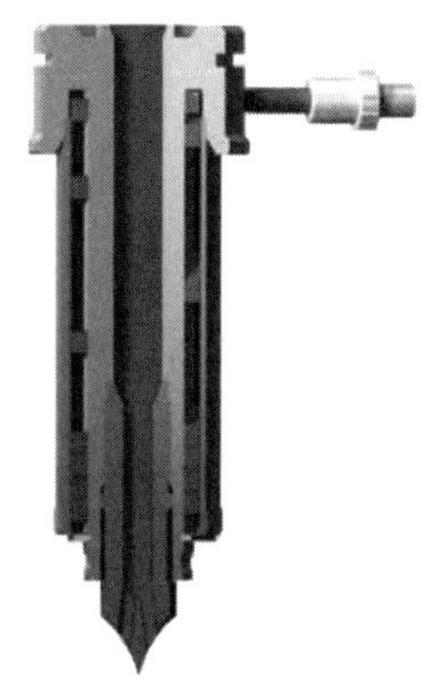
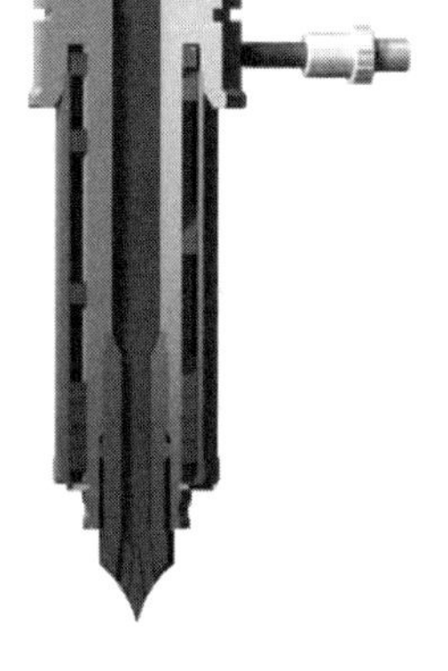

图 7-29 开放式多喷嘴的侧孔式浇口

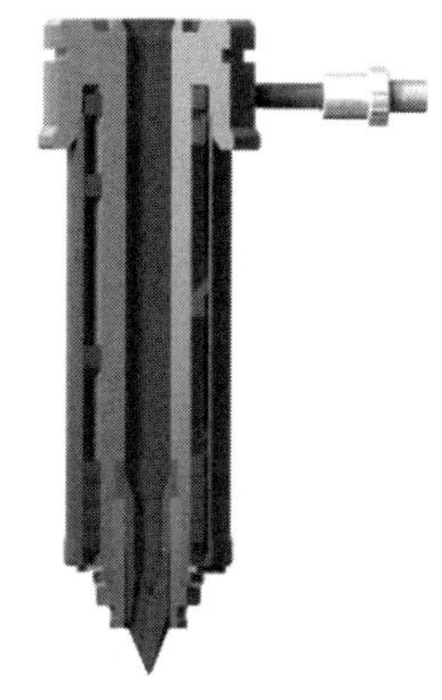

图 7-30 改进型侧孔式多喷嘴

② 有浇口套的喷嘴。图 7-31 是开放式多喷嘴的针尖式浇口，它有浇口套，起绝热保温作用，浇口区较为温热，浇口针尖和孔的精度有保证，注射浇口在注塑件表面上只有微小针点痕，但会在注塑件表面留下套圈压痕。适合无定形塑料 ABS 和 PMMA 等，尤其适合慢结晶的 PE 和 PP 等塑料。其安装调试方便，有较好的换色性能。

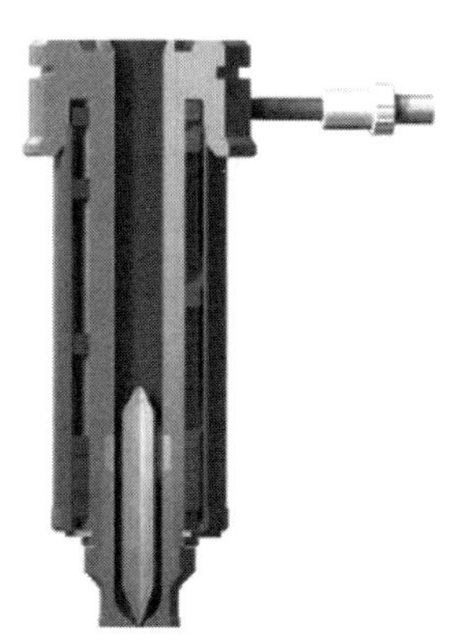

图 7-31 有浇口套针尖式多喷嘴

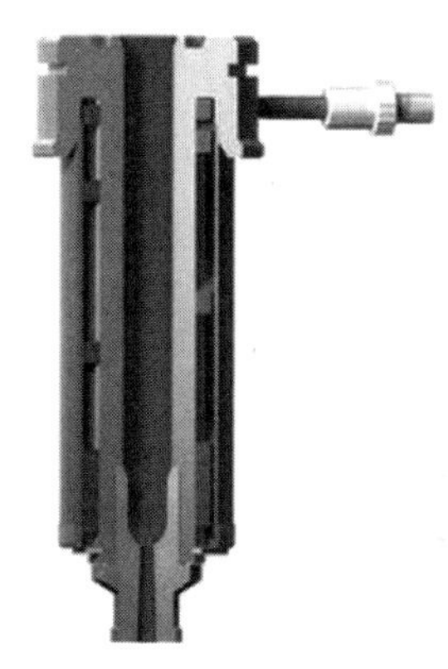

图 7-32 有浇口套主流道型多喷嘴

图 7-32 所示是开放式多喷嘴的主流道型浇口，具有倒锥通孔的浇口套，除在注塑件表面留下套圈压痕外，会在注塑件上留下圆锥冷料柄，必要时需将注塑件倒置注射成型，热力闭合较为可靠，但浇口区温度过高时会有拉丝或流涎的可能。适合大多数塑料品种，尤其适用 PC 等高黏度塑料及各种玻璃纤维增强塑料，还适用于大型厚壁深腔的注塑件，且适用于热流道和冷流道混合的浇注系统。

(4) 热流道喷嘴的选择

喷嘴和浇口类型的选择，要考虑到各种塑料材料性能的影响、各种喷嘴产生的浇口痕迹及允许射出量。

① 塑料材料的影响。充分认识塑料的加工温度范围和热性能，才能准确和有效地控制热流道系统的浇口冻结时间，这对于浇口形式的选择尤其重要。热塑性塑料可分成两大组群。

一类是有无定形结构塑料，微观分子以黏结的连接形式保持着紊乱状态。PS、ABS、乙酸纤维素 CA、PPO、PVC、PC、PSU 和氟塑料等，都是无定形塑料。除了 PVC 和 CA，其他材料加工温度范围都较宽。无定形塑料在固态和熔融的液态之间还存在着高弹态。如 ABS，熔融流动温度为 180～250℃，半流动的高弹态温度为 110～180℃，它有较宽的注射和保压温度范围，加热和冷却期间黏度逐渐变化，注射成型收缩率小于1%，保压压力和时间的影响小。除PVC和PC外，允许浇口区有较低的温度。

另一类是结晶结构塑料，其分子链沿着已生成的晶核有序地折叠着，但其周围还是无定形结构，因此存在结晶度的高低。结晶型塑料有LDPE、HDPE、PA、POM、PET、PBT和PPS等。适宜的加工温度波动范围较窄，需严格控制流道板和喷嘴的温度，需防止浇口过早冻结，使得保压压力和时间不足，需较高温度的“温热”浇口区。

结晶型塑料需温度较高的浇口区，以保证对型腔中塑料补缩，可应用有浇口套的喷嘴，见图7-26、图7-31和图7-32。浇口用含铬量较高的不锈钢制造，此零件被称为绝热浇口套。有的用钛合金制造，以减少冷模板对浇口的热传导。

大多数结晶型塑料的加工温度范围小于60℃，其中快速结晶固化的有POM和PA等，加工温度范围小于30℃，如PA66塑料的加热温度为255～285℃。比起慢结晶的PE和PP，在浇口区需要更高的温度，采用针阀式喷嘴为好。在采用开放式浇口时，以有浇口套的整体式喷嘴为好。

② 浇口痕迹的影响。使用如图7-26和图7-32所示的直接式喷嘴，在塑料制品上会留下圆锥柱状的残留料柄。此浇口痕迹留于制品的外表面，残料必须切割。如果要留在内表面，则模具用倒装结构。要考虑脱模机构在定模是否可行，还要考虑切割浇口料柄是否可能，而且发生浇口流涎和拉丝的可能性最大。常用浇口直径2.7～10mm，适用大注射量的各种塑料。直接式喷嘴的特点是流经浇口的压力降最小，适合如PC等高黏度塑料加工。

图7-28～图7-30的侧孔式和针尖式喷嘴，常见浇口直径为1～3mm。中央有导流梭针尖防止熔料垂滴和拉丝。较大口径的浇口，有利于熔体流动充模，也可提高圆锥针尖的强度；较小口径浇口，在制品上留下痕迹更小，浇口痕迹很难察觉。

针尖式浇口内有导流梭，注射截面为圆环隙，所产生的剪切应力最大，会导致温度上升和熔体塑料分子结构的降解，造成分子链断裂。高黏度塑料如PC和经改性充填的高黏度塑料被限制使用。而且针尖式喷嘴的清理很费力，熔体容易被滞留。PVC和POM及含阻燃剂的塑料不宜使用。

有浇口套的喷嘴，由于喷嘴轴线方向浇口套和定模板的热膨胀不一致，会在注塑件留下浇口套的圈印。

图7-25和图7-26是使用针阀式喷嘴在注塑件上无浇口残料，但会在制品上留下阀针头的痕迹。浇口直径为2～8mm，不太适用仅几克的少量注塑。

③ 喷嘴的射出量。塑料熔体的黏度相差很大，高黏度的塑料熔体流经流道和浇口时的压力损失较大。采用针尖式或针阀式喷嘴时，要考虑到在喷嘴的浇口流动中有较大的压力降。在窄小和过长的流道中会有黏性发热，使塑料熔体温度升高，也使塑料降解变色。

从表7-3所列塑料熔体的流动性和喷嘴的最大注射量来选择浇口类型。直接浇口允许中等黏度物料1～2kg，针尖式仅100～200g。针阀式浇口介于两者之间。

选定浇口类型后，参照热流道公司的产品目录，初步拟定喷嘴的种类。再进一步确定热流道喷嘴流道直径和浇口结构尺寸。

2. 热流道分流板

热流道分流板是热流道系统的中心部件，见图7-33。它将主流道喷嘴传输来的塑料熔体经流道分送到各注射点喷嘴。分流板可以使模具的型腔均匀填充，塑料平衡流动，系统热量平衡。分流板系列有X型、H型、I型、Y型、K型、其他等。热流道分流板的加热方式有两种：一是内加热，即设置加热棒在流道中，从流道内部加热塑料；另一种是外加热，一般是在与流道平行的方向上开设加热孔，内插加热棒或安装加热圈，从流道外部对流道进行加热。这两种方式相比较而言，内加热方式热效率较高，但是容易造成热流道系统内局部过热，而且增大了熔体的流动阻力；外加热方式虽然不会产生局部过热，且流道内流动阻力小，流道容易加工，加热装置易购买，维修方便，但加热效率低。

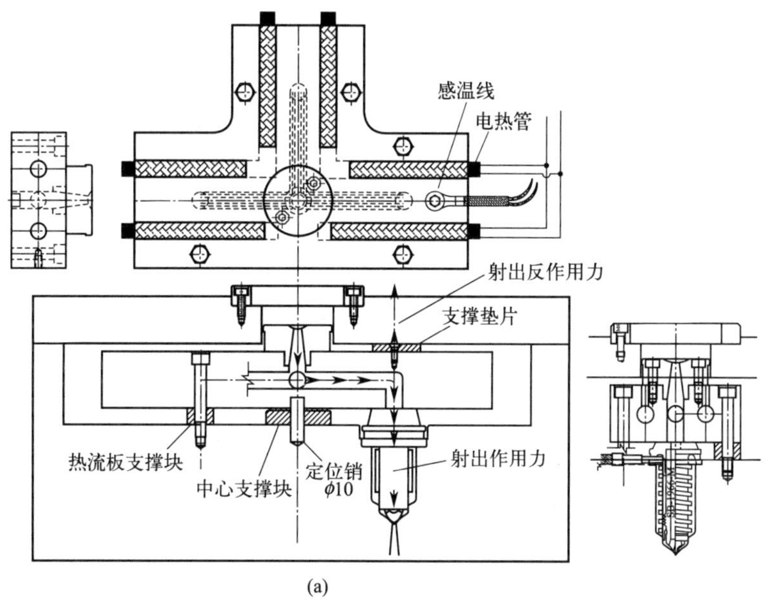

(a)

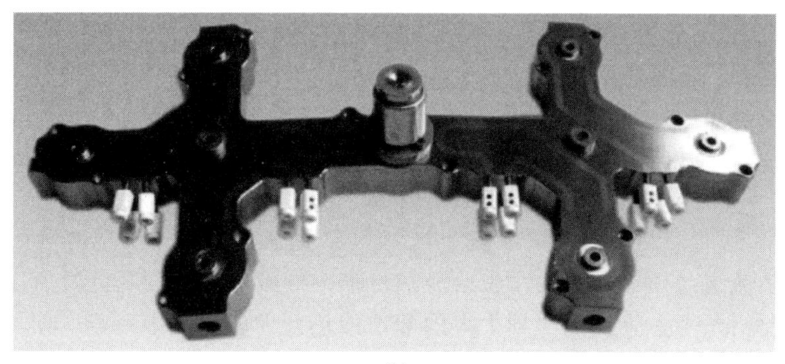

(b)

图 7-33 热流道分流板结构图

分流板在一模多腔或者多点进料、单点进料但料位偏置时采用。分流板材料通常采用 P20 或 H13。分流板一般分为标准和非标准两大类，其结构形式主要由型腔在模具上的分布情况、喷嘴排列及浇口位置来决定。

(1) 内加热分流板

内加热的分流板中流道主要通过加热器的热传导加热。由于部分流道截面嵌入内部加热装置，所以熔体流道截面成环形，内加热分流板安装牢固，不需要分流板垫块，也不容易偏斜。内加热分流板适合加工有较宽工艺范围的塑料。

(2) 外加热分流板

外加热分流板中的流道在加热阶段由外部的加热源加热到塑料的加工温度，而后在注射周期内，加热器主要用于补偿热耗造成的能量损失。分流板通常是通过一个环形空气间隙与型腔板绝热，空气间隙为 4～10mm。热流道厂家一般采用外加热分流板，也就是分流板上嵌入发热管或发热片。

（3）选择分流板的因素

① 分流板的机械强度。对分流板一个最基本的要求就是它要有足够的机械强度以承受来源于流道里巨大的塑料熔体压力。不能太薄也不能太厚，太薄影响机械强度，太厚则使分流板体积重量过大，加热慢浪费电力。同时模具高度也增大。分流板上各流道之间的距离不可以过近以免强度不够。

② 分流板尺寸的大小。在一个热流道系统上如使用一块整体的尺寸过大的分流板，就应考虑采用组合式热流道分流板结构。采用主分流板与次分流板结合使用的型式，否则，钻孔距离太长不宜保证浇道质量。

③ 分流板的耐腐耐磨性及硬度。热流道分流板还应有足够的耐腐耐磨性。有些塑料如 PVC 在加工时对与其接触的模具零件有很强的腐蚀性，在进行分流板设计时必须给予考虑。另外分流板还应有足够的耐磨性及硬度，因为很多玻璃纤维增强塑料对模具零件包括分流板具有很大的磨损性。为了减少分流板的热量损失，应尽量减小分流板与模具的接触面积，当接触面积减小时，局部机械压力就会增大，所以分流板应有足够的硬度。

④ 分流板浇道的设计。热流道分流板上的浇道要优化合理。一个优化的浇道设计是要保证该热流道系统有合理的熔料压力损失，合理的剪切速率及剪切应力，合理的浇道体积以减小塑料在热流道系统里的停留时间和加快换色及合理的摩擦热产生的塑料熔体温度升高变化等。

⑤ 分流板的热膨胀因素。热流道分流板在加热后会向各个方向膨胀，改变与其他模具零件的尺寸配合关系。分流板热膨胀的大小主要由制作分流板的工具钢材料类型、塑料加工温度及模具温度来决定的。很多热流道系统是靠分流板热膨胀后的尺寸与其他热流道元件（如喷嘴）达到所需要的配合精度，以避免塑料熔体从热流道中溢出。因此在进行分流板设计时必须考虑这一因素，进行精确的热膨胀量计算。

⑥ 分流板上温度的控制。热流道系统上均匀的温度分布是保障成功地应用热流道技术的关键之一。在热流道与模具接触的部位会有热量损失导致局部温度降低，所以在分流板上布置加热元件时要给予考虑，在热量损失大的部位加热元件就要集中一些。如果一条加热元件过长，就应改放几个较短的加热元件将分流板分成几个可分别进行温度控制的区域。在每个区域都应放置测量温度的热电偶，形成闭环控制。这样用户可根据需要来调整不同区域的温度设置，有利于扩大加工参数范围。加热元件的布置应跟随流道形状，尽量保证加热元件在各处与流道有相等的距离，以有利于对整个流道均匀地加热。

⑦ 分流板的选择取决于注塑的塑料零件的排位、间距、腔数、浇口的点数等。

（4）分流板设计时考虑的因素

① 是否具有均衡的型腔填充性。在热分流板设计中尤其是大型、腔数较多或不规则的热分流板时，应充分考虑到由于从主进料嘴到每个型腔的浇口处距离的不同，会导致材料熔体在流动时到达不同型腔的时间、流量都有所不同，这样就会带来型腔填充不均衡和一些其他的问题。

② 热分流板在结构设计时（包括流道结构、主体结构及热分流板的温度控制及流量平衡在内）都是经过精确计算的，以确保从注塑机喷嘴出发的塑料熔体经过热分流板后能同

时、同温、同压到达各个型腔。

③ 是否具有均衡的温度。熔体在流经热分流板时，要确保处于合适的加工温度范围中，且这一温度对于整个热分流板来说，都应当是相同的。这就要求热分流板的加热速度和热分流板本身的热传递是经过优化设计的，以确保热分流板上每一点的温度都是相同的。

④ 是否能快速换颜色。如果热分流板流道的结构设计不合理（存在流动死角、流道内壁不光洁等），在有需要更换制品的颜色时，就会遇到很多困难。有很多使用者（尤其是产品颜色更换频繁的用户）正是由于这一点而放弃了对热流道系统的选用。热分流板流道的结构在设计时要充分考虑这一点，整个系统的每一个部分，包括主流道及分流道的流道内部都光滑过渡，确保塑料熔体在流动时无流动死角和塑料在流道中的残留。

3. 热流道温度控制系统

热流道温度控制系统包括主机（温控箱、控制器）、电缆、连接器和接线公母插座等。模具热流道加热附件通常包括：加热器、热电偶及接线盒等。下面对热流道温度控制系统各部分做一个简单介绍。

（1）温度控制器性能的影响因素

想要注塑成型出稳定且高品质的注塑件，优质的热流道系统可谓是必不可少的。而对于热流道系统而言，最重要的性能之一是温度的均匀性、稳定性。在性能优良的热流道系统中，温度应该是始终保持一致的，不会随时间发生变化。

一个热流道系统不论如何进行精心设计，没有温度控制器就无法正常工作。如果与热流道系统配套的不是与之相匹配的温度控制器，就会对热流道系统的温度均匀性造成不利影响。

合理地控制热流道系统的温度是一项动态任务，因为在注塑过程中，整个热流道系统会产生不同量的剪切热，而温度控制器对这种突然的、非均匀性的热增量如何响应，直接决定热流道系统的各部分在下一次注射之前是否能回到与原来相同的温度。如果在下一次注射前热流道系统不能回到与原来相同的温度，就会影响注射件之间的一致性。影响温度控制器性能的关键因素主要包括以下几个方面。

① 算法。大多数温度控制器使用一种 PID 算法来调整输出功率以保持设定温度，也有一些控制器使用更先进的 PIDD 控制。这种温度控制器在热流道系统的温度被干扰后，能更迅速地使热流道系统的温度回到设定点。

② 响应时间。一个温度控制器的响应时间是由对比温度读数和设定温度，以及以此为基础进行功率调整所花费的时间决定的。响应时间越短，温度控制器就能越快地做出反应，热流道系统受温度扰动的影响就越小。

③ 温度偏差调整。温度控制器的不同区域所产生的响应有很大的差异，这取决于它们所控制的热流道部分。一类温度控制器已预置了常数，如果热流道系统中有哪个区域没有得到适当的控制，可以对这些常数进行手动更改；另一类控制器在第一次接通时就会对自身进行调整；还有一些控制器在热流道已经达到设定点，并承受由于成型过程所引起的温度变化后，能不断地对自身进行调整来更好地控制热流道系统温度。

④ 输出电压控制类型。温度控制器的输出电压控制有两种基本类型。许多温度控制器采用的是开/关类型的电压控制，此类控制是通过改变满电压被施加的时间百分比来实现的，这种控制方法可能会造成温度波动，缩短加热器的使用寿命。而另外一些温度控制器采用相位角起动，此类电压控制会持续发送功率，并把输出电压变到所需的值。

⑤ 热电偶分辨率。热电偶的分辨率，它决定了所测量的温度读数的增量。一些温度控

制器测量的分辨率为1℃，还有一些温度控制器测量和响应的差异可以小到0.1℃。

鉴于温度控制器在热流道系统运作过程中的重要作用，在选择温度控制器前，应该做好充分的准备工作。温度控制器的搭配选择取决热流道系统的大小，以及需要使用多少个温控点控制等。

（2）温度控制器的配置

温度控制部分组成包括：主体部分（含主控制模块），[见图7-34(a)]，电缆、连接器和接线插座[见图7-34(b)]等。按照温控点数区分，可提供的标准温控系统有：一点、二点、三点、四点、五点、六点、八点、十二点，其他点数可用以上几种标准点数进行搭配组合。

(a) 热流道温度控制箱

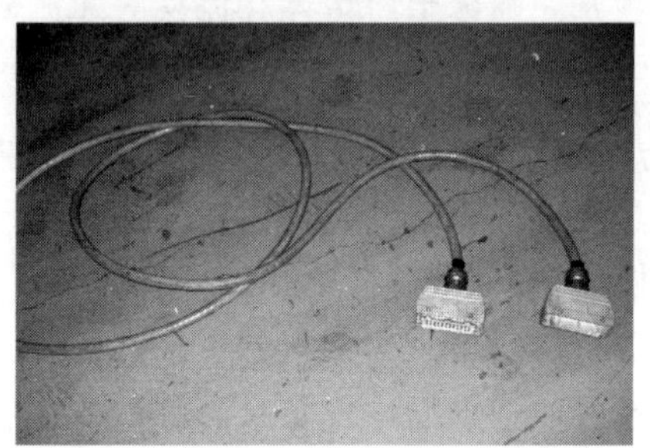

(b) 热流道温度控制电缆、连接器、接线插座

图7-34　温度控制器的配置

（3）温度控制器的连线方式

温度控制器和热流道模具加热系统通过电缆、连接器、接线插座相连接，它们每个加热控制单元都有加热和感温两组线，见图7-35，控制器和模具连接方式要相对应。首先接线插座公母相对应，其次感温和加热线各自相对应。感温和加热线的连接方式各工厂根据自己的情况制定统一的标准，指导设备与模具正确连接，常用的温度控制器连线方式举例如下。

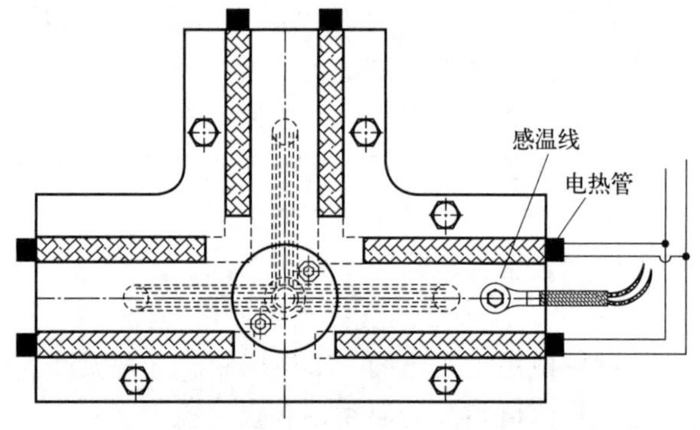

图7-35　加热控制单元加热和感温两组线

① 感温线和加热线单独连接，分开连接到两个接线插座，见图7-36。

热流道	感温线	+ 1 2 3 4 5 6 7 8 − 9 10 11 12 13 14 15 16	Zone1:1&9 Zone2:2&10 Zone3:3&11 Zone4:4&12 Zone5:5&13 Zone6:6&14 Zone7:7&15 Zone8:8&16
	加热线	1 2 3 4 5 6 7 8 9 10 11 12 13 14 15 16	Zone1:1&9 Zone2:2&10 Zone3:3&11 Zone4:4&12 Zone5:5&13 Zone6:6&14 Zone7:7&15 Zone8:8&16

图7-36　感温线和加热线单独连接

② 感温线和加热线连接到同一个接线插座，见图 7-37，左边接加热线，右边接感温线。或者是其他类似的相连方式。

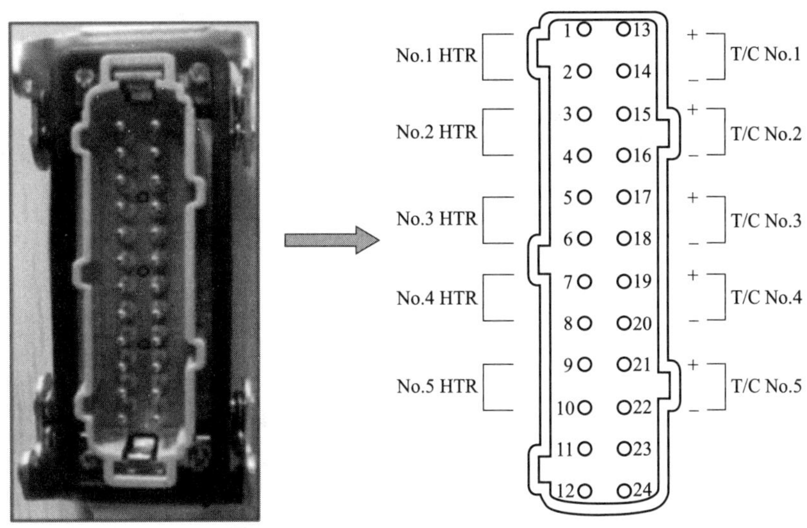

图 7-37　感温线和加热线连接到同一个接线插座

4. 其他热流道模具设计要求

① 加装有热流道系统的模具必须设计隔热板，上下都加，见图 7-38。

② 定位环必须固定住主喷嘴，见图 7-39。

图 7-38　隔热板

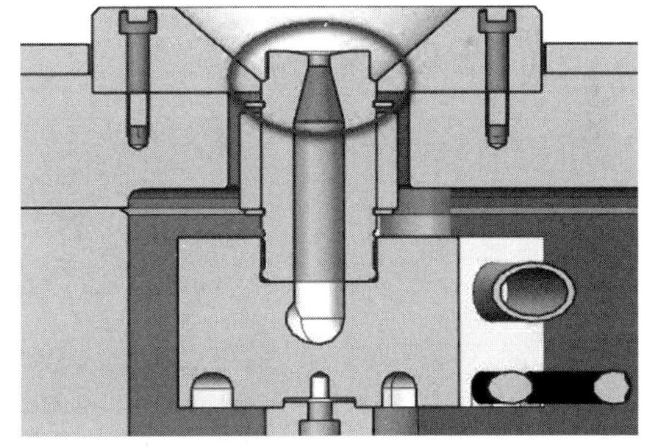

图 7-39　定位环固定主喷嘴

③ 接线盒安装在模具的天侧，便于接线，且线不要露出模具表面，必要时可多加一个固定块见图 7-40。

④ 出线槽口部必须倒 R 角，防止刮线漏电，见图 7-41。

⑤ 地侧必须加排水槽，防止漏胶胀开模具，且面板与热流道板多增加几颗螺栓锁紧，见图 7-42。

⑥ 增加热嘴垫块，防止注塑压力过大时将面板顶凹陷，热嘴垫块（红色）需用加硬料，见图 7-43。

⑦ 热嘴附近必须设计运水，见图 7-44。

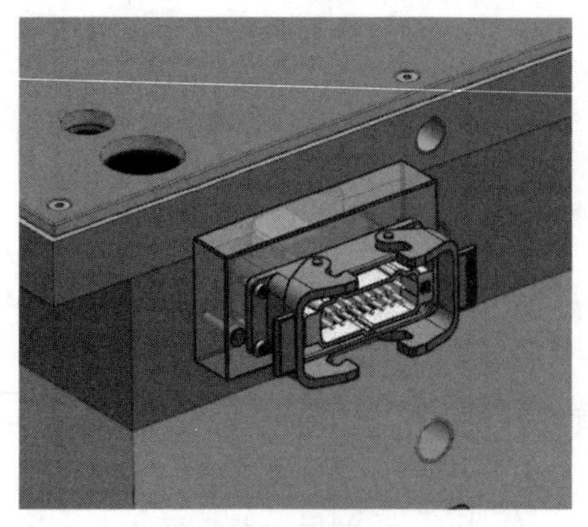

图 7-40　接线盒安装在模具的天侧（上部）

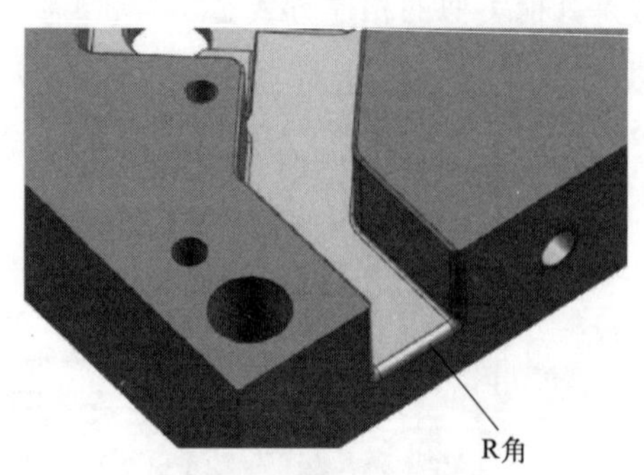

图 7-41　出线槽口部倒 R 角

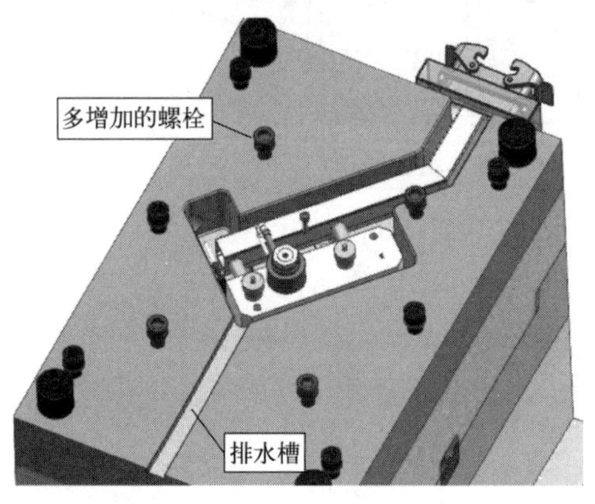

图 7-42　地侧加排水槽

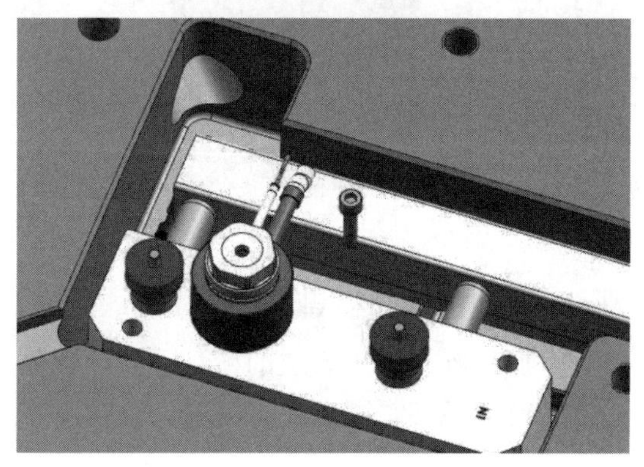

图 7-43　增加热嘴垫块

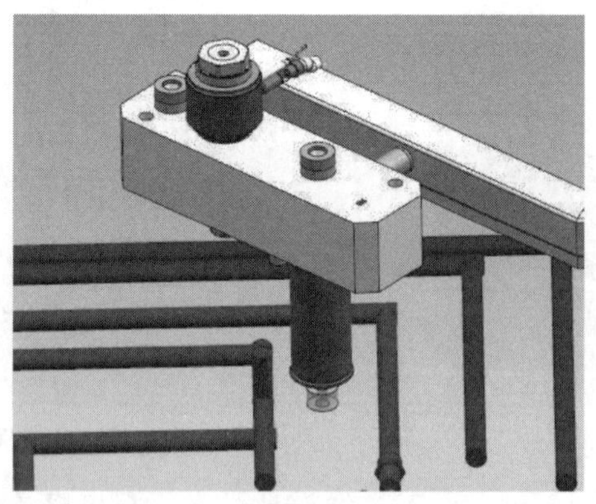

图 7-44　热嘴附近设计运水

第九节　模具的外观、标识、附件、备件和资料

一、模具的外观、标识

① 外表（除与模板接触面外）涂防锈漆，模具分类所涂颜色根据工厂内部规定。

② 涉及模具安全使用要求，在模具相应部位喷涂上警示标识（如“模具有先复位要求”“顶出行程××mm”等）。

③ 每套模具应安装铭牌。

二、模具附件

① 模具附件包括吊环、锁模板、定位环、集水块（气）、水路连接胶管、水嘴、油管及承重模脚等。

② 模具吊环孔在 M20 或以下，M42 或以上应配置吊环，其他型号要配则要另外说明。

③ 模具在放置、叉运时，其外围结构与之不发生干涉时，可不配承重模脚。

三、模具备件

① 包括双方确认的易损件。如细小斜顶、镶针等。

② 热流道系统、抽芯系统、冷却系统等不易采购的特殊选用件或特别设计件。如螺纹型芯、加热组件、加长特细水嘴等。

四、随模资料

① 包括与实物相符的模具结构图两套、各系统运水回路图两套、特殊系统或机构的控制原理图或动作示意图各两份、模具使用手册。

② 产品的 3D 实体，模具的 3D 装配实体，模具的装配 2D、模具零件的 2D 图拷贝一份光盘；其他配合模具使用所需的特殊资料根据实际情况另行确定。

第十节　模具的验收

一、零件

① 模具制造厂家根据客户所发的产品零件图纸和注塑模具制造明细表进行模具设计和制造，若对产品图及技术要求有任何疑问，应及时向客户反馈以协商解决。

② 模具制造厂家在模具制造完工试模后，按产品图进行自检。自检合格后，将样件送客户进行检验和确认。

③ 零件的合格与否要作为模具验收的主要条件之一。

二、模具

① 模具制造厂家在模具制造完成试模时，要通知客户项目负责人参加，并按技术要求和明细表的条款对模具进行初步的验证。

② 当零件验收合格后，由项目负责人通知模具制造厂家将模具送回进行验证验收，模具制造厂家须派技术人员到场对模具的安装及工艺调试进行指导。模具回厂验证验收需附带以下资料，见“附注 1”。

③ 在正常的生产条件及工艺状态下，连续顺利地注塑 2000 模次，达到合同要求的合格品率和生产节拍，则认为模具验证合格，可以办理验收移交手续。

④ 从模具验收之日起，模具制造厂家对模具保修一年。

第十一节　附注

附注 1：模具回厂验证验收需附带以下资料

1. 模具使用手册

格式见“附注 2”。

2. 模具合格证

格式由制造厂家定，但要盖章。

3. 模具装箱单

格式由制造厂家定。

4. 附件/备件清单

格式由制造厂家定。

5. 模具使用说明及使用、保养事项

格式由制造厂家定。

6.（试模）注塑工艺卡

格式由制造厂家定。（必要时，请提供“易损件”指示并附在此单内）

7. 材料证明书

主要指“模架”及“内模材料”。（可用采购单代替）

附注 2：“模具使用手册”（范本）

注塑模具手册

零件编号：____________

零件名称：____________

模具编号：____________

制造厂家：____________

制造时间：____________

编制：____________　　　　批准：____________

（此页为封面，形式可以自定。但要包括上述内容且和以下内容装订成册）

目　　　　录

附注 3：模具检验记录

一、满足规定“配用设备”的符合性检查

1. 模具外形尺寸
2. 定位环
3. 顶出、复位方式
4. 喷嘴深入模具的空间

二、模具（常规）安全性检查

1. 吊环孔
2. 吊环
3. 码模方式
4. 锁模板
5. 模脚
6. 电器安全性

三、冷却水系统检查

1. 冷却水回路的中间连接是否完整
2. 是否已按要求配置“集水块”
3. 外接冷却水“接头”是否符合要求
4. 冷却水回路的密封性检查
5. 冷却水路径标记字样

四、试模检查

1. 模具充填工艺性检查
2. 取件（包括制件和主流道、分流道）是否顺畅
3. 冷却系统（密封性及冷却水流动）
4. 导向机构
5. 顶出、复位机构
6. 抽芯机构（模具上无此项时，不检）
7. 分模顺序机构（模具上无此项时，不检）
8. 热流道系统（模具上无此项时，不检）

五、制品尺寸及外观检查报告

六、模具外观

1. 外形棱边倒角

2. 防锈漆

3. 铭牌

七、主要零件热处理检查（要附上详细记录）

1. 滑块（模具上无此项时，不检）

2. 斜顶（模具上无此项时，不检）

3. 导轨（模具上无此项时，不检）

4. 型芯/型腔主要零件

5. 其他

第八章
注塑件的二次加工

塑料制品二次加工是相对于一次加工来说的，即对一次加工成型（注塑、挤出、压铸后）后的产品再进行加工。塑料制品二次加工主要有表面装饰、机加工、装配等，产品表面装饰的方法有丝印、移印、烫印、热转印、水转印、贴花、喷涂、电镀、真空镀铝、植绒、包布等；机加工的方法如钻、车、铣、弯、卷等；装配方面主要有热熔焊接、超声波焊接、激光焊接等。塑料制品二次加工可以提高产品的附加值，把单调枯燥的产品外观变得更生动，能成型一次加工不能成型的产品。以下对主要的塑料制品二次加工方法进行介绍。

第一节　注塑件丝印

丝印是“丝网印刷”的简称。丝网印刷是将丝织物、合成纤维织物或金属丝网绷在网框上，采用手工刻漆膜或光化学制版的方法制作丝网印版。现代丝网印刷技术，则是利用感光材料通过照相制版的方法制作丝网印版（使丝网印版上图文部分的丝网孔为通孔，而非图文部分的丝网孔被堵住）。印刷时通过刮板的挤压，使油墨通过图文部分的网孔转移到承印物上，形成与原稿一样的图文，见图 8-1。丝网印刷设备简单、操作方便，印刷、制版简易且成本低廉，适应性强。丝网印刷应用范围广，常见的印刷品有：彩色油画、招贴画、名片、装帧封面、商品标牌以及印染纺织品等。

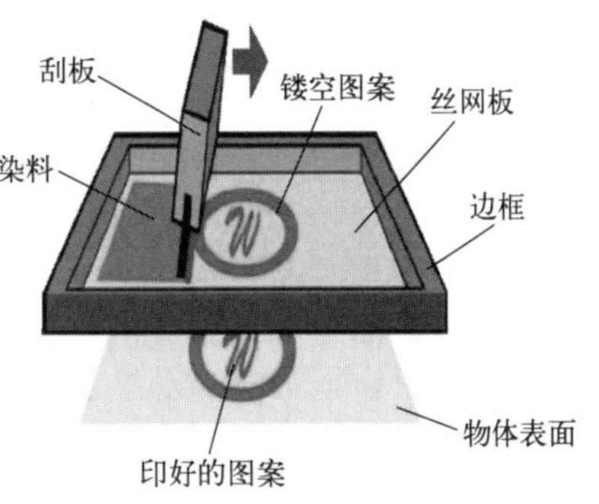

图 8-1　丝网印刷示意图

一、注塑件丝印器材

① 图片：图文菲林（胶片），见图 8-2。

② 丝网：按材料分为尼龙网、聚酯网、金属网，其中 200～300 目的较常用，见图 8-3。

③ 网框：铝合金或木框。

④ 丝印机：自动丝印时使用。

⑤ 夹具：安装固定丝网板的丝印台、固定夹等。

⑥ 胶刮（刮刀）：用聚氨酯材料制作。

⑦ 红外线加热器：烘干丝印图案。

⑧ 丝印图案材料：包括油墨、溶剂、助剂等。

二、注塑件丝印的工艺过程

图案设计→菲林输出→制造网框→拉网→刮感光胶吹干→确定放置菲林的位置放好菲

林→曝光→水冲洗→选取油墨调好颜色→调好黏度→放好坯件（放之前检查是否合格）→固定夹具、网版、工件对好位→印刷→晾干→ 干燥→检验 →包装。

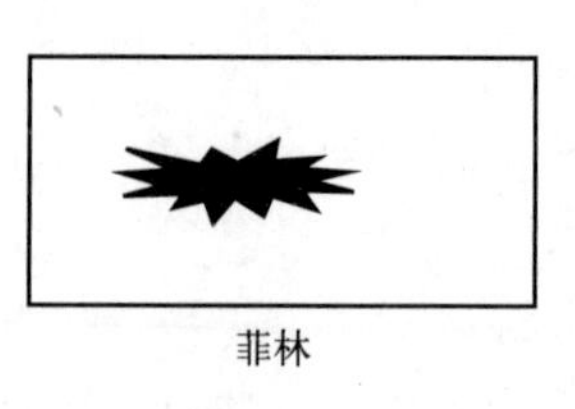

图 8-2　图文菲林

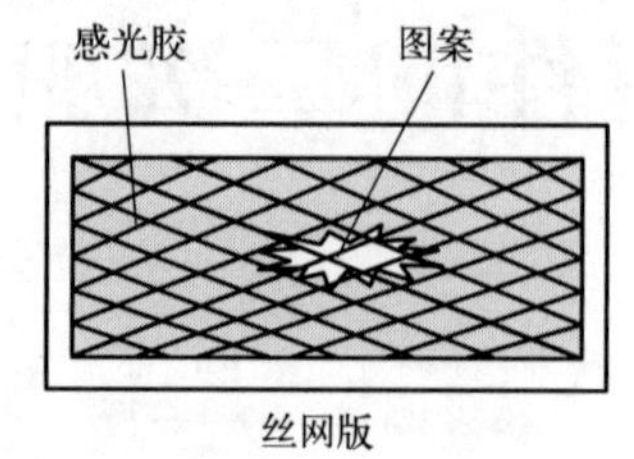

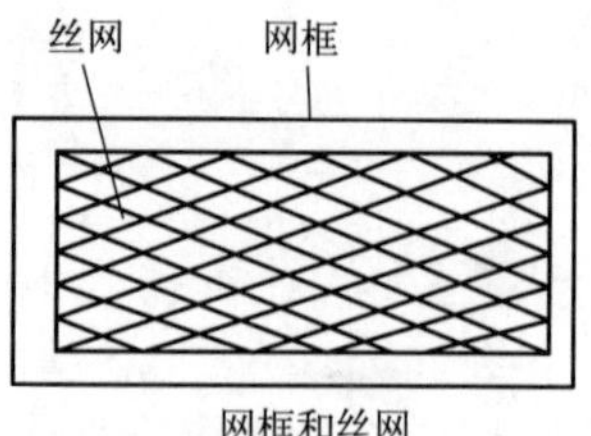

图 8-3　丝网示意图

三、丝印注塑件设计及底材要求

1. 印刷图案周边

周边尽量避免台阶、凸台，不可避免时台阶或凸台应距图文至少 7mm。

2. 丝印注塑件底材

① 丝印注塑件的底材一般分为极性底材和非极性底材，极性底材有 ABS、HIPS、PS、PC、PET、PVC 等，非极性底材有 PP、PE 等。

② 极性底材和非极性底材在选择油墨时有所差别，一般非极性的底材对油墨的附着力差，在丝印前需做表面处理来增加附着力。

③ 丝印前注塑件要求清洁干净、无油污，注塑生产时不使用油性脱模剂。

④ 注塑件丝印位置内无应力。

四、丝印器材选取

1. 油墨的选择

① 塑料油墨包括聚氯乙烯用油墨、苯乙烯用油墨、聚乙烯用油墨、丙烯用油墨等。

② 油墨要根据印刷的注塑件底材确定。不同底材对油墨附着力影响较大，特殊图案的效果由特殊油墨决定，如变色效果的油墨、镜面效果的油墨等。

2. 丝网的选择

① 图案越精细，丝网的目数应越大。

② 油墨的厚度与刮感光胶的厚度成正比，但印刷成本高。

③ 金属网与碳纤维网用于高精细图案，一般用于电路板的印刷。

④ 带色网比白色的效果要好，带色网可减少感光时的折射，减少对图案精度的影响。

3. 胶刮（刮刀）的选择

① 胶刮（刮刀）硬度越硬，图案越精细。

② 胶刮材料颜色按黄色、红色、绿色、蓝色、棕色、硬度依次升高，邵氏硬度从 55 到 90。

4. 网框要求

坚固、不变形。

五、丝印图案能达到的外观效果

① 镜面效果：用于透明件的反面印刷，该种油墨附着力较差，须印一层保护层。

② 多色图案：手工丝印对套色精度有影响，多色一般采用自动化印刷，较适合于小零件大批量的生产，设备投资成本高。

③ 渐变效果：可产生简单的深浅明暗变化的图案。

④ 变色效果：根据温度的高低及方位的不同而产生颜色变化。

⑤ 光泽：半光亮、亚光的表面效果。

六、丝印图案的品质检查

① 附着力：《色漆和清漆　划格试验》(GB/T 9286—2021)。

② 颜色：符合样板或色卡颜色要求。

③ 线条：图案线条粗细均匀。

④ 套色：图案套色位置准确。

⑤ 图案连续性：丝印图案是否断线。

⑥ 位置：丝印图案位置是否符合图纸要求。

⑦ 完整性：是否有漏笔画或笔画印得不完整。

⑧ 其他特殊要求：耐摩擦性、耐老化性、耐溶剂性等符合要求。

第二节　注塑件移印

移印是应用凹版印刷的原理，工具包括硅胶胶头，晒有图案的印刷板（钢或纤维）和油墨，可印出各种幼细的线、字体和图案，甚至四色网板影像。无论印刷品表面是凹、凸还是不规则，依然能做出理想效果。

一、移印的工艺流程图

图案设计→输出菲林→饰刻钢版→安装好移印机、钢版→安装清洁刮油系统（油盘、刮刀）→调配油墨→调试图案移印效果→移印生产→检验→包装。

二、移印器材的选取

1. 移印机

移印机是移印生产的核心，它是利用压缩空气作为原始动力，用电信号控制胶头运动和移印动作（如印刷次数）程序来印刷单色或套印双色至多色图案，可进行 1～3 次流动印刷，1～2 色转盘印刷及 2～6 色推盘印刷。根据印刷物件的面积及体积大小选定移印机，根据需要选择单色、双色或滚动式印刷等功能，而依照机器操作说明书来选择表盘、按键，确定相应功能及设定工艺参数。

2. 钢版

一般采用铬钢，硬度在洛氏 60 以上。印刷板的蚀刻深度为 0.015～0.035mm，移印油墨薄膜厚度为0.004～0.008mm，视印刷板型态蚀刻深度及印刷头的硬度及外形而定，其他诸如气温、湿度及环境也可能使油墨薄膜厚度发生差异。印刷板的尺寸是以印刷图案的面积来衡量，通常印刷板的面积无需太大，否则很难将钢版固定在油盘上，见图8-4。

图8-4　移印钢版

3. 刮墨刀

洛氏硬度在55左右（不可超过钢版）。

4. 油墨

① 不同材料的塑件应采用不同系列的油墨。

② 了解油墨的光泽度、遮盖力、凝固速度特性。

③ 了解油墨对移印胶头不会起侵蚀作用。

④ 油墨凝固的速度不应过快，否则容易在油盘中风干，此时可用溶剂稀释。如想加快风干速度，可用快干剂或吹风机辅助。

⑤ 油墨应调和到适当的黏稠度。

a. 如果油墨过稠，则缺乏活性从而可能导致印刷困难（容易起毛）。

b. 如果油墨过稀，则印出的图案颜色不够清楚或线条不佳。

c. 要留意钢板上的油墨黏稠度，油墨的调和是一项重要的工作。

d. 油墨的种类很多，只有采用与塑件特性吻合的油墨，才能得到最佳效果。

5. 移印胶头

① 材料硅橡胶，邵氏硬度25～65，硬一点印刷效果相对较好，太软图文不够清晰。

② 移印胶头的体积要与移印图案做比较，以恰好足够为最好，胶头体积过大会浪费。

③ 不同形状的塑件需用不同型号移印胶头。

④ 移印胶头的形状需根据移印塑胶件不同而调整。

⑤ 移印胶头要把平面钢板上的油墨带到凹凸不平的被印件上，移印胶头的末端要非常有弹性。

⑥ 移印胶头的形状须适合注塑件的幅位，移印胶头末端所受的压力才可以平均扩散，避免移印胶头倾斜地印在注塑件的平面，见图8-5。

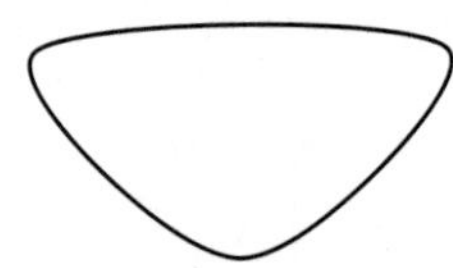

图8-5　胶头

三、移印的生产流程

① 油墨刮刀将油墨涂敷到移印钢版蚀刻的凹处，然后再回程时刀片将钢版上的油墨刮回油墨容器中，留在蚀刻图案上的油墨蒸发后可增加其表面黏度。

② 印刷胶头向下移动与移印钢版的蚀刻图案接触。

③ 印刷胶头上升时将蚀刻图案内的油墨吸在胶头上。

④ 印刷胶头在钢板上移动到印刷件的过程中，附着的油墨溶剂逐渐挥发，使油墨的黏度再度提高，胶头停留在塑件上方的水平位置。

⑤ 印刷胶头向印刷注塑件压下，使其附着的油墨转移到注塑件表面。

⑥ 印刷头再度上升回到塑件上方原来位置。

四、对底材的要求

与丝印对底材的要求相同。

五、干燥要求

移印不需用专门的热源干燥，自然干燥或风干即可。

六、移印图案的效果

① 颜色：可以同时移印 1～7 种颜色。
② 光泽：一般只能印半光亮或亚光效果。
③ 遮盖力：由于遮盖力较差，因此，对颜色的保真度不是很好，受底色的干扰明显。
④ 多种颜色的套色印刷：套色的准确性取决于采用的移印机的精度及夹具的制造精度。

七、移印图案的品质检查

与丝印要求基本一致。

第三节　注塑件烫印

烫印是在加热、加压的条件下将载体上的图案转移到工件上的印刷方法。烫印是塑料件表面装饰的一个重要手段，也是家用电器、消费类电子产品常用的一种装饰工艺。烫印分为滚压和烫压。烫印工艺的四个基本条件：烫印模头、烫印膜、加热器及压力传送机构。

一、烫印器材

烫印器材见图 8-6。

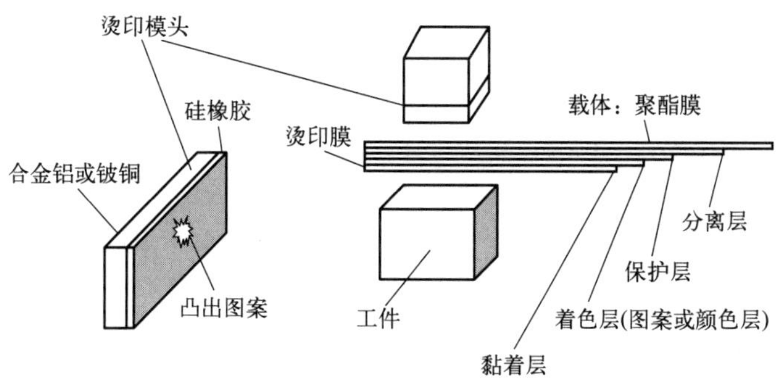

图 8-6　烫印器材示意图

1. 烫印模头

① 由两部分组成，在传热较好的合金铝下面粘接耐热硅橡胶。
② 硅橡胶上刻有凸出的需印刷图文。
③ 硅胶的硬度为邵氏 50～90。

④ 硅橡胶面积大，一般硬度取小点。

⑤ 硬度太小易致图文边缘不规整，太大可能与工件表面吻合不好，会有局部印不出来。

2. 烫印膜

烫印膜由五层组成，分别是载体、分离层、保护层、着色层、黏着层。烫印模头在加热后以一定的压力压在烫印膜上、烫印膜下面是工件，这样工件上就呈现出了与烫印模头上图案一致的图案，图案的颜色为所选烫印膜的颜色。烫印膜可决定色彩、图文等装饰效果，设备上有膜的传送和卷取装置。

3. 烫印夹具

烫印夹具包括工作台及传送装置，对于定位的准确性及图案质量都有一定的影响。

二、烫印的工艺过程

根据设计图案制造菲林→制造烫印模头→制造夹具→根据图案颜色及底材采购烫印膜→安装夹具、烫印模头、烫印膜→对位→试烫签样→正式印烫→检验包装。

1. 烫印压力

① 烫印压力的大小应根据被烫物性质、厚度及烫印形式决定。

② 其压力的大小以不糊版、烫迹清晰光亮为标准。

③ 以烫印图案牢固不脱落、不发花为宜。

④ 当在同一块版上，烫印两种面积大小悬殊的图文时，要掌握好单位面积压力的一致性，烫印面积越大，烫印压力应越大，反之则越小。

2. 烫印时间与温度

① 依据被烫物的质地与烫印形式等决定。

② 烫印时间过长、温度过高，则会出现糊版、图文不清晰等缺陷。

③ 烫印时间过短、温度过低则会出现烫印不上、烫后脱落、无光泽、发花等缺陷。

④ 时间与温度两者在工作时可进行微调，当温度略高时，时间可缩短些；温度略低时，时间可加长些。

三、烫印图案的特点

烫印图案具有清晰、美观，色彩鲜艳夺目，耐磨、耐候的特点。在印制的烟标上，烫金工艺的应用占85%以上。而在平面设计上，烫金可以起到画龙点睛、突出设计主题的作用，特别是用于商标、注册名，效果更为显著。

四、烫印品质检查

① 图案无针孔、脱落。

② 附着力：供需双方确定检验方法和标准。一般用3M胶带密贴在图文上面，然后与剥离方向呈45°角快速剥离。

③ 耐洗涤性：供需双方确定试验用的洗涤液和试验方法。

第四节　注塑件水转印

水转印技术是利用水压将带彩色图案的转印纸/塑料膜进行高分子水解的一种印刷。水转印是针对一般传统印刷及烫印、移印、丝网印所不能克服的复杂造型及死角问题所研发出来的转印技术。

一、水转印原理

将水溶性高分子薄膜印上彩色图纹后，平放于水槽面，利用水压原理将彩色图纹披覆在产品表面，经清洗烘干后再喷一层透明涂料。

二、水转印工艺流程

水转印工艺流程见图 8-7。

活化（水转印膜表面喷上一层活化溶剂）→转印（利用水压将图纹转印在工件表面上）→水洗→干燥→喷透明漆→检验包装。

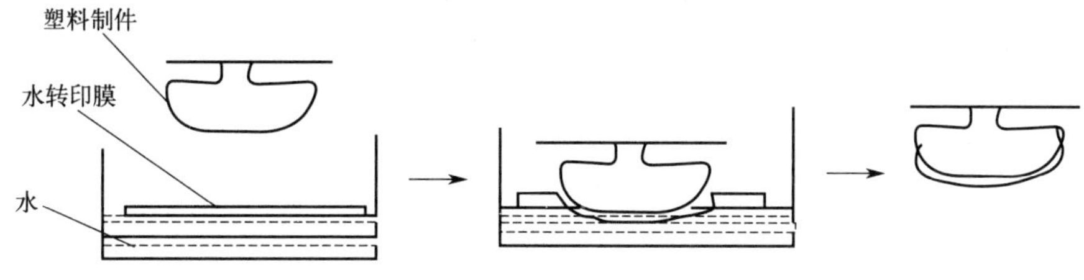

图 8-7　水转印工艺流程

1. 薄膜活化

将水转印薄膜平铺于转印水槽水面上，图文层朝上，保持水槽中的水清洁，且基本处于中性状态，用活化剂在图文表面均匀地喷涂，使图文层活化，易于与载体薄膜分离。

活化剂是一种以芳香烃为主的有机混合溶剂，能够迅速溶解并破坏聚乙烯醇，但不会损坏图文层，使图文处于游离状态。

2. 水转印过程

将需要水转印的物品，沿其轮廓逐渐贴近水转印薄膜，图文层会在水压的作用下慢慢转移到产品表面，由于油墨层与承印材料或者特殊涂层固有的黏附作用而产生附着力。转印过程中，承印物与水披覆膜的贴合速度要保持均匀，避免薄膜褶皱而使图文不美观。原则上讲，应保证图文适当的拉伸，尽量避免重叠，特别是结合处，重叠过多，会给人杂乱的感觉。越是复杂的产品对操作的要求越高。

水温是影响转印质量的重要参数，水温过低，可能会使基材薄膜的溶解性下降；水温过高又容易对图文造成损害，引起图文变形。

转印水槽可以采用自动温度控制装置，将水温控制在稳定的范围内。对于形状比较简单、统一的大批量工件，也可用专用的水转印设备代替手工操作，如圆柱体工件，可以将其固定在转动轴上，在薄膜表面转动而使图文层发生转印。

3. 干燥、喷透明漆过程

自然干燥后再放入烘箱内干燥，以提高图文的附着牢固度，干燥温度在70℃，时间60min左右。烘箱内干燥后需要喷透明的罩光漆处理，用固化机固化。喷涂透明的罩光漆时一定要注意防止灰尘落在表面，否则产品外观会受到很大的影响。涂层厚度的控制是通过调整透明罩光漆的黏度和喷涂量实现的，喷得过多容易造成均匀度下降。

三、水转印特点

① 水转印工艺适用于任何素材的复杂外形及表面（如塑料ABS、PC、PP、尼龙、木材、金属、玻璃、电木、陶瓷等）。

② 水转印工艺印制的产品防水不轻易褪色，使美观的外表持久不变。

③ 图案种类多，过数百种的天然花纹，如木纹、石纹、卡通和各种动物图案，也可以自己设计图案、花纹。

第五节　注塑件超声波焊接

超声波塑料焊接原理是由发生器产生20kHz（或15kHz）的高压、高频信号，可以通过换能系统，把信号转换为高频机械振动，加于塑料制品工件上，通过工件表面及在分子间的摩擦而使传递到接口的温度升高，当温度达到此工件本身的熔点时，工件接口迅速熔化，继而填充于接口间的空隙，当振动停止，工件同时在一定的压力下冷却定型，便达成高质量的焊接，见图8-8。图8-9所示为超声波焊接机。

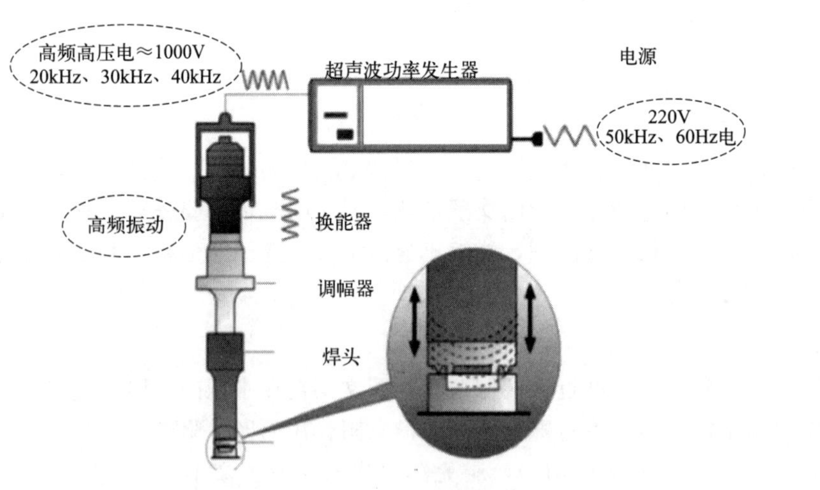

图8-8　超声波塑料焊接原理

图8-9　超声波焊接机

一、超声波焊接设备的组成

1. 高频电流发生器

高频电流发生器的主要功能是将输入的低频电流转化为高频电流，高频电流的频率与超声波的频率范围相似，一般为20～40kHz，波长约270mm。

2. 换能器

换能器将高频电流转化为高频机械能，在转换的同时需将超声波的振幅放大，才能使用。

3. 焊具

焊具将超声能传递给待焊塑料件，材料一般为铝合金或钛合金。

4. 底座

底座为支承待焊的塑料件。

二、选择超声波焊接设备时的注意事项

① 高频电流发生器、换能器都是在设备购买时就已经定下来了。

② 焊具需根据工件的形状、现有的超声波设备进行设计和配做。为防止焊具与塑料件表面接触的部分过多造成磨损，在焊具顶端一般均镶有碳化钨的头子即振动头。

③ 振动头的直径需根据塑料件的具体情况而定，但必须小于超声波的半波长即135mm，如大于此数需设计成多焊头。

④ 多焊头效率低，不能同时达到密封、防水、防灰或耐压的要求。

三、几种常用塑料材料焊接的匹配性

常用塑料材料焊接的匹配表见表 8-1。

表 8-1　常用塑料材料焊接的匹配表

匹配性 材料＼材料	ABS	丙烯酸	纤维素	ABS/PC	尼龙	PC	PP	PE	PS	PVC	苯乙烯-丙烯腈
ABS	OK	OK									OK
丙烯酸	OK	OK									OK
纤维素			OK								
ABS/PC				OK							
尼龙					OK						
PC						OK					
PP							OK				
PE								OK			
PS									OK		
PVC										OK	
苯乙烯-丙烯腈											OK

注：超声波焊接往往是两种塑料材料通过超声波焊接在一起，两种塑料有的是同一种材料，有的是不同塑料之间焊接，上表行列中标注 OK 的，代表用超声波焊接的两材料之间匹配性良好。

四、超声波焊接的质量要求

① 焊接强度检测（可做跌落试验）。

② 焊接疤痕是否符合要求。

③ 焊接面是否压花。

④ 焊接位置是否正确。

⑤ 焊接后是否有裂纹。

第六节 注塑件喷涂

注塑件喷涂是根据要求在塑料表面喷涂一层涂料（俗称油漆）以达到所希望的效果。空气喷涂是目前油漆涂装施工中采用得比较广泛的一种涂饰工艺。空气喷涂是利用压缩空气的气流，通过喷枪喷嘴孔形成负压，负压使漆料从吸管吸入，经喷嘴喷出，形成漆雾。漆雾喷到被涂饰零部件表面上形成均匀的漆膜。空气喷涂可以产生均匀的漆膜，涂层细腻光滑；对于零部件较隐蔽的部位（如缝隙、凹凸），也可均匀地喷涂，此种方法的涂料利用率较低，在50%～60%。

一、常用塑料喷涂涂料分类

1. 按干燥方式分

（1）红外线干燥喷涂

（2）紫外线固化喷涂——UV涂料

2. 按涂料组成分类

（1）丙烯酸树脂涂料

（2）聚氨酯双组分涂料（丙烯酸与异氰酸酯）

（3）硝基涂料

（4）乙烯基树脂涂料

二、涂料的组成

涂料一般由树脂（成膜物质）、颜料和填料、溶剂、助剂组成。

1. 树脂（成膜物质）

树脂（成膜物质）是组成涂料的基础，它对涂料的性质起着决定作用。可作为涂料成膜物质的品种很多，主要可分为转化型和非转化型两大类。转化型涂料成膜物主要有干性油和半干性油，双组分的氨基树脂、聚氨酯树脂、醇酸树脂、热固型丙烯酸树脂、酚醛树脂等。非转化型涂料成膜物主要有硝化棉、氯化橡胶、沥青、改性松香树脂、热塑型丙烯酸树脂、乙酸乙烯酯树脂等。

2. 颜料和填料

颜料可以使涂料呈现出丰富的颜色，使涂料具有一定的遮盖力，并且具有增强涂膜力学性能和耐久性的作用。颜料的品种很多，在配制涂料时应注意根据所要求的不同性能和用途仔细选用。

填料也可称为体质颜料，特点是基本不具有遮盖力，在涂料中主要起填充作用。填料可以降低涂料成本，增加涂膜的厚度，增强涂膜的力学性能和耐久性。常用填料品种有滑石粉、碳酸钙、硫酸钡、二氧化硅等。

3. 溶剂

除了少数无溶剂涂料和粉末涂料外，溶剂是涂料不可缺少的组成部分。一般常用有机溶剂，主要有脂肪烃、芳香烃、醇、酯、酮、卤代烃、萜烯等等。溶剂在涂料中所占比重大多在50%。溶剂的主要作用是溶解和稀释成膜物，使涂料在施工时易于形成比较完美的漆膜。溶剂在涂料施工结束后，一般都挥发至大气中，很少残留在漆膜里。醇类（丙醇、丁醇等）、醚类（乙二醇单丁醚）主要起流平作用；酯类（乙酯、丁酯等）、酮类（丁酮等）主要起溶解作用。

4. 助剂

助剂在涂料中的作用，就相当于维生素和微量元素对人体的作用一样，用量很少，但作用很大。

三、喷涂对工作环境的要求

为了产品的质量及环境保护，喷涂对环境要求比较高，一般要有专门的喷涂设备和环境，对比较高档的零件需建无尘室，特别是在喷双组分或UV涂料的情况下。由于双组分及UV涂料光泽高，只要有一点杂质、颗粒，在经过高光漆膜的反射后都会有放大的作用，使缺陷更加显眼。

喷涂环境按所含直径小于0.5μm的尘粒数量分级：

1级：　　<35个/m^3

2级：　　<353个/m^3

⋮　　　　⋮

10000级：<353000个/m^3

UV涂料及双组分涂料一般采用1万级的无尘室。

四、喷涂对注塑零件设计要求

① 产品的筋位设计要合理，防止表面缩痕太深，特别是喷涂光泽较高的涂料后，这些缺陷会更加明显。

② 流道的位置、大小、型式设计要合理，使产品内应力小，流道处胶料要密实，防止喷涂后产生开裂等缺陷。

③ 表面有格栅、孔、槽的零件，其栅格内、孔内、槽内的底面或侧面喷涂都有一定的困难。

④ 塑料选材要考虑涂料容易附着，耐溶剂性好的材料。

a. 如ABS、HIPS类可喷涂性较好，但不同牌号的树脂耐溶剂性有差别。

b. 对新开发的材料要经过试验才能使用。

c. PC耐溶剂性较差。

d. PP、PE附着力差，须进行表面处理后才可以喷涂。

五、塑料喷涂工艺流程

塑料喷涂工艺流程包括退火、除油、消除静电及除尘、喷涂、烘干等工序。

1. 退火

塑料成型时易形成内应力，涂装后应力集中处易开裂。可采用退火处理或整面处理，消除应力。退火处理是把ABS塑料成型件加热到热变形温度以下，即60℃，保温2h。由于采用此种工艺需要大量的设备投资，因此，可采用整面处理技术，即配置能够消除塑料件内应力的溶液，在室温下对塑料件表面进行15～20min处理即可。

2. 除油

塑料件表面常粘有油污、手汗和脱模剂等，它会使涂料附着力变差，涂装产生龟裂、起泡和脱落，涂装前要进行除油处理。对塑料件通常用汽油或酒精活洗，然后进行化学除油，化学除油后应彻底活洗工艺件表面残留碱液，并用纯水最后活洗干净，晾干或烘干。

3. 消除静电及除尘

塑料制品是绝缘体，表面电阻一般在1013Ω左右，易产生静电。带静电的塑料制品容易吸附空气中细小的灰尘而附着于表面。因静电吸附的灰尘用一般吹气法除去十分困难，采用高压离子化空气流同时除静电除尘的效果较好。

4. 喷涂

塑料涂层厚度为15～20μm，通常要喷涂2～3道才能完成。一道喷涂后晾干15min，再进行第二次喷涂。若需要光亮的表面还必须喷涂透明涂料。

5. 烘干

涂完后可在室温下自干，也可在60℃条件下烘烤30min。

六、喷涂可提升的性能及外观效果

1. 性能提升方面

① 可遮盖成型后制件的表面缺陷。

② 因塑料件本身着色比较困难，可利用喷涂获得多种色彩。

③ 使塑料件的静电性能得到改善，减少灰尘吸附。

④ 增强了塑料件的硬度和擦伤性。

⑤ 提高塑料件的耐候性。

⑥ 调整塑料件表面的光泽。

⑦ 砂纹漆、绒毛漆等一些特殊漆，可获得较好的外观及手感。

2. 外观效果提升方面

① 金属效果。

② 变色效果。

③ 仿电镀效果。

④ 仿皮纹效果。

⑤ 橡胶效果。

⑥ 花点效果。

七、注塑件喷涂产品的质量控制

注塑件喷涂产品的质量控制分喷涂特性的质量控制和外观质量控制。

1. 喷涂特性的质量控制项目

（1）涂层厚度检测

用膜厚仪在零件平面区域测量5点，取平均值为膜厚值，须符合客户要求。

（2）附着力检测

用百格刀或单面锋利刀片在涂膜上进行垂直交叉法划痕至底材，形成 $1mm^2$ 小方格 100 格，然后采用标准的胶带紧贴涂层 5min 左右，胶带长度至少超过网格 20mm，手持胶带一端与样板表面尽可能呈 60°的角度，迅速将胶带撕下，观察方格表面情况，要求 100%附着，见图 8-10。

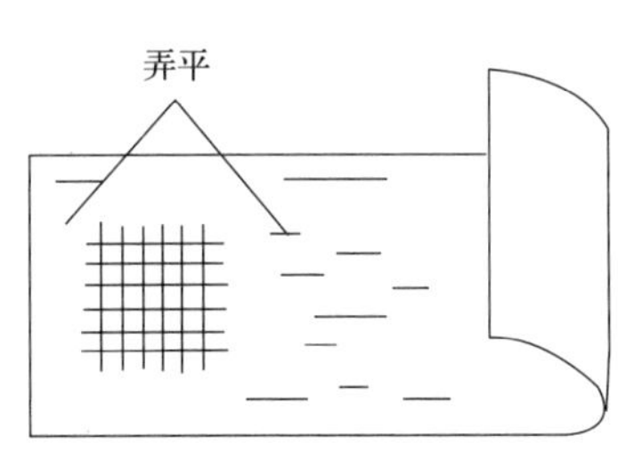

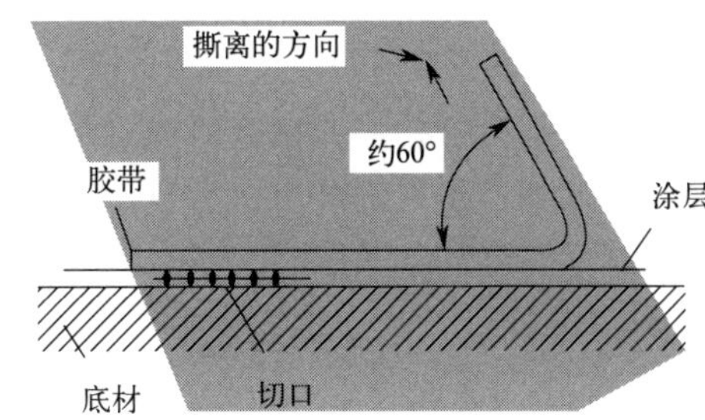

图 8-10　附着力检测

（3）抗老化性

500h 中性盐雾试验合格。

（4）硬度测试

削掉 2H 型硬度以上铅笔木质头部，使笔芯露出约 3mm 呈圆柱状，用砂纸将笔芯端面磨平，使铅笔与涂膜表面呈 45°角，同时施用 1kg 垂直涂膜表面作用的力，并将铅笔斜向前推动约 10mm，按此方法选择每件零件涂膜表面不同位置，共做 5 次，然后观察涂膜表面应无任何剥落或割痕不良。

（5）耐划伤性测试

用直径为 6.35mm 的圆形橡皮垂直于涂膜表面，并施压力 1.6kg，在行程 25.4mm 的范围内以每分钟 30 次的往返速度摩擦 30 次，观察摩擦涂膜表面情况，无任何异常时判定合格。

（6）耐溶剂性测试

在室温下，用无水乙醇润湿白色棉质软布或脱脂棉，然后施用 1kg 的压力，并以每秒 1 次的速度来回擦拭涂层表面同一位置 20 次，目测涂层表面应无失光、明显掉色以及表露出被擦拭的迹象时则判定合格。

（7）耐冲击性测试

将做好的试片放置于冲击试验铁砧上，受冲击部位应距边缘 10mm 以上，以 1000 的重锤测 3 次，每个冲击点间距应在 10mm 以上，用 4 倍放大镜观察。结果以三次试验均未观察到裂纹、皱纹及剥落现象的最大重锤高度（cm）表示（国家标准《漆膜耐冲击测定法》GB/T 1732—2020。

2. 外观质量控制项目

① 零件的喷涂颜色、光泽和纹理均匀，应与标准色样板一致，具体色差要求须按照客户要求进行控制。

② 涂层均匀、连续、色泽一致、无夹杂物，无缩孔、起泡、针孔、开裂、脱落、颗粒、流挂、起橘皮、露底等缺陷。

第七节　塑料制品电镀

一、塑料制品电镀简介

常见的塑料包括热塑性和热固性，均可以进行电镀，但需要做不同的活化处理，同时后期的表面质量也有较大差异。

电镀就是利用电解的方式使金属或合金沉积在工件表面，以形成均匀、致密、结合力良好的金属层的过程。塑料制品电镀有以下几种用途：

① 防腐蚀；

② 防护装饰；

③ 抗磨损；

④ 电性能：根据零件工作要求，提供导电或绝缘性能的镀层。

二、塑料电镀工艺原理

塑料湿法电镀工艺基本流程为：除油→（预浸蚀）→浸蚀→中和→（表面清洗）→添加催化剂及活化处理→非电解电镀→电镀。各个步骤的作用和原理如下。

1. 除油

由于塑料制品表面常沾有指纹、油污等有机物，以及靠静电作用而附着的灰尘等无机物，这些污垢都应加以去除。常用于除油的碱性试剂有硅酸盐和磷酸盐两类，其中硅酸盐会在表面形成硅酸盐薄膜，对后续浸蚀处理有影响，所以通常使用磷酸盐除油剂。

2. 预浸蚀

由于工程塑料耐化学药品性能好，一般难以被化学药品浸蚀，因此在浸蚀之前要进行预浸蚀。预浸蚀常使用有机溶剂，利用有机溶剂使塑料表面产生膨润。经过预浸蚀处理可提高浸蚀加工效果。有的塑料较易被化学药品浸蚀，则可省略预浸蚀步骤。

3. 浸蚀

浸蚀是采用强氧化剂或强酸、强碱对塑料进行化学处理，使塑料表面有选择性地溶解，产生凹凸不平的固定点，在电镀时产生良好的外观并保证镀层附着性好。

① ABS塑料（苯乙烯-丁二烯-丙烯腈共聚物）采用铬酸和硫酸的混合液作为浸蚀剂，在强氧化性的铬酸作用下，塑料中的丁二烯氧化形成羰基等极性基并在塑料表面产生固定点，这些固定点是发生电镀的有利位置。

② 工程塑料和超工程塑料经预浸蚀处理后，再在铬酸作用下，膨润的表面层就会局部产生氧化的固定点。

③ 有无机物或玻璃纤维作填充剂的工程塑料，在强氧化剂的浸蚀作用下，填充剂溶解脱落而在塑料表面形成固定点。

④ 含有酯类结构的塑料在强酸、强碱浸蚀下也会解离而形成活化的固定点。

4. 中和

经浸蚀处理后必须去除塑料表面残留的浸蚀剂，如用盐酸作浸蚀剂，需用氢氧化钠等碱中和。如用铬酸作浸蚀剂，表面上有残留的铬酸，会使后续的非电解电镀无法在塑料表面形成镀层，导致镀层附着力下降，外观不好，此时通常使用有还原性的盐酸或有机酸去除之。

5. 表面清洗

对工程塑料和超工程塑料需要这一步骤，目的为在后续的添加催化剂处理步骤中提高表面对催化剂（金属钯）的吸附性。

6. 添加催化剂及活化处理

为使非电解电镀得到良好的效果，在塑料表面要吸附催化剂金属钯。具体做法是把塑料件浸渍在含有氯化钯和二氯化锡的溶液（催化剂）中。再在碱液或酸液中进行活化处理（多采用在硫酸或盐酸溶液中活化处理）以促进金属钯的生成。其反应式为：

$$PdCl_2 + SnCl_2 = Pd + SnCl_4$$

7. 非电解电镀

非电解电镀（又称化学电镀）是不依靠外界电流作用，而依靠化学试剂的氧化还原反应在物体表面沉积一层金属的方法。如化学镀银即是利用甲醛或还原性糖与银氨络合物发生氧化还原反应在金属、玻璃及塑料等的表面沉积一层银的方法。化学镀镍即是把被镀件浸入硫酸镍、次磷酸二氢钠（NaH_2PO_2）、柠檬酸（螯合剂）组成的混合溶液中，在一定 pH 值和温度下，溶液中镍离子被次磷酸二氢钠还原为金属，并沉积在塑料表面。在这个反应中钯起催化剂的作用。具体反应为：

$$Ni^{2+} + H_2PO_2^- + H_2O \xrightarrow{Pd} Ni + HPO_3^- + 3H^+$$

同时伴有副反应 $H_2PO_2^- + H_2O \longrightarrow HPO_3^{2-} + H_2 + H^+$

$$H_2PO_2^- + [H] \longrightarrow H_2O + OH^- + P$$

化学镀铜，即把被镀件浸入硫酸铜、酒石酸钾钠（螯合剂）和甲醛组成的混合溶液中，在碱性条件下，溶液中的铜离子被甲醛还原成金属铜而沉积在表面上。其反应式为：

$$Cu^{2+} + 2HCHO + 2OH^- \longrightarrow Cu + H_2 + 2HCOOH$$

并伴有副反应：$2Cu^{2+} + HCHO + 5OH^- \longrightarrow Cu_2O + HCOO^- + 3H_2O$

$$Cu_2O + 2HCHO + 2OH^- \longrightarrow 2Cu + H_2 + 2HCOO^- + H_2O$$

为使电镀层获得满意效果，在完成第一次化学镀层之后需继续多次化学镀，以提高镀层厚度或利用化学镀层的导电性用常规电镀方法继续进行电镀处理。

8. 电镀

电镀的工艺流程：预镀镍—光亮铜—半光亮镍—光亮镍—镍封—光亮铬。

预镀镍：化学镍层比较薄（0.2μm 左右），导电性能不佳。在化学镍表面增加一层预镀镍可增加零件的导电性能。

光亮铜：铜具有良好的延展性、柔韧性，较其他镀层的热膨胀系数更接近塑料。在塑料零件表面镀上一层厚约 15～25μm 平滑而柔韧的铜层，有利于增加零件与整个镀层的结合力、耐温变能力以及耐腐蚀性，在零件受到外界环境温度变化或冲击时能够起到一个缓冲作用，减小零件受损程度。

半光亮镍：零件外观呈半光亮状，所以称为半光亮镍。该镀层具有良好的延展性及平整性，半光亮镍层基本上不含硫（$<0.005\%$），电位较光亮镍镀层高，零件在铜层上继续镀上一层半光镍和光亮镍组合，使零件同时具有良好的力学性能和耐腐蚀性能。

光亮镍：使零件外观具有镜面光亮效果，颜色白中偏黄，在零件遭受腐蚀介质产生腐蚀时，由于光亮镍镀层中含硫（0.06%～0.08%），电位较半光亮镍低，作为阳极性镀层优先腐蚀，并且腐蚀方向由纵向变成横向，避免了大而纵深的腐蚀结果，从而大大延缓了零件腐蚀的速率。

在镀光亮镍时，有时根据需要改为镀珍珠镍。珍珠镍外观具有珍珠光亮效果，使零件看起来优雅、色泽柔和。珍珠镍镀层结构细致、孔隙少、内应力低和耐腐蚀性好，而且耐触摸及耐刻痕能力极佳。

镍封：在光亮镍溶液的基础上，在电镀溶液中添加一些不导电的细小微粒（一般直径约为 0.5μm），在电镀过程中镍不断在零件上沉积，同时这些微粒也被带入了镀层，这些微粒由于不导电，所以在微粒上是镀不上其他镀层的，因此镀完铬层以后在零件上形成了贯穿至镍层的不连续的小孔（俗称微孔）。

在零件遭受腐蚀的时候，正是这些微孔的存在增大了镍层的暴露面积，很好地分散了腐蚀电流，使单位面积镍表面积上的腐蚀电流大为降低，腐蚀速度也因此降低，从而避免了集中纵深的强烈腐蚀，起到了非常好的耐腐蚀性效果。

光亮铬：镀层呈耀眼的银白色，使零件达到最佳的装饰效果。在环保和市场需求下，三价铬和电镀黑铬应用也多了起来。

目前由于环保要求，三价铬的应用越来越广泛，其特点是环保、毒性低（只有六价铬的1%）、废水处理简单，同时电流效率高，覆盖性能、分散性能均高于六价铬。但是也有不足之处，镀层色泽较六价铬稍暗，耐腐蚀性能及硬度没有六价铬好。

电镀黑铬的应用也越来越多，黑铬并不是纯铬而是由铬和三氧化二铬的水合物组成，晶粒呈树枝状结构，其特殊的物理性质能够完全吸收光波而发黑。

三、塑料电镀层的组成及表示法

1. 塑料电镀层组成

电镀后常见的镀层主要为铜、镍、铬三种金属沉积层，在理想条件下，各层常见的厚度，见图 8-11，总体厚度为 0.02mm 左右。但在我们的实际生产中，由于基材的原因和表面质量的原因通常厚度会做得比这个值大许多。

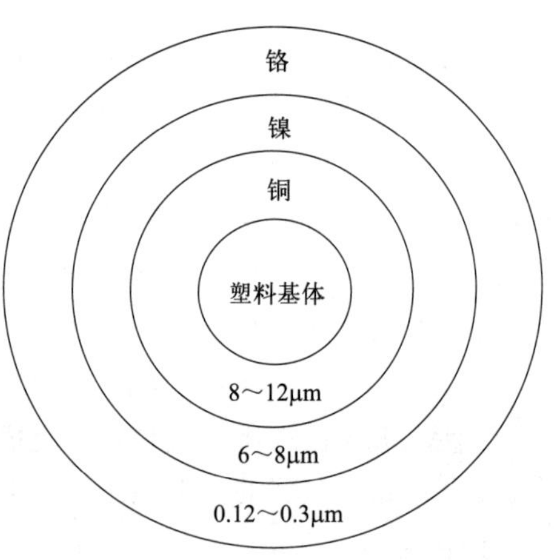

图 8-11 镀层厚度示意图

2. 电镀层标识方法

在对镀层技术要求的标识上可以参照 GB/T 13911—2008 规定的办法。

（1）金属镀层标识时采用下列顺序表示（表 8-2）

表 8-2 金属镀层标识

基本信息					底镀层			中镀层			面镀层			
镀覆方法	本标准号	—	基体材料	/	底镀层	最小厚度	底镀层特征	中镀层	最小厚度	中镀层特征	面镀层	最小厚度	面镀层特征	后处理

（2）塑料上镍＋铬电镀层标识

塑料上镍＋铬、铜＋镍＋铬电镀层的标识见 GB/T 12600 标识的规定，示例及说明如下：

电镀层 GB/T 12600-PL/Cu15a Ni10bCr mp（或 mc）

该镀层标识表示，塑料基体上镀覆 15μm 延展并整平铜＋10μm 光亮镍＋0.3μm 微孔或微裂纹铬的电镀层标识。

（3）基体材料（表 8-3）

表 8-3　基体材料

材料名称	铁、钢	铜及铜合金	铝及铝合金	锌及锌合金	镁及镁合金	塑料	钛及钛合金	其他非金属
符号	Fe	Cu	Al	Zn	Mg	PL	Ti	宜采用元素符号或通用名称英文缩写

（4）镀覆方法

镀覆方法应用中文表示，为便于使用，常用中文：电镀、化学镀、机械镀、电刷镀、气相沉积等表示。

（5）镀覆层名称

镀覆层名称采用镀层的化学元素符号表示。

（6）镀覆层厚度

镀覆层厚度单位为 μm，一般标识镀层厚度的最小厚度。

（7）镀覆层特征（表 8-4）

表 8-4　镀覆层特征

镀层种类	符号	镀层特征
铜镀层	a	表示镀出延展、整平铜
镍镀层	b	表示全光亮镍
	p	表示机械抛光的暗镍或半光亮镍
	s	表示非机械抛光的暗镍，半光亮镍或缎面镍
	d	表示双层或三层镍
铬镀层	r	表示普通铬（即常规铬）
	mc	表示微裂纹铬
	mp	表示微孔铬

注：mc 微裂纹铬，常规厚度为 0.3μm。某些特殊工序要求较厚的铬镀层（约 0.8μm）。在这种情况下，镀层标识应包括最小局部厚度，如：Cr mc（0.8）。

四、塑料电镀质量的影响因素

塑料电镀质量的好坏不仅与电镀工艺及操作密切相关，而且与塑料件的选材、结构设计、塑料模具、塑料成型工艺及塑料件后处理工艺这 5 个方面也有很大关系。

1. 塑料件的选材

ABS 塑料中丁二烯含量越高，镀层的结合力越大。电镀型 ABS 塑料中丁二烯含量达 22％～24％。试验表明，电镀型 ABS 树脂的镀层结合力比非电镀型 ABS 树脂的镀层结合力高 1 倍以上。

2. 结构设计

塑料件结构直角、锐边较多，在做高低温冲击试验时发现零件起泡部位主要集中在靠近直角、锐边及浇口周围。在测试中发现这些部位都有内应力，这对镀层结合力有不良影响。将直角、锐边改为圆弧过渡后做电镀试验，镀层与基体结合良好。另一方面，直角、锐边处在电镀时易引起尖端电流密度过大，致使镀层疏松而结合不佳，甚至烧焦或击穿化学预镀层。

3. 塑料模具

① 塑料模具型腔粗糙度不好，使塑件表面不够光亮，会影响镀层的光亮度。

② 设计塑料模具（如浇注系统和脱模机构）时应注意使待镀件的内应力尽量小。

③ 对有尖角和锐边的部位可以考虑增加电镀保护角，减小尖端处的电流密度。

4. 塑料成型工艺

① 选用适合 ABS 材料加工的注塑机螺杆，以保证 ABS 塑料中 B 组分分布均匀。

② 注意所选用注塑机的控制精度，是否会使制件产生内应力而影响镀层的结合力。

③ 原材料的干燥。ABS 塑料颗粒易于吸潮，如不进行干燥，成型时会在制件表面产生气泡、银丝、缺乏光泽等缺陷，影响镀层外观和结合力。

④ 注塑工艺参数的设定：

a. 注塑工艺参数的选择应使制件的内应力尽量小，并克服气痕、波纹等外观缺陷。

b. 适当提高塑化温度和模具温度、降低注射压力、缩短保压时间、适当降低注射速度等都会在不同程度上减小制件的内应力。

⑤ 不允许用油性脱模剂，否则会粗化不均匀，无法保证镀层金属的结合力。

5. 塑料件后处理工艺

① 后处理对塑料件电镀的影响，由于注塑条件、注塑机的选择及制品的形状、模具设计不当等原因，会使塑料件在不同部位存在内应力，它会造成局部粗化不足，使活化和金属化困难，最终会造成金属化层不耐碰撞和结合力下降。

② 试验表明，热处理和整面剂处理都可以降低甚至消除内应力，使镀层结合力提高20%～60%。

③ 对 ABS 塑料件进行热处理，其内部分子发生重排，使分子排列均匀，特别是使丁二烯粒子呈球形结构，显著降低了内应力。

④ 适当延长热处理时间，可使内应力减小到最低限度。

⑤ 采用整面剂对塑料件进行处理，既可消除内应力，又能脱脂，因而提高了镀层的结合强度。

⑥ 在高低温冲击试验中，未做任何后处理的零件有起泡现象，而后处理过的零件无明显变化，说明后处理能大大降低制件的内应力。

五、解决塑料电镀质量问题的途径

1. 必须有良好的镀前塑料毛坯

① 塑料电镀厂家仅考虑是否使用电镀级塑料，而不考虑塑料毛坯本身的质量，就不一定能镀出合格的镀件。和金属电镀一样，不合格的毛坯是镀不出合格或良好的镀件的。

② 塑料制品的毛坯比金属制品的毛坯还要难检查，如果不是熟练的塑料毛坯质量检验

人员，是不容易看出塑料毛坯的缺陷的，镀好成品以后发现“麻点”或“星点”，很容易认为是电镀的问题。因此，要重视镀前的塑料毛坯检验。

③ 如果注塑厂从未生产过电镀塑料件，因不了解电镀塑料坯件的质量要求，注塑出的毛坯绝大多数镀不出良好的外观，必须与其耐心商讨，经过多次“磨合”，才能解决。

④ 如果塑料坯件曾经在其他电镀厂电镀，并达到要求，而更换电镀厂后电镀质量不符合要求，这要分两个方面来考虑：一方面检查镀液、操作方式及工艺是否合理，诸如操作过程有否碰撞擦毛、工夹具是否合适等；另一方面要非常重视对毛坯的质量检查，对不良的塑料毛坯，必须要经过布轮抛光，使毛坯达到镀前要求。

2. 对塑料毛坯必须要有质检工序

质检人员必须由有经验的、熟悉塑料电镀的人员担任。重视这一环节，对提高电镀产品质量的稳定性肯定是有益的。

3. 避免前处理工序中镀件的碰撞

① 在前处理的各道工序中镀件不能碰撞，尤其在70℃左右的浸蚀（粗化）工序中，ABS塑料在这一温度时，软化增加，硬度降低，如果有碰撞则很容易擦毛，镀后必有印点。

② 镀件随便放入浸蚀液中，浸蚀后用网取出清洗，这对要求高的塑料镀件，尤其是比较大一点或平面光一点的镀件是绝对不允许的。

③ 较好的塑料电镀工艺是将产品装上夹具浸蚀，在前处理金属化过程中要防止镀件的相互碰撞。

4. 浸蚀程度的控制

① 浸蚀的程度是使被镀塑料件表面状态达到适宜的要求，过度浸蚀或浸蚀不足都会造成镀后产品光洁度欠佳或镀层结合力不好。

② 目前塑料电镀中多误认为光洁程度是依靠亮铜和亮镍镀亮的，忽视对浸蚀程度的控制而产生光洁度欠佳的弊病。

5. 金属化方法

① 金属化方法一般指镀铜层或镍层，它们各有利弊，每一种方法都能生产出合格的产品。

② 从操作而言，无电解镀镍比较稳定，镀速较快；而无电解镀铜可以省去昂贵的钯盐，成本略低，但稳定性较差。

③ 镀液要保持清洁不能混浊，要防止微小粒子的沉积，否则，在镀亮铜时会把微小粒子“放大”，形成颗粒毛疵。

④ 在塑料件金属化工序后，要对工件进行清洗，特别是大件平面镀件，以防止粉粒存在，尤其是金属化铜层不能省去此工序。

⑤ 在金属化工序后对于较大的镀件，有些小点或小局部发现漏镀时，往往采取局部修补，以免返工造成损失。一般可以用银浆、导电胶或软铅芯笔修补，来提高成品合格率。

6. 合理适当的工装夹具

① 塑料电镀的工装夹具很重要，不但要有适当的导电触点，而且要有适当的紧度，产品既要导电良好又要夹紧。

② 要防止产品因紧夹而变形，尤其是镀后变形，不要以为试夹后取下零件无变形就可以了，必须考虑到大批量电镀后的定型变形，特别在镀镍中因温度较高更易变形。

③ 电镀工装夹具必须绝缘良好，绝不能有镀上的粒子，否则，在电镀过程中会使镀件表面上产生颗粒、毛刺。

④ 镀铬后夹具必须将铬层退尽，防止铬层在镀铜时脱落，造成产品表面的毛刺。

7. 电镀镀铜液应有良好的清洁度

① 配备连续过滤和空气搅拌装置，通过连续过滤，保证镀铜液澄清。

② 镀铜液应具有良好的整平能力和分散能力，在较宽的电流密度范围操作。

③ 镀镍也应具备上述条件，但必须注意到镀层厚度。

④ 镀镍层厚度有不少厂家不予重视，认为后续还要镀铬，镍层厚度关系不大，只要亮铜镀亮，镍层镀白即可，这一观点是不正确的。镀层厚度不当，镀件在耐蚀试验中就不易达到要求。

⑤ 在汽车及摩托车部件的塑料电镀中，还必须镀双层镍、三层镍或镍封以产生微孔铬，才能达到耐蚀试验的要求。

六、常见电镀效果的介绍

1. 高光电镀

高光电镀效果的实现，通常要求模具表面良好抛光。注塑出的塑件采用光铬处理后得到的效果见图 8-12。

2. 亚光电镀

亚光电镀效果的实现，通常要求模具表面良好抛光。注塑出的塑件采用亚铬处理后得到的效果见图 8-13。

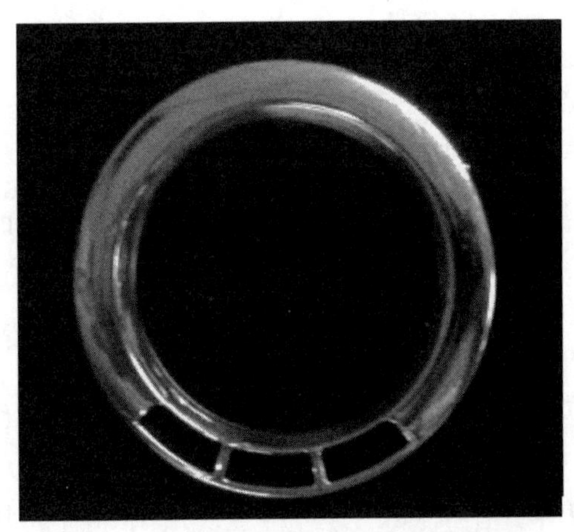

图 8-12　高光电镀的效果

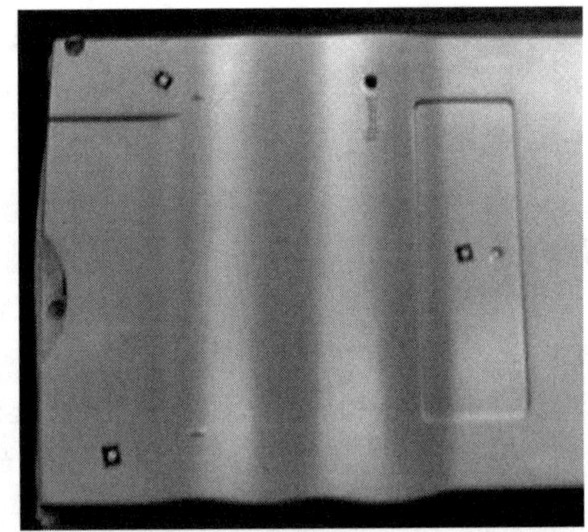

图 8-13　亚光电镀的效果

3. 珍珠铬电镀

珍珠铬电镀效果的实现，通常要求模具表面良好抛光。注塑出的塑件采用珍珠铬处理后得到的效果见图 8-14。

4. 蚀纹电镀

蚀纹电镀效果的实现，通常要求模具表面处理出不同效果的蚀纹方式。注塑出的塑件采用光铬处理后得到的效果见图 8-15。

图 8-14　珍珠铬电镀的效果

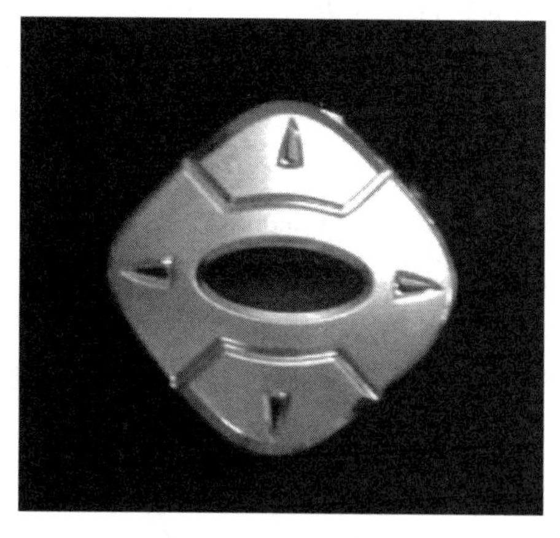

图 8-15　蚀纹电镀的效果

5. 混合电镀

在模具处理上既有抛光的部分又有蚀纹的部分，注塑出的塑件电镀后，出现高光和蚀纹电镀的混合效果，突出某些局部的特征，见图 8-16。

6. 局部电镀

通过采用不同的方式，使得成品件的表面局部没有电镀的效果，与有电镀的部分形成反差，形成独特的设计风格，见图 8-17。

图 8-16　混合电镀效果

图 8-17　局部电镀效果

七、塑料电镀件的质量控制

1. 塑料电镀件的外观要求

① 外观应比金属制品的电镀表面更光洁，不能有毛刺、麻点、漏镀、脱皮，手感光滑。

② 光亮度要能达到要求，在光亮程度的比较上，较好的外观是亮中发“乌黑”，光亮度

视觉感很“厚实”。这“乌黑”与“厚实”的宏观感觉，实质上是表面的微观状态造成的，也就是说微观表面必须非常平整，至少要达到正弦波的微观表面。

③ 镀层绝对不能有雾状存在，哪怕是极轻微的雾状，这种极轻微的雾状，在强光或正视时是发现不了的，要在特定的角度和光线下才能判别，因此要特别注意。

2. 塑料电镀件的性能要求

① 塑料电镀件性能质量方面，如镀层结合力、铜加速乙酸盐雾（CASS）试验、热循环试验以及实地使用考验等方面都要达到技术要求。

② 需装配的镀件还要有一定程度的耐变形要求。

3. 塑料电镀件的性能测试

（1）耐腐蚀性试验

试验条件有如下三种方式，试验时间一般为 2h、4h、8h、10h……试验时间和试验方式可根据实际使用条件选用：

① 中性盐雾试验（NSS 试验：pH 值 6.5～7.2，氯化钠溶液）；

② 乙酸盐雾试验（ASS 试验：pH 值 3.1～3.1，醋酸＋氯化钠溶液）；

③ 铜加速乙酸盐雾试验（CASS 试验：pH 值 3.1～3.3，氯化铜＋醋酸＋氯化钠溶液）。

耐蚀性能 CASS 试验 24h 至少在 8 级，要求更高的达到 48h 8～9 级或以上。

（2）镀层结合力

以划格法测定，即用锋利刃口间距 1mm 纵横互划 10 条，划痕必须露塑料，再用规定的胶带压紧，在拉开胶带时镀层至少有 90%不脱落或完全没有镀层脱落为合格。

（3）冷热循环试验

属于考核镀层的结合力，一般要求将镀件置于－30℃时 1h，然后在室温下放置 1h，接着在 70℃时 1h，最后到室温 1h 为一个循环。结合力要求是 4 个循环的检验合格，即镀层不能有起泡、黏合不良等现象。

第八节　真空镀膜

在真空中制备膜层，包括镀制晶态的金属、半导体、绝缘体等单质或化合物膜。虽然化学气相沉积也采用减压、低压或等离子体等真空手段，但一般真空镀膜是指用物理的方法沉积薄膜。真空镀膜有三种形式，即真空蒸发镀膜（简称真空蒸镀）、真空溅射镀膜（简称溅射镀）和真空离子镀膜（简称离子镀）。它们都是采用在真空条件下，通过蒸馏或溅射等方式在塑件表面沉积各种金属和非金属薄膜，通过这样的方式可以得到非常薄的表面镀层，同时具有速度快、附着力好的突出优点，一般用来作较高档产品的功能性镀层。

一、真空蒸发镀膜

1. 真空蒸发镀膜原理

在真空状态下，加热蒸发容器中的靶材，使其原子或分子逸出，沉积在目标物体表面，形成固态薄膜。依蒸镀材料、基板的种类可分为：电阻加热、电子束、高周波诱导等加热方式。蒸镀材料有铝、亚铅、金、银、白金、镍等金属材料，产生光学特性薄膜的材料，主要有 SiO_2、TiO_2、ZrO_2、MgF_2 等氧化物与氟化物，原理见图 8-18。

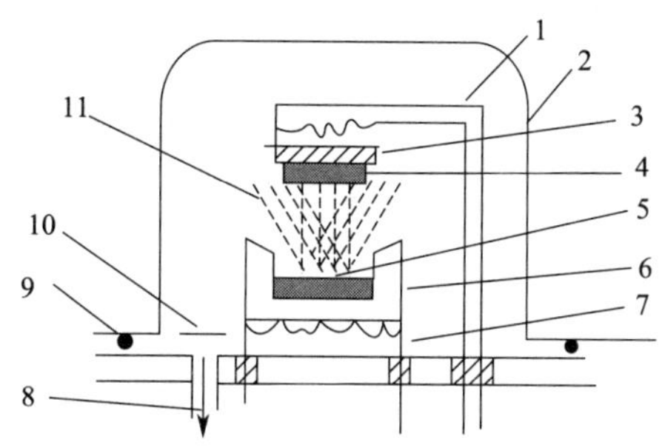

图 8-18 真空蒸发镀膜原理

1—基片加热电源；2—真空室；3—基片架；4—基片；5—膜材；6—蒸发盘；
7—加热电源；8—排气口；9—真空密封；10—挡板；11—蒸汽流

2. 真空蒸发镀膜的特点

（1）真空蒸发镀膜的优点

① 设备比较简单、操作容易。

② 制成的薄膜纯度高、质量好，厚度可较准确控制。

③ 成膜速率快，效率高。

④ 薄膜的生长机理比较简单。

（2）真空蒸发镀膜的缺点

① 不容易获得结晶结构的薄膜。

② 所形成的薄膜在基板上的附着力较小。

③ 工艺重复性不够好等。

二、真空溅射镀膜

1. 真空溅射镀膜的原理

所谓溅射就是用荷能粒子（通常是惰性气体的正离子）去轰击固体（简称为靶材）表面，从而引起靶材表面上的原子（或分子）从其中逸出。溅射的机理是动能从碰撞的粒子（正离子）传递给晶体点阵粒子的过程，见图 8-19。入射离子的动能传递是接连不断地从一个原子传递给另一个原子的过程。

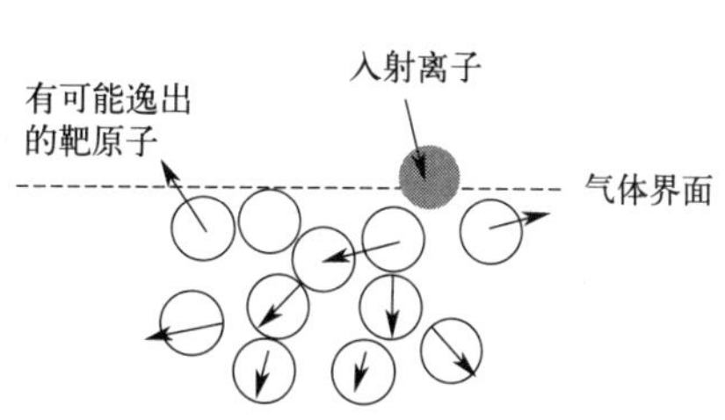

图 8-19 入射离子的动能传递

2. 真空溅射镀膜的特点

（1）真空溅射镀膜的优点

① 膜厚可控性和重复性好。膜的厚度控制在预定的数值上，称为膜厚的可控性。所需要的膜层厚度可以多次重复性出现，被称为膜厚重复性。在真空溅射镀膜中，可以通过控制靶电流来控制膜厚。

② 薄膜与基片的附着力强。溅射原子能量比蒸发原子能量高 1～2 个数量级，高能量的溅射原子沉积在基片上进行的能量转换比蒸发原子高得多，产生较高的能量，增强了溅射原子与基片的附着力。

③ 制备合金膜和化合物膜时，靶材组分与沉积到基体上的膜材组分极为接近。

④ 可制备与靶材不同的新的物质膜。如果溅射时通入反应性气体，使其与靶材发生化学反应，这样就可以得到与靶材完全不同的新物质膜。

⑤ 膜层纯度高质量好。溅射法制膜装置中没有蒸发法制膜装置中的坩埚构件，所以溅射镀膜中不会混入坩埚加热器材料的成分，纯度更高。

(2) 真空溅射镀膜的缺点

① 成膜速度比蒸发镀膜低。

② 基片温度高。

③ 易受杂质气体影响。

④ 装置结构较复杂。

三、真空离子镀膜

1. 真空离子镀膜原理

离子镀是真空室中，利用气体放电或被蒸发物质部分电离，在气体离子或被蒸发物质粒子轰击作用的同时，将蒸发物或反应物沉积在基片上。离子镀把辉光放电现象、等离子体技术和真空蒸发三者有机结合起来，不仅能明显地改进膜质量，而且还扩大了薄膜的应用范围。其优点是薄膜附着力强、绕射性好，膜材广泛等。离子镀膜种类很多，蒸发源加热方式有电阻加热、电子束加热、等离子电子束加热、高频感应加热等，其原理见图 8-20。

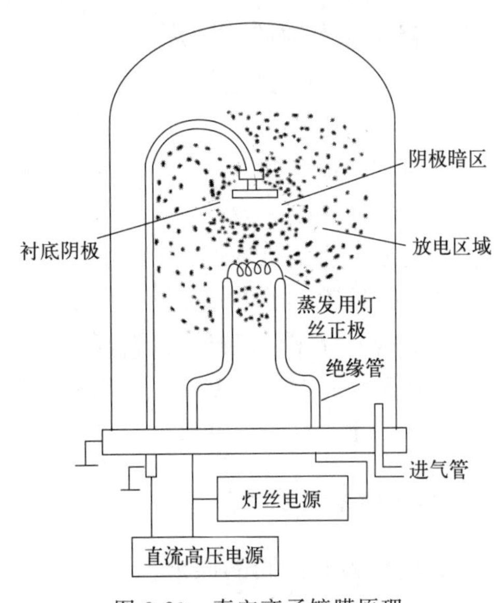

图 8-20 真空离子镀膜原理

离子镀的工艺过程如下：首先将镀膜室压力抽真空至 10^{-3}Pa 以下，然后通入工作气体（惰性氩气）使压力增大至 10^{-1}～10Pa，接入高压。蒸发源接阳极，工件接阴极，当通以 3000～5000V 高压直流电以后，蒸发源与工件之间产生辉光放电。由于真空罩内充有惰性氩气，在放电电场作用下部分氩气被电离，从而在阴极工件周围形成一个等离子暗区。带正电荷的氩离子受阴极负高压的吸引，猛烈地轰击工件表面，致使工件表层粒子和脏物被轰溅抛出，从而使工件待镀表面得到了充分的离子轰击清洗。

接通蒸发源交流电源，蒸发料粒子熔化蒸发，进入辉光放电区并被电离。带正电荷的蒸发料离子，在阴极吸引下，随同氩离子一同冲向工件，当抛镀于工件表面上的蒸发料离子超过溅失离子的数量时，则逐渐堆积形成一层牢固黏附于工件表面的镀层。

2. 真空离子镀膜的特点

(1) 真空离子镀膜的优点

① 真空离子镀膜/基材结合力（附着力）强，膜层不易脱落。

② 离子镀具有良好的绕射性，从而改善了膜层的覆盖性。

③ 镀层密度高，质量好。

④ 沉积速率高，成膜速度快，可制备 30μm 的厚膜。

⑤ 镀膜所适用的基体材料与膜材均比较广泛。

⑥ 清洗工序简单，对环境无污染。

（2）真空离子镀膜的缺点

① 镀层厚度控制、工件非镀表面的屏蔽等都有待进一步改善。

② 设备容量小，大型零件难镀。

③ 设备投资大。

④ 由于高能粒子轰击，基片温度较高，有时不得不对基片进行冷却。

⑤ 薄膜含有气体量较高。

3. 真空蒸镀、溅射镀、离子镀表面能量活性系数

真空蒸镀、溅射镀、离子镀表面能量活性系数（ε）的对比，见表8-5。由表可见，在离子镀中可以通过改变 U_i（加速电压）和 n_i/n_v（离化率），使 ε 值提高 2～3 个数量级。

表 8-5　三种镀膜的表面能量活性系数的对比

镀膜工艺	能量活性系数 ε	参数	
真空蒸镀	1	蒸发粒子所具有的能量 $E_v \approx 0.2$eV	
溅射镀	5～10	溅射粒子所具有的能量 $E_s \approx 1 \sim 10$eV	
离子镀		离化率 n_i/n_v	平均加速电压 U_i
	1.2	10^{-3}	50V
	3.5	$10^{-4} \sim 10^{-2}$	50～5000V
	25	$10^{-3} \sim 10^{-1}$	50～5000V
	250	$10^{-2} \sim 10^{-1}$	500～5000V
	2500	$10^{-1} \sim 1$	5000V

例如离子的平均加速电压 $U_i = 500$V，离化率为 3×10^{-3} 时，离子镀的能量活性系数 ε 则与溅射时有相同的量级。因此，在离子镀过程中离化率的高低非常重要。

离化率是指被电离的原子数占全部蒸发原子数的百分比，是衡量离子镀特性的一个重要指标，特别在反应离子镀中更为重要。因为它是衡量活化程度的主要参量，被蒸发原子和反应气体的离化程度对薄膜的各种性质都能产生直接影响。

四、汽车车灯注塑件的真空镀铝简介

真空镀铝是在真空状态下，将铝金属加热熔融至蒸发，铝原子凝结在高分子材料表面，形成极薄的铝层。注塑件真空镀铝在车灯领域应用比较广泛，现以车灯注塑件为例对真空镀铝进行简要介绍，见图8-21。

车灯是汽车的安全件和法规件，又是非常重要的外观件。过去的十几年，汽车工业的飞速发展对汽车照明提出越来越高的要求，车灯反射镜的质量直接影响汽车的照明效果。当今国内外汽车前照灯反射镜普遍采用抛物异形面和自由曲面，而且还有照明分布线和明暗截止线，形状复杂，用传统的钢板冲压成型工艺无法实现。因此，现普遍应用耐热的高分子材料为原料，通过注塑成型的方法来生产。这对汽车灯具轻量化、节约能源和提高劳动生产率都具有重要意义。

基于现有车灯应用的热光源，在工作状态下产生的热量能够在窄空间内产生近200℃的高温，其通过热对流以辐射、传导方式散热，因此，反光镜（车灯聚光圈）必须能够经受160℃的长期高温考验。在这样苛刻的环境和成本考验下，反光镜（车灯聚光圈）材料在国内应用最多的就是BMC塑料。镀铝过渡盘（装饰圈）主要使用耐高温PC、PBT和PA，尾

图 8-21　汽车车灯镀铝部件

灯镀铝壳体主要使用 PC/ABS 材料。

1. 真空镀铝基材的要求

① 基材表面光滑、平整、厚度均匀。

② 挺度和摩擦系数适当。

③ 表面张力大于 38dyn/cm（$1dyn/cm=10^{-3}N/m$）。

④ 热性能好，经得起蒸发源的热辐射和冷凝热作用。

⑤ 基材含水量低于 0.1%。

⑥ 常用的镀铝基材热塑性材料有聚酯（PET）、聚丙烯（PP）、聚酰胺（PA）、聚乙烯（PE）、聚氯乙烯（PVC）、PC、PC/ABS、PEI，热固性材料有 BMC 等。

2. 车灯反光镜（车灯聚光圈）真空镀铝

（1）车灯反光镜（车灯聚光圈）材料

轿车车灯的镀铝通常是在高真空条件下，使金属铝附着于塑料表面，其镀层厚度一般为 0.81～2μm，表面平整，具有较高的光泽。

轿车车灯反光镜（车灯聚光圈）必须能够经受 160℃的长期高温考验，在这样苛刻的环境和出于成本考虑下，反光镜（车灯聚光圈）材料在国内应用最多的就是 BMC 塑料。

（2）车灯反光镜（车灯聚光圈）真空蒸镀前涂装底涂的必要性其必要性见图 8-22。

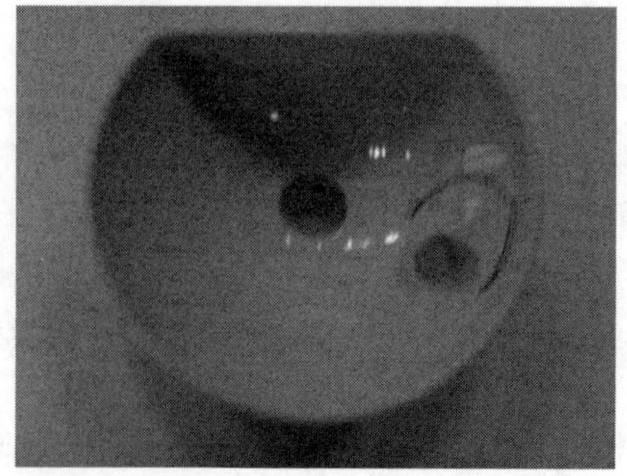

图 8-22　车灯反光镜坯件与涂装底涂件

在工业化生产中，车灯反光镜（车灯聚光圈）真空蒸镀前，注塑好的反光镜（车灯聚光圈）表面通常涂装底涂，这是因为：

① 车灯反光镜基材与铝层附着力差，膨胀系数相差一个数量级以上，铝膜易破裂，所以必须选择合适的底涂料。

② 基材表面直接镀铝，铝层的光泽一般很差，缺少金属感，严重影响车灯质量和光学性能。

③ 基材树脂在真空中放出大量气体和各种析出物，含有水分、残留溶剂、增塑剂、残余单体及低聚合物质，影响抽气速度。喷涂底涂后，可以封闭这些挥发成分，大大提高抽气速率。

（3）涂装底涂的组成与特性

真空镀铝光固化底漆的组成有：光固化树脂、活性单体、光引发剂、助剂、溶剂。

真空镀铝光固化底漆的特性应该：

① 对底材附着力好；

② 与上层真空镀铝面结合力牢固；

③ 漆膜无颗粒；

④ 有极佳的流平性，固化快速，耐热性佳。

（4）车灯反光镜（车灯聚光圈）喷底漆工艺步骤

车灯镀铝喷底漆工艺大致为：反光镜注塑件→去飞边→清洁→预 UV→上底漆→UV 固化→检验。

（5）车灯反光镜（车灯聚光圈）喷底漆后镀铝步骤

喷底漆后高级车灯镀铝的程序：

坯件上笼架→清洁→真空室合上→粗抽真空→离子清洗→高真空→蒸铝→重合氧化硅→泄气→更换镀件→周而复始，见图 8-23。

图 8-23　车灯反光镜镀铝

注：重合氧化硅是用硅油蒸气在真空中反应获得。

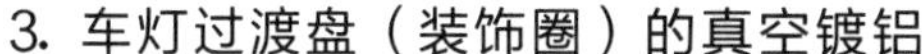

3. 车灯过渡盘（装饰圈）的真空镀铝

（1）车灯过渡盘（装饰圈）材料

车灯过渡盘（装饰圈），见图 8-24，作为一种兼具功能性的外饰件，目前已成为汽车个性化设计的重要组成部分。前照灯装饰圈免底涂直接镀铝是一个重要的发展趋势。根据车灯过渡盘（装饰圈）的使用环境、长期使用性、配光、壁厚和装配等方面的特殊性，通常要求材料必须具有高耐热（≥160℃）、低雾值、高表面光泽、高刚性和韧性等属性。

目前被用作饰圈的材料主要有：

① PBT（聚对苯二甲酸丁二醇酯）；

② PC（耐热聚碳酸酯）；

③ PC/ABS（聚碳酸酯和丙烯腈-丁二烯-苯乙烯共聚物混合物）；

④ PEI（聚乙醚）。

（2）车灯过渡盘（装饰圈）材料性能要求

① 车灯过渡盘（装饰圈）材料具有高耐热、高流动、低挥发的特点。

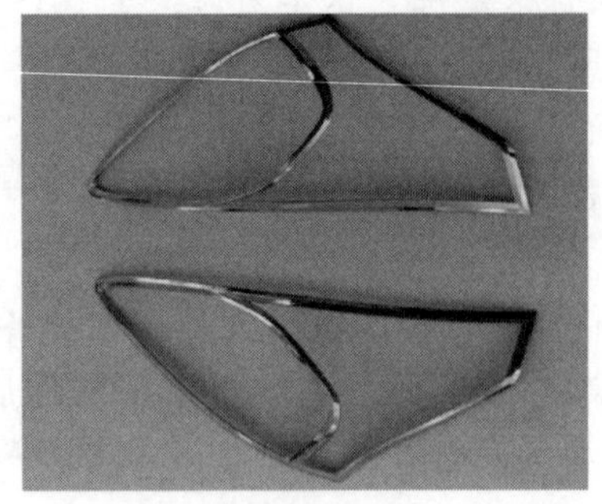

图 8-24　车灯过渡盘注塑件和镀铝件（PC 料）

② 对模具的表面要求高。

③ 良好的环保性能。

④ 高的表面光泽度，达到直接蒸镀铝层表面的要求。

⑤ 优异的流动性能，可将模具型腔的高光表面和皮纹表面完美地呈现在车灯产品上，实现了车灯设计的多样性和美观性。

⑥ 满足更薄制品的设计要求。

⑦ 生产周期更短。

⑧ 加工工艺窗口宽泛。

⑨ 要求将小分子的挥发量控制在极低的水平。

（3）车灯过渡盘（装饰圈）镀铝的程序

坯件上笼架→清洁→真空室合上→粗抽真空→离子清洗→高真空→蒸铝→重合氧化硅→泄气→更换镀件→周而复始。

4. 车灯镀膜机

（1）车灯镀膜机技术要求（参考）

① 采用车灯专用保护膜重合镀膜设备，见图 8-25。

图 8-25　车灯镀膜机

② 蒸发电极设计，保证膜层致密性、均匀性、附着力和反射率。

③ 蒸发镀铝与硅油等离子重合技术完美相融，有效避免产品的二次污染。

④ 采用优质流量阀门，精准微控硅油流量，获得优秀的保护膜涂层。

⑤ 设备必须符合健康与安全的本地法规（CCC）❶。

⑥ 电气设备要满足 EC❷ 和本地的法规。

（2）车灯镀膜机技术配置（参考）

① 腔体结构：立式前开门，卧式前开门，后置真空获得系统。

② 材质用料：腔体均采用优质不锈钢。

③ 制膜种类：蒸发镀铝＋硅油保护膜。

④ 硅油重合：采用优质硅油流量阀，全不锈钢硅油存储与输出装置。

⑤ 转动系统：变频调速，可 6 轴或 8 轴转动系统（可定制）。

⑥ 电源系统：蒸发电源＋轰击电源。

⑦ 真空系统：扩散泵（可选分子泵）＋罗茨泵＋机械泵＋维持泵＋深冷系统（可选）。

⑧ 气体控制：质量流量控制仪＋电磁阀。

⑨ 离子清洗：配备高压离子轰击清洗系统。

⑩ 蒸发源：搭配多组专为车灯镀膜电阻蒸发源。

⑪ 智能控制：PLC 智能控制＋HMI 全彩人机触控界面，实现全自动控制。

⑫ 报警及保护：异常情况进行报警，并执行相应保护措施。

⑬ 其他技术参数：

a. 极限真空：5.0×10^{-4}Pa；

b. 抽气速率：5min 内 5.0×10^{-2}Pa；

c. 水压≥0.2MPa、流速≥$3m^3/h$；

d. 水温≤25℃；

e. 气压：0.4～0.8MPa。

⑭ 一般规格：ϕ1600mm×H2000mm，ϕ1800mm×H2000mm，ϕ2000mm×H2200mm。

⑮ 真空室尺寸或设备配置可按客户产品及特殊工艺要求定做。

---

❶ 3C 认证的全称为“中国强制性产品认证”，英文名称 China Compulsory Certification，简称 CCC。

❷ EC 指令是由欧盟部长理事会所通过并颁布的，它的主要目的是将欧境内各国不尽相同、程度参差不一的安全规格统合起来，使安全有保障的产品能畅通其流通管道。

第九章
注塑质量管理

第一节　浅析注塑企业质量管理

根据从事注塑质量管理的经验，在做好传统的如原辅材料进料检验管理、制程质量控制、成品、出货质量控制、检测仪器计量管理及处理好客户抱怨、做好质量成本分析等基础工作外，在质量管理中，企业应重视以下几点。

一、“以顾客为中心”理念处理好企业与顾客的关系

市场竞争日益激烈，必然引发“以质量取胜”观念的产生，企业应培养“忠诚的顾客”而非“满意的顾客”，以期提供魅力质量。因此，企业需在设计及管理方面提供个性化服务，应建立顾客满意度指数管理，并定期进行评估，进行顾客关系动态管理。

二、“以互利供方”理念处理好企业与供方关系

随着生产社会化的不断发展，专业化分工越来越细，供方在组织的供应链中所占的作用越来越大，组织对供方的质量依赖性也越来越强，故而，对供方的质量管理也越来越重要。企业对供方的质量管理，应从传统的把精力放在进料检验的观念转变到加强对供方的选择、评审、定期评估上，并落实供方质量表现与采购业务相挂钩，以鼓励供方质量管理的提升与组织同步，一起成长。

三、“以标准化管理”理念引导企业质量管理

ISO9000、TS16949、ISO14000 及 OHSAS18000 等都是一些标准化条款，它需要对标准非常理解且有实际管理经验的管理者，将生硬的条条框框与各个企业实际情况结合起来，与不同的行业标准及实际情况结合起来，形成本组织的标准、规范，成为有血有肉的企业标准。以此来作为企业必须共同遵循又符合企业实际情况的统一标准，作为企业统一行动的纲领性文件，它是企业的灵魂。

四、以“质量改善小组”质量理念处理好质量管理与持续改善关系

在企业中质量改善小组（QIT，在日资企业也有叫 QCC）不能仅停留在“品质改善”或“持续改善”的口号上，只有很好地落实，对于质量管理来说才是有效的。在质量管理中，“持续改善”应是永无止境。

① 对供方关系管理中，因供方是此行业中的专业生产者，组织应要求供方每季度或每半年提交一个成本节省计划或产品改善方案，以发动供方一起参与 QIT，以利共同节约成

本，提升质量。

② 在组织内部，企业可以以全员、全过程品质的理念，以一定的经济管理手段，鼓励全员参与 QIT 活动，或通过生产制程相关统计数据分析发现改善主题，发起 QIT，以利于整合企业现有资源，节约成本，达到“持续改善”。

③ 对于顾客的个性化要求，可以通过营销部门或质量工程师在与顾客接触过程中或客户满意度调查过程中发掘主题，由专业人员专程跟踪落实，进行效果评估，以提供个性化服务，提高顾客忠诚度。

五、以质量管理先进的公司为标杆

以先进的国际公司的质量标准为标杆（例如丰田生产方式、法雷奥五轴心管理方式），制定和完善相对于国内直接竞争对手有明显优势、符合企业战略和发展目标的适用性质量标准和更加科学的质量指标评价体系。该体系通过专家型质量管理组织，以客观和准确的质量指标为基础，建立并推行质量改进的责任机制，保证质量指标的完成，降低生产成本，为实现企业长期发展提供质量保证。

质量管理是一项专业的工作，必须建立一支专家型的管理、决策、相对独立的质量部门，统一制定企业的质量指标，强有力地督促企业各部门对质量分解指标进行落实改进。同时，要从选拔、培训、激励等方面入手，切实加强对基层专职质量管理队伍的建设，提升其业务素质和管理能力。

产品质量对于企业及品牌是一个有关生死的指标。加强质量管理，提高产品质量，没有任何借口。各企业应把建立质量优势列入经营方针，要对质量管理工作提出更高的要求。及时发现和寻找质量管理方面存在的问题，快速找到解决问题的办法，严肃认真地对待和处理有违质量管理原则的人与事；树立追求质量高目标，不断提高自我水平，不断改进与创新。

第二节　质量检验工作基础知识

一、检验的定义

检验是为确定产品或服务的各特性是否合格，测量、检查、测试或量测产品或服务的一种或多种特性，且与规定要求进行比较的活动。检验分为以下几个步骤：

1. 测量

测量是按确定采用的测量装置或理化分析仪器，对产品的一项或多项特性进行定量（或定性）的测量、检查、试验或度量。

2. 比较

比较是把检验结果与规定要求（质量标准）相比较，然后观察每一个质量特性是否符合规定要求。

3. 判定

质量管理具有原则性和灵活性。对检验的产品质量有符合性判断和使用适用性判断。

符合性判断是根据比较的结果，判定被检验的产品合格或不合格。符合性判断是检验部门的职能。

适用性判断是对经符合性判断被判为不合格的产品或原材料进一步确认能否适用。适用性判断不是检验部门的职能，是技术部门的职能。对原材料的适用性判断之前必须进行必要的试验，只有在确认该项不合格的质量特性不影响产品的最终质量时，才能做出适用性判断。

4. 处理

检验工作的处理阶段包括以下内容：

① 对单件产品，合格的转入下道工序或入库。不合格的做适用性判断或经过返工、返修、降等级、报废等方式处理；

② 对批量产品，根据检验结果，分析做出接收、拒收或特采等方式处理。

5. 记录

把所测的有关数据，按记录的格式和要求，认真做好记录。质量记录按质量体系文件规定的要求控制。对不合格产品的处理应有相应的质量记录，如返工通知单、不合格品通知单等。

二、检验的分类

1. 按生产过程的顺序分类

（1）进货检验

进货检验包括外协、外购件的进货检验。根据外协外购件的质量要求对产品质量特性的影响程度，外协、外购件分成 A、B、C 三类，检验时应区别对待。

（2）过程检验

① 首件检验。是在生产开始时或工序因素调整后（调整工艺、工装、设备等）对制造的第一件或前几件产品进行的检验。目的是尽早发现过程中的系统因素，防止产品成批报废。

② 巡回检验。也称流动检验，是检验员在生产现场按一定的时间间隔对有关工序的产品质量和加工工艺进行的监督检验。巡回检验员在过程检验中应进行的检验项目和职责有如下几项：

a. 巡回检验的重点是关键工序，检验员应熟悉检验范围内工序质量控制点的质量要求、检验方法和加工工艺，并对加工后的产品是否符合质量要求及检验指导书的规定进行判定，同时负有监督工艺执行情况的责任。

b. 做好检验后的合格品、不合格品（返修品）、废品标识、存放处理工作。

c. 完工检验，也叫批次检验，是对该工序的一批完工的产品进行全面的检验。完工检验的目的是区分和隔离不合格品，使合格品继续流入下道工序。

过程检验不是单纯的质量把关，应与质量控制、质量分析、质量改进、工艺监督等相结合，重点做好质量控制点的主导要素的效果检查。

（3）最终检验

最终检验也称为成品检验，目的在于保证不合格品不出厂。成品检验应按成品检验的指导书的规定进行，大批量成品检验一般采用统计抽样检验的方式进行。

凡检验不合格的成品，应全部退回车间做返工、返修、降等或报废处理。经返工、返修后的产品必须再进行全项目的检验，检验员要做好返工、返修产品的检验记录，保证产品质量具有可追溯性。

2. 按检验地点分类

① 集中检验。

② 现场检验。

③ 流动检验。

3. 按检验方法分类

① 理化检验。

② 感官检验。

③ 试验性使用鉴别。

4. 按检验产品的数量分类

① 全数检验。

② 抽样检验。

③ 免检。

5. 按质量特性的数据性质分类

（1）计量值检验

需要测量和记录质量特性的具体数值，取得计量值数据，并根据数据值与标准的对比，判断产品是否合格。

（2）计数值检验

在工业生产过程中，为了提高生产效率，常采用界限量规（如塞规、卡规等）进行检验，获得的质量数据为合格品数、不合格品数等计数值数据，不能获得质量特性的具体数值。

6. 按检验人员的分类

① 自检。

② 互检。

③ 专检。

三、常用的质量检验英语的缩写及中英文对照

- IQC：来料品质控制（incoming quality control）
- PQC：制程品质控制（process quality control）
- OQC：出货检验（outgoing quality control）
- OBA：开箱检验（open box audit）
- FQC：最终品质控制（final quality control）
- SQA：供应商品质保证（source/supplier quality assurance）
- QE：品质工程（quality engineering）
- MRB：物料评审委员会（material review board）
- SPC：统计过程控制（statistic process control）
- QA：品质保证（quality assurance）
- FA：坏品分析（failure analysis）

- AQL：接受质量限（acceptable quality level）
- CR：关键的、致命的（critical）
- MJ：重要的、主要的（major）
- MN（或 MI）：次要的、轻微的（minor）
- CR、MJ、MN 通常用来表示检验项目的重要性和缺陷的严重程度
- 首件（first article）
- 外观（cosmetics 或 visual）
- 尺寸（dimension）
- 结构（configuration）
- 装配（assemble）
- 标签（label）
- 包装（packaging）
- 客户（customer）
- 客户服务（customer service）
- 抽样计划（方案）（sampling plan）

第三节　统计抽样检验

考虑到经济因素，产品质量检验中广泛使用抽样检验的方法。许多国家对抽样检验的标准化工作进行了系统研究，建立了工业产品的抽样检验标准。如美、英、加联合制定的 MIL-STD-105D 标准，美国的 ANSI/ASQC Z1.4 标准及我国的 GB/T 2828.1 标准。

所谓抽样检验，是从产品总体（如一个班生产的产品）的单位产品中，仅抽查其中的一部分，通过它们来判断总体质量的方法。

一、抽样的方法

从总体中抽取样本时，为尽量代表总体质量水平，最重要的原则是不能存在偏好，应用随机抽样法来抽取样本。依此原则，抽样方法有以下三种：简单随机抽样、系统抽样、分层抽样。

1. 简单随机抽样

一般来说，若一批产品共有 N 件，如其中的任意 n 件产品均有同样的可能被抽到，这样的方法称简单随机抽样，如抽奖时摇奖的方法就是一种简单随机抽样。简单随机抽样时，必须注意不能有意识抽好的或坏的，或为了方便只抽表面摆放或容易取得的。

2. 系统抽样

系统抽样是每隔一定时间或一定编号进行，而每一次又是从一定时间间隔内生产出的产品或一段编号产品中任意抽取一个或几个样本的方法。它主要用于无法知道总体确切数量的情况，多见于流水线产品的抽样。

3. 分层抽样

分层抽样是针对同类产品有不同的加工设备、不同的操作者、不同的操作方法时，对其质量进行评估时的一种抽样方法。

注塑件产品检验一般常用 1、2 种，其中简单随机抽样常见于 FQC 的终检，系统抽样常见于 PQC 的过程巡检。

二、抽样检验的分类

抽样检验根据所抽取产品的质量特征不同分为两类：计量型抽样检验、计数型抽样检验。

1. 计量型抽样检验

有些产品的质量特性如灯管的寿命是连续变化的。用抽取样本的连续尺度定量地衡量一批产品质量的方法称为计量型抽样检验。

2. 计数型抽样检验

有些产品质量特征，如杂质点的不良数、色差的不良数以及合格与否等，只能通过离散的尺度来衡量，把抽取样本通过离散尺度衡量的方法称为计数型抽样检验。计数型抽样检验对单位产品的质量采取计数的方法衡量，对整批产品的质量，一般采用平均质量。计数型抽样检验是根据抽检产品的平均质量来判断整批产品平均质量的。

三、计数抽样检验方案的分类

1. 标准计数一次抽检方案

即从一批产品中抽取随机样本，根据样本的不合格品数判断该批是否合格。(常用)

2. 计数挑选型一次抽样

从一批产品中一次抽取随机样本，根据样本中的不合格品数判断该批是否合格，如不合格则进行全数检查，挑出不合格品进行返工或用合格品取代不合格品，这样的方法称为挑选型抽检。

3. 计数调整型一次抽检

是根据以往检查成绩等质量信息，适当调整检查“严格”度的方法。一般情况下，采用一个正常抽检方案，若该批质量好，则换一个放宽的检验方法；若该批质量差，则换用一个加严的抽样方案。

4. 计数连续生产型抽检

这种方式适用于传送带等连续生产，检验时采用抽检和全检相结合的方法，发现的不合格品全部用合格品替换。

5. 二次抽检、三次抽检和序贯抽检

每一次抽样可以判断批质量处于三种状态：合格、不合格和进一步待查。对待查的批，则做进一步抽样检验，直至做出合格与否的判断为止。如检查步数为两步，则称为二次抽样检验；三步的则称为三次抽样检验；如检查步数事先无法确定，则为序贯抽检。

其中的第 3、4 种，目前在注塑件检验中应用得较少，主要还是使用 1、2、5 的抽样检验方法。

四、与抽样检验有关的术语

① 单位产品。为了抽样检验的需要而划分的基本单位，称为单位产品。

② 检查批。为实现抽样检查汇集起来的单位产品称为检查批，简称为批。

③ 批量。批中所包含的单位产品数称为批量，一般用“N”表示。

④ 样本单位。从批中抽取用于检查的单位产品，称为样本单位。

⑤ 样本。样本单位的全体称为样本。

⑥ 样本大小。样本中所含的样本单位数，称为样本大小。

⑦ 不合格。单位产品的质量特性不符合规定，称为不合格。

⑧ 不合格分类。按质量特性表示单位产品质量的重要性或者质量特性不符合的严重程度来分类，一般将不合格分为：A类不合格、B类不合格和C类不合格。

⑨ A类不合格（CR）。单位产品的极重要质量特性不符合规定或单位产品的质量特性极严重不符合规定，称为A类不合格。

⑩ B类不合格。单位产品的重要质量特性不符合规定或单位产品的质量特性严重不符合规定，称为B类不合格。

⑪ C类不合格。单位产品的一般质量特性不符合规定或单位产品的质量特性轻微不符合规定，称为C类不合格。

⑫ A类不合格品。有一个或以上A类不合格，也可能还有B类或C类不合格的单位产品，称为A类不合格品。

⑬ B类不合格品。有一个或以上B类不合格，也可能还有C类不合格的单位产品，但不包含有A类不合格的单位产品，称为B类不合格品。

⑭ C类不合格品。有一个或以上C类不合格，但不包含有A类和B类不合格的单位产品，称为C类不合格品。

⑮ 每百单位产品不合格品数。每百单位产品不合格品数=(批中不合格品总数/批量)×100。

⑯ 每百单位产品不合格数。每百单位产品不合格数=(批中不合格总数/批量)×100。

⑰ 批质量。单个提交检查批的质量（用每百单位产品不合格品数或每百单位产品不合格数表示）称为批质量。

⑱ 过程平均。一系列初次提交检查批的平均质量（用每百单位产品不合格品数或每百单位产品不合格数表示）称为过程平均。其中初次提交检查批不包括第一次检查判定为不合格，经过返工后再次提交的检查批。

⑲ 合格质量水平。在抽样检查中，认为可以接受的连续提交检查批的过程平均上限值，称为合格质量水平。

⑳ 符号与缩略语

Ac：接受数

AQL：接收质量限（以不合格品百分数或每百单位产品不合格数表示）

AOQ：平均检出质量（以不合格品百分数或每百单位产品不合格数表示）

AOQL：平均检出质量上限（以不合格品百分数或每百单位产品不合格数表示）

ASN：平均样本量

CRQ：使用方风险质量（以不合格品百分数或每百单位产品不合格数表示）

d：从批中抽取的样本中发现的不合格品数或不合格数

D：总体或批中的不合格品数或不合格数

IL：检查水平（级别）

LQ：极限质量（以不合格品百分数或每百单位产品不合格数表示）

N：批量

n：样本量
P：过程平均（以不合格品百分数或每百单位产品不合格数表示）
Px：接受概率为 x 的质量水平（$0 \leqslant x \leqslant 1$）
Pa：接受概率（以百分数表示）
Re：拒收数

五、计数抽样检查的实施程序

1. 检查程序

见图 9-1。

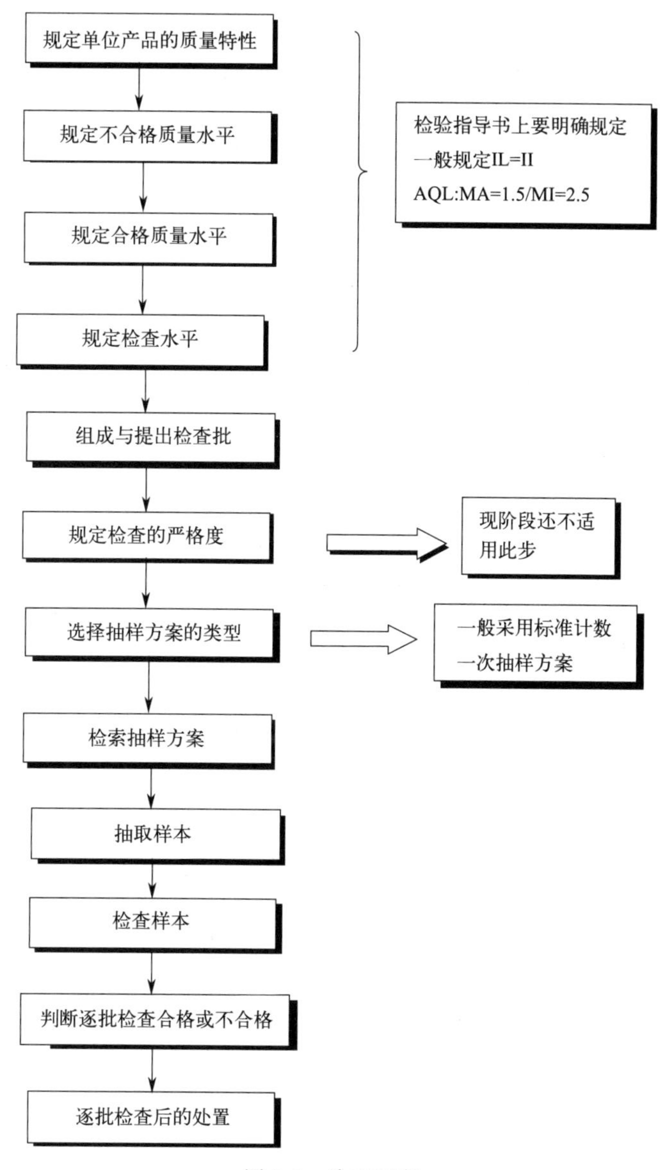

图 9-1　检查程序

2. 规定单位产品的质量特性

在产品计数标准或订货合同中，必须明确对单位产品规定技术性能、技术指标、外观等质量特性。

3. 不合格分类

① A 类不合格（严重不合格）：指定很小的 AQL。

② B 类不合格（轻不合格）：略大的 AQ。

③ C 类不合格（轻微不合格）：更大的 AQL。

④ 致命不合格。

4. 合格质量水平（AQL）规定

在产品技术标准或订货合同中，应由订货方与供货方协商确定合格质量水平。对不同的不合格类别分别规定不同的合格质量水平。A 类不合格的 AQL 值必须要小于 B 类不合格；同样，C 类不合格的 AQL 值要大于 B 类；抽样表中，AQL 小于 10 的部分的 AQL 值，可以是每百单位产品不合格数，也可以是每百单位产品不合格品数。大于 10 的部分的那些不合格质量水平，仅仅是每百单位产品不合格数。

5. 规定检查水平（IL）

一般检查水平有 3 种：Ⅰ、Ⅱ、Ⅲ。

特殊检查水平有 4 种：S-1、S-2、S-3、S-4。

一般情况通常采用一般检查水平Ⅱ级；当需要的判别力较低时，可以采用一般检查水平Ⅰ级；当需要的判别力较高时，可以采用一般检查水平Ⅲ级；特殊检查水平仅适用于较小的样本，而且能够或必须允许较大的误判风险。

6. 检查批的形成与提出

单位产品经过简单汇集形成检查批，也可以按其他的方式形成检查批。检查批可以和提交批、销售批、运输批相同或不同。通常每个检查批应由同类型、同等级且同生产条件，即时间基本相同的单位产品组成。

7. 抽样方案类型的选择

只要规定的合格质量水平和检查水平相同，不管采用什么类型的抽样方案进行检验，其对批质量的判别力应基本相同。

8. 抽样方案的检索

根据样本大小和合格质量水平，在抽样表中检索抽样方案。

例 1：某厂出货至宁波的 X88 边框共有 800 件，OQC 李某对其实施出货前检验工作，求 OQC 李某的正常一次抽样方案。

① 在检验文件中查找到 X88 边框属于 A 类货品，其按 GB/T 2828.1 标准，采用正常检验Ⅱ级检查水平（IL＝Ⅱ），主要缺陷（MJ）的 AQL＝1.5%，次要缺陷（MN）的 AQL＝2.5%，见表 9-1。

② 在样本大小字码表中包含 $N=800$ 行（501～1200）与 IL＝Ⅱ所在列相交处，读出样本大小字码为 J。

③ 在正常检查一次抽样表中 J 对应的样本大小栏读出样本大小为 80。

④ 由 80 向右，与 AQL＝1.5，AQL＝2.5 相交处，读出判定组数[3,4]和[5,6]。

表 9-1 GB/T 2828.1—2012 正常检验一次抽样方案

批量	样本量字码	样本量	0.01	0.015	0.025	0.040	0.065	0.10	0.15	0.25	0.40	0.65	1.0	1.5	2.5	4.0	6.5	10	15	25	40	65	100	150	250	400	650	1000
			接收质量限(AQL)																									
			Ac Re	Ac Re	Ac Re	Ac Re	Ac Re	Ac Re	Ac Re	Ac Re	Ac Re	Ac Re	Ac Re	Ac Re	Ac Re	Ac Re	Ac Re	Ac Re	Ac Re	Ac Re	Ac Re	Ac Re	Ac Re	Ac Re	Ac Re	Ac Re	Ac Re	Ac Re
2～8	A	2	↓	↓	↓	↓	↓	↓	↓	↓	↓	↓	↓	↓	↓	⇩	0 1	↓	⇩	1 2	2 3	3 4	5 6	7 8	10 11	14 15	21 22	30 31
9～15	B	3	↓	↓	↓	↓	↓	↓	↓	↓	↓	↓	↓	↓	↓	0 1	⇧	↓	1 2	2 3	3 4	5 6	7 8	10 11	14 15	21 22	30 31	44 45
16～25	C	5	↓	↓	↓	↓	↓	↓	↓	↓	↓	↓	↓	↓	0 1	⇧	⇩	1 2	2 3	3 4	5 6	7 8	10 11	14 15	21 22	30 31	44 45	↑
26～50	D	8	↓	↓	↓	↓	↓	↓	↓	↓	↓	↓	↓	0 1	⇧	⇩	1 2	2 3	3 4	5 6	7 8	10 11	14 15	21 22	30 31	44 45	↑	↑
51～90	E	13	↓	↓	↓	↓	↓	↓	↓	↓	↓	↓	0 1	⇧	⇩	1 2	2 3	3 4	5 6	7 8	10 11	14 15	21 22	30 31	44 45	↑	↑	↑
91～150	F	20	↓	↓	↓	↓	↓	↓	↓	↓	↓	0 1	⇧	⇩	1 2	2 3	3 4	5 6	7 8	10 11	14 15	21 22	↑	↑	↑	↑	↑	↑
151～280	G	32	↓	↓	↓	↓	↓	↓	↓	↓	0 1	⇧	⇩	1 2	2 3	3 4	5 6	7 8	10 11	14 15	21 22	↑	↑	↑	↑	↑	↑	↑
281～500	H	50	↓	↓	↓	↓	↓	↓	↓	0 1	⇧	⇩	1 2	2 3	3 4	5 6	7 8	10 11	14 15	21 22	↑	↑	↑	↑	↑	↑	↑	↑
501～1200	J	80	↓	↓	↓	↓	↓	↓	0 1	⇧	⇩	1 2	2 3	3 4	5 6	7 8	10 11	14 15	21 22	↑	↑	↑	↑	↑	↑	↑	↑	↑
1201～3200	K	125	↓	↓	↓	↓	↓	0 1	⇧	⇩	1 2	2 3	3 4	5 6	7 8	10 11	14 15	21 22	↑	↑	↑	↑	↑	↑	↑	↑	↑	↑
3201～10000	L	200	↓	↓	↓	↓	0 1	⇧	⇩	1 2	2 3	3 4	5 6	7 8	10 11	14 15	21 22	↑	↑	↑	↑	↑	↑	↑	↑	↑	↑	↑
10001～35000	M	315	↓	↓	↓	0 1	⇧	⇩	1 2	2 3	3 4	5 6	7 8	10 11	14 15	21 22	↑	↑	↑	↑	↑	↑	↑	↑	↑	↑	↑	↑
35001～150000	N	500	↓	↓	0 1	⇧	⇩	1 2	2 3	3 4	5 6	7 8	10 11	14 15	21 22	↑	↑	↑	↑	↑	↑	↑	↑	↑	↑	↑	↑	↑
150001～500000	P	800	↓	0 1	⇧	⇩	1 2	2 3	3 4	5 6	7 8	10 11	14 15	21 22	↑	↑	↑	↑	↑	↑	↑	↑	↑	↑	↑	↑	↑	↑
500001及其以上	Q	1250	0 1	↑	⇩	1 2	2 3	3 4	5 6	7 8	10 11	14 15	21 22	↑	↑	↑	↑	↑	↑	↑	↑	↑	↑	↑	↑	↑	↑	↑
	R	2000	⇧	↑	1 2	2 3	3 4	5 6	7 8	10 11	14 15	21 22	⇧	↑	↑	↑	↑	↑	↑	↑	↑	↑	↑	↑	↑	↑	↑	↑

⇩—表示箭头下面的第一个抽样方案。如果样本量等于或超过批量，则执行100%检验。

⇧—使用箭头上面的第一个抽样方案。

Ac—接收数； Re—拒收数。

故求出的正常检查一次抽样方案如下：

n=80，Ac=3，Re=4（MJ 缺陷，即主要缺陷）

n=80，Ac=5，Re=6（MN 缺陷，即次要缺陷）

9. 样本的抽取

样本的抽取要能代表批质量，不要预设可以抽取好或坏的产品，不要怕麻烦而马虎了事。一般注塑厂现阶段采用的原则是：

① 在生产过程中取样时要尽量做到：不同时间段、不同包装箱、随机（RAMDOM）抽取样本，一模多腔的必须要做到保证每腔的产品均能随机抽取到。

② 在仓库抽取样本时必须做到：不同班组生产、不同生产日期、不同机台生产、不同生产工生产、不同包装箱内随机抽取样本，区别对待划定的检查及其检查结果。

10. 样本的检查

按照产品技术标准和检验指导文件对单位产品规定的检验项目，逐个对样本进行检查，并累计主要或次要的不合格品总数或不合格总数。

11. 批合格与否的判定

12. 检查后的处置

按各厂检验管理程序的规定操作。

六、附表

样本大小字码表及抽样方案见表 9-1。

第四节　注塑件检测方面的常识

一、常用的检验器具简介

1. 游标卡尺

游标卡尺有普通型和数显型两种，见图 9-2，规格有 150～1000mm 不等。其中的数字显示的游标卡尺精度达到 0.01mm，精度较高，且读取数值相当直观、快捷，可以满足一般小零件的精密测量；而普通的游标卡尺其测量精度只能达到 0.02mm，测量误差较大，读取数值较烦琐，不够直观。

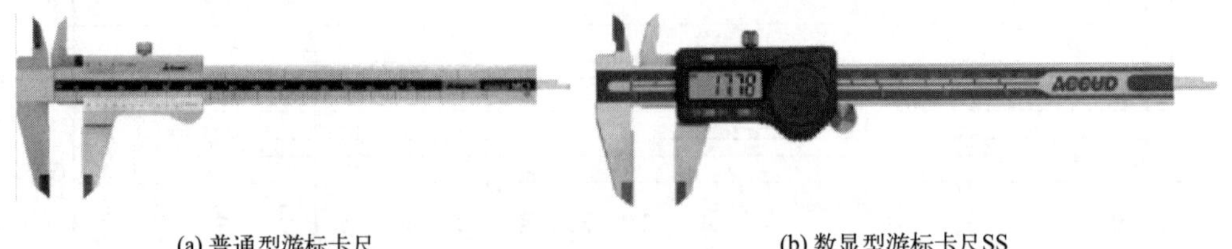

(a) 普通型游标卡尺　　(b) 数显型游标卡尺SS

图 9-2　游标卡尺

2. 高度尺

高度尺也被称为高度游标卡尺。它的主要用途是测量工件的高度，另外还经常用于测量形状和位置公差尺寸。

根据读数形式的不同，高度游标卡尺可分为普通游标式和电子数显式两大类，见图 9-3。高度尺的规格常用的有 0～300mm、0～500mm、0～1000mm、0～1500mm、0～2000mm。

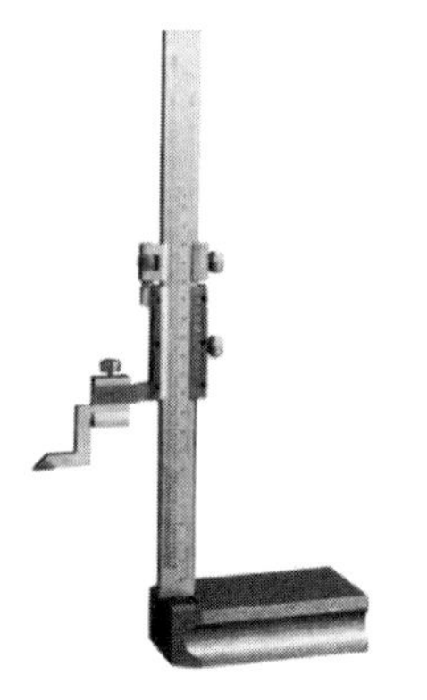

(a) 普通游标式高度尺

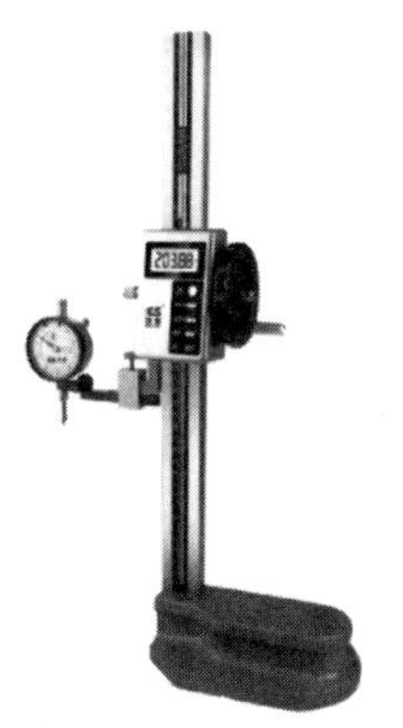

(b) 电子数显式高度尺

图 9-3　高度尺

3. 塞尺

塞尺的用途主要是用来测量制件的拱曲和外扒、组件之间的缝隙量等，还可以用于测量平板制件的翘曲、扭曲变形量，见图 9-4。

图 9-4　塞尺图

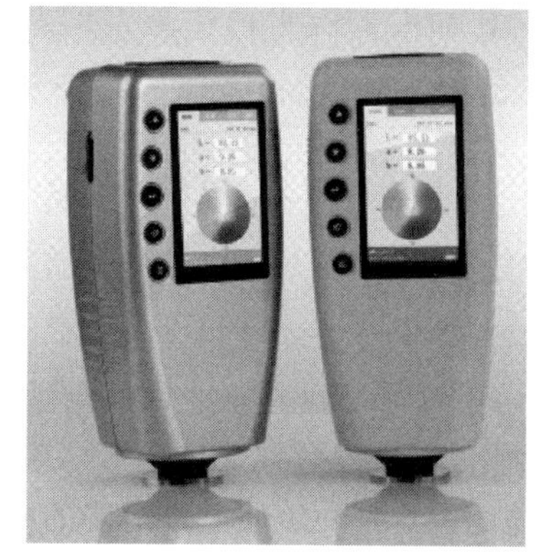

图 9-5　色差仪

4. 色差仪

色差仪，广泛应用于塑胶、印刷、油漆油墨、纺织服装等行业的颜色管理领域，根据 CIE 色空间的 Lab、Lch 原理，测量显示出样品与被测样品的色差 ΔE 以及 ΔLab 值，见图 9-5。

5. 标准光源箱

标准光源箱是能提供模拟多种环境灯光的照明箱，常用于检测货品的颜色，见图 9-6。

在规定的标准光源下方便对比检查产品色差，特别是对于无法使用色差仪检查色差的产品（比如：体积小、形状怪异、无检测平面的零件）可以借助它来对比检查。标准光源箱技术要求：

① 能提供 D65、CWF、A、TL84、U30、UV、A. HOR、F 等光源的箱体，箱内壁必

须是中灰色亚光面。

② 判断产品的颜色，标准光源箱能提供一个公正及客观的对色环境。

③ 具备多光源轻触开关功能，更容易检测样本间有没有同色异谱现象。这现象指样本颜色相配于某一光源下，但转到另一光源时，却出现不相配情况。

④ 加入紫外线光波部分，使标准光源箱提供更接近自然的日光效果。紫外线光波部分，可独立或与其他光源下一并使用。特别是染料及涂料上的荧光增白剂，更有效地加以检测。

图 9-6　标准光源箱

6. 专用检具

为更快捷地检查产品，通常专门制作一些专用检具应用在生产过程的工人自检和检验员的检测，比如用来检测轴孔是否偏芯的检具、检测汽车内外饰塑件装配间隙和断差的检具等。

二、使用检验器具的注意事项

① 一般来说，人工检测产品尺寸时均存在一定的检测误差，不同的人、不同的检具、不同的检测点均会造成检测误差。

② 未经过计量检测的检具（指纳入计量体系范围的计量器具），不得使用其进行检测[贴有绿色计量检定标签（且是未过期的）的检验器具才是合法的检验器具]；被摔过或碰撞或拆卸过的检具，必须经过进一步的检测，合格后才可以使用。

③ 一般游标卡尺的人为检测误差在±0.20mm 左右，这跟人们在检测时使用不同的力度和读数方面的差异性有关。

④ 在测量零件内侧的尺寸时，测量值需要加上相应的两测量脚的宽度才是实际的测量尺寸。

三、使用游标卡尺的一般技巧

① 在测量零件时，需要选用适当长度的游标卡尺来测量，一般不使用过长的游标卡尺来测量短尺寸，以减少测量误差和使用上的不便。

② 在用游标卡尺测量尺寸时，一般用左手定位在左端测量点，右手拇指轻轻地将右测量支架向后或向前推动，切忌用右手抓住右支架猛推、拉，这样测量耗时较多，且不易掌握力度，测量误差较大。

③ 测量时，一般要端正地坐在凳子上，两手与卡尺基本持平行状态，不能一高一低。

④ 测量点一般定位在测量端面以下 2mm 处（有很大的脱模斜度时需要特别注明），精度较粗糙的无此要求。

⑤ 测量时两手用的力度一定要掌握好（特别是测量时用力会有变形量时），一般要求两端测量点刚好接触，否则测量误差将很大。

四、产品尺寸方面的注意事项

① 对于高分子材料（主要指塑料制品），一般存在热胀冷缩的现象，其收缩的过程是呈渐变曲线变化，一般在 20℃±3℃环境下，冷却 2h 后其变化的过程将转入一个较平稳的状态，即后变化很小，对于无高精度要求的塑料件而言，在此环境下测量出来的合格尺寸是可以满足装配要求的。

② 一般而言，天气热的季节（夏、秋天）生产时，要将塑件的尺寸控制在公差中间较妥当，天气冷的季节（冬天）生产时，要将塑件的尺寸控制在上限或以上 0.20mm 都是可以接受的。最容易出现塑件尺寸偏短的季节是冬天，客户在使用过程中的投诉也最多。反之，天气热的季节客户投诉最多的是塑件尺寸偏大。这些均与库存产品跨节令、使用环境温度不同有密切的关联，也跟我们的日常控制水准有很大的关系。

③ 在日常生产过程中对尺寸的控制原则是：天冷做“长”，天热做“短”，这里说的“长”与“短”是有度的，不能脱离检验文件和图纸的要求去控制。关于环境的冷热各地均有时令的变化，以 20℃±3℃为基准进行时令尺寸控制的划分。

五、产品色差的检测与判断

① 对于产品的色差判定，首先要求检测者无视力障碍（如色盲、色弱等）。否则便要通过色差仪进行检测才可判定色差的可接受程度。

② 一般情况下，色差在 0.50（指与色板差值）以内时，是很难通过人眼分辨出来的。但是当两个零件的色差均与色板相差在 0.5，例如一个偏黄，一个偏白时，就会发现色差较明显，特别是生产配套的零件时要十分注意控制。

③ 通常情况下，鲜艳颜色的机测色差和目测色差有很大的区别，普遍均是机测（色差仪）色差大过目测色差。也就是说，目测色差可以接受的情况下，往往机测色差会超标。遇到此情况时一般控制原则是与样板对照检查，色差不明显，且可以配套的，则配套生产。不能配套生产或色差确实超标，目测很明显的则判不合格或提出整改等。

④ 在观察颜色时，灯光或周围环境的影响较大，一般不主张在生产机台上判断色差，通常很明显的色差，常人是可以在机台旁的灯光下发现和诊断的。

⑤ 日常巡检或成品检验时，为避免犯经验主义引起的误判，建议在检测时与样板（经过检测的合格制件）进行对比检查，会更准确。

六、常见尺寸公差对照表

1. 塑料制品的尺寸精度等级

塑料制品的尺寸精度等级见表 9-2，选自《塑料模塑件尺寸公差》（GB/T 14486—2008）。

表 9-2　塑料制品的尺寸精度等级模塑件尺寸公差表(GB/T 14486—2008)

单位:毫米

公差等级	公差种类	基本尺寸																											
		>0~3	>3~6	>6~10	>10~14	>14~18	>18~24	>24~30	>30~40	>40~50	>50~65	>65~80	>80~100	>100~120	>120~140	>140~160	>160~180	>180~200	>200~225	>225~250	>250~280	>280~315	>315~355	>355~400	>400~450	>450~500	>500~630	>630~800	>800~1000
标注公差的尺寸公差值																													
MT1	a	0.07	0.08	0.09	0.10	0.11	0.12	0.14	0.16	0.18	0.20	0.23	0.26	0.29	0.32	0.36	0.40	0.44	0.48	0.52	0.56	0.60	0.64	0.70	0.78	0.86	0.97	1.16	1.39
	b	0.14	0.16	0.18	0.20	0.21	0.22	0.24	0.26	0.28	0.30	0.33	0.36	0.39	0.42	0.46	0.50	0.54	0.58	0.62	0.66	0.70	0.74	0.80	0.88	0.96	1.07	1.26	1.49
MT2	a	0.10	0.12	0.14	0.16	0.18	0.20	0.22	0.24	0.26	0.30	0.34	0.38	0.42	0.46	0.50	0.54	0.60	0.66	0.72	0.76	0.84	0.92	1.00	1.10	1.20	1.40	1.70	2.10
	b	0.20	0.22	0.24	0.26	0.28	0.30	0.32	0.34	0.36	0.40	0.44	0.48	0.52	0.56	0.60	0.64	0.70	0.76	0.82	0.86	0.94	1.02	1.10	1.20	1.30	1.50	1.80	2.20
MT3	a	0.12	0.14	0.16	0.18	0.20	0.22	0.26	0.30	0.34	0.40	0.46	0.52	0.58	0.64	0.70	0.78	0.86	0.92	1.00	1.10	1.20	1.30	1.44	1.60	1.74	2.00	2.40	3.00
	b	0.32	0.34	0.36	0.38	0.40	0.42	0.46	0.50	0.54	0.60	0.66	0.72	0.78	0.84	0.90	0.98	1.06	1.12	1.20	1.30	1.40	1.50	1.64	1.80	1.94	2.20	2.60	3.20
MT4	a	0.16	0.18	0.20	0.24	0.28	0.32	0.36	0.42	0.48	0.56	0.64	0.72	0.82	0.92	1.02	1.12	1.24	1.36	1.48	1.62	1.80	2.00	2.20	2.40	2.60	3.10	3.80	4.60
	b	0.36	0.38	0.40	0.44	0.48	0.52	0.56	0.62	0.68	0.76	0.84	0.92	1.02	1.12	1.22	1.32	1.44	1.56	1.68	1.82	2.00	2.20	2.40	2.60	2.80	3.30	4.00	4.80
MT5	a	0.20	0.24	0.28	0.32	0.38	0.44	0.50	0.56	0.64	0.74	0.86	1.00	1.14	1.28	1.44	1.60	1.76	1.92	2.10	2.30	2.50	2.80	3.10	3.50	3.90	4.50	5.60	6.90
	b	0.40	0.44	0.48	0.52	0.58	0.64	0.70	0.76	0.84	0.94	1.06	1.20	1.34	1.48	1.64	1.80	1.96	2.12	2.30	2.50	2.70	3.00	3.30	3.70	4.10	4.70	5.80	7.10
MT6	a	0.26	0.32	0.38	0.46	0.52	0.60	0.70	0.80	0.94	1.10	1.28	1.48	1.72	2.00	2.20	2.40	2.60	2.90	3.20	3.50	3.90	4.30	4.80	5.30	5.90	6.90	8.50	10.60
	b	0.45	0.52	0.58	0.66	0.72	0.80	0.90	1.00	1.14	1.30	1.48	1.68	1.92	2.20	2.40	2.60	2.80	3.10	3.40	3.70	4.10	4.50	5.00	5.50	6.10	7.10	8.70	10.80
MT7	a	0.38	0.46	0.56	0.66	0.76	0.86	0.98	1.12	1.32	1.54	1.80	2.10	2.40	2.70	3.00	3.30	3.70	4.10	4.50	4.90	5.40	6.00	6.70	7.40	8.20	9.60	11.90	14.80
	b	0.58	0.66	0.76	0.86	0.96	1.06	1.18	1.32	1.52	1.74	2.00	2.30	2.60	2.90	3.20	3.50	3.90	4.30	4.70	5.10	5.60	6.20	6.90	7.60	8.40	9.80	12.10	15.00
未注公差的尺寸允许偏差																													
MT5	a	±0.10	±0.12	±0.14	±0.16	±0.19	±0.22	±0.25	±0.28	±0.32	±0.37	±0.43	±0.50	±0.57	±0.64	±0.72	±0.80	±0.88	±0.96	±1.05	±1.15	±1.25	±1.40	±1.55	±1.75	±1.95	±2.25	±2.80	±3.45
	b	±0.20	±0.22	±0.24	±0.26	±0.29	±0.32	±0.35	±0.38	±0.42	±0.47	±0.53	±0.60	±0.67	±0.74	±0.82	±0.90	±0.98	±1.06	±1.15	±1.25	±1.35	±1.50	±1.65	±1.85	±2.05	±2.35	±2.90	±3.55
MT6	a	±0.13	±0.16	±0.19	±0.23	±0.26	±0.30	±0.35	±0.40	±0.47	±0.55	±0.64	±0.74	±0.86	±1.00	±1.10	±1.20	±1.30	±1.45	±1.60	±1.75	±1.95	±2.15	±2.40	±2.65	±2.95	±3.45	±4.25	±5.30
	b	±0.23	±0.26	±0.29	±0.33	±0.36	±0.40	±0.45	±0.50	±0.57	±0.65	±0.74	±0.84	±0.96	±1.10	±1.20	±1.30	±1.40	±1.55	±1.70	±1.85	±2.05	±2.25	±2.50	±2.75	±3.05	±3.55	±4.35	±5.40
MT7	a	±0.19	±0.23	±0.28	±0.33	±0.38	±0.43	±0.49	±0.56	±0.66	±0.77	±0.90	±1.05	±1.20	±1.35	±1.50	±1.65	±1.85	±2.05	±2.25	±2.45	±2.70	±3.00	±3.35	±3.70	±4.10	±4.80	±5.95	±7.40
	b	±0.29	±0.33	±0.38	±0.43	±0.48	±0.53	±0.59	±0.66	±0.76	±0.87	±1.00	±1.15	±1.30	±1.45	±1.60	±1.75	±1.95	±2.15	±2.35	±2.55	±2.80	±3.10	±3.45	±3.80	±4.20	±4.90	±6.05	±7.50

注：1. a 为不受模具活动部分影响的尺寸公差值；b 为受模具活动部分影响的尺寸公差值。

2. MT1 级为精密级，具有采用严密的工艺控制措施和高精度的模具、设备、原料时才有可能选用。

2. 塑料制品建议采用的精度等级

塑料制品建议采用的精度等级见表9-3。

表 9-3 塑料制品建议采用的精度等级（GB/T 14486—2008）

<table>
<tr><th rowspan="3">材料代号</th><th rowspan="3" colspan="2">塑件材料</th><th colspan="3">公差等级</th></tr>
<tr><th colspan="2">标注公差尺寸</th><th rowspan="2">未注公差尺寸</th></tr>
<tr><th>高精度</th><th>一般精度</th></tr>
<tr><td>ABS</td><td colspan="2">（丙烯腈-丁二烯-苯乙烯）共聚物</td><td>MT2</td><td>MT3</td><td>MT5</td></tr>
<tr><td>CA</td><td colspan="2">乙酸纤维素</td><td>MT3</td><td>MT4</td><td>MT6</td></tr>
<tr><td>EP</td><td colspan="2">环氧树脂</td><td>MT2</td><td>MT3</td><td>MT5</td></tr>
<tr><td rowspan="2">PA</td><td rowspan="2">聚酰胺</td><td>无填料填充</td><td>MT3</td><td>MT4</td><td>MT6</td></tr>
<tr><td>30%玻璃纤维填充</td><td>MT2</td><td>MT3</td><td>MT5</td></tr>
<tr><td rowspan="2">PBT</td><td rowspan="2">聚对苯
二甲酸丁二酯</td><td>无填料填充</td><td>MT3</td><td>MT4</td><td>MT6</td></tr>
<tr><td>30%玻璃纤维填充</td><td>MT2</td><td>MT3</td><td>MT5</td></tr>
<tr><td>PC</td><td colspan="2">聚碳酸酯</td><td>MT2</td><td>MT3</td><td>MT5</td></tr>
<tr><td>PDAP</td><td colspan="2">聚邻苯二甲酸二烯丙酯</td><td>MT2</td><td>MT3</td><td>MT5</td></tr>
<tr><td>PEEK</td><td colspan="2">聚醚醚酮</td><td>MT2</td><td>MT3</td><td>MT5</td></tr>
<tr><td>PE-HD</td><td colspan="2">高密度聚乙烯</td><td>MT4</td><td>MT5</td><td>MT7</td></tr>
<tr><td>PE-LD</td><td colspan="2">低密度聚乙烯</td><td>MT5</td><td>MT6</td><td>MT7</td></tr>
<tr><td>PESU</td><td colspan="2">聚醚砜</td><td>MT2</td><td>MT3</td><td>MT5</td></tr>
<tr><td rowspan="2">PET</td><td rowspan="2">聚对苯二甲酸乙二酯</td><td>无填料填充</td><td>MT3</td><td>MT4</td><td>MT6</td></tr>
<tr><td>30%玻璃纤维填充</td><td>MT2</td><td>MT3</td><td>MT5</td></tr>
<tr><td rowspan="2">PF</td><td rowspan="2">苯酚-甲醛树脂</td><td>无机填料填充</td><td>MT2</td><td>MT3</td><td>MT5</td></tr>
<tr><td>有机填料填充</td><td>MT3</td><td>MT4</td><td>MT6</td></tr>
<tr><td>PMMA</td><td colspan="2">聚甲基丙烯酸甲酯</td><td>MT2</td><td>MT3</td><td>MT5</td></tr>
<tr><td rowspan="2">POM</td><td rowspan="2">聚甲醛</td><td>≤150mm</td><td>MT3</td><td>MT4</td><td>MT6</td></tr>
<tr><td>>150mm</td><td>MT4</td><td>MT5</td><td>MT7</td></tr>
<tr><td rowspan="2">PP</td><td rowspan="2">聚丙烯</td><td>无填料填充</td><td>MT4</td><td>MT5</td><td>MT7</td></tr>
<tr><td>30%无机填料填充</td><td>MT2</td><td>MT3</td><td>MT5</td></tr>
<tr><td>PPE</td><td colspan="2">聚苯醚;聚亚苯醚</td><td>MT2</td><td>MT3</td><td>MT5</td></tr>
<tr><td>PPS</td><td colspan="2">聚苯硫醚</td><td>MT2</td><td>MT3</td><td>MT5</td></tr>
<tr><td>PS</td><td colspan="2">聚苯乙烯</td><td>MT2</td><td>MT3</td><td>MT5</td></tr>
<tr><td>PSU</td><td colspan="2">聚砜</td><td>MT2</td><td>MT3</td><td>MT5</td></tr>
<tr><td>PUR-P</td><td colspan="2">热塑性聚氨酯</td><td>MT4</td><td>MT5</td><td>MT7</td></tr>
<tr><td>PVC-P</td><td colspan="2">软质聚氯乙烯</td><td>MT5</td><td>MT6</td><td>MT7</td></tr>
<tr><td>PVC-U</td><td colspan="2">未增塑聚氯乙烯</td><td>MT2</td><td>MT3</td><td>MT5</td></tr>
<tr><td>SAN</td><td colspan="2">（丙烯腈-苯乙烯）共聚物</td><td>MT2</td><td>MT3</td><td>MT5</td></tr>
<tr><td rowspan="2">UF</td><td rowspan="2">脲-甲醛树脂</td><td>无机填料填充</td><td>MT2</td><td>MT3</td><td>MT6</td></tr>
<tr><td>有机填料填充</td><td>MT3</td><td>MT4</td><td>MT6</td></tr>
<tr><td>UP</td><td>不饱和聚酯</td><td>30%玻璃纤维填充</td><td>MT2</td><td>MT3</td><td>MT5</td></tr>
</table>

注：其他材料可按加工尺寸稳定性，参照上表选择精度等级。

第五节 来料检验（IQC）管理

一、来料检验流程

来料检验流程见表9-4。

表 9-4　来料检验流程

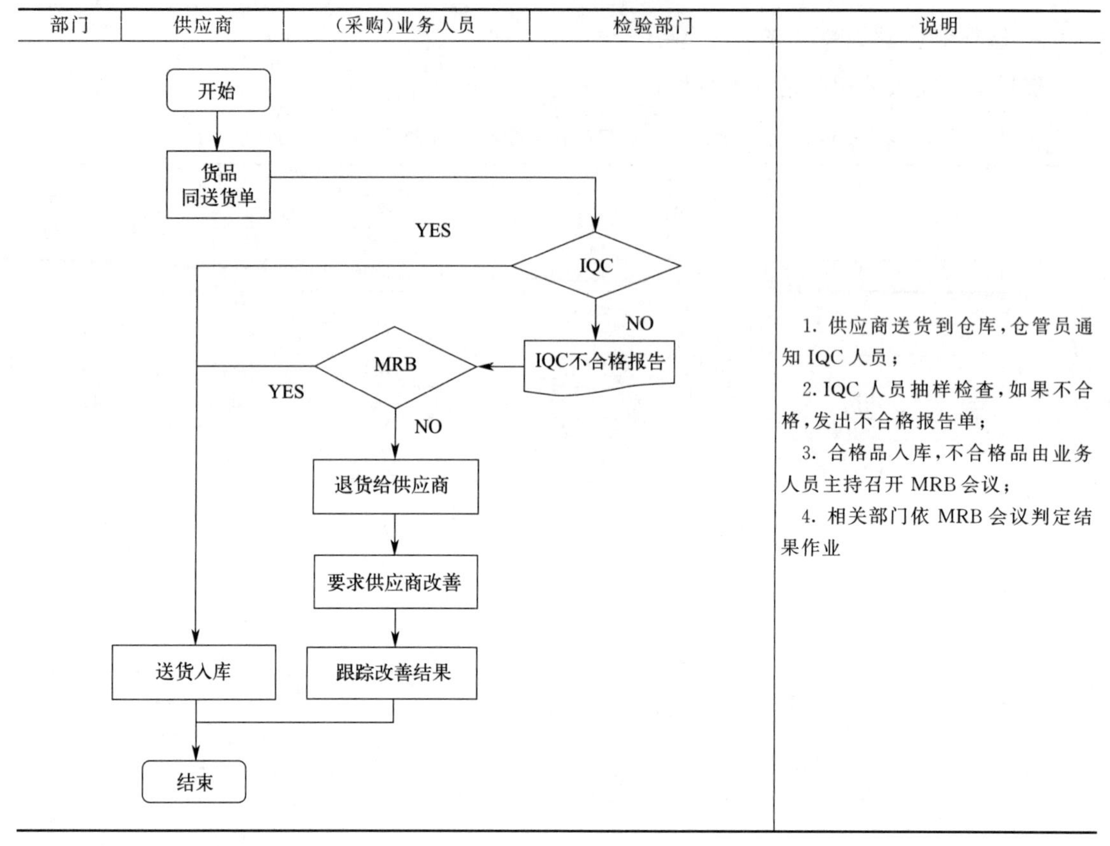

部门	供应商	（采购）业务人员	检验部门	说明
				1. 供应商送货到仓库，仓管员通知 IQC 人员； 2. IQC 人员抽样检查，如果不合格，发出不合格报告单； 3. 合格品入库，不合格品由业务人员主持召开 MRB 会议； 4. 相关部门依 MRB 会议判定结果作业

二、来料检验控制

① 业务人员或仓管员接到供应商送货单后，通知 IQC 人员对进料进行检验，IQC 依抽样计划 MIL-STD-105E：A、B 类货品的检查水平为Ⅱ，AQL：MA＝1.5/MI＝2.5；C 类货品的检测水平为Ⅰ，AQL：MA＝1.5/MI＝2.5，进行抽样。如尺寸、重量、功能等，若在检验过程中发现不符合，则针对全部的抽样样本检验。

② 若为免检物料，则于“IQC 检验报告”及供应商送货单上注明“免检”，不需检验直接入库。

③ 依检验指导书（SIP）、工程图面、样板进行检验。若为破坏性检验须领料报废，或者由厂商提供样品检验。

④ 依检验结果采取下列步骤。

a. 判定允收。

b. 判定拒收，填写“IQC 不合格报告单（IQC Non-conforming Report）”通知业务人员处理。

c. 依检验数据及物料判定状况填写“IQC 检验报告”送交 IQC 主管审核。

⑤ 判定拒收的填写“IQC 不合格报告（IQC Nonconforming Report）”后由业务部人员召集质量、工艺技术、生产等相关单位人员召开 MRB 会议。

a. MRB 由业务、质量、工艺技术人员参加，并由业务部门主持，最终由工艺技术部门决定处理方式。MRB 会议结论填写于“IQC 不合格报告单（IQC Non-conforming Report）”，经相关部门参加人员签名确认后，交由业务部按处理方式安排处理。若有争议无法取得共识，由工艺技术部门决定处理方式。

b. 若该批物料不影响产品功能和客户质量要求。不会造成生产困扰，可考虑特采。

Ⅰ. 判定特采则须经工艺技术部门核准。

Ⅱ. 判定特采时，盖黄色“特采”章，并说明特采原因，以利生产过程追踪。

⑥ 若判定全检或返工、退货，则由业务人员将不良情形通知厂商进行处理。

a. 全检及返工时应注意交期，以免影响生产进度。若为厂内全检及返工，质检与技术人员指导全检及返工方法。

b. 生产部门、质检部门协调人员进行全检或返工。

⑦ IQC 对全检及返工品需进行复检。

a. 复检合格品入库，不合格品退回厂商。

b. 返工及全检不合格品由业务部协调供货商处理。

⑧ 当 MRB 会议要求时，由 IQC 将不良状况以“8D 改善行动报告”的形式要求厂商改善并追踪其改善效果。

⑨ 针对库存超过三个月（以盘点周期计算）的物料在使用前须经 IQC 重验后方可使用。

⑩ IQC 检验标识。

a. 检验合格时，盖蓝色的“IQC”章，并在供应商送货单上签名确认，仓库凭单接收物料。

b. 检验不合格时，盖红色的“拒收”章。

c. 经 MRB 判定特采允收时，盖黄色“特采”章。

d. 免检物料盖绿色“免检”章。

⑪ 设备不足或仪器送校时，可依供货商的出货检验报告及资料作为进料检验的依据。

⑫ 免验材料资格审核：连续三个月内，材料进料不少于 10 批，在 IQC 进料检验履历及制程生产中未发现任何不良状况，经申请批准此物料可列入“免验物料清单”。

⑬ 免验材料控制。

a. IQC 主管按时将满足条件的材料登入“免验物料清单”交由工艺技术部经理（含）以上人员审核，通过后将“免验物料清单”送交给业务部、进货检验部门。假如未按时更新免验材料清单，将继续按旧的清单执行作业。

b. 当免验材料到达仓库，并由仓库开出“进料验收单”至 IQC，IQC 检验员需核对免验材料与免验材料清单所列是否相符，如相符则盖绿色“免验”标签在材料外箱上，由仓库人员将材料入库。如材料数量、包装、品质不符将整批退货，并发出“IQC 不合格报告单（IQC Nonconforming Report）”，业务部对不良物料召开 MRB 会议，对不合格材料进行处理。

c. 免验材料出现不合格，经过技术部经理（含）以上人员批准后于“免验物料清单”上取消该材料，IQC 将对该材料恢复正常检验程序，直到下次免验资格审核合格方可恢复免验入库。

d. 当材料出现变更，进货时需恢复正常检验。

三、来料检验员主要工作职责和注意事项

① 按照进货检验文件、样件和图纸等技术文件对外购、外协货品实施进货检验工作。

② 及时向 QC 主管反馈供应商不良质量信息，特别是当出现该货品急于投入生产使用

的情况。

③ 填写《8D 改善行动报告》，提出供应商改善要求和跟踪改善效果。

④ 每日及时统计分析进货品的质量状况。

⑤ 按检验管理程序的要求及时进行填写《进货检验报告》和《IQC 不合格报告》和质量信息反馈单。

⑥ 每月月底统计分析当月的进货品质情况。

第六节 制程检验（PQC）管理

一、制程检验流程

制程检验流程见表 9-5。

表 9-5 制程检验流程

部门	检验人员	相关部门人员	说明
	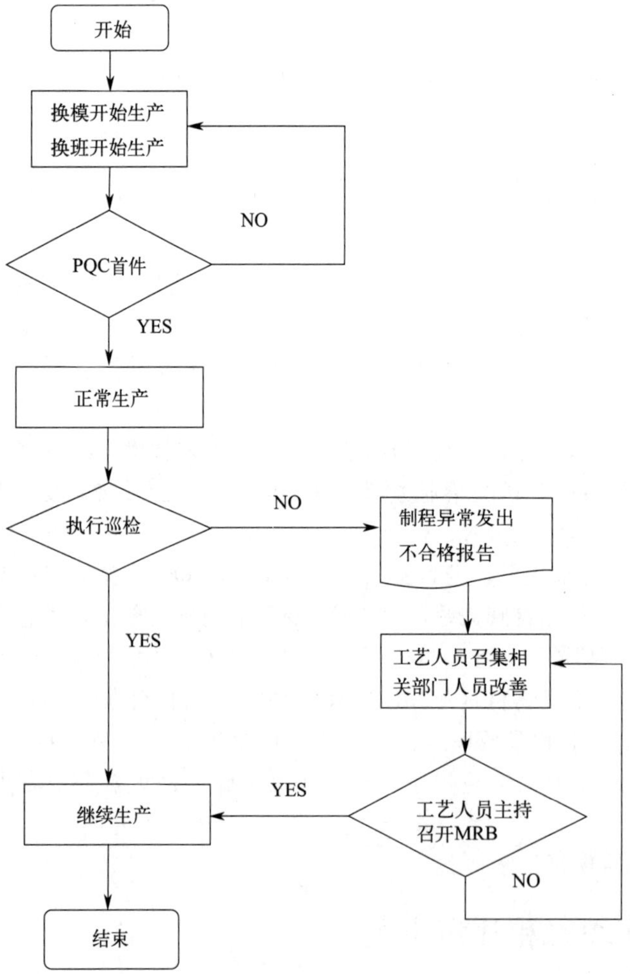 开始 → 换模开始生产 换班开始生产 → PQC首件（NO → 换模开始生产 换班开始生产；YES → 正常生产）→ 执行巡检（YES → 继续生产）→ 继续生产 → 结束	执行巡检 NO → 制程异常发出不合格报告 → 工艺人员召集相关部门人员改善 → 工艺人员主持召开MRB（YES → 继续生产；NO → 工艺人员召集相关部门人员改善）	1. 当出现换模具生产、换班生产时 PQC 进行首件检验，合格则继续生产，不合格调整好后再继续生产； 2. PQC 依产品类别对在生产过程中的产品进行巡检； 3. 巡检合格继续生产，出现异常填写不合格报告，由工艺人员召集相关部门人员进行 MRB 会议； 4. MRB 会议解决异常问题后继续生产，否则需找到问题解决方法

二、制程检验控制

1. 首件检验

① 当新换模具、模具维修后、停机再生产或更换材料时，PQC 要在工艺人员调好产品 30min 内完成首件检验，将检验结果填写在“检测记录”上，保存记录。首件放指定位置，换模首件保存到下模为止。班首件保存到本班结束，下班首件出现后自动废弃。

② 生产车间依 PQC 判定结果采取：

a. 产品检验合格，继续生产。

b. 轻微缺陷，知会工艺人员，调机整改后再生产。

c. 严重缺陷，立即停止生产，并知会技术、质量及相关部门（业务部生产计划人员等）开会检讨。

2. 制程检验（过程检验）

① PQC 人员依检验文件（SIP）、图纸、开机首件等相关标准对生产过程进行巡检。

② A、B 类产品的外观检查频率为 8～10 件/90min，C 类产品的外观检查频率为 8～10 件/120min，功能性、装配、信赖性、尺寸检验周期和抽样数以检验文件（SIP）为依据。

③ 将检验的结果记录在“PQC 检验报告”。

④ 检验频次各注塑厂依据本厂的产品特点进行调整。

3. 制程异常处理

① 针对制品的重缺点（MA）和制程中的问题，PQC 人员填写“不合格报告（Nonconforming Report）”，由车间班组长确认后，召集车间技术人员、生产计划等相关人员分析并提出改善对策。

② PQC 对责任单位提出的改善对策进行效果确认，若无效时，PQC 将改善对策退回原责任单位重新提出。

③ PQC 连续发现 5 个以上同类重缺点（MA），制程不良率过高（以每小时产量计算不良率超过 5%的），批量性不良或严重影响产品信赖性的问题，PQC 填写“不合格报告（Nonconforming Report）”反映到生产工艺人员，并由工艺人员主持召开 MRB 会议，对问题进行处理。

4. 不合格品处理

① PQC 在生产过程中发现的不合格品应在产品标识单上盖红色的“不合格品章”，由班组主管确认后，由其安排人员将不良品放置于不良品区内隔离管制。

② 不合格品依 MRB 会议结论处理。

三、制程检验员主要工作职责和注意事项

① 及时（上模调试合格后或交接班后）做首件（first article，包括开机首件和班首件）。

② 及时向工艺人员、班组管理人员反馈首检不合格的信息，必要时开《不合格报告》。

③ 做首检时必须要向工人交代清楚该产品的质量自检要求，并在产品上面标注一些关键质量特性及控制点。

④ 按规定进行巡检，关键产品（如 A、B 类产品）的巡检周期为 90min，C 类产品的巡检周期为 120min。

⑤ 巡检抽样数为 8～10 件（有一模多腔时为 5～6 模）每巡检频次。

⑥ 巡检时要仔细、认真对照样件（开机首检、班首件）。

⑦ 巡检时严格执行检验文件的规定进行抽样、送样，检测尺寸、色差和装配检查等。一般为每频次（2h）2～3 模。

⑧ 巡检时发现属于工人工作质量、方法不当造成的不合格则立即纠正工人的做法。如果未得到改善，则需要向操作工上一级主管反馈，并对已生产出的不合格品进行标识隔离。

⑨ 巡检时发现不合格是属于生产工艺问题造成的，则及时向当班的工艺员、班组长反馈，要求其改善并对此事进行跟踪处理，对已生产的不合格品做出处置和隔离；如果问题得不到解决，则要及时向上级主管反馈，由上级主管按程序进一步组织解决。

⑩ 所有的严重不良且批量超过 2h 产量的不良品，均要开出《不合格报告》提交给相关责任部门进行整改。

⑪ 对于不能判断的质量问题要向检验主管反馈，反馈问题时一定要将问题点描述清楚。

⑫ PQC 必须按要求及时填写检验记录表格，特别是检测数据的记录必须真实可靠，任何记录均有检测人的亲笔签名和日期，否则将视为无效记录。

⑬ PQC 应及时与 FQC 沟通巡检过程中发现的不良质量信息。

第七节　完成品检验（FQC）管理

一、完成品检验流程

完成品检验流程见表 9-6。

表 9-6　完成品检验流程

部门	检验人员	相关部门人员	说明
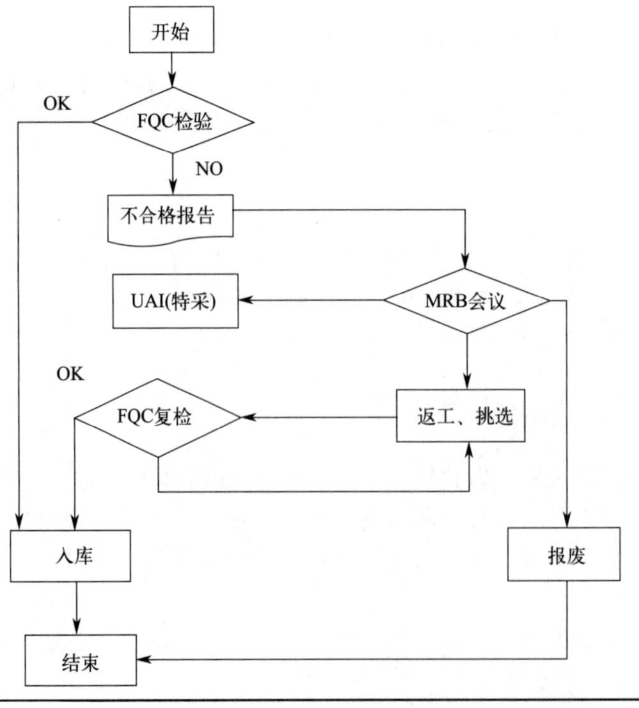 开始 FQC检验 OK NO 不合格报告 UAI(特采) OK FQC复检 入库 结束		MRB会议 返工、挑选 报废	1. 由检验人员执行入库检验； 2. 合格品入库，不合格的发出不合格报告，由工艺组主持召开 MRB 会议； 3. 依据 MRB 会议结论对不符合品进行处置

二、完成品检验控制

1. 完成品检验

FQC以每3h依照MIL-STD-105EⅡ（A、B类货品，C类货品的IL＝Ⅰ）AQL：MA＝1.5/MI＝2.5对每台机生产的产品进行终检，抽检不合格的填写“不合格报告（Nonconforming Report）”反映给生产技术人员，并由生产技术人员主持召开MRB会议，对问题进行处理，将处理的结果记录在“FQC检验报告”。

2. FQC终检合格的货品及时盖上蓝色的FQC+号码章，进行入库作业

三、完成品检验员主要工作职责和注意事项

① 按检验文件的规定进行抽样检验，一般规定每隔3h终检一次。

② 检查产品尺寸、色差或装配实验时按照每隔3h 2～3模进行抽样检验。

③ 终检时必须检查产品合格证是否填写正确，特别是产品颜色和产品的上下和左右之分。

④ 抽样必须做到随机性，杜绝出现怕麻烦而马虎的行为。

⑤ 发现不合格时必须及时进行标识（用红色的不合格章）和隔离，并开出《不合格报告》传递至相关责任人员手中进行评审处理。

⑥ 所有不合格品经过再次返工后均要及时进行复检，复检不合格时要重开《不合格报告》。

⑦ 要与PQC做好交接和沟通工作，杜绝批量性的废次品的发生。

⑧ 超出自己工作能力范围时，要及时向QC主管反馈，并由其做出进一步的处置意见。

第八节　出货检验（OQC）管理

一、出货检验流程

出货检验流程见表9-7。

二、出货检验控制

1. 出货品检验

检验人员依照MIL-STD-105EⅡ（A、B类货品，C类货品的IL＝Ⅰ）AQL：MA＝1.5/MI＝2.5；对A、B类成品执行抽样检验，检验结果填写于“OQC检验报告”。如尺寸、重量、功能等，若在检验过程中发现不符合，则针对全部的抽样样本检验。

① 若判定不合格，OQC人员将不良状况记录于“不合格报告”，经检验主管确认后，由OQC人员在产品外箱标签盖红色不合格章，在“出货检验报告”上记录其检验结果。不合格的按权限进行评审处理，在检验主管能力范围内可以妥善处置的，由检验主管主持召开MRB会议，如果不合格批量超出权限，由高上一级质量管理人员负责组织车间、技术、质量人员召开MRB会议，要求责任部门提出改善对策。

表 9-7 出货检验流程

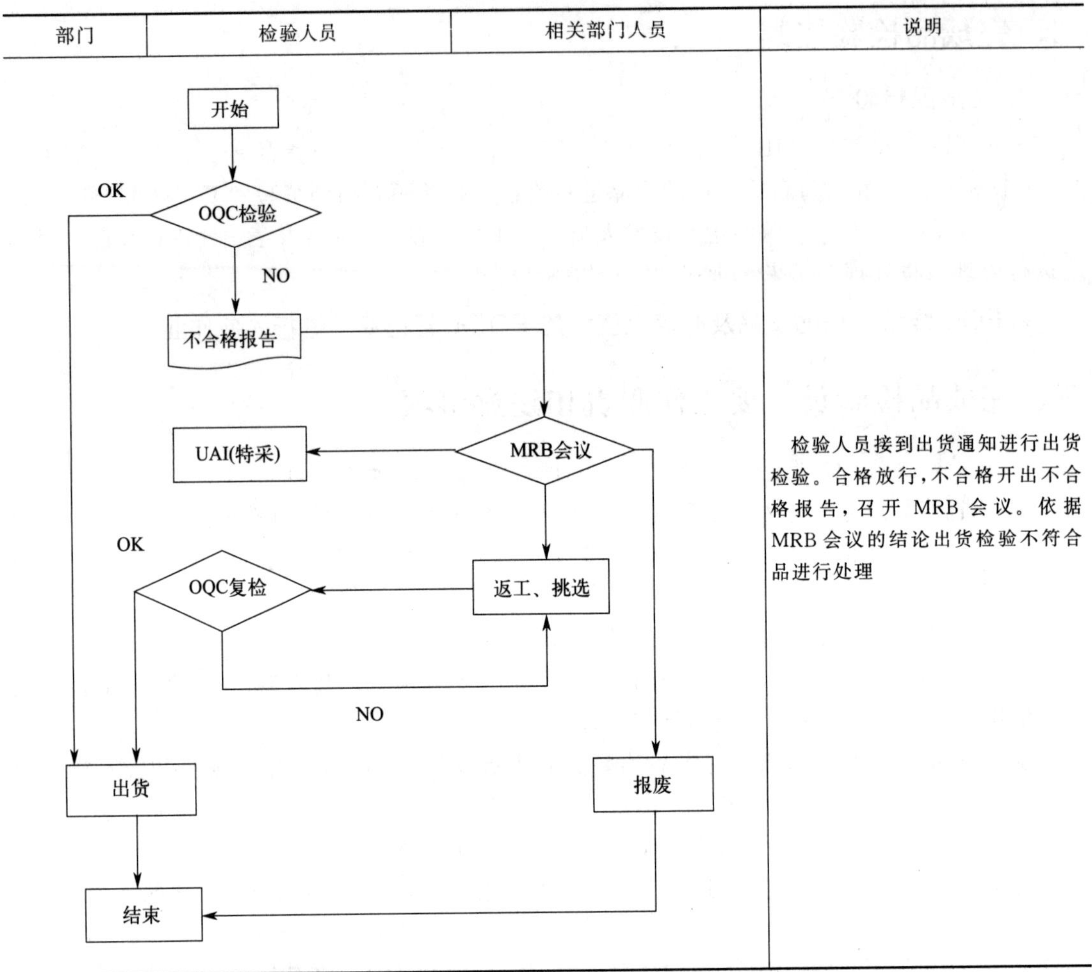

部门	检验人员	相关部门人员	说明
			检验人员接到出货通知进行出货检验。合格放行，不合格开出不合格报告，召开 MRB 会议。依据 MRB 会议的结论出货检验不符合品进行处理

② 若判定 OK，加盖蓝色的出货检验标识章进行标示，执行出货作业。出货检验标识章由检验日期、检验场所、OQC 代码组成。

2. 判定返工的产品

由车间、技术（工艺）、质量人员针对不良品按照确定的返工流程进行返工。OQC 对其返工流程进行检查。

① 若暂无处理方案，需进一步验证时，扣留产品处理。

② 不得在仓库内进行返工作业，所有返工产品由返工人员从仓库领出后，在指定区域进行返工作业。遇到特殊情况时，需要向仓库主管部门和质量部门主管提出申请，允许后才可以在仓库指定的区域进行返修作业。

3. 返工后的成品

检验人员应执行复检。

4. 出货前的检验

OQC 检验员依照出货通知单、检验指导书（SIP）进行检验及确认货车货柜与订舱单、柜号、车牌号，确保货物装入正确的货柜和货车，交付给指定的客户，并将检验时间、检验结果记录于“OQC 检验报告”。

5. 当库存品库存时间达到 3 个月时

由所在仓库的仓管员负责通知 OQC，OQC 按照 MIL-STD-105E Ⅱ（A、B 类货品；C 类货品的 IL＝Ⅰ）AQL：MA＝1.5/MI＝2.5 进行抽验，检验结果填写于检验报告上。

① 库存成品检验发现不良时，由 OQC 开出“不合格报告”，经过检验主管确认后召集技术、生产车间、质检人员对不合格品进行确认。

② 技术、生产车间、质检人员对不合格品的处理方式，填写于“不合格报告”，由返工人员对不合格品进行处理。

Ⅰ. 若裁定为“特采”，须经技术、生产车间、业务部门权责主管签字，如有必要须先取得客户同意。

Ⅱ. 若裁定为“返工”，则由技术、质量人员指导返工作业，OQC 对其返工进行复检。

6. 各种检验的抽样水准

如客户有特别要求，依据客户的要求进行。

7. 相关记录保存至少 2 年

三、出货检验员主要工作职责和注意事项

① OQC 每天按照出货检验计划及时完成检验任务。

② OQC 严格按照检验指导书、样板、图纸、技术文件的要求进行检验。

③ 发现不合格时要及时开出《不合格报告》，将其传递至相关部门进行评审处理，同时要将不合格品用红色的不合格品章进行标识隔离。

④ 所有返工处置后的产品均需要进行再次复检确认。

第九节 可靠度实验控制

一、产品信赖性测试

① QE 于新产品转移阶段依据产品特性及规格制定信赖性实验项目。实验项目包括测试时机、新产品特性验证、产品试产、产品第一次量产、重大工程变更、客户投诉，不定期进行产品可靠度评估。

② 除非客户特殊要求，否则测试样品数量以本厂要求为主。

③ QE 检验员依照信赖性测试计划及相对实验的测试规范进行测试，并根据测试结果制作“信赖性测试报告（Reliability Test Report）”，提交给 QE 工程师审核。

④ 实验报告保存的时间由各公司根据产品类型而定。

⑤ 当信赖性实验失败时，QE 工程师通知技术人员就不良产品进行分析与改善。改善后，QE 须重新进行测试，以确认其有效性。

二、材料认可信赖性实验（仅适用于关键物料）

① 技术部门提供测试样品，并填写“信赖性测试需求单”。

② QE 人员或检验员依目前设备使用状况安排实验日期，依照相应实验的测试规范进行测试。

③ 测试结果记录由 QE 人员填写，QE 主管审核，再将实验结果通知技术部门。

④ 可靠度实验完成后，由样品提供单位取回测试后样品。

第十节　注塑件检验标准

本标准主要规定了注塑生产的各种塑料制品的检查与试验方法，适用于一般注塑制品的检查，本标准仅供常规检测用，特殊要求以相应的零件规格（PART SPEC）为准。

一、测量面划分

测量面指被观察表面。

第一测量面：用户常看到的顶面或侧面。

第二测量面：用户偶然地看到或很少看到的侧面、拐角或边位。

第三测量面：总装件、组件、零件的底面或装配时相互贴在一起的零件表面。

二、检查条件

① 此标准以对功能无影响为前提，而且靠目测比较，故并不适用于限度样板及个别特殊标准。

② 通常在 30cm 处目测 3～5s，如果发现缺陷，移到 50cm 观测 3～7s，以难以看得到及不太明显缺点为合格。

③ 检测光源：检验标准要求的光源。

④ 检验人员视力：裸眼或矫正后视力 0.7 以上。

⑤ 观察角度：垂直于被观察面及上下 45°角。

三、质量要求及检验方法（各厂根据客户要求制定）

1. 表面（外观）质量检验（参考）

表面（外观）质量检验见表 9-8。

表 9-8　表面（外观）质量检验

序号	缺陷	第一测量面	第二测量面	第三测量面	检查方法
1	裂纹	不允许	不允许	对组装成品外观性能无影响时允许有	目测
2	缺料	不允许	不允许	不影响外观及装配功能，轻微可接受	目测（试装）
3	熔接线	以工程样板为最低标准	同左	同左	目测（对板）
4	缩痕	以工程样板为最低标准，从 45°到 90°之间看无明显缩水痕，且触摸时无凹陷感	同左	同左	目测或用手触摸产品时与样板缩痕处凹痕的深浅相比较
5	边拉伤	不允许	外观看不明显	允许有	目测

续表

序号	缺陷	第一测量面	第二测量面	第三测量面	检查方法
6	黑点、杂点、混色	此3种缺陷累积不能超出4点，且不能有3点集中，间隔应大于100mm，黑点/杂点/混色每点面积不大于0.4mm^2	此3种缺陷累积不能超出6点，且不能有3点集中，间隔应大于100mm，黑点/杂点/混色每点面积完全不大于0.5mm^2	此3种缺陷累积不能超出9点，且不能3点集中，间隔应大于100mm，黑点/杂点/混色每点面积不大于0.9mm^2	目测，色点卡
7	划痕、碰伤	划痕/碰伤每条长度不大于8mm，宽度不大于0.05mm	划痕/碰伤每条长度不大于10mm，宽度不大于0.1mm	划痕/碰伤每条长度不大于2.5mm，宽度不大于0.15mm	目测
8	顶白	不允许	不允许	不影响外观可接受，但不能凸起影响功能	目测
…	…				

2. 功能质量检验

(1) 飞边（披锋、溢料）

① 任何喇叭孔、按键孔、开关孔及所有运动件相配合孔位均不能有飞边。

② 内藏柱位、骨位飞边则不能影响装配及功能。

③ 外露及有可能外露会影响安全的飞边，用手摸不能有刮手的感觉。

(2) 变形

支撑于平台的底壳变形量不大于0.3mm，与支撑于平台的底壳相配的面壳其变形量也不能大于0.3mm，其余塑件的变形以不影响装配功能为准。

(3) 浇口余料

① 外露以及有可能外露影响外观及安全的浇口处应平坦，且不能刮手。

② 有装配要求，不外露，不影响装配的浇口余胶应控制在0.5mm以内，且不影响功能。

③ 无装配要求，不影响功能，不外露的浇口，控制在1.5mm以内。

四、检验标准判定上的注意事项

1. 关于“目测”的定义

目测是指离产品表面的直线距离50cm处，于充足的自然光线或标准光源下，在45°～90°角度用人的眼睛进行检查产品外观的一种常用方式。注意：

① 目测检查时，不能离得太近或太远。

② 检查环境要求在充足的自然光线或标准光源下，光源环境的差异会对外观判断造成一定的“迷彩效应”(看颜色时)。

③ 观察角度很重要，一般可以模拟产品装配后正常目测到的外观范围、角度进行目测检查比较科学。

④ 看产品表面的缩痕，一般推荐要在俯视45°角下观察（电镀件除外），可以较清晰地对比出其与样板的差异程度。

2. 关于“不明显”的界定和定义

“不明显”经常用在塑料产品的外观缺陷程度的描述上，这是由于外观缺陷的描述很大程度上受到文字表达局限性的影响，有时只能用“不明显”来表述。“不明显”的界定和定义：

①“不明显”是指经过正确的目测检查或目测对比检查样板后，人的思维判断觉得缺陷较轻微（或两者之间的差异性小），可以忽略不计，从而对此外观缺陷得出的检查结果。

②“不明显”的参照物（参照标准）一定要有可比较性或权威性，才可以得出较有价值的判断结论。

第十一节　质量成本核算

质量成本是确保和保证满意的质量而导致的费用，以及没有获得满意的质量所遭受的损失。

一、质量成本包含的主要项目

1. 预防成本

预防成本指用于预防发生不合格和故障损失等所支付的费用。

2. 鉴定成本

鉴定成本指评定产品是否满足规定的质量要求所需的费用。

3. 内部损失成本

内部损失成本指产品交货前因不能满足规定的质量要求所损失的费用。

4. 外部损失成本

外部损失成本指产品交货后因不能满足规定的质量要求，导致索赔、修理、更换而损失的费用。

二、质量损失统计原则

在本部门发生的报废、返工返修损失，不管是属于本部门的责任，还是上道工序，其他部门或外协厂的责任，均要在本部门内进行统计。

1. 返工返修损失

① 有专职返修工的部门，按专职返修工的工资计算。

② 无专职返修工的部门按实际返修工时和人数的费用计算。

③ 在返修过程中造成的产品报废，应纳入报废损失中统计。

2. 停工损失

停工损失指因质量事故造成设备停止运作、人员闲置期间所发生的费用，包括人工费和设备停工费。

3. 报废损失

（1）注塑车间的报废损失

① 工人自检自分报废的制程不合格品，填写在“生产过程不合格品分类及生产效率管理表”，由车间班组确认。

② 已由检验人员开具“不合格报告”的制程不合格品，按“不合格品管理程序”规定

程序办理报废审批手续。

③ 注塑车间按“生产过程不合格品分类及生产效率管理表”及“不合格报告（Non-conforming Report）”进行汇总、统计。

（2）喷漆（电镀）车间的不合格产品的报废损失

① 喷漆（电镀）车间发生的制程不合格品，班组统计后由检验人员确认并开具“不合格报告（Non-conforming Report）”。

② 已由检验人员开具“不合格报告（Non-conforming Report）”的制程不合格品，按“不合格品管理程序”规定程序办理报废审批手续。

③ 车间按“喷漆（电镀）班组每日生产质量情况记录”及“不合格报告（Non-conforming Report）”进行汇总、统计，在统计过程中应区分开是注塑坯件不良，还是喷漆（电镀）加工不良。

（3）仓库的不合格品报废损失

仓库管理员按“不合格品管理程序”规定程序办理报废审批手续后，对“不合格报告（Non-conforming Report）”以及客户不合格品退货补废品通知单进行汇总、统计。

4. 产品报废损失的计算

产品报废损失＝报废数量×（标准成本－材料成本）

注：标准成本依据财务部提供的数据，材料不能回收使用时，不减材料成本。

5. 质量事故处理费

① 发生重大的或批量性质量事故时，因事故而造成的各项损失不再纳入原有科目内进行统计，应单独进行事故处理费计算，并由事故调查者具体操作。

② 质量事故造成的报废、返工返修损失，由发生部门先统计，其统计方法和单价不变。

6. 其他损失的统计

① 因设计错误、生产计划调整（包括物料准备不到位）造成的在制品或成品报废、返工返修损失，由相应的发生部门进行统计。

② 因外购外协件本身存在的质量问题，造成成品或在制品报废、返工返修，由使用部门填写《不合格报告》，并计算出实际损失金额（包括由此而产生的相关费用），经技术（工艺）部评审确认后，由经营部组织向外协厂商索赔，财务部根据最终的索赔裁定结果，在协作厂商或外购厂商的货款中扣除。

三、质量成本的分析和改进

① 质量成本率（COST 比率）＝质量成本总值÷总销售收入（或总产值）×100％

② 质量部门根据各部门提供的质量成本数据，进行统计分析。

③ 各部门对质量成本进行有效控制，根据质量成本控制情况及时组织责任部门进行专题改进。

四、质量成本目标的制定

① 质量成本目标管理采用按季度逐渐累计管理的方式进行管理评价。

② 质量部门每年末根据本年度质量成本的实际状况和下年度质量改善计划制定下年度的质量成本计划。

③ 质量成本计划要体现质量改善工作的经济效益，把质量指标的变化、质量状况的改善与降低外部/内部质量损失的分析紧密结合起来，将质量成本计划分解到具体的科目，并将质量成本计划报质量部进行管理。

五、质量成本科目

质量成本科目见表 9-9。

表 9-9 质量成本科目

质量成本科目	质量成本项目	质量成本项目明细(统计内容)
一、预防成本	1. 质量工作费	① 检验员工资 ② 质量管理人员工资的 50% ③ 质量管理人员通信费、办公费的 20% ④ 开展质量小组活动(如 QC 小组)所支付的费用(如申报费)
	2. 质量培训费	内外部质量培训所发生的教材费、培训费及支付被培训人员工资
	3. 质量奖励费	质量管理相关奖励费用,如质量管理成果奖、产品升级创优奖、质量技术革新奖、合理化建议奖、部门管理提升奖及车间和部门与质量相关的各种奖励
	4. 新产品评审费	① 新产品设计开发各阶段评审会议费用(评审材料、工资) ② 委外试验费 ③ 安全认证费 ④ 产品鉴定费
	5. 质量审核费	质量审核所支付的审核人员工资、差旅费用等
	6. 其他	其他预防成本
二、鉴定成本	7. 检验费	① 检验部门负责的检验所发生的工资 ② 通信费、办公费、差旅费等
	8. 车间负责的检验费	① 车间负责的检验所发生的工资 ② 办公费、通信费、差旅费等
	9. 产品试验费	对产品进行型式试验、破坏性试验所消耗的产品、材料及劳务费(含委外)
	10. 检测手段计量修理费	① 指对检测量具、仪器仪表等进行维护、校准和修理所发生的费用 ② 检验设备折旧费 ③ 计量器具、检测工装器具添置所发生的费用
	11. 其他	其他鉴定成本
三、内部损失成本	12. 废品损失	产品检验合格入仓前,在各个工序上发生的废品费用
	13. 返工返修损失	① 产品检验合格入仓前,为修复不合格产品而支付的返工、返修工资 ② 消耗的材料、辅料
	14. 停工损失	指由于质量事故导致设备停工、停产的损失费用
	15. 事故分析处理费	① 处理内部质量事故(问题),解决不合格品(批)能否使用所发生的送样材料费、差旅费、人工费、检测费 ② 对不合格品/批进行筛选、返工、返修或重复试验而发生的材料费、人工费、检测费等
	16. 其他	其他内部损失成本
四、外部损失成本	17. 退货损失	产品发交后,由于质量问题而造成的批量退货(非正常退货)所损失的材料费、人工费、交通运输费等
	18. 索赔费	① 处理用户索赔所支付的人工费、差旅费、业务费 ② 发交后,因低于规定的质量标准而发生回用,进行降价处理所造成的损失
	19. 废品损失	产品发交后,因退货造成报废损失的费用
	20. 返工返修损失	① 产品发交后,因退货造成返工返修而支付的工资 ② 材料、辅料等
	21. 其他	其他外部损失成本

续表

质量成本科目	质量成本项目	质量成本项目明细(统计内容)
五、外部质量保证成本	22. 认证费	① 第三方审核费用,包括认证费、复查费、业务费 ② 对产品的安全性能进行试验所发生的费用,包括试验费、业务费等
	23. 质保证实费	公司应顾客要求提供特殊和附加的质量保证措施、程序、数据证实试验的费用

第十章
注塑生产管理

第一节　注塑加工行业发展趋势与管理升级需要

注塑加工企业管理涉及塑料原料性能、产品结构、模具结构、注塑机性能、注塑工艺、塑料助剂（配色）、塑料制品性能的测试、注塑件质量管理、注塑工程管理、现场车间管理及安全生产等多方面。

随着注塑企业的转型升级和注塑行业的进步与发展，注塑成型加工进入自动化、无人化时代，随处可见的生产场景如注塑机全自动生产、机械手（机器人）取件、浇口的自动切除、传送带传送产品到加工区域、自动上下模装置、磁力模板的应用、集中供料系统，也包括很多注塑件的二次加工等，都实现了注塑+后序加工的自动化、无人化生产。生产计划指令、生产数据、工艺数据和质量数据通过信息管理系统进行采集、分析、传递，为企业管理提供强大的数据支持。

注塑企业必须结合企业的实际，建立一套先进的管理体系和模式，并且一步一步执行，不断改善和提高，逐步达成管理目标。注塑企业先进的管理体系和模式具体表现在以下几个方面。

一、流程化的管理

建立一套快速高效的管理流程，规范每个业务部门的工作和员工的行为。明确工厂运作各环节的工作分工与职责，根据不同的工作环节划分相应的部门。流程的划分就是保证各部门在运行中平稳，无管理死角，同时，通过工作职责界定，保证部门内部的运作有序。

二、标准化的管理

总结和积累企业的经验和知识，建立相应的技术标准和管理制度。标准包括流程的标准、技术和工艺的标准、行政考核的标准等。

三、管理信息系统（工具）的应用

信息化管理系统是帮助企业建立先进管理体系非常有效的工具和保证，管理系统会督促和跟踪流程和标准的执行情况，并提供大量的数据为管理改善提供支持，实现“数据化管理”模式。很多企业建立了IS09000、TS16949等管理体系，如果没建立信息化管理系统，要多花很多资源进行数据收集与统计。

第二节　注塑生产流程

一、注塑流程图及各部门职责

1. 注塑生产流程图

注塑生产流程图见图 10-1。

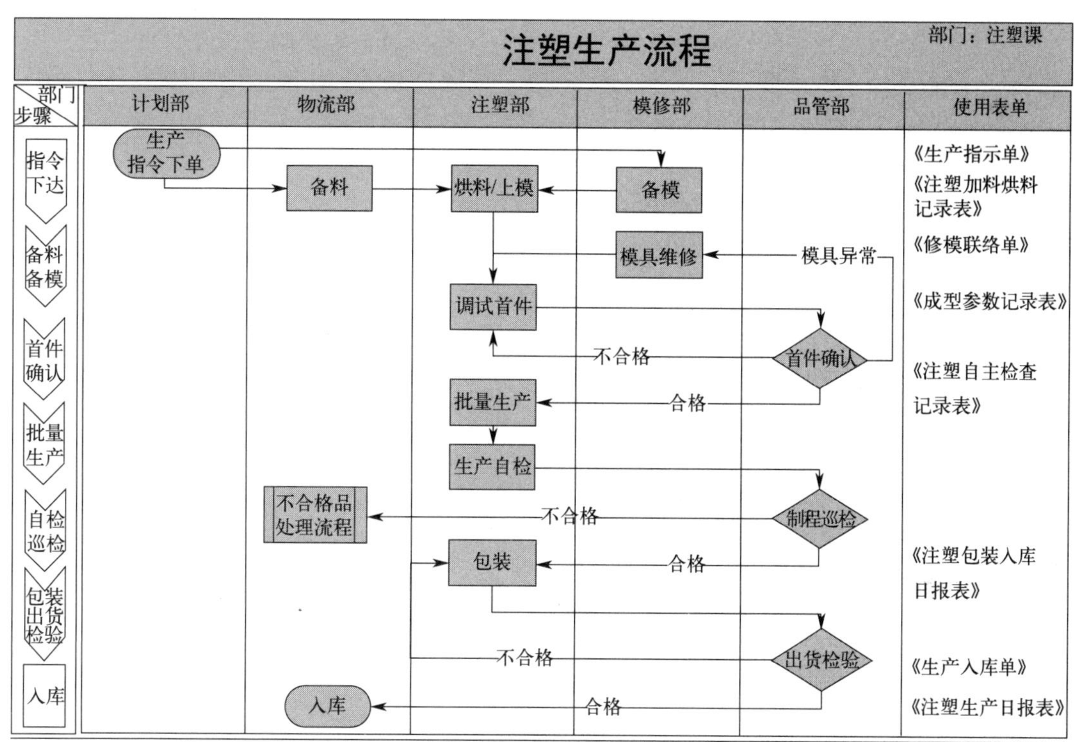

图 10-1　注塑生产流程图

2. 各部门的主要职责

各公司对职能部门的划分有差异，但工作内容要被涵盖在相应的部门。下面说明各职能部门在注塑生产中的主要职责。

（1）计划部

① 主要是根据客户潜在和实际需求，制定 18 个月、一年、半年、三个月的产能预测，一个月、一周、日生产计划，指导相应职能部门进行设备、材料等规划。

② 计划部动态的控制周和日计划，指导注塑部日常生产，并根据日计划的完成情况及时调整后续的生产周、日计划。

③ 在预测产能及制定生产计划时，要核实好产品周期（CT）、废品率、设备利用率、设备与产品的匹配等信息，保证计划信息的准确性。

（2）物流部

① 物流部主要是根据生产计划制定原材料、辅助物料采购计划。

② 根据周、日生产计划进行原材料、辅助物料生产前的准备工作。

③ 负责产品的出入库管理。

④ 协助入库产品的不合格品处理。

(3) 模修部

① 主要负责模具的日常管理与维护、维修。

② 根据生产计划提前做好模具的准备工作。

③ 根据模具特点制定模具保养计划。

④ 特殊模具如果需要在机台开机时或生产过程中定期保养，要列入工艺规范中，维护部按要求对模具进行保养。

⑤ 根据批次模具生产状态和末件状态，对模具飞边、拉伤等缺陷进行及时维修。

(4) 注塑部

① 按计划组织烘干材料、上下模具。

② 组织工艺人员开机调试产品，并自检确认首件外观。

③ 首件确认后，组织操作工加工产品，并进行产品自检。

④ 合格产品包装入库。

⑤ 对制程中出现的不合格产品按要求进行返工。

(5) 品管部

① 工艺人员开机调试产品，自检首件外观合格后，进行首件检验确认。

② 正常生产时，按要求频次进行制程巡检。

③ 负责合格产品入库检验。

④ 按不合格品流程处理不合格品。

⑤ 做好首件、巡检、出库检验记录及生产质量异常反馈。

3. 生产过程使用主要表单

①《生产周、日排产计划(生产指示单)》。

②《注塑加料烘料记录表》。

③《修模联络单》。

④《成型参数记录表》。

⑤《注塑首检/巡检记录表》。

⑥《注塑包装入库日报表》。

⑦《注塑生产日报表》。

二、注塑生产流程的优化

在注塑行业日益激烈的竞争环境下，注塑制品工厂需要不断地调整和优化生产管理流程以面对快速变化的市场，快速地响应客户需求，企业的管理体系也需要不断精细化，以提高运营效率和降低运营成本，要做到这些，注塑制品厂在流程上要做好以下几点。

① 制定业务管理流程，做好产能预测，业务接收必须要根据工厂的实际生产水平和设备负荷状态，防止生产管理和业务管理沟通不到位造成不必要的损失。

② 规范注塑生产管理流程，设计和优化各个制程控制点，制定各制程控制点标准作业指导，使生产过程处于受控状态。

③ 制定注塑制程控制（IPQC）工作流程，明确相关部门的权责，在生产过程严格落实执行，通过持续改进，不断优化生产工艺，保证产品质量达到客户的要求，并超越客户的

期望。

④ 制定注塑物料管理流程，明确相关部门的权责，所有物料跟生产计划匹配，确保物料管理处于受控状态。

⑤ 建立生产现场质量问题的快速解决流程，即快速反应质量控制（QRQC）机制，以减少生产线停线时间及有效避免不合格产品的产生。快速反应质量控制基本原则是在第一时间制止不合格产品的继续产生，并采取应对措施，尽快恢复生产。

⑥ 建立有效的信息沟通渠道，明确规范沟通的接口和方式，使公司各种指令、计划信息能上传下达，相互协调，围绕企业各项指标完成统筹执行。

第三节　注塑标准化管理

一、标准及标准化的概念

标准是工作的最佳方式，即由管理部门针对公司所有主要的业务，设定一套方针、规则及程序，作为全员执行其工作的指导，以求获得最好的成果。

标准化就是明确的书面工作方法，标准化是现场改善基本活动之一（三项基本活动为标准化、5S、消除浪费），意指将工作的最佳方式予以文件化。

二、标准化的特征

① 代表迄今为止所能想到的最快、最好、最方便、最安全的工作方法。

② 保存技巧和专业技术的最佳方法。

③ 标准就是样板，是所有工作的依据。

④ 标准化是衡量绩效的基准和依据。

⑤ 标准化是改善的基础。

⑥ 作为目标和训练的依据，可以避免不同人员因不同想法而产生的不同结果。

⑦ 标准化是防止问题发生及变异最小化的方法。

三、标准的种类

1. 按作用的对象不同可分为

（1）程序类标准

工作程序、作业指导书、工序设定、设备管理（检定、保养、管理制度、方法）。

（2）标准规范

产品规格、图纸、标准工时、标准成本/预算，各种计划书，经营方针/目标。

2. 按生产要素区分

标准又可分为人员、设备、材料、方法、环境、测量等。

四、标准化的作用

① 降低成本。

② 减少变化。

③ 便利性和兼容性。

④ 积累技术。

⑤ 明确责任。

五、标准化的综合效果

1. 通用效果

防止混乱，自动化，文件化/系统化，少量化/最简化，互换性/共通性，确保品质。

2. 附带效果

技术知识普及，技术积累/进步。

3. 特别效果

环境保护，安全生产，防止不当利益。

六、管理标准化的简便化

管理标准化产生的效果既优于管理简单化的笼统管理，又不追求系统化的文件多、程序多（人力成本大），而是要突出其简便化，主要表现在以下几方面。

① 文件少而精。

② 一切以实用为主。

③ 程序性强、联系紧密。

④ 系统简练。

⑤ 容易操作。

⑥ 指示简要明确。

七、实施标准化的要点

① 抓住重点。

② 语言平实，简洁。

③ 目的和方法要明确。

④ 注重内涵。

⑤ 明确各部门职责。

⑥ 容易遵循。

⑦ 彻底实施。

⑧ 不断修订、补充与完善。

八、标准化的步骤

① 确定必要的标准化环节。

② 制定标准。

③ 执行标准。

④ 修订与完善标准。

九、注塑现场标准类文件

① 工艺类。工艺卡（即工艺参数卡）及工艺规范（包括工艺巡检、上下模具、开停机规范、原材料准备等）。

② 检验类。检验管理程序、产品检验指导书及相应的检验记录（首末件记录表、巡检记录表等）。

③ 操作类。产品操作指导书（包括产品加工、包装指导）、5S 作业指导书、多岗位技能管理等。

④ 设备类。设备使用管理、设备维护计划及设备维护卡、设备点检卡等。

⑤ 安全。安全作业指导书、工序安全卡（规范工序劳保用品佩戴）。

十、现场标准文件展示示例

1. 看板类

看板类见图 10-2。

① 同类别文件一排或一行。

② 同一类别文件一般按标准类指导书、记录表格、整改跟踪计划顺序放置。

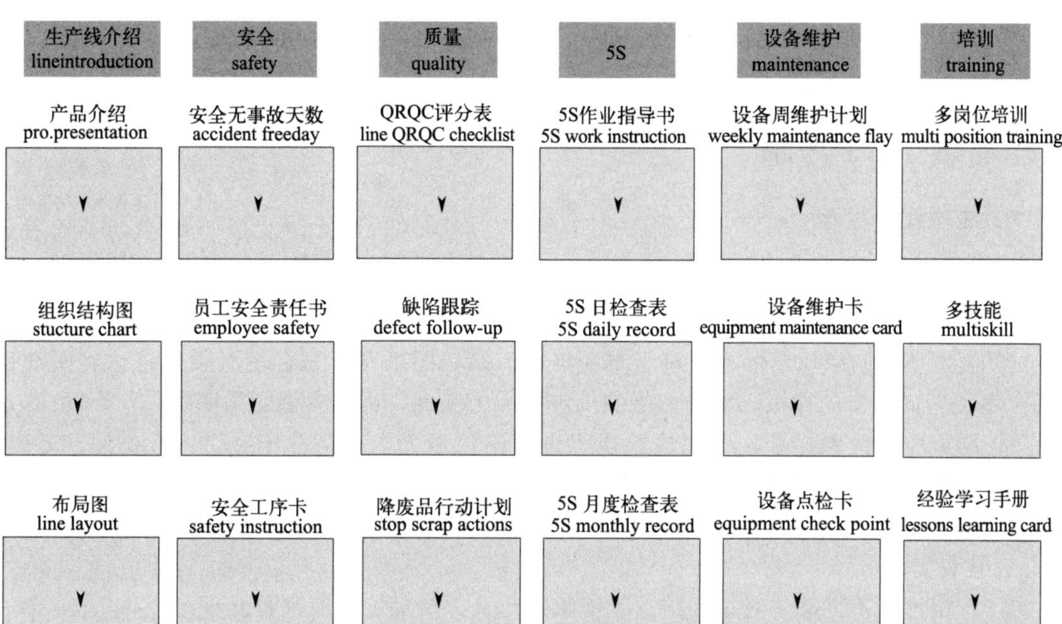

图 10-2　用看板展示现场文件

2. 文件夹类

文件夹类见图 10-3。

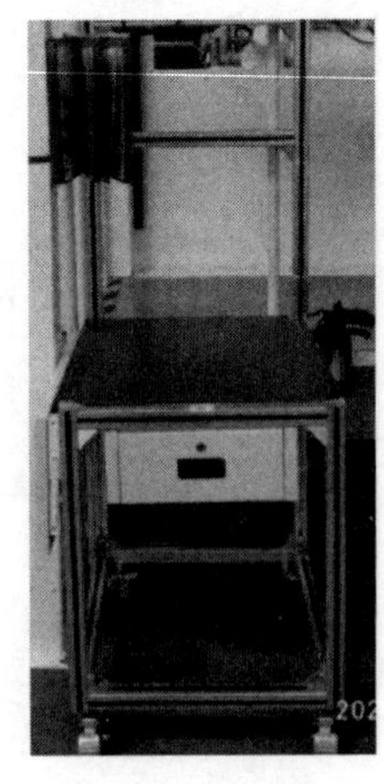
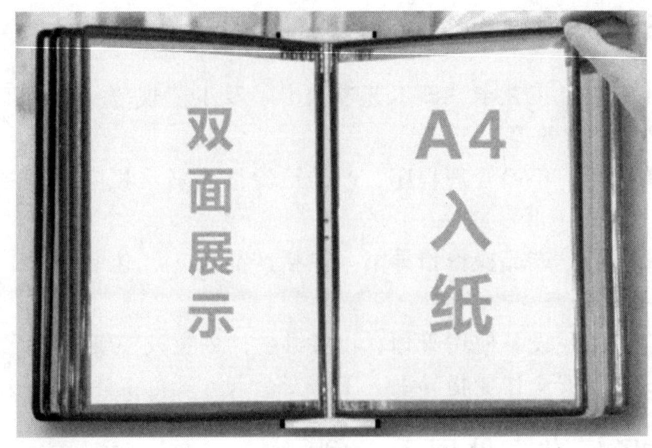

图 10-3　用文件夹展示现场文件

第四节　质量、成本、交期、激励及安全

质量（quality，Q）、成本（cost，C）及交期（delivery，D）被视为生产管理的首要目标（QCD）。当生产管理能成功达成 QCD 的目标时，顾客的满意度及企业的信誉也会随之而来。在现场管理中，经常将激励（morale，M）及安全（safety，S）加入 QCD，作为现场管理的目标（QCDMS），见图 10-4。

生产管理的铁三角

用最低的成本
符合要求的质量
达成规定的交期

图 10-4　生产管理的铁三角

一、质量（Q）控制

1. 注塑质量管理

参见第九章。

2. 质量控制中注意要点

① 制定塑料制品质量标准，对于装配标准、结构图纸和外观标准必须规范化和明细化（加工型工厂以客户的样板、结构图纸和外观标准为基准，标准方面必须明确）。

② 制定质量检验标准，编制检验规程来明确技术要求、检验项目、项目指标、方法、频次等要求，并在工序流程中合理设置检验点。

③ 按技术要求和检验规程对塑料制品进行检验、检查。原始记录要齐全，填写内容必须是完整真实的。

④ 严格控制不良品，对返修、返工能跟踪记录，按规定程序进行处理。

⑤ 对待检品、合格品、返修品、废品应加以醒目标志，分别存放或隔离。特别是现场废品要用醒目颜色的存放箱，废品件要标识缺陷部位。

⑥ 各工序的各种质量检验记录、理化分析报告、控制图表等都必须按归档制度保管。

⑦ 编制和填写各工序质量统计表及其他质量问题反馈单，对突发性质量信息应及时处理和填写报告，并按程序进行反馈。

⑧ 制定对后工序，包括交付使用中发现的产品质量问题反馈和处理制度，并认真落实执行。

⑨ 制定质量持续改进制度。按规定的程序对各种质量缺陷进行分类、统计和分析，定期开展质量改进会议，针对主要缺陷制定质量改进计划，并认真组织实施。

3. 生产过程质量稳定的控制因素

注塑制品加工过程质量稳定主要取决于设备、模具、原料和注塑工艺参数稳定性，注塑工艺参数确定后必须稳定设备、模具和原料三大要素，这就要求建立设备、模具保养制度和原料使用规范。

① 制定设备安全操作规程和三级维修保养制度，规范设备日常点检和保养标准，预防为主，杜绝重大安全事故的发生，减少主观因素造成的设备损坏，保证设备在理想状态下工作。

② 新产品模具设计前要开评审会，注塑工程师从注塑工艺角度提出合理的建议，优化模具流道、排气、冷却系统和脱模方式。制定模具安全操作规程和日常保养制度，规范模具日常使用和保养标准，预防为主，发现问题及时处理，不断优化模具的生产状态，让模具在理想状态下工作。

③ 制定混料、水口破碎回收和材料烘料作业标准，规范原料生产准备全过程，保证生产用料质量稳定可靠。

④ 根据工厂的实际情况，统一模具、设备接口部分标准，模具运水的连接标准，并同设备相匹配。不断推动注塑工艺标准化管理，通过工艺条件的稳定性达成注塑生产过程的稳定，进而实现产品质量的稳定。

4. 生产车间质量目标的落实

① 确定现场生产线质量主要控制项目：废品率（一般在 10^{-6} 数量级）。

② 废品率＝不合格零件数÷产品总数

③ 确定每个产品的废品率目标。（范例见图 10-5）

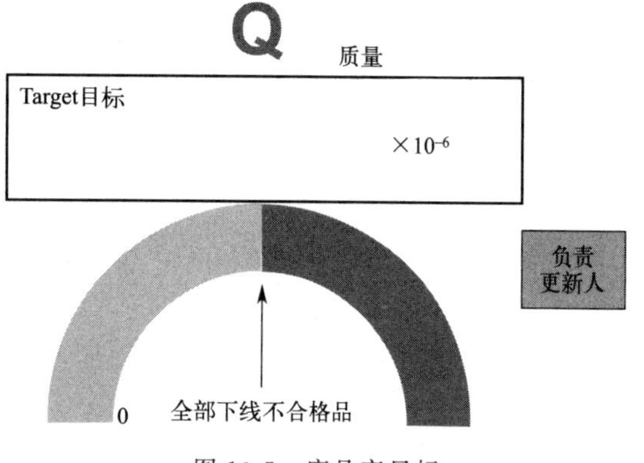

图 10-5　废品率目标

④ 确定生产线或机台的生产、工艺责任人员。

⑤ 跟踪目标的达成情况，范例见表 10-1、表 10-2。

表 10-1　废品率日跟踪表范例

ppm								
线别：	第　周							
		星期一	星期二	星期三	星期四	星期五	星期六	星期日
早班	A 班							
中班								
晚班								
早班	B 班							
中班								
晚班								
早班	C 班							
中班								
晚班								
平均值								

表 10-2 废品率周跟踪表范例

Q质量缺陷周跟踪表																										
ppm																										
10000																										
9000																										
8000																										
7000																										
6000																										
5000																										
4000																										
3000																										
2000																										
1000																										
W	27	28	29	30	31	32	33	34	35	36	37	38	39	40	41	42	43	44	45	46	47	48	49	50	51	52

⑥ 偏离目标的行动计划。范例见表 10-3。

表 10-3 行动计划范例

行动计划							
日期	序号	问题和原因	行动计划	负责人	预计日期	完成日期	⊕
							⊕
							⊕
							⊕
							⊕
							⊕

a. 低于目标值的日周制定整改措施。

b. 整改措施说明问题原因、行动计划，明确负责人、预计完成时间，记录实际完成时间。

c. 按 PDCA（计划、实施、检查、处置）循环对行动计划进度进行跟踪。

二、成本（C）控制

1. 成本控制的意义

（1）成本领先

企业以最低的成本提供产品或服务从而在行业中立足，保证利润，维持生计和不断发展是企业最基本的出发点。

（2）产品质量稳定性

注塑产品质量的稳定性，往往是稳定的工艺过程来实现，稳定的质量和成本控制是顾客感受到的重要方面，体现企业产品或服务的独特性，这一特性往往是顾客所信赖和认可重要依据。

(3) 细分领域的良性发展

成功的产品成本和质量控制，往往使指企业在管理上更加成熟，在注塑产品的细分领域得到更多的认可，进而促进企业更好地发展。

2. 降低生产成本的主要途径

① 改进质量，降低废品率。

② 改进生产力，提高生产效率。

③ 降低库存，减少资金占用和管理费用。

④ 缩短生产线，节省人力成本。

⑤ 减少机器停机时间。

⑥ 充分利用空间，创造更多价值。

3. 人工成本降低的途径

人工成本包括直接人工和间接人工，人工成本的降低可从下列方面着手。

① 提高设备开动率。

② 一人一机或一人多机（多工位）。

③ 做好产能规划。

④ 减少人员流动率。

⑤ 制定和实施激励制度。

⑥ 自制件和外包成本比较。

⑦ 提高生产自动化。

4. 降低维修费用

① 加强设备、模具预防性维护与保养工作。

② 控制维修备件的库存量，合理储备备件。

③ 提高维护部门的绩效考核。

5. 降低物料费用

① 做好物料领用的统计分析。

② 日常做好原材料烘干、使用与回收管理，防止出现材料准备中的混料、污染等问题。

③ 生产中注意螺杆清洗和开机废料量的控制，制定相应的开停机和螺杆清洗程序，指导现场生产。

6. 降低成本工作的推行与实施

① 根据公司的现状，制定降低成本的目标。

② 降低成本工作牵涉每一个部门，各部门应积极参与。

③ 降低成本数据统计与提供要由统一的部门负责，保证数据的真实性及有效性。

④ 降低成本的持续改进工作，在原有的基础上不断挖掘潜力，不断深入推进降低成本工作。

⑤ 企业要把降低成本工作纳入企业的经营管理目标中，从上到下推动此项工作的有效开展。

7. 生产车间成本控制的落实

（1）确定生产车间成本控制项目：TRP（等同 OEE，设备综合效率）

① TRP 的计算方式

$$\text{TRP}=\frac{\text{合格品件数(左+右)}\times\text{单件循环时间(秒)}}{\text{计划工作时间(分钟)}\times 60}\times 100\%$$

② 计划工作时间＝全班开工时间－计划停止时间（N 无生产＋A 预防性维护＋B 试生产＋设备及工艺改善等在预先计划好的停机时间）。

③ 七种时间损失的界定。

编码	类型		七种时间损失注释/7losses data
1	无生产		在生产过程中完成生产计划，或客户无需求导致的生产停止
2	计划停机	预防性维护	由维护与生产共同制定的计划性预防维护导致的生产停止，班前的预防性维护，按工艺文件规定必须得停机维护（不超过规定时间）
		试生产	新项目试生产，生产线更改，设备、夹具、模具调试等
		工作站改进	开展改善工作站（工作站就是有计划开展的生产改进活动，包括生产、工艺技术、质量、模具、设备等开展的活动，类似于 QC 小组，但不局限于质量改进）
3	换型		正常或非正常因素导致的换型进而导致的生产停止，直至产出第一件合格品为止
4	设备停止	设备故障	任何由设备问题导致大于 5min 的生产停止，包括故障导致的上游设备停止，直至产出第一件合格品为止
		工装夹具故障	任何由工装夹具导致大于 5min 的生产停止，包括故障导致的上游设备停止，直至产出第一件合格品为止
		模具故障	任何由模具问题导致大于 5min 的生产停止，包括故障导致的上游设备停止，直至产出第一件合格品为止
5	小停机		因设备、模具、工装等原因导致的停机≤5min，并且在 5min 内自行修复
6	组织问题	原材料短缺	生产必须用原材料如清漆、原材料、包装材料等短缺导致的生产停止；上游设备/模具/工装故障造成的供料不足
		生产组织	5S、召开快速反应（QRQC）会议、设备启动、吃饭、停线培训等；人员不足导致的生产减缓或停止；因生产计划变更造成的等待
7	质量	不合格品	任何因质量原因导致的生产线停止，例如等待判定等

④ 对七种时间损失编码。

七种时间损失											
无生产	计划停止			换型	设备停止			小停机	组织问题		质量问题
无生产	预防性维护	试生产，调试	工作站改进		设备故障	工装夹具故障	模具故障		原材料短缺	生产组织	不合格品
N	A	B	C	D	E	F	G	H	I	M	Q

⑤ 生产数据记录，见表 10-4。

表 10-4　TRP 记录表

____TRP 记录表

设备		班组	早	白	晚	日期	____年___月___日
主管		班长				操作工	

a. 记录当班每小时产品的合格品、不合格品数量。

b. 分类记录各时间段七种损失时间。(60min 或 120min)

c. 计算每个时间段及当天 TRP 数值，时间损失类别以代码表示。

(2) 确定每个机台的 TRP 指标

TRP 目标值见图 10-6。

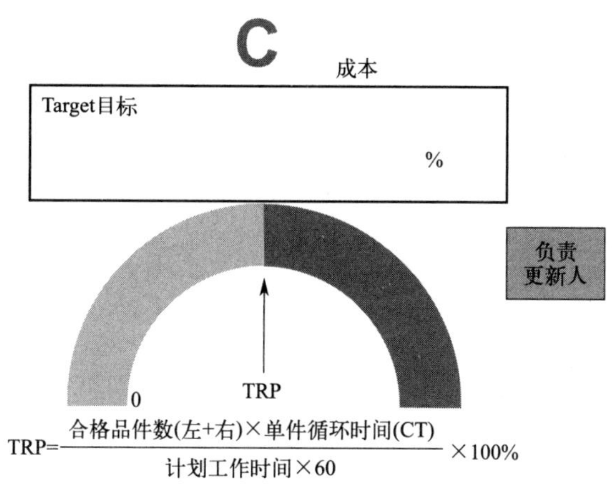

图 10-6　TRP 目标值

a. 统计各机台一个时间段的 TRP 数值，确定机台的阶段性 TRP 目标值。

b. 把确定的目标值作为生产过程快速反应控制线。

c. 触发控制线操作人员进行反馈，管理人员按快速反应程序进行应对。

(3) 跟踪 TRP 完成情况

TRP 日跟踪表见表 10-5，周跟踪表见表 10-6。

表 10-5　TRP 日跟踪

TRP 日跟踪表

$$\text{TRP}=\frac{\text{合格品件数(左+右)}\times\text{单件标准循环时间(CT)}}{\text{计划工作时间}\times 60}\times 100\%$$

	周一	周二	周三	周四	周五	周六	周日	平均值
A 班								
B 班								
C 班								

a. 记录每日 TRP 值。

b. 核算每周的平均 TRP 值。

表 10-6　TRP 周跟踪

TRP 周跟踪表

WK TRP																										
100																										
90																										
80																										
70																										
60																										
50																										
40																										
30																										
20																										
10																										
W	1	2	3	4	5	6	7	8	9	10	11	12	13	14	15	16	17	18	19	20	21	22	23	24	25	26

a. 记录每周 TRP 值。

b. 周目标值以一个逐步提高的目标来促进改善。

(4) 未达 TRP 目标整改措施

TRP 目标整改措施见表 10-7。

表 10-7　TRP 目标整改措施

行动计划

日期	序号	问题和原因	行动计划	负责人	预计日期	完成日期	⊕
							⊕
							⊕
							⊕
							⊕
							⊕

a. 低于目标值的日周制定整改措施。

b. 整改措施说明问题原因、行动计划，明确负责人、预计完成时间，记录实际完成时间。

c. 按 PDCA 循环对行动计划进度进行跟踪。

(5) 反应规则（举例）

① 当反应线 TRP 低于 90%或停机超过 5min 时，操作工或班长立即通知生产主管。

② 当反应线 TRP 低于 75%或停机超过 10min 时，生产主管立即通知车间经理。

③ 当反应线 TRP 低于 65%或停机超过 15min 时，车间经理立即通知生产经理。

④ 被通知人员无法联系到时，联系其 $N+1$（其上一级领导）

例：生产线反应线设定：TRP 目标值为 90%，第一反应原则为 90%，目标值×85%=76%（TPR 低于 76%执行第一反应原则）。

三、交期（D）控制

1. 交期的定义及时间组成

交期是指从订单下达日开始至交付日之间的时间长短。较短的交期，表示较佳的资金周转率，更有弹性地符合顾客的需求，以及较低的运营成本。

交期=行政作业时间+原料采购时间+生产制造时间+运送与物流时间+验收和检查时间+其他预留时间。对交期的控制和管理可以从交期组成公式中寻求空间。

2. 交期六项时间组成

（1）行政作业前置时间

行政作业所包含的时间存在于采购与供应商为完成采购行为所必须进行的文书及准备工作。

（2）原料采购前置时间

原料采购前置时间指供应商为了完成客户订单，向他自己的供应商采购必要的原材料所需要花费的时间。

（3）生产制造前置时间

生产制造前置时间是供应商内部的生产线制造出订单上所订货物的生产时间。基本上包括生产线排队时间、准备时间、加工时间、不同工序等候时间以及物料的搬运时间，其中非连续性生产中，排队时间占总时间的一大半。

（4）运送前置时间

当订单完成后，将货物从供应商的生产地送到客户指定交货点所花费的时间为运送前置时间。运送时间的长短与供应商和客户之间的距离、交货频率以及运输方式有直接关系。

（5）验收与检验前置时间

验收与检验前置时间内的工作包括卸货与检查、拆箱检验、完成验收文件以及将物品搬运到适当地点。

（6）其他零星的前置时间

其他零星的前置时间包括一些不可预见的外部或内部因素所造成的延误以及供应商预留的缓冲时间。

3. 生产计划编制的准备工作

（1）生产计划编制的支持文件

a. 客户需要计划（年度计划、月调整计划、周需求计划）。

b. 各项目的自制件（make）和外购件（buy）清单。

c. 新项目各阶段验证需求计划。

d. 加工路线图（产品加工工序，例如注塑+镀铝+预装或注塑+喷涂+装配）。

e. 工序作业分配表（各工序产品与设备匹配表）。

f. 工时能力（CT）与设备负荷分析。

g. 零件生产计划配套表（零件与成品的配套关系）。

h. 标准件计划配套表。

i. 各工序零件或产品废品率数据。

j. 各项目 BOM 资料。

k. 设备维护计划。

（2）生产计划的类型

按照计划提前期的长短，有三种不同的计划类型，分别是销售、库存与营运预测计划 SIOP（sales，inventory and operations planning）计划（4～18 个月）、主生产计划（2～12 周）和详细生产安排（1～5 天）

4. 销售、库存与营运预测计划（SIOP forecast）

SIOP 是一种具有前瞻性的业务流程，见表 10-8。通过对销售、库存和营运的一体化规划，来保证供需的平衡。SIOP 是一个跨职能部门的流程，包含销售、市场、营运（主要指生产）、工程研发、采购、物流和财务部门，基本涵盖了企业业务运营的所有相关部门。SIOP 所关心的一是识别客户的需求并量化，二是识别生产的供应能力并量化，三是当供需不能达到平衡时（往往发生于供不应求）权衡利弊，做出优先级选择。做好 SIOP 对于提升客户服务水平、改善营运成本、符合精益六西格玛原则、实现年度营运计划（AOP）及规划长期计划（LRP）有着十分重要的作用。

表 10-8　销售、库存与营运预测计划中的设备负荷预测

销售、库存与营运预测计划													
	9 月 18 日	10 月 18 日	11 月 18 日	12 月 18 日	1 月 19 日	2 月 19 日	3 月 19 日	4 月 19 日	5 月 19 日	6 月 19 日	7 月 19 日	8 月 19 日	9 月 19 日
1 号机	68	94	96	93	39	38	46	45	37	41	46	33	46
2 号机	79	101	106	97	77	79	68	72	75	81	89	71	84
3 号机	90	92	96	88	31	22	18	17	18	19	20	17	18
4 号机	45	57	69	70	47	42	47	45	39	41	65	46	50
5 号机	62	73	95	73	72	69	56	61	65	70	72	61	70
6 号机	70	93	114	110	63	63	65	64	63	64	88	67	70
7 号机	121	123	126	115	41	33	26	25	26	28	30	27	30
8 号机	81	93	91	86	33	7	18	18	9	11	14	6	16
9 号机	79	80	84	79	24	5	4	4	4	4	4	4	4
10 号机	93	94	100	92	31	22	18	16	17	19	21	16	19
11 号机	69	97	114	103	123	85	70	82	79	80	90	82	95

注：1. 表 10-8 是一个设备负荷预测计划。

2. 设备负荷预警。

产能超过 120%	产能超过 100%	产能超过 85%

3. 针对超负荷设备制定应对方案。

通常的 SIOP 流程分五步：第一步，新需求流；第二步，需求管理；第三步，供应管理；第四步，伙伴会议；第五步，执行回顾。下面对每一步做具体说明。

第一步，新需求流（new demand stream）：新需求流可以是新产品，也可以是新渠道、新客户、新市场，前者涉及 SIOP 与新产品开发（NPD）的配合。NPD 分成好几个阶段，每个阶段都需要一段时间，供应计划中有一块是针对 NPD 的，这应该与相应的需求计划在时间上相对应。

第二步，需求管理（demand management）：需求计划（demand plan，DP）有很多的输入，这些输入可能来自销售，可能来自计划“系统”，可能来自财务预期，可能来自工程项目需求，也可能来自执行管理层的期望。他们各自有不同的视点，我们需要把这些输入统统考虑进去，然后决定DP。

制定DP有几条最基本的原则：

首先，理解制定DP对于业务有着很大的影响，因为其同时影响客户服务、库存水平和运作效率；其次，使用可信的历史数据进行分析；再次，历史数据在处理产品系列型号的细分计划方面对将来是一个很好的指示器。

针对每一个产品系列，DP需要做的是：

① 回顾重大的历史变异，找出根本原因，采取纠正措施；

② 将新需求流更新入需求计划；

③ 对总的需求数达成一致；

④ 对将来的计划的设定和风险都用文本化记录下来；

⑤ 检查并验证计划是否符合情理；

⑥ 最终定下唯一的需求计划；

⑦ 按需求流来分配职责。

SIOP的流程分为五个步骤。紧承前两小节步骤——新需求流与需求管理，后续三个步骤如下。

第三步，供应管理（supply management）：SIOP计划（4～18个月）、主生产计划（2～12周）和详细生产安排（1～5天）。他们的区别在于考虑的方面不同，SIOP计划是一个中长期的预测计划，综合考虑了各项目的销售计划、希望的库存水平和大概的设备产能；主生产计划需要考虑到物料的供给、产能和政策的影响；而详细生产安排则需要考虑到工作中心的产能，机器的维护，它是一个以天或小时为基准的生产顺序安排。

做计划的时候，我们常常讲一个时界（time fence）的概念，它代表的是订单开始进入供应链采购到制造完成等待发运的时间，要求在时界之内的计划不能动。因为物料已经进入采购阶段了，如果这时候修改计划，改小了，已经在途的物料就会变成多余的库存，改大了，新增加的物料可能会来不及采购。现在我们常用的时界是三个月时间，即12周，这跟产品中不少进口件的采购周期有着直接的关系。另外一个时界，是指产品从上生产线到制造完成的时间，有可能是1h，也有可能是1～2周，取决于产品的类型。在这个时界之内，只允许紧急情况更改计划，否则，工厂会多出来一堆成品库存，这会对库存带来很大的负面影响。离时界越远，更改带来的成本越小，越靠近当前点，更改带来的成本越会成倍增长。

计划与实际结果之间的差异就导致库存。当需求计划很大，必然导致供应计划加大，若是实际需求没有计划大，工厂就会有很高的库存；反之，实际需求若大于需求计划，则出现交不上货，造成交货期长，物料紧缺的情况。因此，对于库存来说，我们不是去管理它本身，我们需要控制它的两端，需求计划转化成销售订单的情况有多好，库存就会有多好。

供应管理要做的就是产能计划，在一条供应链上，如果产能不能相互配合，就会出现瓶颈。工厂所需要的产能取决于需求计划，比如客户一个月内要1000件产品，我们只能生产850件，那我们就有150件的差距，这些差距怎么弥补？可以通过加班/增加班次/增加设备/外协外购？供应计划的一块就是要决定怎样做才能满足需要以及这样做的成本。

第四步，伙伴会议（partnership meeting）：伙伴会议的目的需要贯通需求和供应，并理解之前提到过的差距和财务影响，分析这些差距，进行财务评估，进行调节并找到可选的方法。

在伙伴会议上，通常要讨论的有：显著的需求变化、客户订单是否有风险、预测订单的风险、客户订单的改期、是否有措施可以降低风险、资源分配如何、订单交货的改期、对收入的影响、对库存的影响、对利润的影响以及以上所有的风险。来参加会议的各个部门的人员应对相关问题有充分的准备，并提供足够的信息供会议做出决策。一旦需求计划和供应计划在会议上达成一致并通过，那么这个结果就可以成为主生产计划并输入到计划系统中去。

第五步，执行回顾（executed review）：执行层参与 SIOP 的目的是对 SIOP 会议的结果要有充分的了解并达成一致，对业务的变化、存在的风险、采取的策略都有深度的了解，并认可未来计划和对资源的使用。

5. 主生产计划（master production schedule，MPS）

MPS 是闭环计划系统的一个部分。MPS 的实质是保证销售规划和生产规划对规定的需求（需求什么、需求多少和什么时候需求）与所使用的资源取得一致。MPS 考虑了经营规划和销售规划，使生产规划同它们相协调。它着眼于销售什么和能够制造什么，这就能为车间制定一个合适的“主生产进度计划”，并且以粗能力数据调整这个计划，直到负荷平衡。

MPS 是确定每一个具体的最终产品在每一个具体时间段内生产数量的计划。这里的最终产品是指对于企业来说最终完成、要出厂的完成品，它要具体到产品的品种、型号。这里的具体时间段，通常是以周为单位，在有些情况下，也可以是日、旬、月。主生产计划详细规定生产什么、什么时段应该产出，它是独立需求计划。主生产计划根据客户合同和市场预测，把经营计划或生产大纲中的产品系列具体化，使之成为展开物料需求计划的主要依据，起到了从预测计划向具体计划过渡的承上启下作用。

MPS 安排制造开工及完工时间，以确定产量及交货期，确保外购的材料、零件、工具等符合生产需要，以利于平衡生产线负荷，提高效率，降低成本。MPS 计划需要确定以下几方面事项。

① 基准日程。

② 生产预定日期。

③ 检讨平均生产或顺序排程的可行性。

④ 进行作业准备，并检讨生产日程表以确保计划的可行性。

⑤ 前期作业准备的内容主要有以下几个方面：

a. 依据生产计划表确定月度生产量。

b. 依据基准日程表确定产品或材料的开工及完工日期。

c. 拟定个别制程的标准加工时间。

d. 依据制程资料及机器、人工负荷工时数，决定各制程的开工及完工时间。

e. 以作业日程表标识各作业及各机台的开工及完工日期。

f. 确认各生产日程表安排的产品、材料、作业及机台的生产准备情况。

g. 根据需求情况，调整或修订各生产日程表的开工与完工日期。

6. 详细生产安排（周、日生产计划）

生产计划员根据 MPS 制定日生产计划，见表 10-9。

表 10-9　日生产计划示例

中文名称	方向	生产设备	合格数量	8月8日			8月9日			8月10日			8月11日			8月12日		
				早	中	夜	早	中	夜	早	中	夜	早	中	夜	早	中	夜
B7 HL 近光反光镜	L	TD01BMC1	1440				60	130		140	130		140	130		140	130	
B7 HL 近光反光镜	R	TD01BMC1	1440				60	130		140	130		140	130		140	130	
B7 HL 远光反光镜	L	TD01BMC1	890															
B7 HL 远光反光镜	R	TD01BMC1	890															
中文名称	方向	生产设备	合格数量	8月13日			8月14日			8月15日			8月16日			8月17日		
				早	中	夜	早	中	夜	早	中	夜	早	中	夜	早	中	夜
B7 HL 近光反光镜	L	TD01BMC1	1440								110			60		140	130	
B7 HL 近光反光镜	R	TD01BMC1	1440								110			60		140	130	
B7 HL 远光反光镜	L	TD01BMC1	890	110	130		140	130		140								
B7 HL 远光反光镜	R	TD01BMC1	890	110	130		140	130		140								

制定日生产计划的流程与步骤如下。

第一步：了解每条线生产的产品，对应需要的人员和每个班的产能。

第二步：根据成品日库存报表，每周的客户订单和日生产实际产出制作库存推移表。

第三步：根据前工序库存，MPS 和成品实际产出制作主生产计划达成情况报表和前工序料欠料推移表。

第四步：每周四将 MPS 的 11 天日生产计划更新到第三步所提报表中，且每天更新成品实际产出，检查 MPS 完成情况。根据 MPS 和产能报表去安排日生产计划，用第二步所提报表检查是否能满足出货，用第三步所提报表检查前工序物料是否可以满足，并于每天 15：00 前将计划初稿发给 MRP 组确认物料情况。

第五步：根据 MRP 组所反馈的物料情况重调日生产计划，并于每天（一般白班下班前）将调整后的日生产计划发给相关人员。若需调整当天的生产计划，则需要在当天 10：00 前调整完毕并通知相关人员。

第六步：若有异常无法满足客户交货，则需发物流警报，同时与客户沟通，确认是否能延迟出货。

第七步：对于量产结束（EOP）产品，要严格按照订单安排生产计划。当接到客户订单以后，需要通知仓库盘点成品库存，通知前工序人员控制前工序库存，避免产生呆滞库存。

7. 生产车间交期控制的落实

（1）当班产量完成率作为控制目标之一

交期目标图见图 10-7。

①完成率 =（实际完成数量/计划数量）×100%。

② 确定班组负责人员。

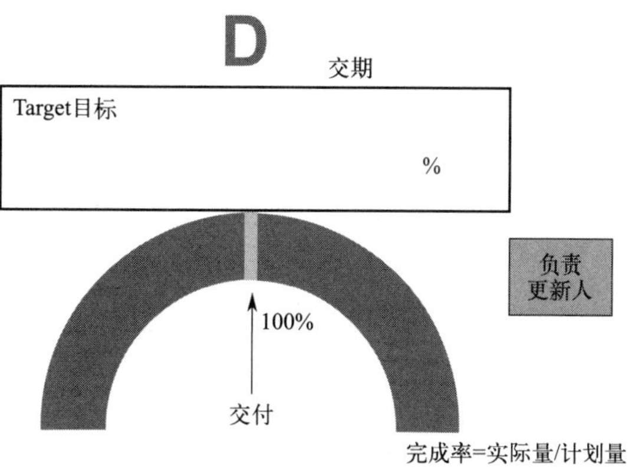

图 10-7　交期目标图

(2) 跟踪产量完成率

① 每班跟踪本班产量完成率，见表 10-10。

② 记录填写跟踪图表。

表 10-10　日完成率跟踪表

交付									
线别：　　　第　周									
			星期一	星期二	星期三	星期四	星期五	星期六	星期日
早班	A	计划量							
中班		实际量							
夜班		完成率							
早班	B	计划量							
中班		实际量							
夜班		完成率							
早班	C	计划量							
中班		实际量							
夜班		完成率							
合计/%									

(3) 当班换型时间作为控制目标之二

① 设备换型时间是指从上一套模具生产结束到下一套模具，生产出第一个合格产品的时间。

② 确定每台机的标准换型时间目标。

③ 跟踪每班实际换型时间，见表 10-11。

表 10-11　换型时间记录表

换型时间日跟踪表								
	周一	周二	周三	周四	周五	周六	周日	平均值
A 班	模具型号	模具型号	模具型号	模具型号	模具型号	模具型号	模具型号	
	更换型号	更换型号	更换型号	更换型号	更换型号	更换型号	更换型号	
	换型时间	换型时间	换型时间	换型时间	换型时间	换型时间	换型时间	
B 班	模具型号	模具型号	模具型号	模具型号	模具型号	模具型号	模具型号	
	更换型号	更换型号	更换型号	更换型号	更换型号	更换型号	更换型号	
	换型时间	换型时间	换型时间	换型时间	换型时间	换型时间	换型时间	
C 班	模具型号	模具型号	模具型号	模具型号	模具型号	模具型号	模具型号	
	更换型号	更换型号	更换型号	更换型号	更换型号	更换型号	更换型号	
	换型时间	换型时间	换型时间	换型时间	换型时间	换型时间	换型时间	

④ 跟踪每周换型时间，见表 10-12。

表 10-12 换型时间周跟踪表

换型时间周跟踪表																										
星期																										
100																										
90																										
80																										
70																										
60																										
50																										
40																										
30																										
20																										
10																										
W	27	28	29	30	31	32	33	34	35	36	37	38	39	40	41	42	43	44	45	46	47	48	49	50	51	52

（4）未达目标整改措施

整改措施见表 10-13。

表 10-13 整改措施表

行动计划							
日期	序号	问题和原因	行动计划	负责人	预计日期	完成日期	⊕
							⊕
							⊕
							⊕
							⊕
							⊕

① 低于目标值的制定整改措施。

② 整改措施说明问题原因、行动计划，明确负责人、预计完成时间，记录实际完成时间。

③ 按 PDCA 循环对行动计划进度进行跟踪。

④ 快速换型方面开展快速换型工作站来不断提高换型速度。

（5）快速换型（SMED）工作站

① 快速换型的意义与工作重点。换型是七种时间损失最常见的一种时间损失，又难以避免，对于一些工艺过程控制不稳定的公司，换型时间占其损失时间的比例非常大。因此，换型时间是影响生产车间产量完成率的重要因素。

注塑企业实现以“多品种、小批量”为特征的均衡化生产，最关键和最困难的一点就是设备的快速换型，需要频繁地更换模具和装换调整操作，以便能够在单位时间内生产种类繁多的零件，满足后道工序需要。

快速换型的重点就是尽可能地把“内部装换作业”转变为“外部装换调整作业”，并尽量缩短这两种作业的时间，以保证迅速完成装换作业。

外部装换调整作业：指那些能够在设备运转之中进行的装换调整作业。

内部装换调整作业：指设备停止运行后的装换调整作业。

② 快速换型工作站开展的工作步骤如下。

第一步，成立快速换型工作站小组。

a. 根据生产需要建立快速换型工作站，确定需要改善换型时间的机台。

b. 确定 SMED 工作站项目负责人。（一般为机台工艺方面负责人）

c. 组建项目团队。（组成人员涉及换型的技术人员、提供资源的管理人员、负责执行的生产人员、安全负责人等）

d. 召开换型工作站启动会。

e. 明确项目团队人员职责（见表 10-14）。

表 10-14　换型工作站人员和职责

职能 Function	姓名 Name	职责 Responsibility
负责人 Pilot injection engineer	* * *	工作站技术进度协调
车间经理 Manager	* * *	提供资源支持
生产管理部门		提供培训与文件的支持
安全部门 Safety	* * *	提供安全培训与风险识别
工艺部门 Technician		参与实施与验证
设备维护 Maintenance Engineer	* * *	提供设备方面的指导与支持
模具工程师 Tooling Engineer	* * *	提供模具方面的指导与支持
生产主管 Pro supervisor	* * *	跟踪与资源协调
操作人员 Operator	* * *	参与实施与验证

第二步，换型过程录像和换型过程记录。对上下模和产品调试过程录像，并记录各主要工作节点时间。例如下模时间、上模时间、调试时间和各时间段的主要损失时间。

第三步，观看换型过程录像，识别问题点。

a. 组织项目小组人员和换型操作人员观看上下模录像，对上下模过程改进提供建议。

b. 用观察表按顺序记录各动作时间，识别可改进的动作，见表 10-15。

表 10-15　上下模动作观察表

产品换型操作顺序				改善		
明细表	时间/s	说明	额外停机时间	消除	减少	移入外部

c. 动作改进的方式有三种：取消动作、减少动作时间、移入生产外准备（见表 10-16、表 10-17）。

d. 改善三不原则：

不寻找（物品、工具、零件）；

不移动（专用放置台，不需二次移动）；

不乱用（使用标准工具和器材）。

表 10-16　上下模动作观察表内容（示例 1）

产品换型操作顺序				改善		
明细表	时间/s	说明	额外停机时间	消除	减少	移入外部
1	81	占用内部时间取天车	81			√
2	240	线上清模，占用内部时间	240			√
3	420	多次找工具，浪费时间	300		√	
4	120	占用内部时间移走机械手	120			√
5		锁扣的固定时间长			√	
6	120	挂磨具锁链时间长	60		√	
7	397	卸压板时间长	197		√	
8		上下模操作动作脱节，浪费时间			√	
9	300	磨具挂得歪，对正困难，浪费时间			√	
10	180	操作工经常询问工程师，不清楚操作动作			√	
11	2400	BMC 磨头故障				
12	120	上料逐箱搬，不符合人机工程，浪费时间	60		√	
13	240	到夹具柜来回取了四次模具	180		√	
14	240	手动放修边夹具，太高	180		√	
15	360	设备故障，多次手工消除故障	300		√	

表 10-17　上下模动作观察表内容（示例 2）

设备号	* * *	工序	注塑	测定	* * *
		切换时间	30min	人员	2 人
序号	切换作业	时间	切换区分		改善建议
			内部	外部	
1	去取工具	9min		√	专用工具车
2	调节高度	15min		√	液压搬运车
3	紧固螺栓	6min	√		气动紧固
4					

第四步，改进行动计划。

a. 根据观察表可优化项目，逐一制定优化方案，见表 10-18。

b. 确定负责人、完成日期。

c. 用 PDCA 循环进行进度跟踪。

表 10-18　行动计划跟踪表

序号	关注点	快速的对应处理	负责人	要求日期	完成时间	进展
1						P D C A
2						P D C A
3						P D C A
4						P D C A
5						P D C A

续表

序号	关注点	快速的对应处理	负责人	要求日期	完成时间	进展
6						P D C A
7						P D C A
8						P D C A
9						P D C A
10						P D C A
11						P D C A

第五步，实施改进方案。在生产换型时执行制定的优化方案。

第六步，制作标准换型作业指导书。在优化方案实施有效后，制定新的上下模作业指导书（示例），见表 10-19。

表 10-19 换型作业指导书

编号	时间		操作内容	操作人	备注
	外部	内部			
1			准备下一批次生产模具预热	班长	换模前 4h,预热温度高于生产温度 10℃
2			准备下模工具	技师	换模前 5 分钟(M14 内六角、加力杆各两套,尖嘴钳 1 把)
3			行吊运行到机床上等待	技师	换模前 3 分钟
4			停止生产,移动射座	技师	
5			清洁模具表面,喷防锈剂(有防锈要求的)	技师	
6			合模	技师	
7			上吊钩(吊环位置,模具平衡)	班长/操作工	双边
8			关掉模温机,下模具加热油管	班长/操作工	双边
9			固定锁模块	班长/操作工	双边
10			卸马仔,开模,更换机械手夹具	技师	班长/操作工换机械手
11			套上导柱护套,起吊模具,落位。特别注意,起吊模具时千万注意不要将模具撞到注塑机导柱上,否则后果很严重	技师	
12			吊新模具入机器	技师	
13			入定位圈,测模具水平	技师	
14			夹紧模具,上马仔	技师	
15			接加热油管,开模温机	班长/操作工	双边
16			松锁模块	班长/操作工	双边
17			输入参数,调整设置零点	技师	
18			排料,注塑调试	技师	
编制:				批准:	
日期:				日期:	

第七步，培训上下模标准换型作业指导书。新的上下模标准换型作业指导书制定完成后，培训相应的操作人员。

第八步，跟踪改进方案施行情况。

a. 跟踪各优化措施的完成情况，见表 10-20。

b. 跟踪实际生产换型时间，见图 10-8。

表 10-20　上下模优化措施完成跟踪

序号	关注点	快速对应处理	负责人	要求日期	完成时间	进展
12	BMC 磨头故障	维护修理	* * *	2013.11.21	2013.11.21	P D C A
13	安全销解锁难	修好安全销	* * *	2013.11.29	2013.11.29	P D C A
14	没有踏台	安踏台	* * *	2014.1.30	2014.1.30	P D C A
15	上料逐箱搬，不符合人机工程学	重新划定区域，材料不再放上料梯下，可以直接推到放置区	* * *	2013.11.29	2013.11.29	P D C A
16	安夹具，方向反了	培训上模人员	* * *	2013.11.29	2013.11.26	P D C A
17	换磨头时间长	利用换模时间或提前换	* * *	2013.11.28	2013.11.28	P D C A
18	不同产品磨头更换不同位置	把磨头固定永久性固定	* * *	2013.12.4	2013.12.4	P D C A
19	BMC 喷涂产品调试不熟练	对技师进行喷涂技能培训	* * *	2014.2.7	2014.2.7	P D C A
20	换模时间注塑、喷漆定员与分工	各班组固定人员，对人员换模时的具体工作进行分工	* * *	2014.1.10	2014.1.20	P D C A
21	喷涂调试产品时间滞后于注塑调试	提前准备 10 套注塑件供喷涂开机调试用	* * *	2014.1.17	2014.1.27	P D C A

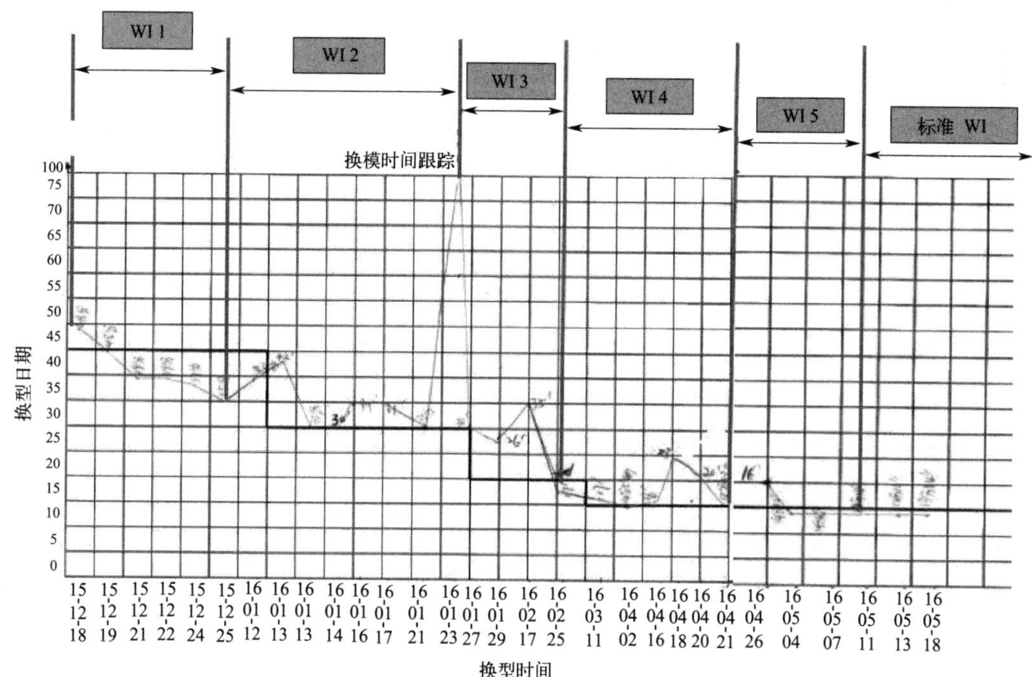

图 10-8　实际上下模时间跟踪

第九步，关闭快速换型工作站。

a. 经三周以上时间的跟踪，换型时间稳定达到目标。

b. 上下模动作过程经安全部门认可。

c. 经生产管理部门确认后关闭此工作站。

d. 快速换型工作站的优秀经验在车间推广。

四、激励（M）

提案建议制度（合理化建议），着重于激发员工工作士气和建设性的参与感，公司领导应以身作则，率先示范，发挥领导效应。鼓励员工提出合理化建议，并适时予以奖励。

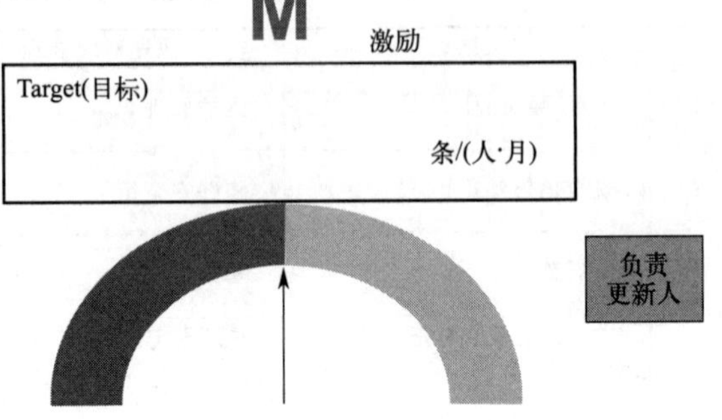

图 10-9　合理化建议目标

车间合理化建议制度的落实：

1. 建立合理化建议制度和目标

① 确定合理化建议目标，见图 10-9。

② 确定活动负责人。

2. 合理化建议提案统计

合理化建议月统计示例见表 10-21。

表 10-21　合理化建议月统计表示例

合理化建议月统计

工号	姓名	1 月	2 月	3 月	4 月	5 月	6 月	7 月	8 月	9 月	10 月	11 月	12 月

3. 合理化建议实施情况跟踪表

合理化建议实施情况跟踪表见表 10-22。

4. 合理化建议评比制度

依据合理化建议执行情况和效果进行评比，可以设立月度优秀提案，年度优秀提案，对优秀提案人与组织进行奖励。

表 10-22　合理化建议实施情况跟踪表

提出的建议	实施中的建议	已经完成的建议	未被采纳的建议

五、安全（S）生产

1. 概述

车间领导身为公司第一线管理者，直接掌管公司为数不少的原材料、设备、技术、人员、半成品、成品、厂房等资源，对于这些资源的安全维护负有直接的责任。国内工厂法规定工厂必须聘用安全主任以管理工厂的安全，而生产现场的安全最主要还是靠车间主任、班组长的管理和督促，现场的安全管理工作列为车间主任、班组长四大机能管理项目之一。

2. 实现安全生产的三项措施

① 现场的组织和纪律。

② 设备点检和维护。

③ 操作程序的标准化。

3. 工作场所的健康和安全风险分析

（1）风险分析的目的

① 鉴定评估员工所面对的风险等级。

② 抑制（或减少）风险。

③ 明确如何依据风险评估进行安全作业。

④ 保护员工人身安全。

（2）需实施风险分析的场所

① 所有工作台。

② 所有公共区域。

③ 仓库。

④ 人行通道。

⑤ 工厂外围。

（3）场所风险分析的流程

场所风险分析的流程见图 10-10。

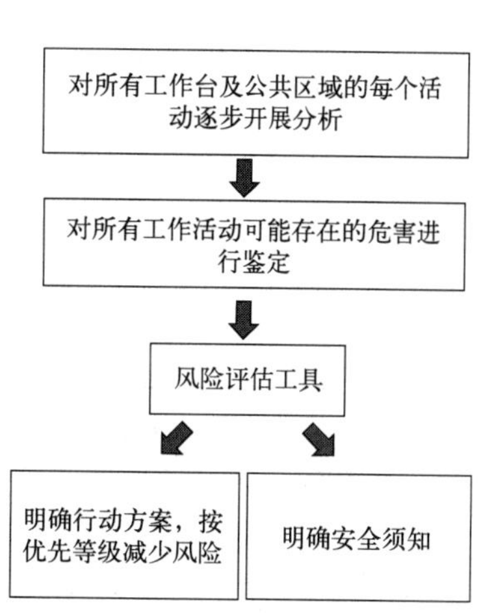

图 10-10　场所风险分析的流程

（4）总风险计算

总风险计算适用于任何一种危害状态：

总风险值＝严重程度×发生频率×历史积分

① 严重程度分值，见表 10-23。

表 10-23 严重程度分值

可能出现的后果	严重程度	分值
零后果	A	0
非损失时间的健康护理	B	2
损失时间事故，因病缺勤	C	4
因工伤或疾病致残	D	16
导致丧失劳动能力/降低寿命的重大事故或疾病	E	256
死亡	F	1000

② 发生频率分值，见表 10-24。

表 10-24 发生频率分值

风险发生频次	频次等级	分值
零风险	A	0
每年最多一次且低于 8h	B	1
每季度 1 次	C	2
每月 1 次或每年超过 8h	D	4
每周一次或每月超过 8h	E	16
每天一次或每周超过 8h	F	32

③ 历史积分分值，见表 10-25。

表 10-25 历史积分分值

近三年事故记录	历史等级	分值
从未发生	A	1
已发生一次	B	2
前一年发生过一次	C	4
每月均有发生	D	8

(5) 剩余风险计算

① 剩余风险值＝总风险值/风险控制值，见表 10-26。

表 10-26 剩余风险值

风险控制措施	控制等级	分值
接受过培训的员工＋切实有效地集体防护＋书面指南	A	200
接受过培训的员工＋集体防护＋书面指南	B	50
接受过培训的员工且穿戴防护用具＋书面指南	C	10
接受过培训的员工且穿戴防护用具	D	4
通知员工相关的风险	E	2
无措施	F	1

② 剩余风险评估，见表 10-27。

表 10-27 剩余风险评估

A	0	零风险
B	＞0	可控制风险
C	＞29	重大风险
D	＞99	高风险
E	＞999	不可忍受风险

③ 降低风险的时间节点。

经过风险分析之后：

a. 对于不可忍受的风险，必须在三个月以内降低到可接受程度；

b. 对于高风险，必须在六个月以内降低到可接受程度；

c. 对于重大风险，必须在一年以内降低到可接受程度。

（6）风险分析需按以下情况进行更新

① 每年更新一次。

② 每次做出将影响到工作台的性质或者风险程度的变更后，风险分析也需及时更新。

（7）风险控制措施优先级

第一级，消除或替代。即消除危险源或使作业人员无法接触到危险源。采取的措施：变更工艺或用机器人代替操作人员。

第二级，工程控制。即加装安全防护装置，将危险源隔离。采取的措施：防护罩、安全光栅、防尘装置等。

第三级，行政控制。即通过规章制度指导员工操作。采取的措施：安全作业指导书、安全操作规程、安全培训等。

第四级，个人防护用品。即用合适的个人防护用品进行危险作业。采取的措施：噪声场所佩戴耳塞、高温作业使用耐高温手套等，见图 10-11。

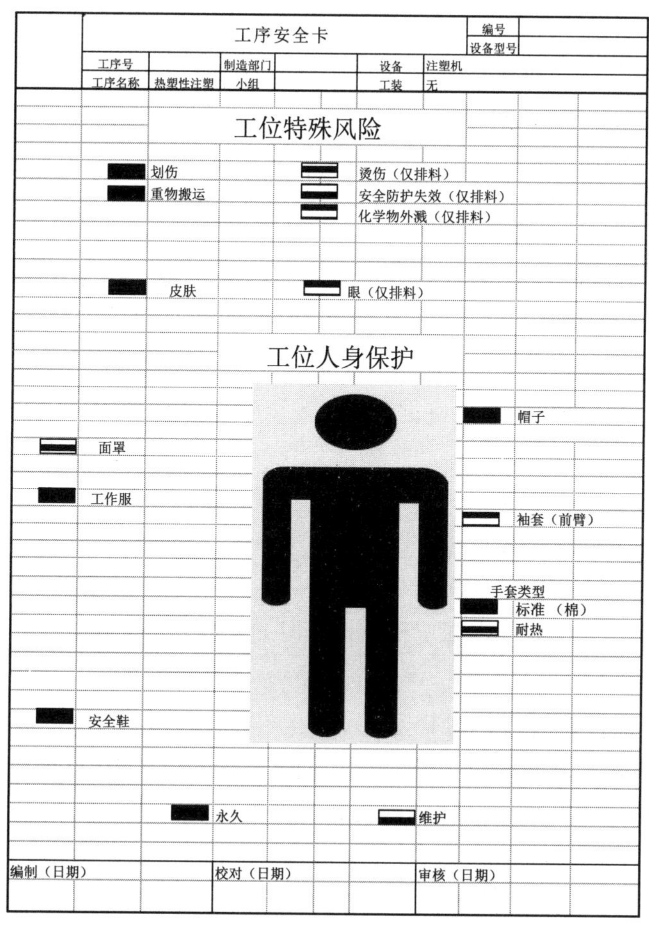

图 10-11　个人防护用品穿戴与使用

4. 部门安全管理工作的推展和执行

(1) 设备的安全防护

对于设备靠近走道的凸出部分，外露的齿轮、皮带、轮等均需加上防护网架。

(2) 危险标识

对于触电、高温、低温、高压、地面凸出物、轨道、烟尘、高空掉落物、车道等危险区域需加上危险标示、告知员工。

(3) 安全动作的示范与演练

对于许多隐含危险的动作，一线主管应亲自示范安全动作，并要求员工演练直到熟练为止。例如起重吊车的操作。

(4) 危险性高的工作应采取执照控制

对于高危险性的工作应由公司规定领有执照者方可担任，例如天车操作、堆高机驾驶、锅炉操作等。

(5) 安全防护用具的使用

对于制造现场的工作，有很多安全防护用具的使用是无法避免的，班组长应确实强制要求遵守。

(6) 现场5S管理的落实执行

落实执行现场5S管理，对于不安全事件的预防有很大的帮助，例如物品堆叠的倒塌、现场油污的滑倒等都会因5S的推行而加以防止。

(7) 不安全事件的统计分析

对于不安全事件的统计分析有助于类似事件的再发生，班组长应全力配合。

(8) 安全管理竞赛和奖励

推展安全管理可以以部门为单位，实施安全管理竞赛，对于优秀部门给予公开奖励，也有助于公司安全工作的推展。

(9) 安全推展月的实施

每年选一个月实施安全推展月更有助于公司安全管理的推展。

5. 确保人身安全

① 强调安全守则及其重要性。

② 电路、高温、腐蚀等作业环境符合要求。

③ 定期检查各种安全防护措施有无失效。

④ 万一发生事故，第一时间内组织拯救，并向上级报告。

6. 安全隐患行动计划

安全隐患整改行动计划示例见表10-28。

① 日常生产中发现的安全隐患，班组第一时间做好登记，并组织整改。

② 行动计划要确认问题点、分析原因、整改措施、负责人、整改完成时间等，用PDCA循环方式对问题进行跟踪。

③ 整改措施得到工厂安全管理人员认可。

a. 对于评估发现安全整改项目，逐一制定整改方案。

b. 确定整改负责人、完成日期。

c. 用PDCA循环进行进度跟踪。

d. 保证整改项目按时完成。

表 10-28 安全隐患整改行动计划示例

	行动计划					日期：				
	发放：									
序号	问题和原因	行动	负责人	预计日期	完成日期	P	D	C	A	备注

第五节 快速反应质量控制

一、快速反应质量控制概述

笔者所了解的快速反应质量控制（QRQC）知识来源于法雷奥（VALEO），法雷奥是在 2002 年开始采用 NISSAN 的这种问题处置方法的。早在 20 世纪 90 年代，NISSAN 就已经创造性地以班组为单位、以问题为核心每日进行数据的统计、分析、处置及回顾，他们内部称之为快速反馈质量控制（quick response quality control，QRQC）。QRQC 被法雷奥充分利用后，标致雪铁龙、飞利浦、雷诺等也先后效仿，以之作为现场问题处置的工具。

快速反应质量控制，逐步成为汽车零部件生产行业常用来解决生产现场质量问题的快速解决流程。以减少生产线停线时间，及有效避免不合格产品的产生。QRQC 的基本原则是在第一时间制止不合格产品的继续产生，并采取应对措施，尽快恢复生产。

二、三现主义的态度

1. 三现的定义

三现指的是：现场、现物、现实。

现场（Gen-ba：Real place）：指到生产第一线去发现问题产生的根源，问题发生时，及时赶到现场。

现物（Gen-butsu：Real parts）：参考不好的零件及其处理方法，合格与不合格的产品都要得到。

现实［Gen-jitsu：Reality（Real data)］：真实得到的数据，而不是理想化。

2. 三现主义的态度

三现主义就是说，当发生问题的时候，管理者要快速到“现场”去，亲眼确认“现物”，认真探究“现实”，并据此提出和落实符合实际的解决办法。

三现主义的态度，即一切从现场出发，针对现场的实际情况，采取切实的对策解决，是一种实事求是的做法。这样做的好处是不言自明的。所以要求员工一定要养成这样的好习惯，并且以自己的行动影响企业的管理者，按照三现主义来改变企业的文化。

3. 三现主义价值

① 三现主义是与一切掩盖问题真相的事物做抗争。问题分析与解决就是要抽丝剥茧，直到找到问题真相。三现主义可避免走弯路。就像前文所讲的信息比对案例，走弯路不但浪费了时间，还隐藏了问题的真相，长期难以被发现。

② 三现主义是与惰性做抗争。到现场去，是问题分析与解决的前提，这就意味着要勤快，包括调查分析的人，解决问题的人，尤其是做决策的人。

③ 三现主义是与现有经验做抗争。经验很重要，但过分地依赖经验，也会阻碍问题的分析。在调查问题时，要讲究“经验归零”，不能过多地凭借直觉及经验，而是要基于数据和现实。

三、快速反应质量控制推进步骤

快速反应质量控制（QRQC）分三步推进：第一步，产品质量控制；第二步，系统质量控制；第三步，人员质量控制。

1. 产品质量控制的四个环节

产品质量控制的四个环节：探测、交流、分析、验证。见图 10-12。

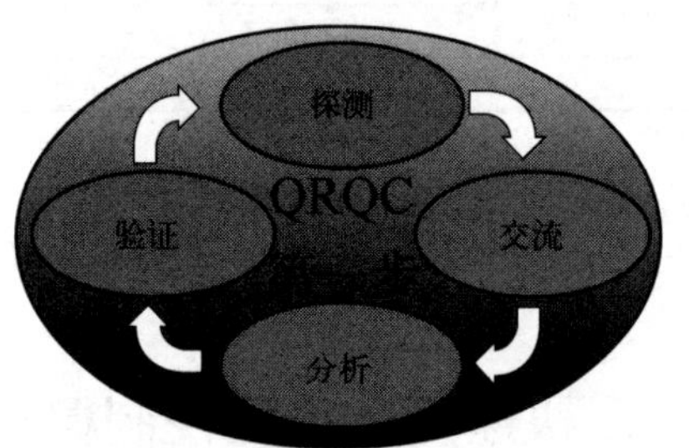

图 10-12　产品质量控制的四个环节

（1）环节一：探测要点

探测是改进的第一步，要求能独立探测问题，出现第一个不良就停止。

（2）环节二：交流要点

用 5W2H（what、why、when、who、where、how、how many）描述客户的观点、公司的观点或质量问题点，进行正确的交流，并将问题进行分解以便加速解决，交流要指定一个主导者。

（3）环节三：分析要点

能独立分析问题，通过 5Whys 和比较好件与坏件，有逻辑性地找到根本原因。

（4）环节四：验证要点

通过亲自验证来确认根本原因解决方案的有效性，即使有偏差也能从错误中学习和总结经验教训，可以避免问题再发生。

产品质量控制的四个环节重在提醒和鼓励员工：进行了哪些改进，应不断积极主动地去发现问题、改善问题。

（5）经验学习卡的编制

每个根本原因的解决方案都应制作经验学习卡，见图 10-13，积累经验，更好地指导后序工作。经验学习卡内容包括：

① 经验学习卡类型：发生/探测/流出。

② 用 5W2H 描述问题。

③ 根本原因，每个根本原因都应该有一张经验学习卡。

④ 前后状态对比及如何控制。

⑤ 控制的要素。

⑥ 控制的方法。

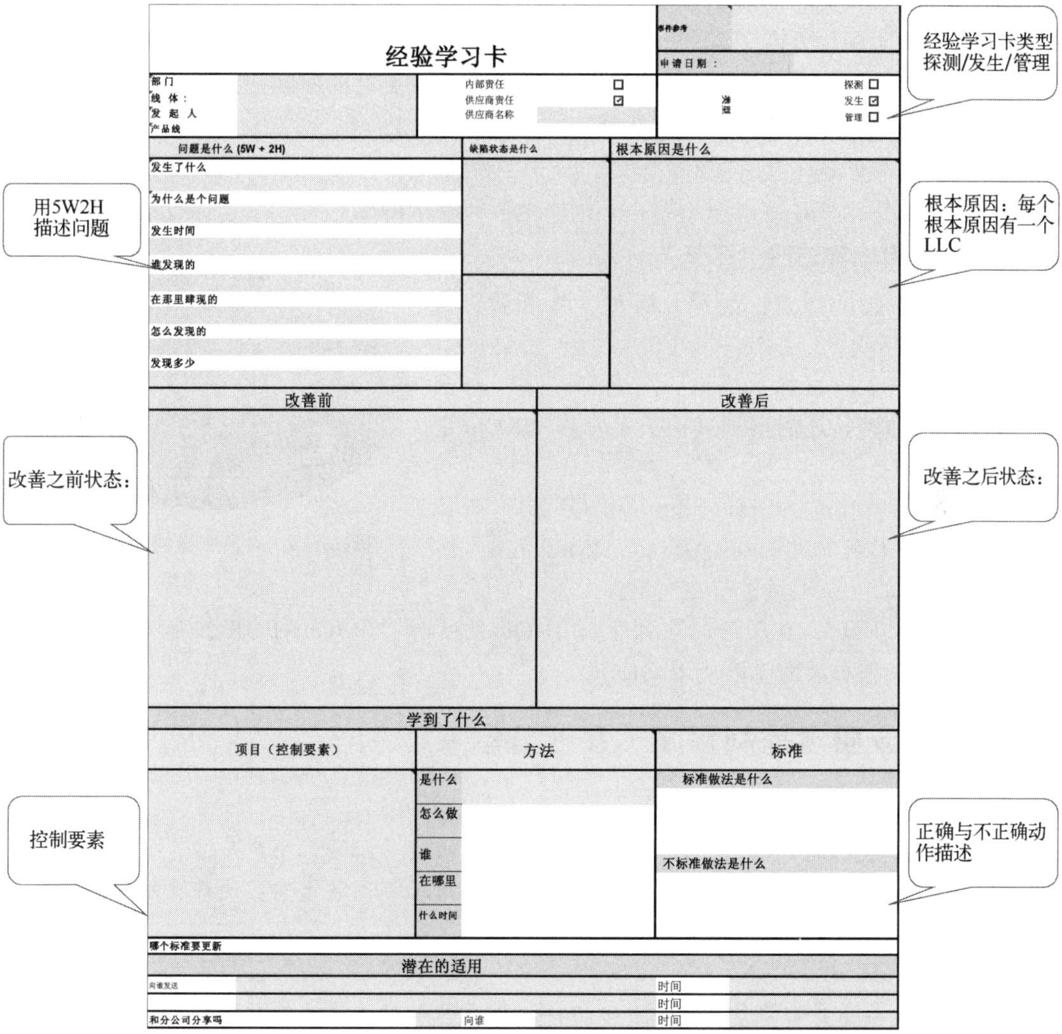

经验学习卡

事件参考

申请日期：

部门
线体：
发起人
产品线

内部责任 ☐
供应商责任 ☑
供应商名称

类型

探测 ☐
发生 ☑
管理 ☐

问题是什么 (5W + 2H)
发生了什么
为什么是个问题
发生时间
谁发现的
在那里肆现的
怎么发现的
发现多少

缺陷状态是什么

根本原因是什么

改善前

改善后

学到了什么

项目（控制要素）

方法
是什么
怎么做
谁
在哪里
什么时间

标准
标准做法是什么
不标准做法是什么

哪个标准要更新

潜在的适用
向谁发送　时间
时间
和分公司分享吗　向谁　时间

经验学习卡类型探测/发生/管理

用5W2H描述问题

根本原因：每个根本原因有一个LLC

改善之前状态：

改善之后状态：

控制要素

正确与不正确动作描述

图 10-13　经验学习卡范例

2. 系统质量控制的四个环节

系统质量控制的四个环节：学习、分享、保持、运用。见图 10-14。

（1）环节一：学习要点

从本公司学习经验卡中学到哪些知识，从其他公司的经验卡中学到哪些知识，通过学习提高我们自己，并把更多地解决问题的经验书面化，形成解决问题的参考资料。

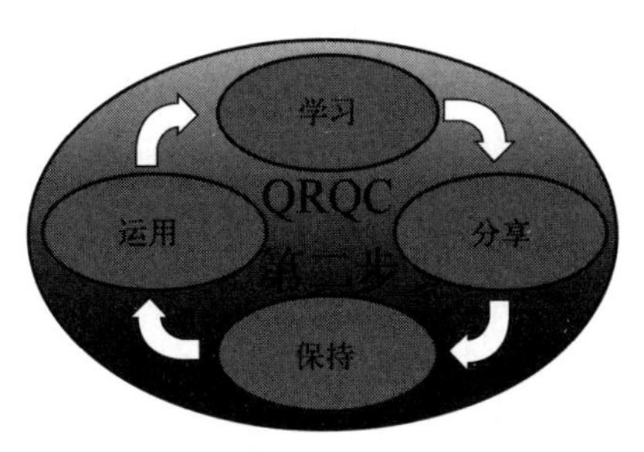

图 10-14　系统质量控制的四个环节

（2）环节二：分享要点

把我们解决问题的经验分享出来，其他的人员也一样，加速我们分析问题的速度，避免类似问题的再发生。

(3) 环节三：保持要点

把经验学习卡中的标准更新到技术要求、潜在失效模式与效应分析（FMEA）中，增加公司的技术积累，并保证后续项目得到应用。

(4) 环节四：运用要点

运用经验学习卡手册培训新员工，在新项目或者是变更之前回顾一下经验学习卡，对以往经验的学习当作日常解决问题的一部分。

系统质量控制的四个环节重在鼓励员工：你昨天学到了什么，不断积极主动地去学习与分享，在实际工作中通过学习与培训，更快地预防和解决问题。

3. 人员质量控制的四个环节

人员质量的四个环节：解释、演示、要求做、确认，见图 10-15。

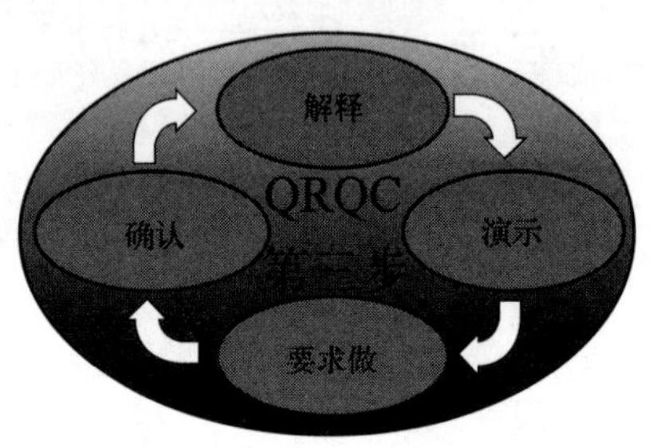

图 10-15 人员质量的四个环节

QRQC 第三步的目标：成为一名老师，除了自己了解 QRQC 的内容，还能培训其他员工掌握 QRQC 正确的工作方法和技能。

① 在岗培训（on the job training，OJT） 产线 QRQC：主管每天至少对于 QRAP（quick response action plan）板上的一条项目进行在岗培训。

② 其他的 QRQC 在岗培训是由每个 QRQC 的所有者在每天的 QRQC 会议上进行的。

③ 所有的经理每天都应该使用 QRQC。

四、快速反应质量控制程序（参考范本）

1.0 目的

对公司、生产部门及生产车间内部或外部所遇到的质量问题、生产异常、安全事故、纠正事项、内外审核不符合项等做出快速反应，并制定纠正与预防方案，使存在的问题得到快速、正确解决，促进生产工作的顺利进行。

2.0 适应范围

本管理办法适用于发现问题、收集信息、分析原因和确认改进的 QRQC 会议管理。

3.0 职责

3.1 品管部经理负责公司范围的 QRQC 会议的组织召开，并负责对会议内容组织检查督导。

3.2 生产部经理负责生产部的 QRQC 会议的组织召开，并负责对会议内容组织检查督导。

3.3 其他与会人员负责对相应工作区域内存在问题及时反馈到 QRQC 会议中，负责对 QRQC 会议中所制定的纠正与预防措施的实施与维持和及时反馈结果。

3.4 指定人员负责 QRQC 会议现场布置，负责会议记录及会议签到存档等。

4.0 内容

4.1 QRQC 要求简要

4.1.1 准备工作

4.1.1.1 了解现状和不足。

4.1.1.2 改变处理质量问题的思路，养成快速处理质量问题的意识。

4.1.1.3 指定人员负责 QRQC 会议现场布置。

4.1.1.4 指定人员负责收集当天需要审查的问题。

4.1.1.5 将当天问题提前书写在QRQC现场记录板上。

4.1.1.6 会议前先在《会议培训签到表》上签到。

4.1.2 会议时间

4.1.2.1 工厂级（plant）QRQC会议，每天早上9：00（特殊情况另行安排）。

4.1.2.2 生产部QRQC会议，每天下午1:30根据实际情况而定（凡发生重大品质事故时，必须及时召开）。

4.1.2.3 生产车间QRQC会议，每天早上10:00，根据前一天QRAP板上所开项目组织会议。

4.1.3 会议地点

4.1.3.1 公司QRQC会议：×××会议室。

4.1.3.2 生产部QRQC会议：生产部会议室。

4.1.3.3 生产车间QRQC会议：生产作业现场固定区域。

4.1.4 参加人员

4.1.4.1 公司QRQC会议：副总经理、人事行政部经理、技术部经理、品管部经理、生产部经理、财务经理、物流经理、研发经理。采购部派人参加。

4.1.4.2 生产部QRQC会议：生产经理、车间经理、模具经理、设备经理、车间主管，品管工程师、工艺工程师。

4.1.4.3 生产线QRQC会议：车间经理、车间主管、班组长、品管工程师、工艺工程师、模具工程师、设备工程师。

4.1.5 QRQC领导

4.1.5.1 公司QRQC领导：品管部经理主持。

4.1.5.2 生产部：生产部经理。

4.1.5.3 生产车间：车间经理。

4.1.5.4 生产线：车间主管。

4.1.6 QRQC会议内容

4.1.6.1 审查、跟进昨天的行动计划进展情况。

4.1.6.2 审查公司、生产出现的若干个最主要的问题：前三名的问题点。

4.1.6.3 提出改进措施与解决方案。

4.1.7 QRQC实施依据与行动内容

4.1.7.1 接到公司客户投诉、品质异常、安全事故与内外审核不符合项。

4.1.7.2 车间及班组质量准确的数据。

4.1.7.3 车间及班组生产完成率的数据。

4.1.7.4 确定行动规则。

4.1.7.5 安排主要问题的任务分配。

4.1.7.6 责任人对主要问题的回复。

4.1.7.7 确认改善知识与系统共享。

4.1.8 会议签到

4.1.8.1 QRQC会议现场挂有《会议签到表》。

4.1.8.2 每次会议前，所有参加人员均需在《会议签到表》上签名。

4.1.9 管理条例

参会人员迟到、早退每次扣××元，缺席每次扣××元，并及时公布。

4.2 QRQC 内容须知简要

4.2.1 QRQC 不是一个工具/体系，它是一种在每个领域（工厂、项目、供应商）都可以运用的质量文化。

4.2.2 PDCA 循环：PDCA 不是工具，是随处都可运用的工作方法。

4.2.3 三现主义：我们将按照三现主义来改变我们的文化。

4.2.4 FTA：因素树分析（factor tree analysis）

4.2.5 4M1E。问题因素归类为：材料（material）、方法（method）、人员（man）、机器（machine）和环境（environment）五大类。

4.2.6 QRQC 的目的：改善现状、快速反应和 PDCA 循环的不断进步。

4.2.7 QRQC 的基础：必须基于“三现主义”。

4.2.8 采用 5W2H 方法了解和描述发生的质量事故（问题）。

- What：问题是什么？
- Why：为什么问题会产生？
- When：何时发现的？（日期、时间、频次）
- Who：谁发现的？（客户、内部）
- Where：哪里发现的？（客户、内部）
- How：怎么发现的？
- How many：有多少？（数量多少？价值多少？）

4.2.9 采用 5 W（为什么）方法寻找问题发生的根本原因。

4.2.10 采用 5 W（为什么）方法寻找为何未能预先发现问题的根本原因。

4.2.11 采用 4M 方法确认疏忽问题的因素树。

5.0 相关记录

5.1 快速反应 PDCA 表格

5.2 会议签到表

五、快速反应质量控制会议流程与主要内容

1. 在公司的任何部门都要实施 QRQC

要用不同 QRQC 制定标准流程来描述正确的工作方法。

(1) 主要 QRQC

主要 QRQC 有：

① 安全 QRQC；

② 物流 QRQC；

③ 工厂 QRQC；

④ 车间 QRQC；

⑤ 生产线 QRQC；

⑥ 供应商 QRQC；

⑦ 项目 QRQC；

⑧ 保修期 QRQC。

(2) 不同 QRQC 使用到的工具和寻找根本原因的方法

见表 10-29。

表 10-29　QRQC 使用到的工具和寻找根本原因的方法

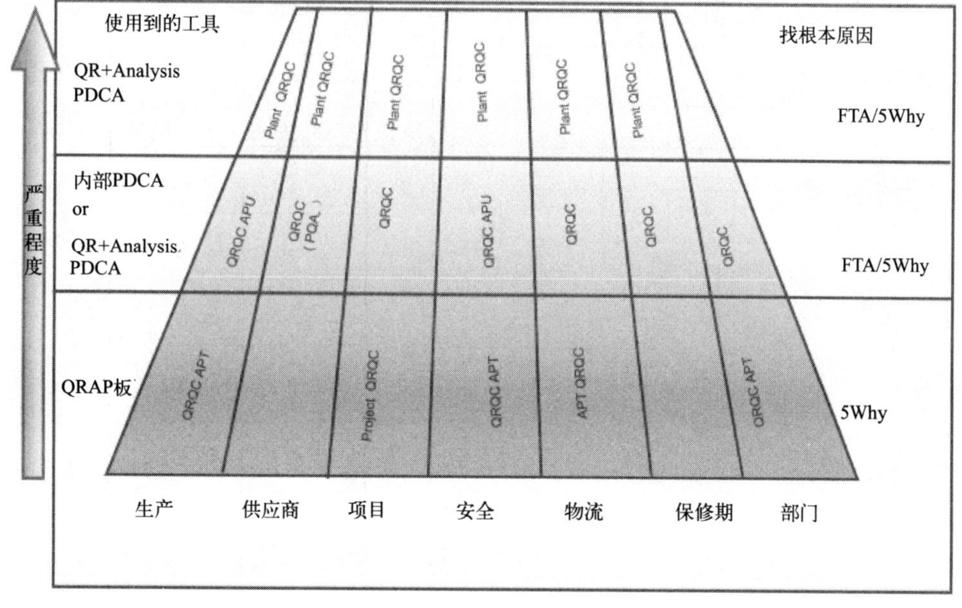

2. 产线 QRQC 程序与内容

（1）快速反应行动计划板

运用快速反应行动计划板（quick response action plan，QRAP）在机边手写直接开项（班长或操作工），见表 10-30。

（2）产线开项及停机原则

① 每种缺陷一小时的单边废品数达到停机数，停止生产，通知主管，召开产线 QRQC 会议，除非主管许可不得重新启动生产。见表 10-31。

② 所有缺陷一小时的单边废品总数达到停机数，停止生产，通知车间经理，除非车间经理许可不得重新启动生产。

③ 一个班累计废品总数达到停机数，停止生产，通知工厂经理，除非工厂经理许可不得重新启动生产。

④ 所有影响生产线 Q(ppm)C(TRP)D（换型时间）目标值的需要开项。

⑤ 生产线上的安全风险及安全事故需要开项。

⑥ 后工序返回产品（后工序已开项的或是超过后工序返回率的）需要开项。

⑦ 设备或夹具故障大于等于 5min 的停机需要开项。

（3）快速反应行动计划板 QRAP 开项程序

① QRAP 板放置于机台边。

② QRAP 板内容格式见表 10-30。

③ 班长或操作工按产线开项及停机原则在 QRAP 板上描述问题，包括问题类型、用 5W2H 描述问题、确认 4M 是否有变化（人、机、料、法）。

④ 根据问题类型，责任部门主管或工程师用 5W 找到问题的根本原因，并确定需要支持的部门人员。

⑤ 责任部门主管或工程师制定临时措施和永久措施行动计划，并确定责任人员和完成时间。

表 10-30　QRAP 板

问题类型	停线时间：	重启时间：	标准确认（确认人、机、料、法等4M是否有变化）				职能支持		临时措施				效果验证				
安全	发生问题:		人员要素是否变化?		设备要素是否变化?		维修 □ 工艺 □ 质量 □		行动	责任人	计划时间	完成时间	班次	OK	NG	班长确认	工厂经理确认(若需要)
	问题后果:		Y□ N□		Y□ N□		上工序 □ 其他						1				
质量	发现时间:		材料要素是否变化?		方法要素是否变化?		实施挑选活动?	Y□ N□									
			Y□ N□		Y□ N□		挑选结果：						2				车间经理确认(若需要)
	发现人员:		要素	标准	实际	差异	5个为什么分析（找到问题的根本原因）		恒久措施				3				
工数	发现地点:						为什么1?		行动	责任人	计划时间	完成时间					
	如何发现:						为什么2?						4				车间主管确认
维修	发现数量:						为什么3?						5				
	发生地点:						为什么4?						OJT参与者签名：				
其它	再发问题？ Y□ N□　影响客户？ Y□ N□　符合标准？ Y□ N□						为什么5?										
	上升至车间QRQC? □　PDCA编号：________						小组成员：										

表 10-31　日报表中注塑缺陷的停机数

合格品	重新启动 6144	换型启动 6145	水花纹（白片） 6001	水花纹（黑片）	断裂 6032	油污 6005	黑点（白片） 6007	擦伤 6009	色差 6010	气泡 6015	飞边 6016	拉伤 6020	流痕 1017	冷料痕 6024	收缩 6019	熔接痕 6003	印伤 6013	未注满 6004	调试	模具故障	设备故障	其他 6030	合计	不合格率
	停机数 6	停机数 6	停机数 4	停机数 4	停机数 1	停机数 2	停机数 4	停机数 2	停机数 2	停机数 2	停机数 1	停机数 1	停机数 4	停机数 4	停机数 4	停机数 1	停机数 4	停机数 2	停机数 2	停机数 4	停机数 4	停机数 4	停机数	Scrap /4
左 右	左 右	左 右	左 右	左 右	左 右	左 右	左 右	左 右	左 右	左 右	左 右	左 右	左 右	左 右	左 右	左 右	左 右	左 右	左 右	左 右	左 右	左 右	左 右	左 右

⑥ 行动计划经过 5 个班次的验证有效，对相关人员进行现场培训，新的改善经验要填写经验学习卡。

⑦ 此开项问题行动计划，经车间主管、经理和生产经理核实后关闭。

3. 车间 QRQC 程序与内容

① 在车间设置 QRQC 区。以车间日例会的形式开展。

② 车间统计员根据车间日报表提前统计废品率前三的产品，张贴于车间 QRQC 区域。

③ 根据车间日报表中影响废品率的主要因素（人、机、料、法），责任部门工程师或主管提前填写 QRQC 板。

④ 用 5W 的形式或好件和坏件对比的方式找出根本原因，并制定行动计划，确定负责人。

⑤ 由车间经理组织车间 QRQC 会议，首先回顾昨日开项问题的进展及完成情况。然后优先对本日安全问题、客户投诉，废品率前三的产品交流分析，制定行动计划，分配任务，确定完成时间，见图 10-16。

⑥ 用 PDCA 的形式跟踪进度完成情况。

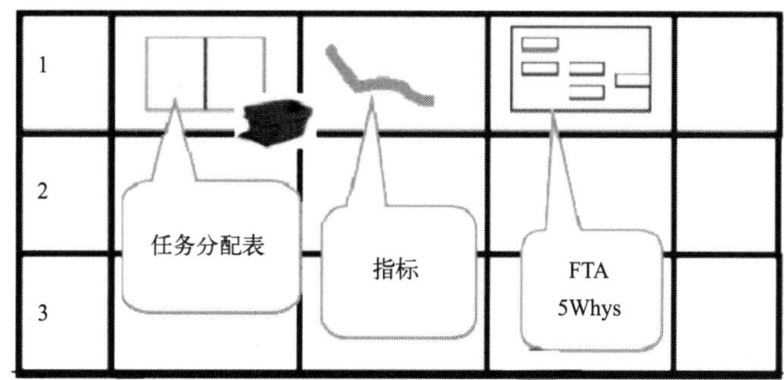

图 10-16 车间 QRQC 板面主要内容

4. 工厂 QRQC 程序与内容

① 在工厂设立 QRQC 会议室，以日例会的形式开展。参会人员签到。

② 安全、生产、质量等部门经理或主管提前填写本部门前三的问题，并确认到期改善项目的完成情况。

③ 由品管部经理或工厂经理组织工厂 QRQC 会议，首先审查、跟进昨天的行动计划完成情况，然后审查公司、生产出现的若干个最主要的问题，重点针对安全事故、接到公司客户投诉、品质异常、内外审核不符合项、内部指标开展，见图 10-17。

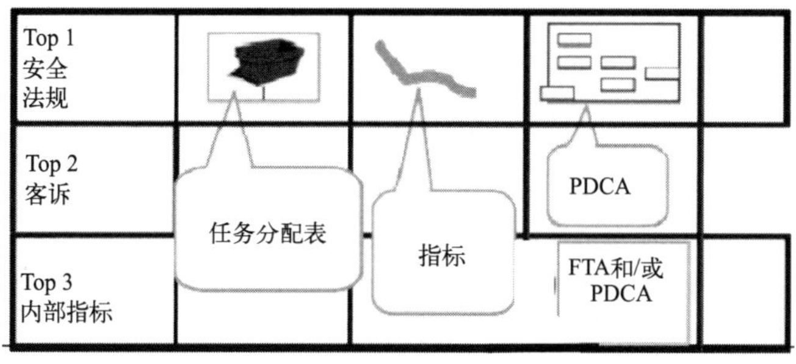

图 10-17 工厂 QRQC 板面主要内容

④ 交流分析开项问题根本原因。

⑤ 确定行动规则。

⑥ 安排主要问题的任务分配，确定责任人员及完成时间。

⑦ 用 PDCA 的形式跟踪进度完成情况。

⑧ 记录签发每日 QRQC 记要。

⑨ 细节程序可参照“四、QRQC 快速反应质量控制程序（参考范本）”。

六、快速反应质量控制评审

用 QRQC 评审表是对各部门 QRQC 执行情况进行检查评定，评审表按发现（探测）、交流、分析、证实（验证）、管理各环节是否按标准进行对各部门进行检查评定。QRQC 执行情况反映了各部门执行力与管理水平，是部门管理者的绩效之一。

生产线 QRQC 评审由各部门经理进行，每条生产线一周至少评审一次。各部门 QRQC 评审由 HR（人事）或 EHS 安全负责人进行，每周至少评审一个部门。

生产线安全 QRQC 检查表，范例见表 10-32。生产部门安全 QRQC 检查表范例，见表 10-33。

表 10-32　生产线安全 QRQC 检查表

QRQC 检查依据		认可该项时需要完成的问题		解释及认可时需要完成的基本点	Y/N	得到 10 分的立即对策	谁	什么时候
发现	红箱子： 工人或支持人员是否在探测到第一个问题时就做出反应/停机？	1	启动检查表里的安全事项是否在每个工位上实施？					
		2	当操作工发现违背标准的行为或安全风险或安全问题时是否立即停线并做出反应？	操作工根据每个工厂自己的反应程序进行反应，有关的参数应记录下来				
		3	操作工是否将损失时间和非损失时间事故的数量跟踪记录在生产线的交流区？	过去 6 个月的记录，这个指标反映了 QRQC 活动的有效性				
交流	问题细分： 主管或班长或支持人员向生产或其他支持部门分派任务，以便进行分析或是实施纠正措施？	4	每一次发现安全问题时，是否用 5W2H 描述并实施了遏制措施？	当检查 QRAP 板时，任何人都可以一眼看出是否有安全问题				
		5	当一个问题不能在生产线级别解决时，班长/主管是否分派任务给支持部门？					
		6	在以下情况，主管是否将问题提升至 APU 级别的安全 QRQC： ①重复发生的安全问题 ②延迟的纠正措施或者 5 个工作日内仍未找到解决方案的问题					
分析	比较： 可以获得好件/坏件或好/坏状态，以及信息用来协助分析？	7	基于好的情况和坏的情况的对比，班组对每个违反标准的行为（第 7 类别的问题）是否都有（在 QRAP 板上正式化了的）分析？					

续表

QRQC 检查依据		认可该项时需要完成的问题		解释及认可时需要完成的基本点	Y/N	得到10分的立即对策	谁	什么时候
证实	学习和分享： 在下一个五分钟会议上，向班组介绍了解决问题的对策？	8	主管是否在现场确认永久性的解决措施？	确认包括：更新相应文件，确保操作工了解解决措施				
		9	主管是否将解决方案进行推广？	向相关区域沟通已执行的措施。确认推广的解决措施在这些区域已被知晓并执行				
管理	在岗培训： 是否所有中层管理者和经理们每天都在他所负责的区域做强制的QRQC在岗培训？	10	每一个主管是否每天进行OJT？	使用这张检查表评审—评到第一个不符合项就停止评审—将评语记录在QRAP板上—保证每条线至少每周被评审一次				
						评分总分10		

表 10-33　生产部门安全 QRQC 检查表

QRQC 检查根据			评估项		解释及认可时需要完成的基本点	Y/N	得到10分的立即对策	谁	什么时候
发现	1	红箱子： 是否能探测到需要解决的问题？	1	经理是否能发现安全风险？	对于他自己负责的团队，经理们必须做个好榜样				
	2		2	对于类别1,3的安全事故(工厂级)和类别1,3,4,5的安全事故(与每个APU相关)的数量，是否有一个可视化的跟踪？	过去6个月的记录，这个指标反映了QRQC活动的有效性				
交流	3	问题细分： 今天是否检查了昨天分配的任务？	3	对于类别1,2,3,4,5,6的安全事故是否在4h之内完成了5W2H并采取了及时的对策？	类别1,2,3的安全事故由工厂经理确认，类别4,5,6的安全事故由APU经理确认				
	4		4	每个尚未解决的安全问题是否有任务分配？					
	5		5	是否能够说明从生产线到APU级别以及从APU到工厂级别的逐层汇报体系？	高一层级的QRQC考虑了来自生产线和APU的任务分配表				
	6		6	安全事故/未遂事件(类别1,2,3,4)是否在发生后的24h内传达给所有员工？					
分析	7	比较： 分析是否总是基于比较：好件/坏件，实际/标准，班次1/班次2等，第1天/第2天……绝不会在没有事实依据时下结论？	7	是否所有APU级别和Plant级别的问题都能在5天之内有一个基于好的情况和坏的情况的对比的正式分析？	对于类别1,2,3(工厂级别)：完成PDCA/FTA； 对于类别4,5,6(APU级别)：至少完成5W2H-全检/遏制措施-5Whys-纠正措施(要求相当于生产线QRQC)				

续表

QRQC检查根据			评估项		解释及认可时需要完成的基本点	Y/N	得到10分的立即对策	谁	什么时候
证实	8	学习： 是否在现场系统地验证行动的有效性？	8	工厂经理（针对类别1，2，3）和APU经理（针对类别4，5，6）在现场确认实施的措施是否有效，并且确认措施是否推广到相关的区域					
	9		9	每一个关闭的PDCA/FTA（类别1，2，3）都有一个LLC提交到工厂或公司层面以便进行推广？					
管理	10	在岗培训： 是否能够证明QRQC的有效性？	10	在OJT时是否考虑了安全问题？	审核者包括：负责人（每天评审）、HR经理和HSE经理（每周至少评审一个QRQC：生产线、APU或工厂）				
							评分总分10		

七、快速反应质量控制十大禁止事项

① 不能以忙为由缺席会议（应以品质为最优先考虑，可以找人代为出席）。

② 不要为逃避责任而做解释（先考虑自己的问题）。

③ 不要对接到的信息妄下论断（先“三现”再说）。

④ 不能因为自己解决不了就把问题放在一边。

⑤ 上级不要只对下级做指示。

⑥ 不要认为只要拜托了对方就一定能有结果。

⑦ 不要因为有了好办法就松懈。

⑧ 不要只凭过去的经验说事。

⑨ 监督者不要简单地将责任推给作业者。

⑩ 管理者不要完全依赖监督者拿出的对策。

八、对快速反应质量控制的再认识

快速反应质量控制（QRQC）是改善的一种模式，改变了很多汽车零配件供应商在客户中的形象，今天把它列入注塑生产管理中，主要是为注塑企业提供一种管理上的借鉴，并非让大家作为改善或改进方式的首选。

推行QRQC需要企业长期的浸润，需要相应的企业文化，需要制度的保证，需要管理人员的培训与指导，需要操作人员对问题的发现与识别，从5W2H对问题的描述，到4M条件的变化识别，到FTA和5Whys寻找根本原因，到用PDCA对行动计划跟踪，到后序的监督检查，从管理人员到操作人员需要一定时间素养的形成。并不是QRQC改善模式拿过来，对企业就起到立竿见影的效果。我们无法奢求那些把QRQC全套搬用的企业有什么亮点表现，连个表格都是照搬照抄。用好的寥寥无几，用成了负担的却是不计其数。从个人角度看，一般企业用不好QRQC根源在于：

① 无法有效识别和定义问题，基础管理非常薄弱，没有系统地发现、交流、分析、改

善的机制。员工和班组长之间、班组长和技术人员、检验员同班组之间管理上信息传送、改善的机制不健全。

② 很难掌控“三现”质量，问题的产生、发现、识别、交流等处于割裂的状态，团队精神不足。

③ 实行 QRQC 的目的不明，自以为使用 QRQC 模式仅仅是参考客户的要求，是外部的要求。没有认识到实行 QRQC 的原始本心是通过这个模式建立起快速有效解决问题的企业文化，它既不是老板的文化，也不是管理者的文化，是全体员工参与的质量控制的文化。

④ QRQC 是好的快速反应质量控制模式，但对于企业本身更好的企业文化就在我们企业的内部。建立学习型管理队伍，学习先进的管理经验，结合工厂的实际情况，提供客户满意的产品与服务，通过不断地改进，企业变得越来越好就是好的管理模式。

第六节　5S 管理

一、何为 5S

5S 就是整理、整顿、清扫、清洁、素养（改进）五个项目，因日语的拼音均以“S”开头，简称 5S。

5S 起源于日本，通过规范现场、现物，营造一目了然的工作环境，培养员工良好的工作习惯，其最终目的是提升人的品质。

① 革除马虎之心，养成凡事认真的习惯。认认真真地对待工作中的每一件“小事”。

② 遵守规范。

③ 养成自觉维护工作环境的良好习惯。

各公司遵照 5S 的宗旨，为了便于理解，也提出了一些变通性的叫法，内容上基本没有偏离 5S 的初心，见图 10-18。

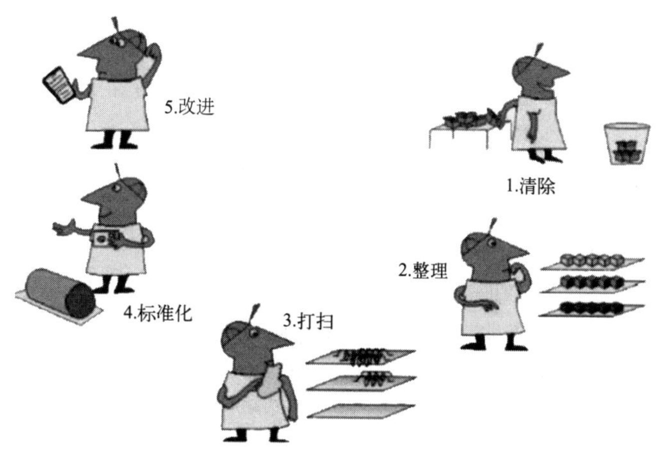

图 10-18　5S 变通名称

二、 5S 的实施步骤与内容

具体实施步骤见图 10-19。

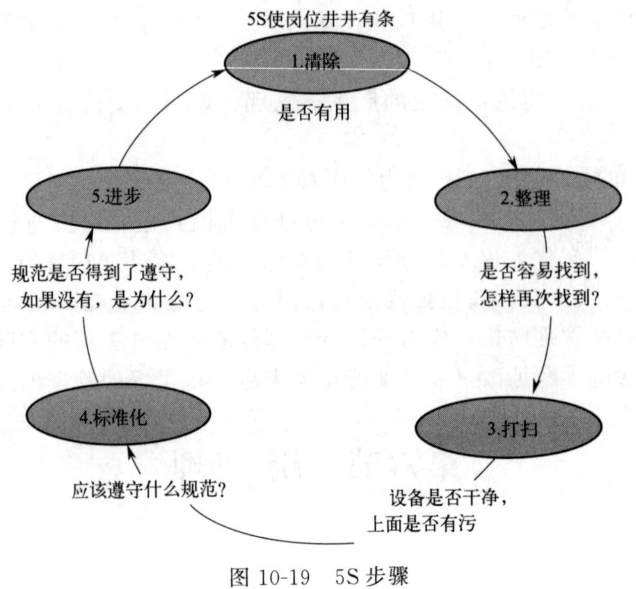

图 10-19　5S 步骤

1. 1S 整理（清除）

（1）工作内容

① 将工作场所的东西区分为有必要的与不必要的。

② 把必要的东西与不必要的东西明确地、严格地区分开来。

③ 不必要的东西要尽快处理掉。

（2）整理目的

① 腾出空间，空间活用。

② 防止误用、误送。

③ 塑造清爽的工作场所。

（3）整理的理解

生产过程中经常有一些残余物料、待修品、待返品、报废品等滞留在现场，既占据了地方又阻碍生产，包括一些已无法使用的工夹具、量具、机器设备，如果不及时清除，会使现场变得凌乱。

生产现场摆放不要的物品是一种浪费：

① 即使宽敞的工作场所，也会变窄小；

② 棚架、橱柜等被杂物占据而减少使用价值；

③ 增加了寻找工具、零件等物品的困难，浪费时间；

④ 物品杂乱无章地摆放，增加盘点的困难，成本核算失准。

（4）实施整理注意点

要有决心，不必要的物品应断然地加以处置。

（5）实施要领

① 自己的工作场所（范围）全面检查，包括看得到和看不到的。

② 制定“要”和“不要”的判别基准。

③ 将不要的物品清除出工作场所。对需要的物品调查使用频度，决定日常用量及放置位置。

④ 制订废弃物处理方法。

⑤ 每日自我检查。

2. 2S 整顿（整理）

(1) 工作内容

① 对整理之后留在现场的必要的物品分门别类放置，排列整齐。

② 明确数量，并进行有效的标识。

(2) 整顿目的

① 工作场所一目了然。

② 整整齐齐的工作环境。

③ 消除找寻物品的时间。

④ 消除过多的积压物品。

(3) 整顿实施要领

① 前一步骤整理的工作要落实。

② 流程布置，确定放置场所。

③ 规定放置方法、明确数量。

④ 划线定位。

⑤ 场所、物品标识。

(4) 整顿的“3 要素”：放置场所、放置方法、标识方法

① 放置场所：

- 物品的放置场所原则上要 100%设定；
- 物品的保管要定点、定容、定量；
- 生产线附近只能放真正需要的物品。

② 放置方法：

- 易取；
- 不超出所规定的范围；
- 在放置方法上多下功夫。

③ 标识方法：

- 放置场所和物品原则上一对一标识；
- 现物的标识和放置场所的标识；
- 某些标识方法全公司要统一；
- 在标识方法上多下功夫。

(5) 整顿的“3 定”原则：定点、定容、定量

① 定点：放在哪里合适。

② 定容：用什么容器、颜色。

③ 定量：规定合适的数量。

3. 3S 清扫（打扫）

(1) 清扫工作内容

① 将工作场所清扫干净。

② 保持工作场所干净、亮丽的环境。

(2) 清扫目的

① 消除脏污，保持职场内干干净净、明明亮亮。

② 稳定品质。

③ 减少工业伤害。

(3) 清扫实施要领

① 建立清扫责任区（室内外）。

② 执行例行扫除，清理脏污。

③ 调查污染源，予以杜绝或隔离。

④ 建立清扫基准，作为规范。

4. 4S 清洁（标准化）

(1) 清洁的工作内容

将上面实施的 3S 做法制度化、规范化，并贯彻执行及维持结果。

(2) 清洁目的

维持上面 3S 的成果。

(3) 清洁注意点

制度化，定期检查。

(4) 实施要领

① 落实前面 3S 工作。

② 制定考评方法。

③ 制定奖惩制度，加强执行。

④ 高阶主管经常带头巡查，以加强推动。

5. 5S 素养（改进）

(1) 素养工作内容

通过 5min 会议等手段，提高全员文明礼貌水准。培养每位员工养成良好的习惯，并按 5S 规则做事。开展 5S 容易，但长时间地维持必须靠素养的提升。

(2) 素养目的

① 培养具有好习惯、遵守规则的员工。

② 提高员工文明礼貌水准。

③ 营造团体精神。

(3) 素养注意点

长期坚持，才能养成良好的习惯。

(4) 素养实施要领

① 制定服装、仪容、识别证标准。

② 制定共同遵守的有关规则、规定。

③ 教育训练（新进人员强化 5S 教育、实践）。

④ 推动各种精神提升活动（5min 会议等）。

三、生产现场 5S 工作落实

1. 注塑生产单元定置定位（图 10-20）

以注塑机为主体，对辅助设备、工作台、文件柜、夹具柜、包装材料、产品存放区等进行定置定位。

2. 各区域责任划分与 5S 实施内容

① 明确各注塑生产单元定置区域 5S 工作内容。

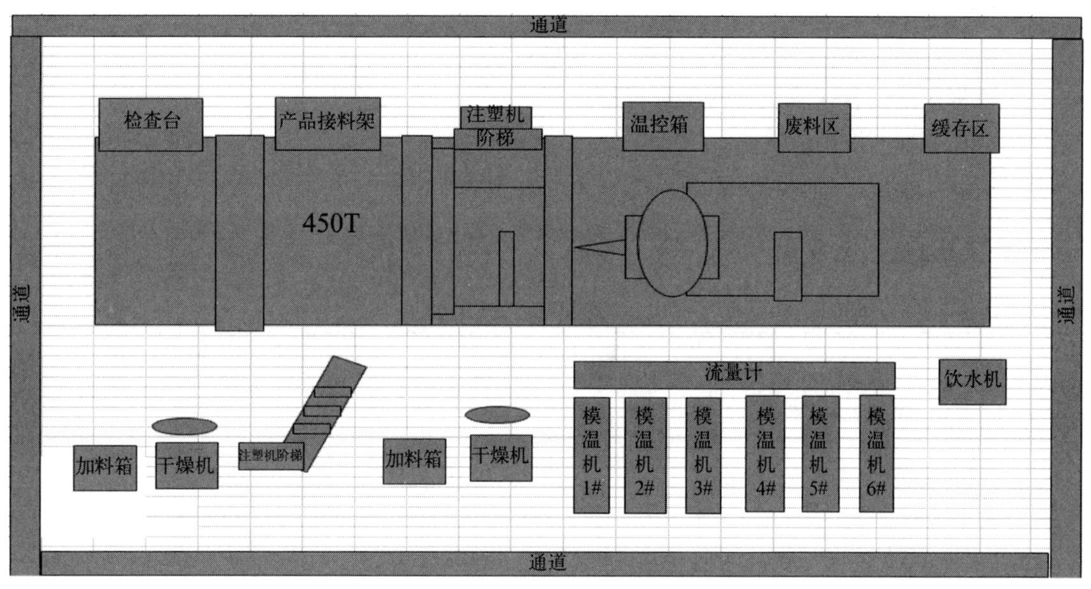

图 10-20　注塑生产单元定置定位示例

② 注塑生产单元定置区域进行班组责任划分。

③ 班组对注塑生产单元定置区域管理进行人员划分。

④ 明确各班组 5S 管理责任人，并为操作人员 5S 工作开展提供支持，见图 10-21。

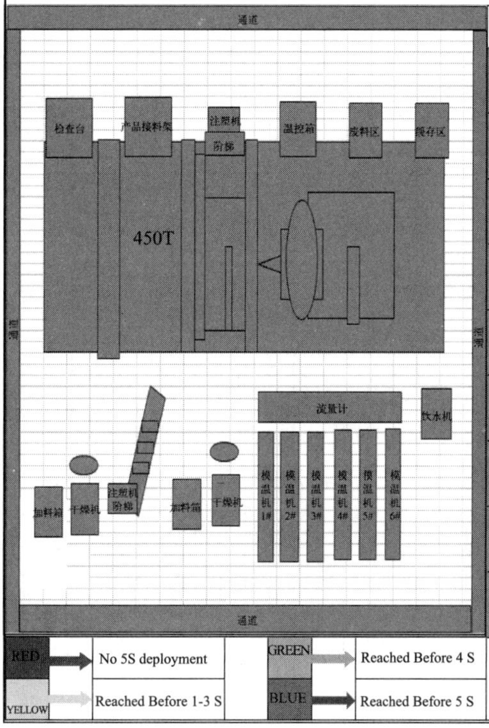

______T注塑机　5S布置图　3s

照片

责任人：

工位	责任人	支持者	状态	5S 实施内容
1	A班：操作工	A班：主管		工作台区 1.定置清晰 2.摆放整齐.不可随意放置 3.保持干净.无灰尘，杂质 4.名称标签清晰.无破损
2				产品接料架 1.接料架胶皮板无破损 2.定置定位线无破损 3.皮棉顶部放置塑料隔板，不可高出箱子 4.每班接班前将台面清理干净
3				温控箱/温控柜 1.温控箱及内部按图示要求放置 2.柜内保持干净整洁，无油污
4	B班：操作工	B班：主管		注塑机前阶梯 1.阶梯干净，摆放整齐。无飞边、油污、杂质等 2.阶梯底下无杂物放置
5				接料盘 1.定置清晰，标签清晰，无破损 2.接料盘内只允许放置废料，不可有纸屑及产品
6				注塑机尾端/阶梯 1.注塑机阶梯保持干净整洁，无油水及杂物 2.注塑机尾端表面无油污料粒，干净整洁
7	C班：操作工	C班：主管		QCDM/QRAP看板 1.标签清晰，无破损 2.看板及红箱子放置于标线内，不得超出 3.QRAP标识处标签清晰，无破损。标识盒内禁止放置标识以外物品
8				模温机/流量计 1.模温机表面及与注塑机台空隙内外无油污及杂质 2.流量计表面及管材内外无油污杂质，水锈
9				干燥机/加料箱 1.干燥机表面及附近无油水及料粒 2.干燥机表面粘贴的记录表无破损 3.上料箱子上下干净，无脏污，废料 4.地标无破损，脏污

RED	No 5S deployment	GREEN	Reached Before 4 S
YELLOW	Reached Before 1-3 S	BLUE	Reached Before 5 S

编制：　　审核：　　批准：

图 10-21　区域责任划分与实施内容（示例）

3. 5S 日常点检（表 10-34）

① 按 5S 工作内容，对注塑现场机台 5S 进行规范。

② 每班对现场各区域执行情况进行检查。

③ 对存在的问题及时改善。

④ 让操作人员形成习惯，自动自发地做好现场 5S 工作。

表 10-34　5S 日常点检表（示例）

________5S 日常点检表

检查场所：　　　　　　　　　　　　　　　　　　　　　　　　日期：　　　年　　　月

编号	项目	内容	1	2	3	4	5	6	7	8	9	10	11	12	13	14	15	16	17	18	19	20	21	22	23	24	25	26	27	28	29	30	31
1	清除	1. 工作场所是否有不需要的物品（空纸箱、与当前生产产品不符的标签、废包材）																															
		2. 废品筐内是否保持整洁。垃圾桶是否保持清洁，有无垃圾溢出																															
		3. 现场使用的台车、空箱内是否有其他异物残留（如废弃看板、纸屑、毛刺等）																															
2	整理	1. 放置区域贴边框，并摆放在边框内，各种资料或工具、物品上是否有清晰的标识																															
		2. 常用物品与不常用物品分开放置，且常用物品放在便于取用的地方																															
		3. 现场使用工具必须按规定区域放置，样板放置区域只放置当前生产产品的相关样板																															
3	打扫	1. 岗位及岗位周围保持清洁（如检查台无脏污、灰尘）垃圾桶周围是否保持清洁，机台腔体内或周围是否有掉落的铝丝																															
		2. 工作场所的地面以及工作台，台车、货架等是否有进行清扫，饮水机等其他等公用设施是否保持清洁																															
4	标准化	1. 所有操作必须按标准作业书进行，（台车、流水线）摆放的产品与产品之间必须保持 10mm 间距																															
		2. 标准作业书与当前生产产品相符合并置于最前面，生产使用包材按标准摆放（如：①不可直接放于地上；②按规定容量放置）																															

续表

编号	项目	内容	1	2	3	4	5	6	7	8	9	10	11	12	13	14	15	16	17	18	19	20	21	22	23	24	25	26	27	28	29	30	31
4	标准化	3.生产使用台车根据所规划区域放置并摆放整齐，岗位使用工具在规定区域摆放(如安全刀、笔、印章、看板等)岗位区域内所有标识清晰无破损																															
5	改进	1.按标准穿着工衣、工裤、工帽、安全鞋、佩戴耳塞、口罩、手套、静电除尘和保养打磨时要佩戴防护眼镜[头发过肩必须将头发挽起放于帽子内(女员工)]																															
		2.危险区域是否明确标示，安全刀无损坏，岗位上所使用的电器设备电线表皮有无破损																															
		3.消防栓及安全门是否保持畅通，无任何物品堵塞																															
日常点检者签名																																	
班长确认签名																																	
频率：每班每天一次　　确认项目后记入为：合格○　不合格×																																	

4. 生产区域 5S 评审（表 10-35）

① 生产区域主要是指注塑生产区域。

② 5S 评审是对 5S 执行情况的检查。

③ 5S 评审每周至少进行一次。

④ 评审方式可以是对整个生产区域进行综合评审，也可以对个别区域单独检查。

四、现场布局改善

现场布局合理是 5S 工作前提与基础，现场布局同样需要好的前期规划与后期的持续改进，需要遵循一定的规则，避免因布局不合理出现的浪费与不便。

1. “一个流”生产

各工序在制品必须在生产作业工人完成该工序的加工后，方可以进入下道工序。这样，每当一个工件进入生产单元时，同时就会有一件成品离开该生产单元。像这样的生产方式就是“单件生产单件传送”方式，也叫“一个流”。

“一个流”生产是指从毛坯投入成品产出的整个制造加工过程，零件始终处于不停滞、不堆积、不超越，按节拍一个一个地流动的生产方式。

表 10-35 生产区域 5S 评审表（示例）

生产区域自主生产单元5S评审		评审员	被评审人：		
生产线： 日期：		姓名： 签字：	姓名： 签字：		
小岛生产基础	1S		YES	NO	N/A
1.生产区域是否划分明确					
2.白色边线是否完好无损					
3.小岛规则是否得到遵守(物品不超出白线,过道畅通无阻)					
爱护产品基础			YES	NO	N/A
4.制定了爱护产品准则，操作工接受了相应的培训					
5.无任何零件或产品在地面					
6.产品不超出包装箱边缘(包装箱可堆叠但对零件无损害)					
7.货架的空箱返回道上只能放空零件箱，空纸箱					
8.零件箱内零件，产品无混装					
9.所有的包装箱都有标示(Galia标签或追溯单)					
10.所有的零件箱干净无灰尘					
11. 产品或零件箱有防尘保护					
12.在规定的工作台区域外无零件或产品存放					
13.所有的正面供货架轨道与零件包装箱的尺寸相吻合					
14.没有在未戴手套的情况下接触产品，且手套干净					
整理/打扫	2S		YES	NO	N/A
15. 平面库存标示牌为直线					
16.小车、零件箱在地面的位置有规定(每个物品都有一个摆放位置)					
17.每件物品都在规定的位置(在规定的摆放区域外没有纸箱、零件箱、工装夹具、小车等)					
18.材料和零件存放在所规定的位置					
19.有清扫工具并摆放在规定的位置					
20.生产区域监督长办公室内整洁、干净					
21.自主生产单元内整洁、干净(地面或工作台无灰尘)					
22.设施运行情况良好(工作台、信息牌或零件柜)					
23.工作台上没有个人物品、食物等					
安全	3S		YES	NO	N/A
24.配备了安全设施且放置在可方便拿取的地方(灭火器、消防水龙头等)					
25.控制柜和电柜门关闭					
26.生产线不生产时要断电					
27.没有空气泄漏情况					
28.所有的操作工都穿着干净整洁的白色工作服					
不合格品	4S		YES	NO	N/A
29. 自主生产单元内有存放废品的专用小车					
30.有红色不合格品零件箱					
31.生产线配备了垃圾箱					
5S不断进步	5S		YES	NO	N/A
32.5S摆放标准张贴在每条生产线(带照片)					
33.5S标准被遵守					
34.信息牌内容已更新(QCDM跟踪、生产计划等)					
35.人员上岗卡片与实际上岗员工吻合					
36.根据上次评审结果制定了相应的行动计划					
37.清扫整理行动的时间是否得到遵守					
备注：		小计：			
		计算公式 = TC/(TC+TNC)×100			
		得分：	%		

注：1. 小岛区域指注塑机加工区域内各细分定置定位区。

2. 上面的评审表是示例，并不作为标准应用。YES 表示符合要求，NO 表示不符合要求，N/A 表示不涉及此项。

在生产现场布局时尽量考虑实现“一个流”条件下的均衡生产，不生产多余的在制品，在库存最少量的前提下生产，严格规定每道工序的生产数量。

2. 布局改善的基本原则

原则一：关联工序集中放置。

原则二：最短距离原则。

原则三：流水化作业原则。

原则四：尽可能利用空间原则。

原则五：安全，便于操作原则。

3. 布局改善要实现的目的

① 最大的灵活性。

② 最大的协调性。

③ 最大限度地操作方便。

④ 最短的运输距离和装卸距离。

⑤ 最大的可见性。

⑥ 最大程度地利用空间。

⑦ 单一的流向。

⑧ 最大的安全性。

⑨ 最小的不愉快。

4. 现场布局的注意事项

（1）尽量减少走动的时间

如果两工序的距离相隔太远，就必须要有相当量的存货以及将 A 工序产品交给 B 工序所耗的时间，要按工艺流向，将上下道工序的出入口衔接起来，并与整体相协调。

一般可在设计生产线的时候将这些没有互为因果关系的工序设计为“L”或者是“U”形线。

（2）划分作业区和通道，一切便于操作

一般过道的宽度最少在 1.2m，要方便一个周转车自由出入，需要保养的设备都应当是便于操作的，不应布置得过于狭窄而妨碍工作，如设备不能装在太靠墙的地方，以防影响加油和维修保养，电箱太靠边的话，就会影响电工的操作。如果车间面积紧凑，设备之间过于拥挤，其中有的设备就可以考虑不固定，而是移动的。

（3）“一个流”和节拍化生产

车间内部的运输线路，都应该只朝一个方向流动，避免迂回、交叉地运输和流动。流水线上的人员节拍时间尽可能保持统一，开始与结束合一，原料与成品合一。

（4）建立物料配送点，专人取料送料

在一个工场环境中，是无法将所有的物料放在工厂里的，因此在离各个获取物料的工序平均最近的地方应建立取物点，以达到最快获取或即时配送的目的。

（5）适宜的安全和生产环境

创造适宜的工作环境，对于暗淡的灯光、过低的高度、过高的温度及湿度、噪声、粉尘、刺激的气味等都要进行改善。一定要考虑到人员和物资的安全，满足防火、防爆、防漏电、防滑、防烫伤、防高空坠物的要求。

第七节　员工的多技能多岗位培训

人作为生产 5 要素的核心，所有的生产计划都是靠人去执行，当计划确定后，工作的效果主要取决于执行岗位的工作技能和服务意识。这就要求各工厂根据自身实际情况制定员工培训管理体系，培训员工的工作技能和服务意识，以满足工厂发展需要。

一、员工多技能多岗位的优点

1. 适应作业内容的频繁变化

在品种多数量少或多套模具轮换生产的情况下，就要求频繁地更换模具。这种情况可能每日发生，最短几个小时换型一次，作业人员若具备多能化的技艺，就可以适应变换岗位的需要。

2. 适应生产计划的变更

企业经常为满足顾客的某种需要而改变生产计划，这就要求作业人员适应多技能多岗位，有必要把作业人员培养成多能化的作业者。

3. 提高作业人员自身能力

连续做同样轻松、熟悉的事，会对工作产生厌烦，在工作现场进行一定程度的调整也是必要的。让员工挑战新工作岗位对其也是一种进步，多能化就是适应这种要求的最佳方法。员工也希望通过自身的努力，成为多能者，这样提升的机会要比单一技能多很多。

二、员工多技能多岗位培训方法

1. 责任机台多产品加工

注塑加工同一机台往往加工不同的产品，培训员工掌握不同产品的加工要求和质量要求，具备本机台所有产品的加工能力，对生产安排十分重要。

2. 班内定期轮换，工位定期轮换

利用某些机台停机时间或无生产计划时间，有计划地对相应机台的操作人员进行班内工位轮换，有利于员工技能培训。

3. 以 2～4h 进行作业交叉

对机台的辅助人员，进行不同机台短期的交叉作业，有利于操作人员知识和技能的扩大与积累。

4. 一天班长制度

对具备 4 个星或 4 条边合格的员工，每周指定一名工人代理班长，有利于提高作业人员多岗位锻炼及参与改善的积极性，有利于后备干部的培养。

三、员工多技能多岗位培训程序

员工多技能多岗位培训内容应该与工厂对员工的总体要求相关，各工厂应该根据自己的特点，制定员工的培训计划及培训内容。

员工培训是一个长期和连贯的过程，从新员工入厂开始，随着工作的进行逐步展开，并制定详细的培训计划，在一定的时间内完成员工的培训工作，使其具备相应的资质，满足生产的总体要求。培训可以从以下四个方面进行：了解工作环境、发现偏离标准后立即反应、参与不断创新、领导不断创新展开。

1. 员工多技能多岗位培训内容的安排（仅供参考）

（1）了解工作环境

主要是了解基本的工作要求，包括生产、质量、维护、沟通方式及安全事项。具体见表10-36。

表 10-36 了解工作环境培训内容

了解工作环境	生产	完成所有外部操作，如提前准备换型的夹具等准备工作
		设备点检
		更换材料
		测量换型时间
	质量	质量自控
		识别和记录缺陷
		隔离不合格品
		按照程序停止生产
		控制不合格品（产品和零件）
		检查被供给零件的质量
	维护	工作区和员工区的5S
		设备一级维护和记录
	沟通/安全	检验工作区安全
		提出改进建议
		参加日常会议

（2）发现偏离标准后立即反应

培训内容主要是加深对原有工作内容的拓展，包括：生产、质量、维护、沟通与安全方面，具体见表10-37。

表 10-37 发现偏离标准后立即反应培训内容

发现偏离标准后立即反应	生产	打印标签
		产品申报
		产品追溯性跟踪
		协助换型
		填写生产报表数据
	质量	质量风险提出
		识别产品缺陷
	维护	适当协助设备维修
		参与停机原因调查
		参与问题分析
	沟通/安全	事故发生后立即响应
		火灾发生后立即响应
		安全问题发生后正确响应
		参加班组工作站

（3）参与不断创新

初步具备自主处理本机台工作职责的能力。主要包括：生产、质量、维护、沟通与安全方面，具体见表10-38。

表 10-38 参与不断创新培训内容

参与不断创新	生产	每小时生产的监控
		协助分析和解决生产问题
		异常停止生产
		异常时协助调整
	质量	工具有效性/有效期地控制
		提出偏差回用申请
		实施纠正措施
		通过样件进行质量控制
		产品认可
		参与质量异常的根本原因分析和解决
	维护	二级维护和记录
		正确启动和停止设备
		工作区的5S评审
	沟通/安全	领导5分钟会议
		更新小组指标
		更新小组文件
		请求和确保来自适当的职能部门的协作
		跟踪小组改进建议
		促进新员工融入团队

(4) 领导不断创新

通过培训，具备后备班组长的技能，能自主地协助班组及职能人员分析问题，在班组内协助班组长开展从生产、质量、维护、沟通与安全方面的改善工作。见表10-39。

表 10-39 领导不断创新培训内容

领导不断创新	生产	必要时解除设备报警
	质量	使用PDCA-FTA解决问题
	维护	领导5S工作站
	沟通/安全	带领小组提出改进建议

2. 培训评估

(1) 员工多技能多岗位评估基准(见表10-40)

表 10-40 员工多技能多岗位评估基准表

水准	标志	技能要求基准	备注
4星	★★★★	非常熟练,能教会别人	能做老师
3星	★★★	能熟练操作	继续努力
2星	★★	能操作,但不够熟练	训练不足
1星	★	不会做或局限于理论知识	实践不足
无		不知道,谈不上做	应接受教育

(2) 员工多技能多岗位评估表(见表10-41)

① 从按培训内容了解工作环境、发现偏离标准后立即反应、参与不断创新、领导不断创新四方面掌握情况对员工进行评估。评估的人员由当班主管进行，4个星的人员晋级需要车间经理批准。

② 记录员工每个级别项目的培训时间。

表 10-41 员工多技能多岗位评估表

多技能统计及评估表格(Multiskill Statistics & Evaluation)

injection/注塑自主班组

级别	类型	项目	姓名 1	姓名 2	姓名 3	姓名 4	姓名 5	姓名 6	姓名 7	姓名 8	姓名 9	姓名 10
了解工作环境	生产	完成所有外部操作,如提前准备换型										
		设备点检										
		更换材料										
		测量换型时间										
	质量	质量自控										
		识别和记录缺陷										
		隔离不合格品										
		按照程序停止生产										
		控制不合格品(产品和零件)										
		检查被供给零件的质量										
	维护	工作区和员工区的5S										
		一级维护和记录										
	沟通/安全	检验工作区安全										
		提出改进建议										
		参加日常会议										
发现偏离标准后立即反应	生产	打印标签										
		产品申报										
		产品追溯性跟踪										
		协助换型										
		填写生产报表数据										
	质量	质量风险提出										
		识别产品缺陷										
	维护	适当协助设备维修										
		参与停机原因调查										
		参与问题分析										
	沟通/安全	事故发生后立即响应										
		火灾发生后立即响应										
		安全问题发生后正确响应										
		参加班组工作站										
参与不断创新	生产	每小时生产的监控										
		协助分析和解决生产问题										
		异常停止生产										
		异常时协助调整										
	质量	工具有效性/有效期地控制										
		提出偏差回用申请										
		实施纠正措施										
		通过样件进行质量控制										
		产品认可										
		参与质量异常的根本原因分析和解决										
	维护	二级维护和记录										
		正确启动和停止设备										
		工作区和小组区的5S评审										
	沟通/安全	领导5分钟会议										
		更新小组指标										
		更新小组文件										
		请求和确保来自适当的职能部门的协作										
		跟踪小组改进建议										
		促进新员工融入团队										

续表

多技能统计及评估表格(Multiskill Statistics & Evaluation) injection/注塑自主班组												
级别	类型	项目	姓名 1	姓名 2	姓名 3	姓名 4	姓名 5	姓名 6	姓名 7	姓名 8	姓名 9	姓名 10
领导不断创新	生产	必要时解除设备报警										
	质量	使用PDCA-FTA解决问题										
	维护	领导5S工作站										
	沟通/安全	带领小组提出改进建议										

(3) 员工多技能多岗位计划及统计

① 各班组根据车间总体的人员培训计划，制定本班组的员工多技能多岗位培训计划。

② 统计员工不同机台的水准，达到几个星。见图10-22。

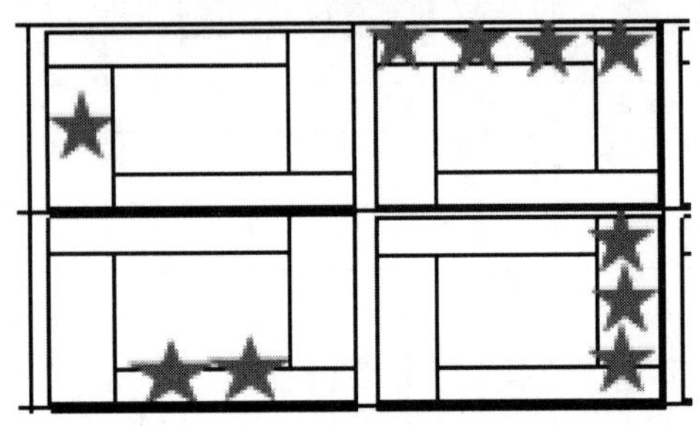

图10-22　员工不同机台的水准

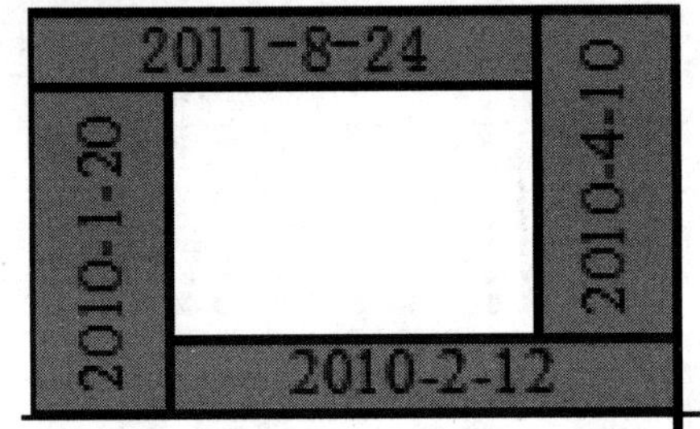

图10-23　不同机台的水准达到的时间

③ 统计员工不同机台的水准达到的时间，见图10-23。

④ 员工多技能多岗位计划及统计表在现场公示，见表10-42。

⑤ 规划下一个级别培训完成的时间。

表10-42　员工多技能多岗位计划及统计表

Flexibility Plan & Statistics 多岗位计划及统计 APT自主班组名称：* * *									
Operator操作工									IndividualTarget个人目标
姓名	照片	终检	包装	物流	刮白漆	喷砂	上毛胚	Post7	(最后期限：　　年　　月　　日)
* * *			2009-7-11 2008-3-24 2008-4-20 2008-3-28		2010-3-12 2008-5-25 2008-6-15 2008-5-30	2010-9-18 2008-8-16 2008-9-15 2008-8-20			
* * *			2010-1-15 2009-6-25 2009-8-1 2009-7-3	2010-3-16 2009-8-18 2009-8-30 2009-8-22	2010-3-22 2009-10-15 2009-10-30 2009-10-20	2010-9-18 2010-10- 2010-9-30			2012年7月31日前喷砂达到四条边
* * *			2012-4-2 2012-5-30 2012-4-10		2012-6-1 2012-6-14				2012年7月31日前包装达到四条边

(4) 员工多技能多岗位培训记录

① 记录并保留员工培训签到表，作为员工培训的依据。

② 员工多技能多岗位水准评定都要有相应的培训依据。

③ 培训记录明确培训时间、培训地点、培训内容。

④ 培训后员工签名，见表10-43。

⑤ 记录培训讲师。

表 10-43 培训签到表

培训课程					
日期和时间			培训地点		
培训语言			培训讲师		
序号	部门	姓名	签名	考核结果	备注
1					
2					
3					
4					
5					
6					
7					
8					
9					
10					

第八节 PDCA 管理模式

PDCA 即计划（Plan）、实施（Do）、检查（Check）和处置（Action）的第一个字母，PDCA 管理模式是能使一项活动有效进行的一种合乎逻辑的工作程序，运用 PDCA 循环的程序，可以使我们的思想方法和工作步骤更加条理化、系统化、图像化和科学化。PDCA 循环包括四个阶段八个步骤。

一、 PDCA 循环四个阶段（戴明圆环法）

四个阶段：计划、实施、检查、处置，见图 10-24。

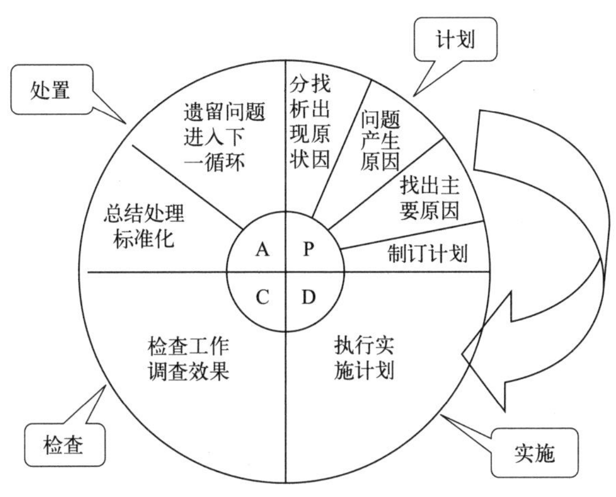

图 10-24 PDCA 循环的四个阶段

1. 计划

包括方针和目标的确定以及计划的制定。

2. 实施

根据已知的信息，设计具体的方法、方案和计划布局；再根据设计和布局，进行具体运作，实现计划中的内容。

3. 检查

检查计划实际执行的效果，比较与目标差距，分清哪些对了，哪些错了，明确效果，找出问题。

4. 处置

对总结检查的结果进行处理，对成功的经验加以肯定，并予以标准化；对于失败的教训也要总结，引起重视。对于没有解决的问题，应提交给下一个 PDCA 循环中去解决。

以上四个过程不是运行一次就结束，而是周而复始地进行，一个循环完了，解决一些问题，未解决的问题进入下一个循环，这样阶梯式上升，见图 10-25。

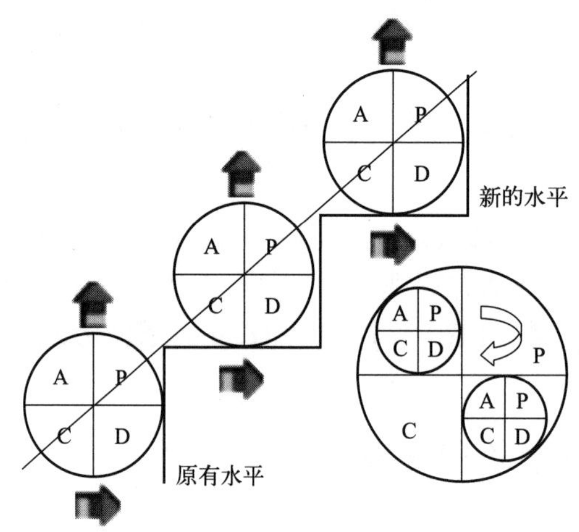

图 10-25 PDCA 循环阶梯式上升

PDCA 循环的四个阶段，体现着科学认识论的一种具体管理手段和一套科学的工作程序。PDCA 管理模式的应用对我们提高日常工作的效率有很大的益处，它不仅在质量管理工作中可以运用，同样也适合于其他各项管理工作。

二、 PDCA 循环的八个步骤

第一步，分析现状，找出问题。强调对现状的把握和发现问题的意识、能力，发现问题是解决问题的第一步，是分析问题的前提。

第二步，分析各种影响因素或原因。找准问题后分析产生问题的原因至关重要，运用头脑风暴法等多种集思广益的科学方法，把导致问题产生的所有原因统统找出来。

第三步，找出主要影响因素。区分主因和次因是最有效解决问题的关键。

第四步，针对主要原因，制定措施计划。措施和计划是执行力的基础，尽可能使其具有可操作性。

以上四个步骤是计划（P）阶段的具体化。

第五步，即实施（D）阶段，执行、实施计划。高效的执行力是组织完成目标的重要一环。

第六步，即检查（C）阶段，检查计划执行结果。“下属只做你检查的工作，不做你希望的工作”，将检查验证、评估效果的重要性一语道破。

第七步，总结成功经验，制定相应标准。标准化是维持企业管理现状不下滑，积累、沉淀经验的最好方法，也是企业管理水平不断提升的基础。

第八步，处理遗留问题。所有问题不可能在一个 PDCA 循环中全部解决，遗留的问题会自动转入下一个 PDCA 循环，如此周而复始，螺旋上升。

以上第七、第八两步是处置（A）阶段的具体化。

PDCA 循环八个步骤是四个阶段中主要内容的具体化。

三、 PDCA 循环的八个步骤使用的工具与方法

PDCA 循环的八个步骤使用的工具和方法见表 10-44。

表 10-44　PDCA 循环的八个步骤使用的工具与方法

阶段	步骤	主要方法
P	1. 分析现状，找出问题	排列图、直方图、控制图
	2. 分析各种影响因素或原因	因果图
	3. 找出主要影响因素	排列图、相关图
	4. 针对主要原因，制定措施计划	回答“5W1H” 为什么制定该措施(why)？ 达到什么目标(what)？ 在何处执行(where)？ 由谁负责完成(who)？ 什么时间完成(when)？ 如何完成(how)？
D	5. 执行、实施计划	
C	6. 检查计划执行结果	排列图、相关图
A	7. 总结成功经验，制定相应标准	制定或修改工作规程，检查规程及其他有关规章制度
	8. 处理遗留问题	

四、 PDCA 循环管理模式的优点与局限性

1. PDCA 循环管理模式的优点

（1）大环套小环、小环保大环、推动大循环

PDCA 循环适应于整个企业和企业内的部门、车间、班组以至个人。各级部门根据企业的方针目标，都有自己的 PDCA 循环，层层循环，形成大环套小环，小环里面又套更小的环。大环是小环的母体和依据，小环是大环的分解和保证。各级部门的小环都围绕着企业的总目标朝着同一方向转动。通过循环把企业上下或工程项目的各项工作有机地联系起来，彼此协同，互相促进，见图 10-26。

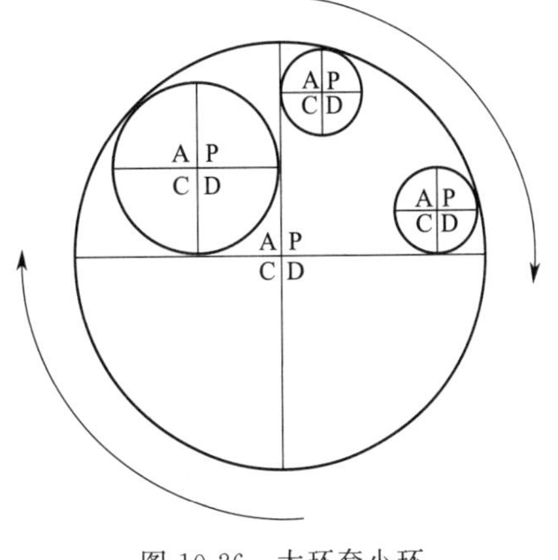

图 10-26　大环套小环

（2）不断前进、不断提高

PDCA 循环就像爬楼梯一样，一个循环运转结束，工作质量就会提高一步，然后再制定下一个循环，再运转、再提高，不断前进，不断提高。

（3）楼梯式上升

PDCA循环不是在同一水平上循环，每循环一次，就解决一部分问题，取得一部分成果，工作就前进一步，水平就进步一步。每通过一次PDCA循环，都要进行总结，提出新目标，再进行第二次PDCA循环。PDCA每循环一次，管理工作就更进一步，见图10-27。

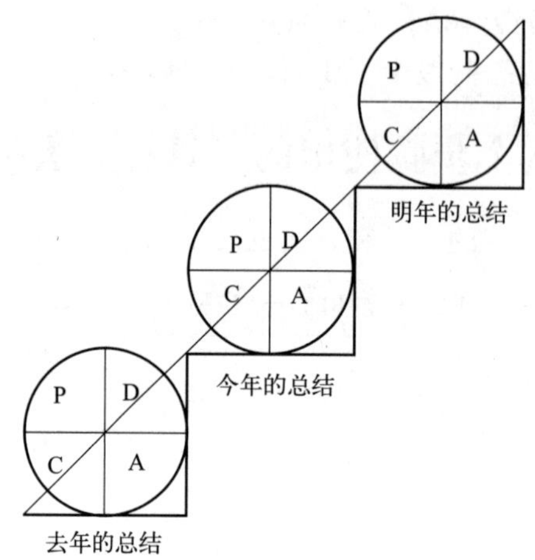

图10-27　PDCA循环楼梯式上升

2. PDCA循环管理模式的局限性

PDCA中不含有人的创造性的内容。它只是规定人如何完善现有工作，这导致惯性思维的产生，习惯了PDCA的人很容易按流程工作，因为没有什么压力让他来实现创造性。所以，PDCA在实际的实施中有一些局限。要同其他的一些管理工具结合使用，以提高人的主观能动作用。

五、 PDCA循环管理模式的新发展

在国内企业管理实践中，结合自身的情况，把PDCA简化为4Y管理模式，让这一经典理论得到了新的发展。4Y即Y1计划到位、Y2责任到位、Y3检查到位、Y4激励到位，见图10-28。

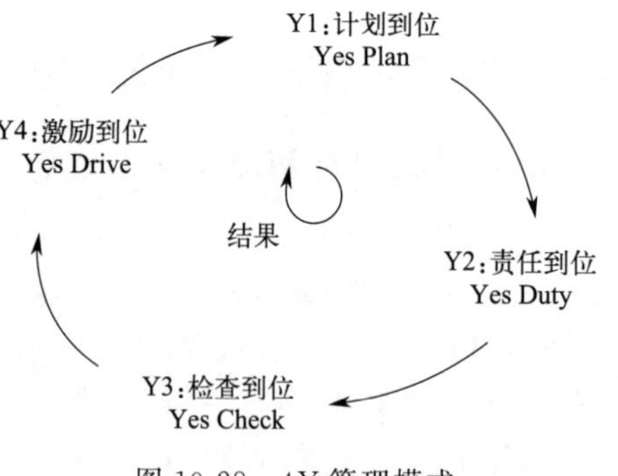

图10-28　4Y管理模式

1. 计划到位

好的结果来自充分的事前准备和有效的协同配合。

2. 责任到位

计划的完成需要行动的支撑，责任到人才会有真正的行动。

3. 检查到位

监督和检查可以量化员工工作的完成程度，因此检查要到位。

4. 激励到位

有反馈必有激励，所以激励要到位。

结果导向：结果决定着企业的有效产出，所以，4Y强调结果导向。

第九节　注塑生产管理者的职能

一、注塑生产管理的基本职能

1. 计划

做好计划，包括年度计划、月计划、每天的计划，做到有条不紊。

2. 组织

组织生产，在组织生产中应注意如何用好班组的全体成员，如何坚持严格的班组规章制度。

3. 协调

协调好员工之间的关系，以提高员工的主观能动性和工作积极性。

4. 控制

控制好生产的进度、目标。

5. 监督

监督生产的全过程，对生产结果进行评估。

二、注塑生产管理者职责

1. 团队管理

人员调配、排班、勤务工作、严格考勤、情绪管理。

2. 生产现场管理

作业管理、质量管理、安全管理、5S 管理、成本核算、机器保养。

3. 辅助上级

确保上级的方针、政策、公司的制度、标准、程序得到有效贯彻执行。

三、管理者职责要求

① 提高士气。
② 以身作则，率先示范，发挥领导效应。
③ 制定奖惩鲜明的制度，鼓励提出合理化建议。
④ 关心部属健康，维系良好的人际关系。
⑤ 鼓励部属继续自修、相互学习，适时地予以奖励。
⑥ 确保人身安全。
⑦ 强调安全守则及其重要性。
⑧ 电路、高温、腐蚀等作业环境应符合要求。
⑨ 定期检查各种安全防护措施有无失效。
⑩ 万一发生事故，第一时间组织拯救，并向上级报告。

四、管理者每天必须管理的工作内容

3N：不接受、不制造、不转移不合格品。

4M：以人为本的四要素，包括人、设备、材料、方法。

5S：整理、整顿、清洁、清扫、素养。

五、管理者技能要求

① 熟悉产品生产工艺。

② 掌握设备使用方法。

③ 能够看懂技术图纸。

④ 熟悉产品质量和检验要求。

六、车间在生产准备中的任务

① 培训员工（质量意识、敬业精神）。

② 培训作业指导书。

③ 预算工装夹具、工具、辅助材料。

④ 生产所需设备、仪器、工装的安装，调试。

⑤ 人员岗位的安排和产能设定。

⑥ 物料、设备、工艺、资料异常的发现与反馈。

七、生产管理中应把握的要点

① 生产作业计划是否明确合理。

② 人员出勤，异动的状况，员工精神状况，士气。

③ 物料供应，设备故障等引起的停产时间。

④ 不良发生的原因及对策，不良品的善后处理。

⑤ 零部件、工装夹具，生产辅助物料是否足够齐全。

⑥ 生产是否正常，能否完成生产计划。

⑦ 工作方法是否合适，是否存在浪费，有无可改善之处。

⑧ 强化对生产过程的控制。

八、生产管理的基本工作

① 经常深入生产现场第一线，掌握生产进度，做好相关的记录。

② 确保各项信息资源迅速接受、传达、实施。

③ 了解设备、材料和生产能力。

④ 注意员工的精神状况、情绪、工作表现。

⑤ 利用科学手段对工时进行研究。

九、车间管理的注意事项

① 如有异常，必须及时处理，并向上反馈（制度化）。

② 通过示范、纠正、直接指导等方式来教育员工。

③ 对员工应明确说明操作标准的原因及必要性。

④ 安排工作时要明确期限和目标，人员尽量精简。

⑤ 跟踪员工的工作进度，评价其工作结果并予以反馈。

十、注塑生产管理者的个人定位

1. 管理者扮演的五大角色

管理者：指利用拥有的资源，建立过程控制，完成增加价值的转换（或称新的价值）。

领导者：领导是一种行为方式，发挥你的影响力，把下属凝结成一支有战斗力的高效团队。

教练员：在工作中训练下属，而不是只知道使用他们。

变革者：要参与企业的管理和技术革新。

绩效伙伴：对部门绩效的完成情况负责。

2. 角色认知

① 要代表三个立场：对下代表经营者的立场，对上代表生产者的立场，对待直接上级既代表员工的立场，同时又代表上级的辅助人员的立场。

② 对上充分利用好领导提供的资源，只有了解了领导的风格，才能更好地协调好关系，开展好工作。

③ 下级对上级有以下 6 个期望：办事要公道，关心部下，目标明确，准确发布命令，及时指导，需要荣誉。

3. 下属的四项职业准则

① 职权基础来自上司的委托和任命。

② 是上司的代表，个人言行是一种职务行为。

③ 服从并执行上级的决定。

④ 在职权范围内做事。

十一、有效管理时间的方法

有效管理时间的方法有明确目标、工作分清轻重缓急、制定工作计划表、改善工作习惯、授权给班组和员工等。

（1）工作分清轻重缓急

按目标的重要性程度和紧迫性来分清事情轻重缓急，先处理重要而急迫的工作。见图 10-29。

（2）制定工作计划

① 一般个人的黄金时段是在上午，成功的时间管理秘诀应该是：

a. 下午下班前做好明天的计划；

b. 每天上班的第一件事情是处理最重要的工作，而不是看报表。

② 养成日事日毕，日清日高的工作习惯。

（3）授权给班组和员工

给班组和员工授权，是基层主管有效控制时间的重要手段，通过授权，主管可以：

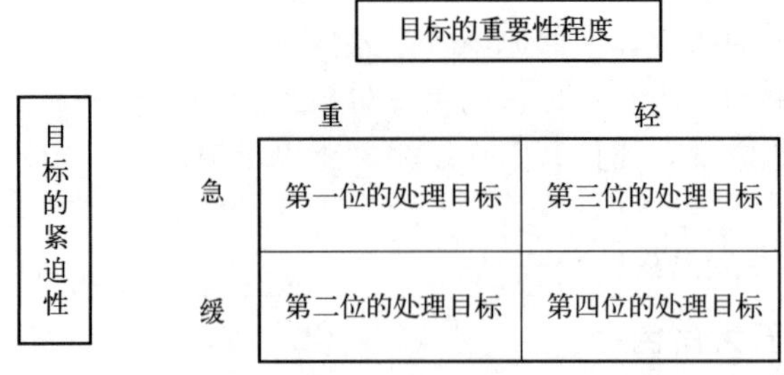

图 10-29 按目标的重要程度和紧迫性确定轻重缓急

① 减轻自己的工作量，把主要精力放在重要任务的处理上；
② 激发员工的工作热情；
③ 保证管理目标的实现。

第十节 注塑生产管理系统（MES）的应用

一、生产管理系统（MES）介绍

生产管理系统（简称 MES，亦为制造执行系统）主要负责车间生产管理和调度，用于跟踪和记录从原材料到成品的生产转换。MES 实时运作，可以控制生产过程的多个要素，例如物料、人员、设备和库存。更进一步讲，MES 打通各系统信息，跨多个功能领域运作，例如资源调度，生产计划、生产分析，停机管理，质量以及物料跟踪和可追溯性。

工厂通过 MES 系统提供的信息来做出更好的决策，了解如何优化车间，并不断改善运营。通过使用 MES 跟踪和记录生产，工厂可以创建完整电子批记录，可以清晰地追溯到岗位操作情况、偏差记录、物料流转等内容。

二、 MES 的主要功能

尽管各 MES 供应商之间有所不同，但 MES 大都会提供如下的功能，见表 10-45。

表 10-45 MES 功能概览

项目	生产管理	质量管理	物料管理	设备管理
计划	可视化排程平台 生产资源调度 采购销售管理 生产工艺管理	自定义 AQL 质检方案 生产质检规划 巡检定义 质检执行分配	物料需求管理 仓库库容管理 物料任务派发 标签条码管理	设备工装备件资源维护 维护任务周期化 维护内容自定义 异常时间管理
执行	电子 SOP 良次品报工 返工管理 外协管理	质检任务执行 质检任务交接 质检报告审核 质检异常管理	物料任务执行 物料库存盘点 物料任务报工 协同生产流程	维护任务执行 维护现场报修 现场拍照记录 工装备件库存管理
分析	采购延期预警 生产进度追踪 订单延期预警 员工绩效分析	偏差异常预警 生产质量监控 来料不良分析 产品质量追溯	物料状态监控 物料任务追踪 实时库存地图 库存水位监控	维修指标分析 设备停机分析 设备故障分析 维护任务追溯

1. 生产调度

建立统一的调度指挥中心，充分考虑生产现场的复杂性，快速应对生产变化，合理调度现场生产资源，最大限度减少生产过程中的准备时间，实现对生产的准确计算，从而实现管理扁平化、生产流程规范化和实时生产控制。

2. 生产计划

① 实现排产信息化，实现自动、优化排产，优化生产方案。

② 进行生产计划预测，拉动物料需求计划。

③ 将排产计划反馈给制造平台。

④ 建立生产计划预警机制。

3. 质量管理

基于制造规范标准和检验考核标准，建立事前预防、事中控制、事后改进的预防性质量管控体系。

4. 设备管理

① MES 系统可以自动根据设备标准，在生产前对设备进行检查。

② 通过建立设备数据采集系统的运行分析机制，实现对生产过程中生产设备运行状态的监控跟踪。

③ 建立差异化设备保养模式和规范化的设备定期检修、维修体系。

5. 跟踪追溯

跟踪每个项目在生产过程中的位置、来源，零件和材料的唯一标识，以及相关的设备和人员。

6. 流程管理

管理从订单下达到在制品，到成品的生产流程，包括工作步骤指导和工作说明。

7. 资源分配和状态

管理资源的分配和状态，包括设备、工具、物料和人员。

8. 绩效分析

定义和跟踪关键绩效指标（KPI），提供看板显示和数据收集来进行绩效分析和监控。

9. 系统集成

实现与 ERP 系统、EAM 系统、SCM 系统、设备管理系统、质量管理系统等的紧密集成。

10. 数据收集和存储

从生产中收集数据，包括生产进度、产品质量或设备状态，并将其存储在数据库。

11. MES 实际功能会根据客户需求存在差异

三、MES 的优点

MES 的优点可以用 6R 制造规则简单回答：“除非正确的产品（right product）能够在正确的时间（right time）、按照正确的数量（right quantity）、正确的质量（right quality）和正确的状态（right status）送到正确的地点（right place），否则将不会以最经济高效的方式来生产产品。”MES 可以帮助制造业达成 6R，从而实现降本增效。以下列举了常见 MES

的价值。

1. 数据采集与整合

MES可以获取并集成ERP、质量管理系统、财务系统、SCM系统等数据，实现高效协同。原先这些系统几乎彼此独立，通过MES实现紧密合作。

2. 生产可视化，帮助更好地决策

MES可以提供实时的生产可见性，帮助制造业做出更好的决策。例如，生产作业进度跟踪可以帮助进行库存计划、生产计划，并在完工时准确地通知客户，并估算每个作业的人工成本。设备数据收集可以帮助预估OEE，这可以帮助提高设备利用率。不良品管理可以深入了解质量缺陷的根本原因等。

3. 减少整个操作过程中的失误

MES可以帮助减少整个生产过程中的人为失误。例如，电子SOP为工人提供标准作业指南，可以提升生产效率并帮助他们避开错误。

4. 提高机器利用率和正常运行时间

MES可以收集机器数据，以帮助工厂了解实际设备利用率。通过分析影响设备利用率的主要因素加以解决，来提高设备利用率。

5. 无纸化工厂

采用MES可以帮助工厂将所有的纸质单据数字化，并实现无纸化生产。在省去了印刷成本的同时，各部门间的信息流也更加通畅，财务部门可以高效获取绩效数据、生产部门可以更快获取最新的SOP、管理部门实时了解生产情况，而不是24h以后。

四、MES的局限性

MES在很大程度上有利于生产运营。它们有助于提高生产率，减少质量问题，并获得实时可见性。但是MES并不完美，像所有系统一样，它们也有局限性。

1. 实施MES是一个缓慢的过程

实施MES通常是一项重要的工作，需要协调公司内部各相关部门的需求。MES费用高昂，并且跨多部门使用，工厂可能需要花费数月的时间来确定其MES的需求，评估供应商及论证方案，然后再花几个月的时间在他们的系统中实施、定制等。这意味着实现价值的时间将在数月至数年后，传统MES的平均实施时间为15～16个月。

2. 需要更改生产流程来适应MES

考虑到MES体系结构的刚性，通常更改生产流程来适应MES更容易，而不是更改MES来满足企业的操作需求。其中更改流程产生的长期成本可能会远超MES的收益。

3. MES的僵化性

现代工厂需要灵活升级的系统，以适应市场变化和客户需求。但是，由于MES的刚性架构，需要对其重新定制才能适应新流程，因此会影响改进升级速度。

4. MES对IT人员的依赖性

即使生产人员使用了MES，该系统本身还是IT人员来构建。离操作更近的人员（比其他任何人都更了解生产需求的人员）的需求要同IT人员充分沟通才能有效地对MES进行

改善。如果 IT 人员离职，可能会导致业务中断问题。

5. MES 的前期投资

MES 通常需要大量的前期投资，并需要经常性维护费用。加之实现价值的时间较慢，会导致较长的投资回收期，这使得中小型制造商无法使用 MES。

五、注塑生产管理系统——客户需求

注塑生产管理系统首先要满足客户的需求，对于注塑企业实施 MES 通常需要实现以下目标。

（1）注塑车间联网集中管理

能实时监控注塑机的生产状况、生产效率、生产产量、工单进度、每模生产周期、是哪个操作员在开机操作。

（2）注塑车间电子看板

所有注塑机的实时生产情况（生产状态、生产效率、生产哪套模具、生产哪个工单、工单完成比例）能在电脑看板上实时显示。

（3）系统自动生成分析报表

生产日报、生产效率报表、周期明细报表、制品合格率不良品分析报表、注塑机使用率报表及按客户实际使用需求制作分析报表。

（4）生产计划

系统按照单色、双色/多色模具与机器匹配，模具大小与机器匹配，塑胶件大小与机器熔融物料量匹配，交货期匹配，塑胶件颜色优化匹配，模具生产用塑料优化匹配。系统将每个生产订单自动排产到合适的注塑机。生产计划人员也可以将排好的生产计划调整、删除等。

（5）人员管理

① 操作工上下班刷卡操作，系统自己记录上下班时间，并生成相关报表考核操作工。

② QC 巡查记录，QC 巡查刷卡，系统记录巡查时间和巡查结果，并形成相关报表。

③ 技术员（工艺员、班组长）换模、调机等操作刷卡，系统记录每次操作的时间，并形成相关报表。

（6）模具管理

自动统计模具生产数量，模具保养自动报警，做好模具状态、存放位置、维修履历等管理。

（7）系统语言报警

车间操作工发现问题“呼叫”管理人员，车间语音报警。如 1＃机员工呼叫管理人员，系统语音报警“1 号机呼叫等待中”。

（8）短信报警

机器停机、设备故障、模具故障等，系统发短信给相关人员。

（9）移动终端远程查看车间生产情况

六、注塑生产管理系统——功能达成

1. 注塑机生产数据采集

在每台注塑机安装一套数据采集、控制器，自动采集注塑机的生产数据，并实时传送保存到服务器中，见图 10-30。

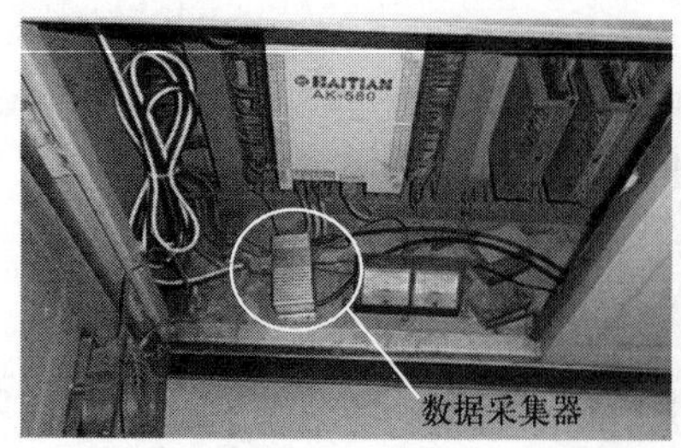

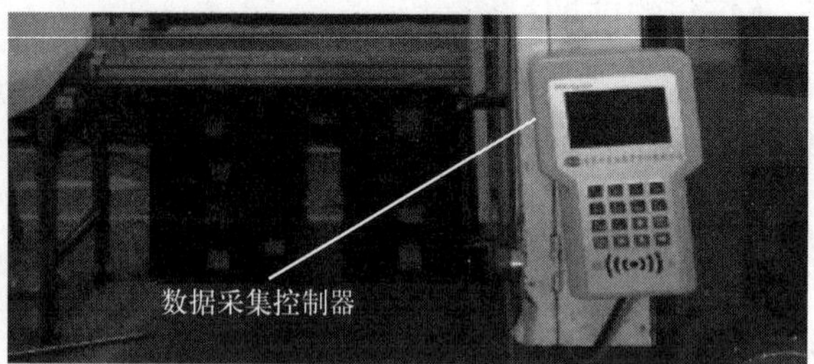

图 10-30　注塑机生产数据采集

2. 车间电子看板

① 在注塑车间安装一个大的 LED 电视，实时显示机器的生产状态（通过不同颜色显示出来）、生产产品、生产效率、计划进度、操作员等信息，见图 10-31。

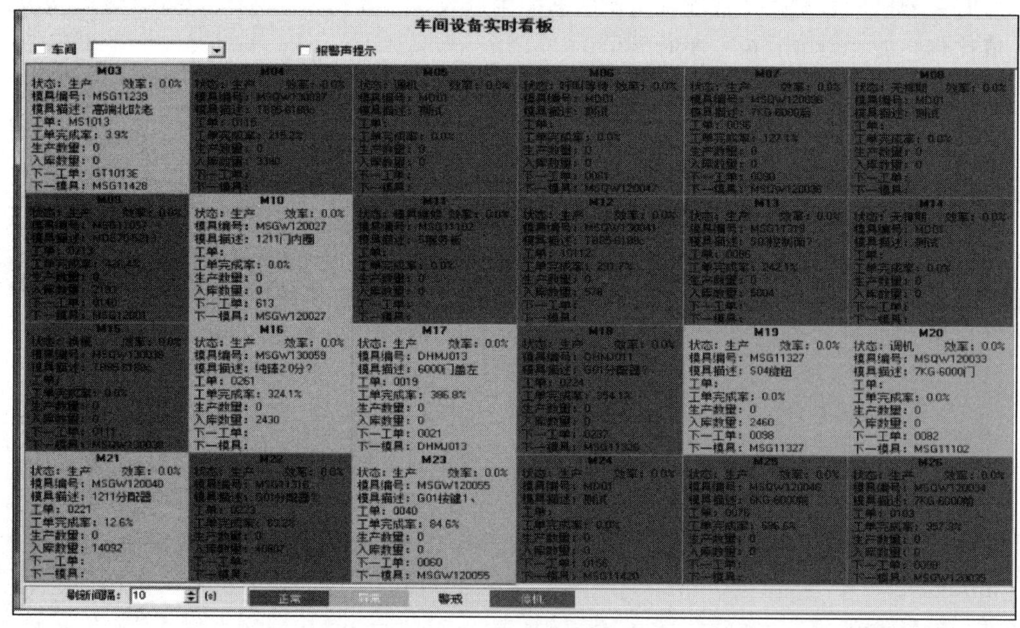

图 10-31　车间电子看板

② 每个图标表示一台注塑机，通过显示不同颜色可以清楚知道每台注塑机的实时生产情况，见图 10-32。

正常生产显示为绿色

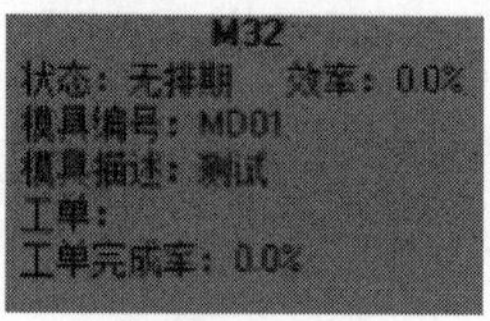

停机显示为红色

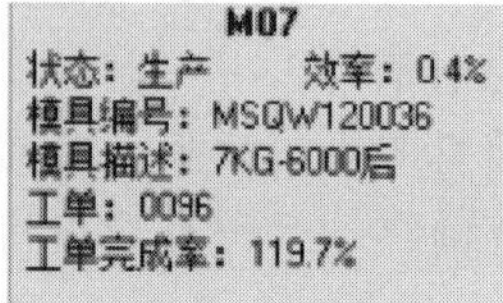

报警显示为黄色

图 10-32　注塑机的实时生产情况

③ 正常生产的注塑机清楚地显示正在生产什么模具，生产工单的编号，这个班次的生

产效率，当前生产的工单完成率。

④ 停机的注塑机，显示注塑机停机的原因（如换模、无排期、模具坏、机器坏等），见图 10-33。

⑤ 双击注塑机图标可以清楚显示这台注塑机更加详细的生产信息（注塑机编号、生产的模具编号、模具名称、标准周期、生产实际周期、生产的工单号码、操作员姓名），见图 10-34。

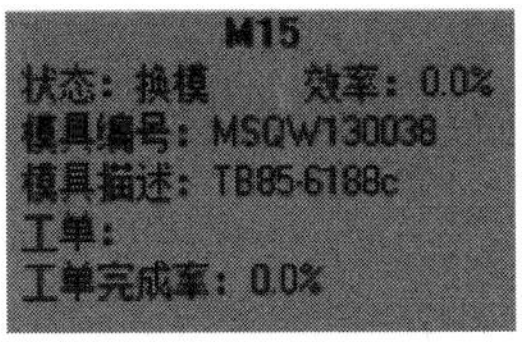

M15
状态：换模　效率：0.0%
模具编号：MSQW130038
模具描述：TB85-6188c
工单：
工单完成率：0.0%

图 10-33　停机的注塑机

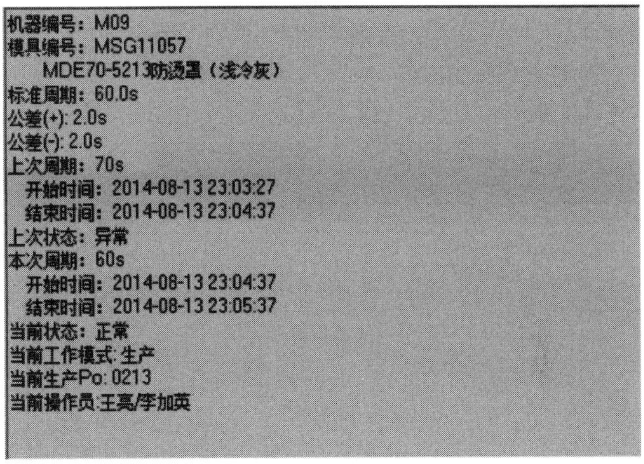

机器编号：M09
模具编号：MSG11057
MDE70-5213防烫罩（浅冷灰）
标准周期：60.0s
公差(+): 2.0s
公差(-): 2.0s
上次周期：70s
开始时间：2014-08-13 23:03:27
结束时间：2014-08-13 23:04:37
上次状态：异常
本次周期：60s
开始时间：2014-08-13 23:04:37
结束时间：2014-08-13 23:05:37
当前状态：正常
当前工作模式: 生产
当前生产Po: 0213
当前操作员:王亮/李加英

图 10-34　注塑机更加详细的生产信息

3. 电子看板声音报警

选择电子看板左上角“报警声提示”，当有员工“呼叫”技术员时，系统有相应语音报警，见图 10-35。

HZ 车间设备实时看板
车间设备实时看板
车间
报警声提示
M03
状态：生产　效率：0.0%
模具编号：MSG11239
模具描述：高端北欧老
工单：MS1013
工单完成率：3.10%
生产数量：0
入库数量：0
下一工单：GT1013E
下一模具：MSG11428
M04
状态：生产　效率：0.1%
模具编号：MSQW130037
模具描述：TB85-6188c
工单：0115
工单完成率：215.3%
生产数量：0
入库数量：3390
下一工单：
下一模具：
M05
状态：调机　效率：0.0%
模具编号：MD01
模具描述：测试
工单：
工单完成率：0.0%
生产数量：0
入库数量：0
下一工单：
下一模具：
M06
状态：呼叫等待　效率：0.0%
模具编号：MD01
模具描述：测试
工单：
工单完成率：0.0%
生产数量：0
入库数量：0
下一工单：0081
下一模具：MSQW120047

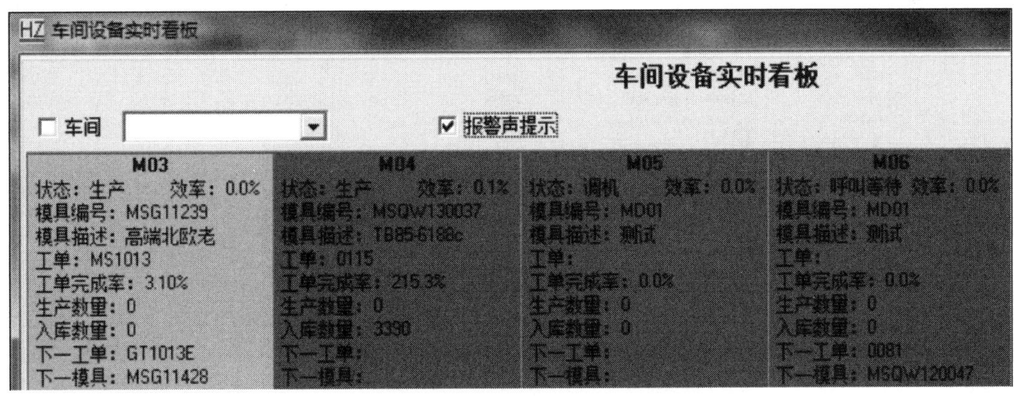

图 10-35　电子看板声音报警

4. 短信报警

可以设定需要短信通知给相关人员的反应模式，系统在达到相关条件时会发送短信给相关管理人员，见图 10-36。

5. 分析报表

系统自动生成各种车间分析报表及曲线图表。

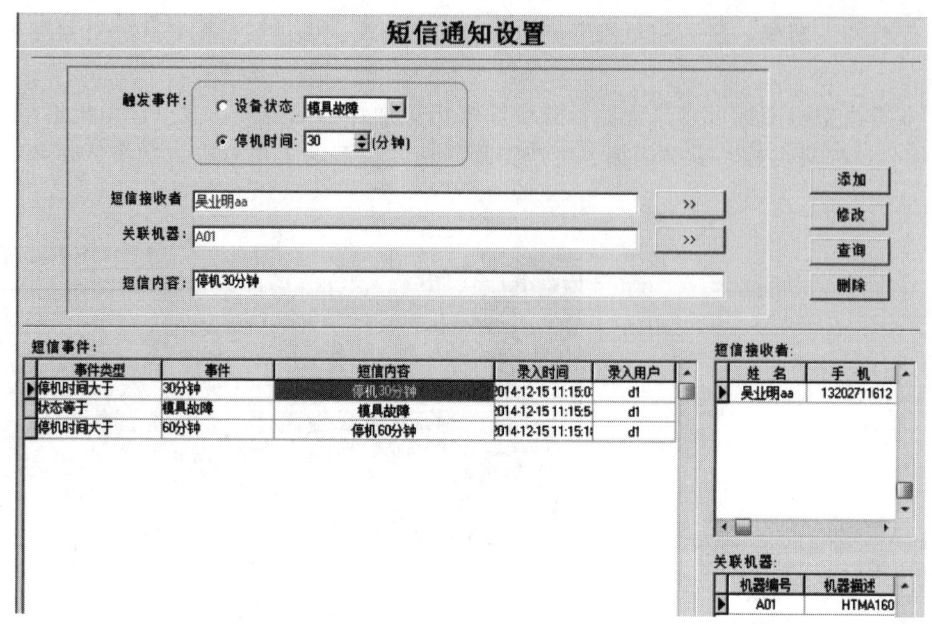

图 10-36 短信报警

① 系统自动统计和计算出查询时间段生产产品的实际生产数量和理论生产数量，并计算出生产效率，见图 10-37。

HZ打印预览

|< < > >| 保存... 打印 导出 关闭

注塑机生产效率报表

报表编号：RPT002 时间范围：从2007-01-25 00:00:00 到 2007-01-25 23:59:00

注塑机号	模具编号	模具描述	理论周期(s)	理论啤数	实际工作时间(h)	实际啤数	差异啤数
001	CW06105B-1	CK牛奶樽展示板-大身	60	959	15.98	15	-944
002	CW0685C-1	CK牛奶樽150ML-樽套	40	2158	23.98	2324	166
003	M003J	唇膏筒内胆	29	2977	23.98	2819	-158
004	CW0693D-1	豹纹粉盒-胭脂底盒	30	2518	20.98	883	-1635
005	CW0698C-1	CK牛奶樽15ML-P盖	24	3598	23.98	2734	-864
006	CW0679B-1	娇兰50ML内胆-颈套	20	4317	23.98	1710	-2607
007	CW0698A-2	CK牛奶樽15ML-顶片(男装)	33	2616	23.98	2047	-569
008	CW0501B-2	BVL50ml女装盖-透明片	36	2398	23.98	2839	441
009	CW0693A-1	豹纹粉盒-面盖	83	953	21.98	1213	260
011	CW0539E-2	VS闪亮唇膏大身	40	2158	23.98	2169	11
012	CW0481B-1	BS细盖30/50ML	90	959	23.98	862	-97
013	CW0481B-2	BS细盖30/50ML	90	959	23.98	844	-115
014	M0341A-2	大提子盖	65	1328	23.98	1296	-32
015	M0341A-2	大提子盖	65	1218	21.98	879	-339
016	CW0519B-1	VS新迷你唇膏内胆	38	2272	23.98	2801	529
017	CW0684C-4	CK 牛奶樽100ML-女装樽套	44	1962	23.98	2018	56
018	CW0485B-2	BS100ML大盖	110	687	20.98	705	18
019	CW0671A-1	E2 15ML香水樽-顶盖	90	959	23.98	993	34

图 10-37 生产效率报表

② 系统详细记录下注塑机生产产品每模的周期，并生成相应报表，见图 10-38。

③ 每台机器生产对应产品，计划生产数量、每天入库数量、未完成数量在报表中一目了然，见图 10-39。

注塑周期明细表

报表编号: RPT001　　时间范围: 从2014-07-01 01:00:00 到 2014-08-13 23:16:34　　页号: 5　总页数: 121

部门	机器编号	模具编号	开始日期时间	标准周期(s)	容差(+)	容差(-)	实际周期(s)	周期状态	工作模式
B	M07	MSQW120036	2014-07-02 12:56:26	65	2	2	63	√	生产
B	M07	MSQW120036	2014-07-02 12:57:34	65	2	2	68	△	生产
B	M07	MSQW120036	2014-07-02 12:58:40	65	2	2	66	√	生产
B	M07	MSQW120036	2014-07-02 12:59:47	65	2	2	67	√	生产
B	M07	MSQW120036	2014-07-02 13:00:56	65	2	2	69	△	生产
B	M07	MSQW120036	2014-07-02 13:01:58	65	2	2	62	△	生产
B	M07	MSQW120036	2014-07-02 13:03:01	65	2	2	63	√	生产
B	M07	MSQW120036	2014-07-02 13:04:08	65	2	2	67	√	生产
B	M07	MSQW120036	2014-07-02 13:05:10	65	2	2	62	△	生产
B	M07	MSQW120036	2014-07-02 13:06:13	65	2	2	63	√	生产
B	M07	MSQW120036	2014-07-02 13:07:27	65	2	2	74	△	生产
B	M07	MSQW120036	2014-07-02 13:08:29	65	2	2	62	△	生产
B	M07	MSQW120036	2014-07-02 13:09:35	65	2	2	66	√	生产
B	M07	MSQW120036	2014-07-02 13:10:41	65	2	2	66	√	生产
B	M07	MSQW120036	2014-07-02 13:11:45	65	2	2	64	√	生产
B	M07	MSQW120036	2014-07-02 13:12:48	65	2	2	63	√	生产
B	M07	MSQW120036	2014-07-02 13:13:57	65	2	2	69	△	生产
B	M07	MSQW120036	2014-07-02 13:15:00	65	2	2	63	√	生产
B	M07	MSQW120036	2014-07-02 13:16:07	65	2	2	67	√	生产
B	M07	MSQW120036	2014-07-02 13:17:10	65	2	2	63	√	生产
B	M07	MSQW120036	2014-07-02 13:18:13	65	2	2	63	√	生产
B	M07	MSQW120036	2014-07-02 13:19:20	65	2	2	67	√	生产
B	M07	MSQW120036	2014-07-02 13:20:21	65	2	2	61	△	生产
B	M07	MSQW120036	2014-07-02 13:21:24	65	2	2	63	√	生产
B	M07	MSQW120036	2014-07-02 13:22:33	65	2	2	69	△	生产

图 10-38　每模周期报表

预览

|< | < | > | >| 保存(S) 打印(P) 导出(E) 关闭(C)

生产日报

报表编号: RPT012　班次: 全天

机器编号	制品编号	制品名称	模具编号	订单编号	材料名称	计划用料(Kg)	实际领料(Kg)	物料差数(Kg)	生产数量	06-29	06-30	07-01	07-02	07-03	07-04
M11	GT.G10082	西西里服务板(灰色)	MSG11102	0082	ABS 121本+灰色	1554.0	0.0	-1554.0	计划数量		6000	6000	6000	6000	6000
									入库数量		1454	128	0	1027	0
									差数		4546	4418	4418	3391	3391
M19	GT.G10098	S04程序选择旋钮	MSG11327	0098	ABS XO353耐候	88.2	0.0	-88.2	计划数量		7000	7000			
									入库数量		1441	0			
									差数		5559	5559			
M22	GT.G10223	G01分配器把手	MSG11316	0223	ABS 121本+灰色	5240.0	0.0	-5240.0	计划数量	40000	40000	40000	40000	40000	40000
									入库数量	950	2804	1892	1886	1852	0
									差数	14995	12191	10299	8413	6561	6561
M26	QZD.B10103	7KG-6000前门盖	MSQW120034	0103	ABS星烁红（新	480.0	0.0	-480.0	计划数量	2000	2000	2000	2000	2000	
									入库数量	570	0	0	0	0	
									差数	758	758	758	758	758	

图 10-39　生产报表

④ 每台机器每天生产了多少产品，实际入库了多少产品，产品的合格率是多少。系统自动生成相关报表，见图 10-40。

⑤ 使用者根据需要填入所需查询的时间段和所需查询的注塑机，系统将按需要生成报表。此份报表可以清楚显示所查询时间段内每台注塑机的时间分布（正常生产工时/次数，异常生产工时/次数，报警时间/次数，停机时间/次数），供管理人员分析原因，见图 10-41。

⑥ 使用者根据需要填入所需查询的时间段（可以是一天、一周、一月……），系统将按需要自动统计出查询时间段注塑机工时分布。管理人员可根据此图表分析存在的问题，制定改善行动方案，见图 10-42。

⑦ 系统可以按月生成每台注塑机工时分布的曲线图表。可以按客户需求选定不同指标，

产品合格率报表

报表编号：RPT003　　时间范围：从2007-01-25 00:00:00 到 2007-01-25 23:59:59　　第1页　共1页

产品编号	产品名称	模具编号	穴数	实际产量	入仓数量	合格率(%)
B-GZ-0455-02-1-R	摩根60ML香水盖-顶盖(红	CW0455A-1	4	8040	7000	87.06
B-GZ-0547-02-1-W	摩根60ML(白色)-顶盖	CW0455A-1	4	8040	7000	87.06
B-GZ-0695-02-1-B1	摩根60ML(透明蓝)-顶盖	CW0455A-1	4	8040	7000	87.06
B-GZ-0458-02-1-R	35ML摩根香水盖 顶盖	CW0458B-1	4	6956	6040	86.83
B-GZ-0546-02-1-W	摩根35ML(白色)-顶盖	CW0458B-1	4	6956	6040	86.83
B-GZ-0694-02-1-B1	35ML摩根香水盖 顶盖	CW0458B-1	4	6956	6040	86.83
B-QT-0481-02-1-P2	BS30ML/50ML-盖	CW0481B-1	16	13808	12800	92.70
B-QT-0481-02-1-PR	BS细盖30/50ML	CW0481B-1	16	13808	12800	92.70
B-QT-0682-05-1-B	BS2蓝色介子+盖	CW0481B-1	16	13808	12800	92.70
B-QT-0481-02-1-P2	BS30ML/50ML-盖	CW0481B-2	16	13520	12510	92.53
B-QT-0485-02-1-P2	BS100ML大盖	CW0485B-1	16	4352	3900	89.61
B-QT-0485-02-1-BK	BS100ML大盖	CW0485B-2	16	11936	10500	87.97
B-LD-0501-02-1-R	BVL50ml女装盖-透明片	CW0501B-2	8	22720	20500	90.22
B-CG-0519-02-1-BK	VS靓丝仿唇膏筒内胆	CW0519B-1	4	11212	9980	89.01
B-QT-0539-05-1-T	VS闪亮唇彩筒大身	CW0539E-2	4	8680	7860	90.55
B-GZ-06100-01-1-T	P&G密封盖-面盖	CW06100A-1	8	34464	31000	89.95
B-GZ-06100-01-1-T	P&G密封盖-面盖	CW06100A-2	8	34136	31980	93.68
B-PZ-06105-02-1-W	CK牛奶瓶展示板-大身	CW06105B-1	1	15	0	0
B-PZ-0671-01-1-T1	E2 15ML香水樽-顶盖	CW0671A-1	8	7952	7500	94.31

图 10-40　产品的合格率报表

注塑机生产状况报表

报表编号：RPT004　　时间范围：从2007-01-25 00:00:00 到 2007-01-25 23:59:00

注塑机号	模具编号	正常工时(h)	正常次数	异常工时(h)	异常次数	警戒工时	警戒次数	停机时间(h)	停机次
001	CW06105B-1	0.075	8	0.0931	3	0.9389	3	24.4981	1
002	CW0685C-1	21.3839	2158	2.2775	159	0.7069	7	0	0
003	M003J	9.5381	1191	14.5425	1626	0.2094	2	0	0
004	CW0693D-1	0.01	2	9.8439	879	1.9267	70	1.6969	1
005	CW0698C-1	1.9297	290	21.1078	2434	1.3481	10	0	0
006	CW0679B-1	0.0317	7	18.6697	1688	2.4167	13	3.9042	2
007	CW0698A-2	0	0	22.9939	2033	1.2433	14	0	0
008	CW0501B-2	22.0517	2679	1.9994	157	0.3694	3	0	0
009	CW0693A-1	20.1792	1255	0.0992	3	3.8725	13	0	0
011	CW0539E-2	17.2175	1943	3.8808	187	3.1989	39	0	0
012	CW0481B-1	1.7103	92	20.5353	749	1.8403	21	0	0
013	CW0481B-2	0.2519	15	21.9367	819	1.8983	10	0	0
014	M0341A-2	4.6706	291	18.9328	998	0.54	7	0	0
015	M0341A-2	0.7056	71	14.7442	746	5.3586	119	0	0
016	CW0519B-1	20.8292	2652	2.105	137	1.5042	12	0	0
017	CW0684C-4	18.1733	1872	2.4019	132	2.6869	13	1.0133	1
018	CW0485B-2	16.6722	596	3.6714	105	3.7269	44	0	0
019	CW0671A-1	20.13	909	2.1806	73	1.8544	11	0	0

图 10-41　查询报表

并生成报表和图表，如产出率、OEE、不良率、OTD 等，见图 10-43。

6. 生产计划

① 系统自动排单，将模具排到合适的注塑机上生产，见图 10-44。

② 系统按照单色、双色/多色模具与机器匹配，模具大小与机器匹配，塑料件重量与机器熔料量匹配。系统将每个生产订单自动排产到合适的注塑机。生产计划人员也可以将排好的生产计划调整、删除等，见图 10-45。

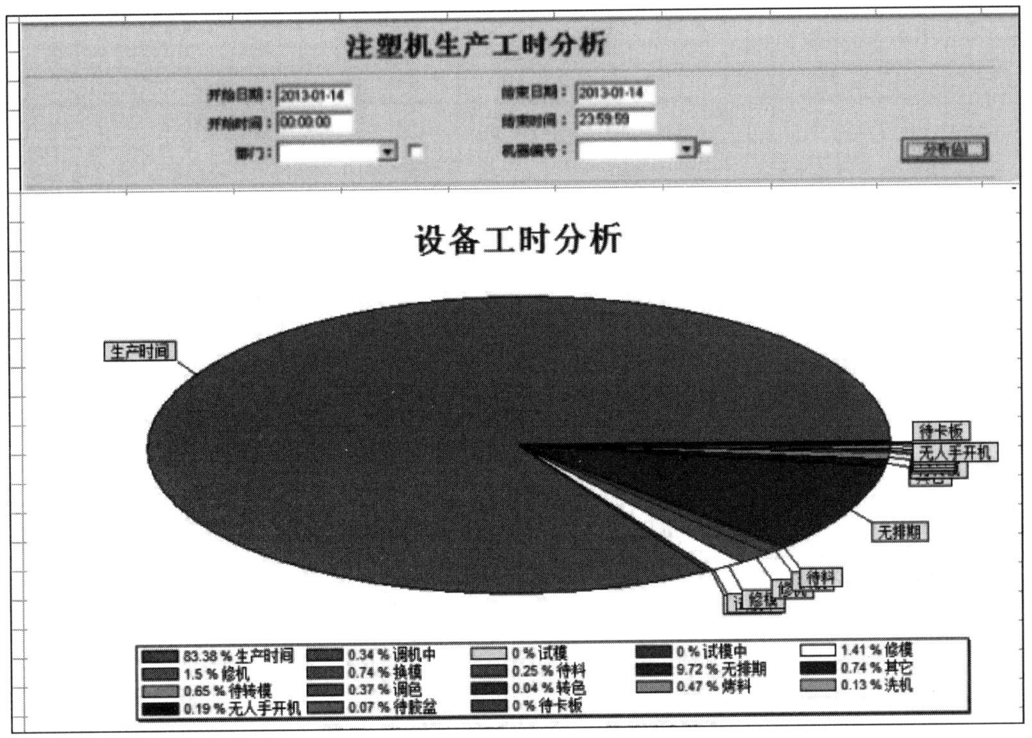

图 10-42　查询注塑机工时分布报表

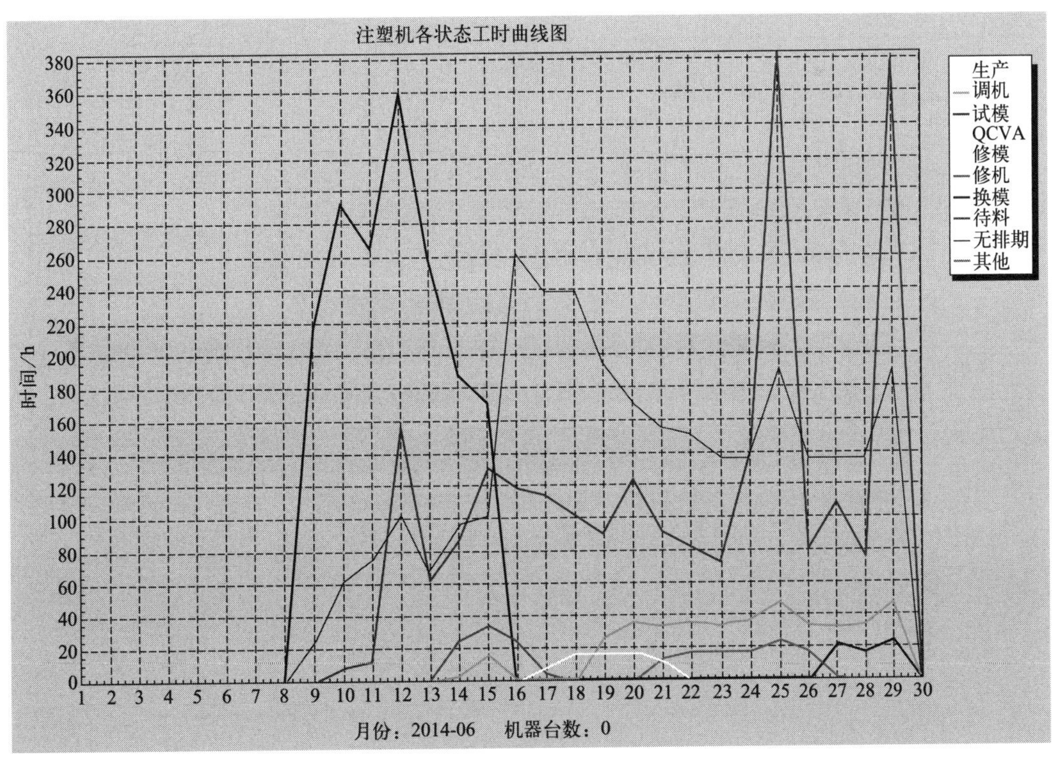

图 10-43　工时分布的曲线图

生产排单查询

请输入查询条件
□ 单台机器 □ 订单编号 □ 模具编号 □ 只显示已完成订单
查询(I) 导出(O)

订单编号	订单状态	模具编号	产品编号	机器编号	排单数量
0081	待生产	MSQW120047	QZD.B10081	M06	4000
0090	待生产	MSQW120036	QZD.B10090	M07	5000
0140	待生产	MSG12001	GT.G10140	M09	3000
613	待生产	MSGW120027	301130700613	M10	20000
0082	待生产	MSG11102	GT.G10082	M11	6000
0111	待生产	MSQW130038	QZD.B10111	M15	4500
0021	待生产	DHMJ013	QZD.WB10021	M17	5000
0024	待生产	DHMJ013	QZD.WB10024	M17	5000
0237	待生产	M	GT.G10237	M18	3000
0098	已暂停	M	GT.G10098	M19	3500
0221	生产中	MS	GT.G10221	M21	20000
0223	生产中	M	GT.G10223	M22	40000
0040	生产中	MS	GT.G10040	M23	40000
0041	生产中	MS	GT.G10041	M23	40000
0042	生产中	MSGW120055	GT.G10042	M23	40000
0044	生产中	MSGW120055	GT.G10044	M23	40000
0043	生产中	MSGW120055	GT.G10043	M23	40000
0060	待生产	MSGW120055	GT.G10060	M23	1000
0061	待生产	MSGW120055	GT.G10061	M23	1000
0062	待生产	MSGW120055	GT.G10062	M23	1000
0058	待生产	MSGW120055	GT.G10058	M23	1000
0059	待生产	MSGW120055	GT.G10059	M23	1000
0156	待生产	MSG11420	GT.G10156	M24	1000
0204	待生产	MSG11420	GT.G20204	M24	1000
0072	生产中	MSQW120044	QZD.B10072	M25	1500
0078	生产中	MSQW120044	QZD.B10078	M25	3500
0098	待生产	MSQW120035	QZD.B10098	M26	9000

生产排单调整(J)
删除当前订单(D)
设为暂停生产(P)
设为已完成(F)

图 10-44　系统自动排单

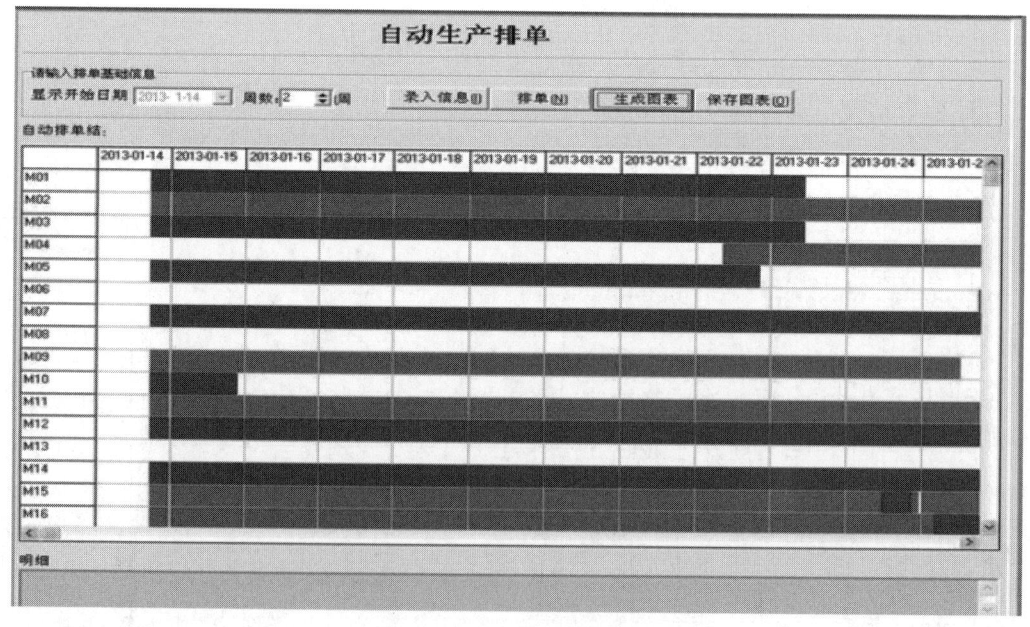

图 10-45　排单直观图表

7. 员工考核报表

可以详细记录操作员工所有生产过的产品的生产效率，为操作员的考核提供详细的数据支持，见图 10-46。

单个操作员绩效(操作员编号:30953 操作员姓名:孙修全)

报表编号: RPT007　时间范围: 从2014-07-01 08:00:00到2014-08-14 07:59:59　操作员编号:30953　页号:1　总页数:1

机器编号	模具编号	理论周期	开始时间	结束时间	时间长度(H)	理论数量	实际数量	工作效率(%)	入库数量	不良数量
M09	MSG11057	60	2014-07-01 20:25:52	2014-07-02 20:03:33	11.5	692	597	86.2	0	0
M09	MSG11057	60	2014-07-02 19:40:43	2014-07-03 19:52:43	12.1	729	417	57.2	0	0
M09	MSG11057	60	2014-07-03 19:52:36	2014-07-05 19:49:10	12.0	725	489	67.4	0	0
M09	MSG11057	60	2014-07-05 19:48:52	2014-07-16 19:46:59	12.1	730	462	63.2	0	0
M16	MSGW130059	40	2014-07-13 08:46:11	2014-07-15 19:46:50	83.0	7471	865	11.5	0	0
M18	DHMJ011	60	2014-07-15 09:16:49	2014-07-18 19:47:47	10.5	630	803	127.4	780	65
M18	DHMJ011	60	2014-07-17 07:50:30	2014-07-16 20:12:50	35.9	2157	908	42.1	0	0
M26	MSQW120034	65	2014-07-08 22:44:56	2014-07-19 07:58:48	249.2	13802	7164	51.9	0	0

图 10-46　员工考核报表

8. QC 巡查报表

可以详细记录 QC 巡查时间点和巡查结果，并生成相应报表，见图 10-47。

QC巡查报表

报表编号: RPT011　日期: 2014-07-01　白班

机器编号	巡查QC姓名	巡查时间1	巡查结果1	产品克重1(g)	浇口克重1(g)	巡查时间2	巡查结果2	产品克重2(g)	浇口克重2(g)	巡查时间3	巡查结果3	产品克重3(g)	浇口克重3(g)	巡查时间4	巡查结果4
M04	胡神杰	12:15	良好	1635.0	16.0	14:48	良好	0.0	0.0	14:48	良好	1635.0	16.0	16:40	良好
M09	胡神杰	10:05	良好	558.0	17.0	10:56	良好	558.0	17.0	14:50	良好	557.0	17.0	16:41	良好
M11	胡神杰	08:35	良好	243.0	26.0										
M13	胡神杰	08:34	良好	290.0	17.0	10:58	良好	289.0	17.0	14:52	良好	288.0	16.0		
M16	胡神杰	08:29	良好	137.0	4.0	11:00	良好	134.0	4.0	14:53	良好	137.0	4.0		
M18	胡神杰	08:25	良好	110.0	4.0	11:00	良好	112.0	4.0						
M19	胡神杰	15:04	良好	109.0	4.0	16:51	良好	109.0	4.0						
M22	胡神杰	08:22	良好	108.0	25.0	11:02	良好	108.0	25.0	14:59	良好	109.0	25.0	16:53	良好
M26	胡神杰	08:20	良好	242.0	5.0	15:00	良好	96.0	11.0	16:54	良好	96.0	11.0		

图 10-47　QC 巡查时间点和巡查表

9. 模具管理

① 可以清楚地显示每套模具的存放位置和模具的状况，找模时间节省，误用坏模具的现象减少，提供模仓模具状态的准确性提高，见图 10-48。

② 模具自动报警，生产数量达到设定的维护数量或模具的寿命时，系统自动报警。模具状态正常显示为绿色，模具需要保养或维修显示黄色，达到模具使用寿命显示红色，见图 10-49。

③ 模具资讯共享，可以对模具历史维修履历进行查询。

10. 设备管理

① 达到设定的保养周期，系统自动报警提醒机器需要保养。机器编号显示黄色报警，见图 10-50。

② 机器历史维护保养信息查询。

11. 成型参数

模具成型参数在电脑上输入存档，技术人员调机时可以在输入器上将这套模具成型参数调出供参考，有改动的成型参数也可以通过输入器保存到电脑上（不能实时采集监控注塑成型参数），见图 10-51。

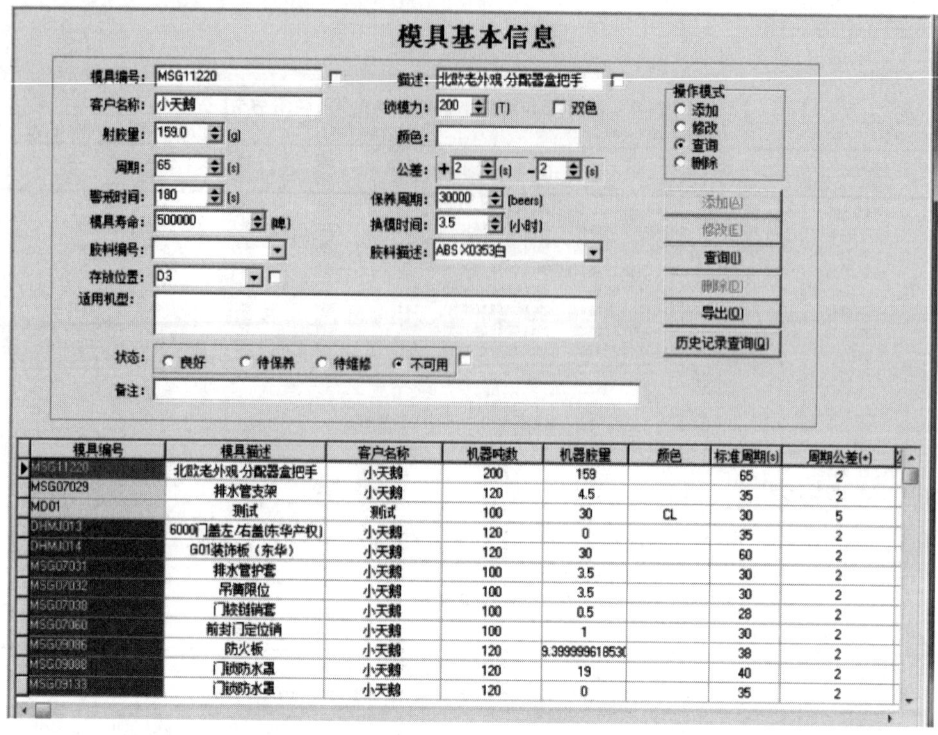

模具编号	模具描述	客户名称	机器吨数	机器胶量	颜色	标准周期(s)	周期公差(+)
MSG11220	北欧老外观-分配器盒把手	小天鹅	200	159		65	2
MSG07029	排水管支架	小天鹅	120	4.5		35	2
MD01	测试	测试	100	30	CL	30	5
DHMJ013	6000门盖左/右盖(东华产权)	小天鹅	120	0		35	2
DHMJ014	G01装饰板（东华）	小天鹅	120	30		60	2
MSG07031	排水管护套	小天鹅	100	3.5		30	2
MSG07032	吊簧限位	小天鹅	100	3.5		30	2
MSG07038	门铰链销套	小天鹅	100	0.5		28	2
MSG07060	前封门定位销	小天鹅	100	1		30	2
MSG09086	防火板	小天鹅	120	9.39999961853(		38	2
MSG09088	门锁防水罩	小天鹅	120	19		40	2
MSG09133	门锁防水罩	小天鹅	120	0		35	2

图 10-48　模具的存放位置和模具的状况表

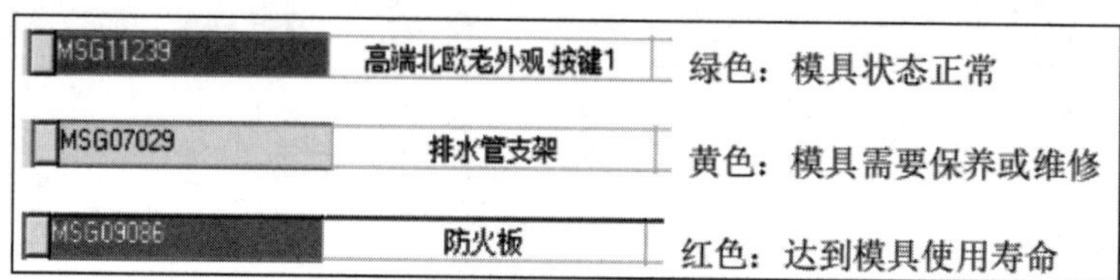

图 10-49　模具状态表

机器编号	机器描述	锁模力(T)	射胶量(g)	模具编号	相关端口	部门	开始日期
M16	DH320T	320	500.0	MSGW130059	14	B	14-06-30 09:41
M19	DH200T	200	300.0	MSG11327	17	B	14-07-01 14:53
M07	DH688T	688	800.0	MSQW120036	4	B	14-06-30 11:01
M04	DH1000T	1000	1,200.0	MSQW130037	2	B	14-07-01 14:28
M11	DH500T	500	600.0	MSG11102	9	B	14-07-04 10:24
M22	DH320T	320	500.0	MSG11316	20	B	14-07-04 09:57
M26	DH360T	360	500.0	MSQW120034	24	A	14-07-03 17:21
M09	DH620T	620	800.0	MSG11057	7	B	14-07-01 17:21
M25	DH360T	360	500.0	MSQW120046	23	A	14-06-30 10:59
M18	DH200T	200	300.0	DHMJ011	16	B	14-06-28 01:07
M20	DH200T	200	300.0	MSQW120033	18	B	14-06-27 12:37
M10	DH500T	500	600.0	MSGW120027	8	B	14-06-27 09:15
M12	DH500T	500	600.0	MSQW130041	10	B	14-06-27 09:13
M13	DH500T	500	600.0	MSG11319	11	B	14-06-27 09:12
M15	DH600T	600	700.0	MSQW130038	13	B	14-06-27 09:10
M17	DH120T	120	300.0	DHMJ013	15	B	14-06-27 09:08
M21	DH320T	320	500.0	MSGW120040	19	B	14-06-27 09:04
M23	DH100T	100	200.0	MSGW120055	21	B	14-06-27 09:02
M24	DH100T	100	200.0	MD01	22	B	14-06-21 09:08

图 10-50　设备保养周期黄色报警

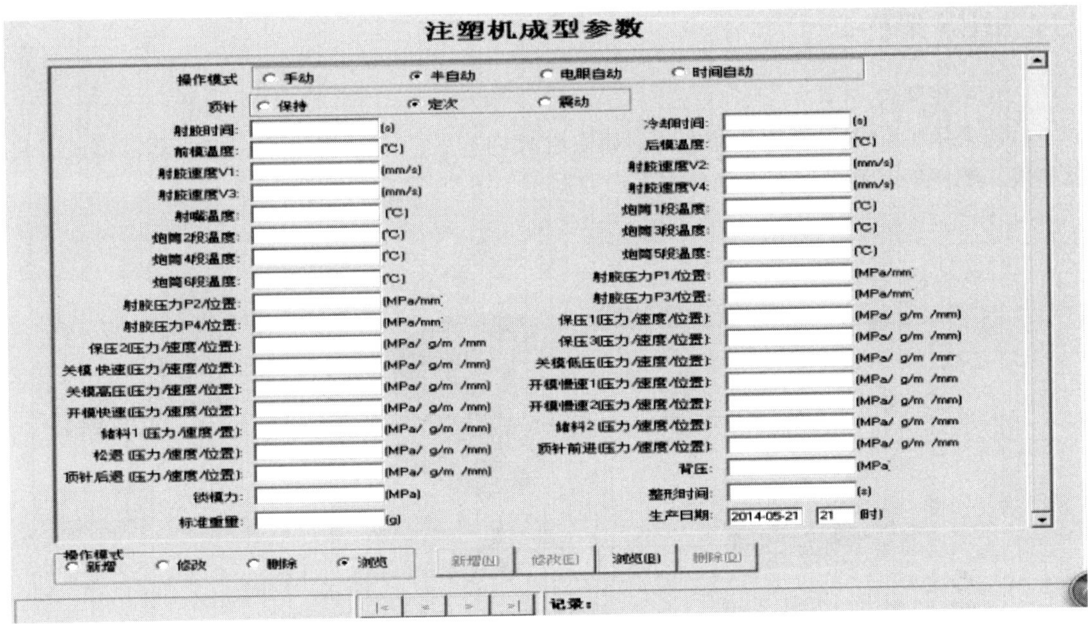

图 10-51　成型参数在电脑上输入存档

12. 通过因特网移动终端远程查看生产情况（服务器需要申请公网 IP）

13. 和 ERP 系统连接

① 在 ERP 系统中所做的生产排程自动导入 MES 注塑管理系统中，见图 10-52。

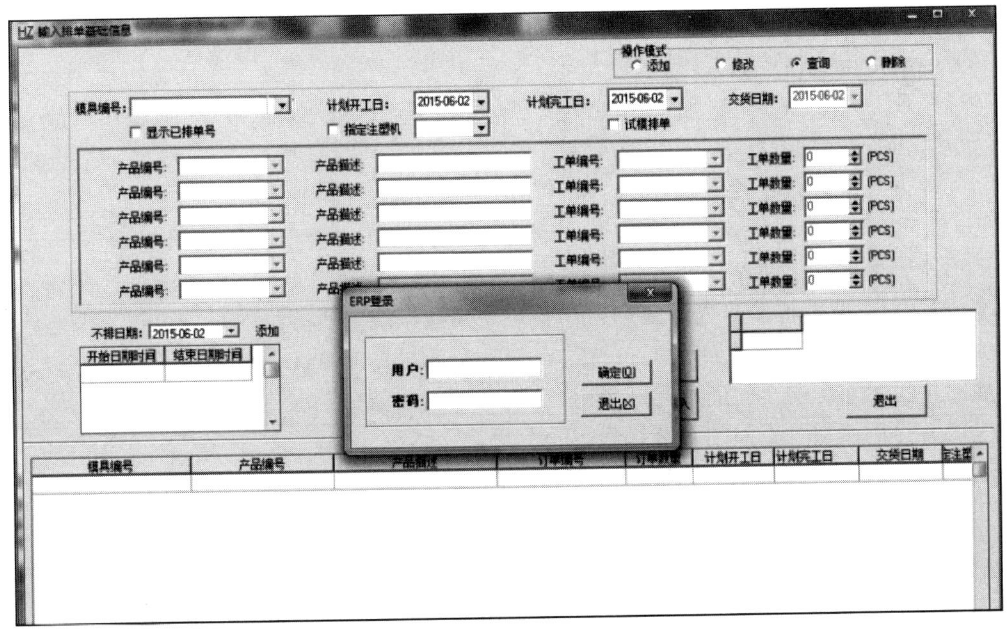

图 10-52　和 ERP 系统连接

② 机器生产数量、每天入库数量 ERP 系统可以从后台抓取相关数据。

七、MES 架构

（1）系统架构

系统采用 CANbus 数据传输方式，每台注塑机安装一套数据采集、控制器，将所有机器连成一个网络，实时采集注塑机的生产数据，见图 10-53。

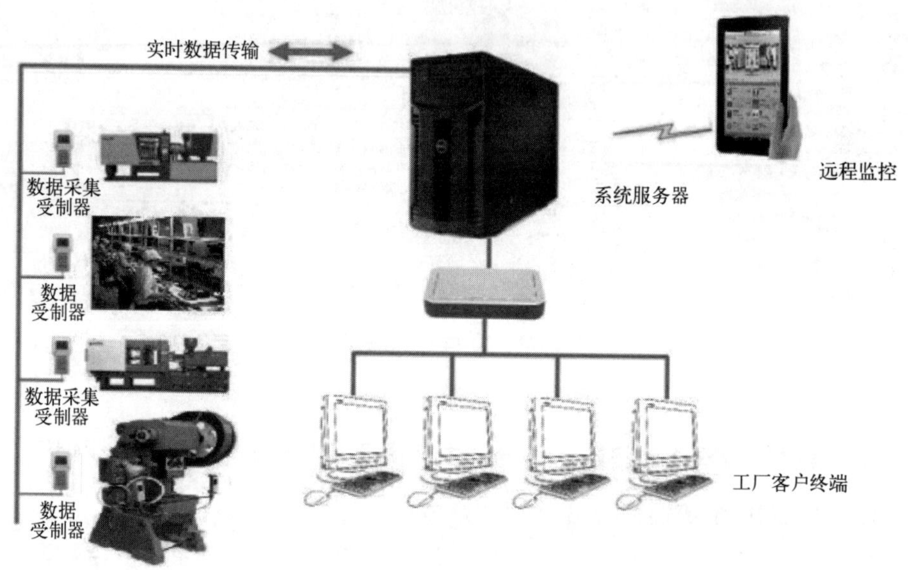

图 10-53　MES 系统架构示意图

（2）CANbus 数据传输方式

为确保系统的稳定，系统使用 CANbus 数据传输方式，一条总线从第一台连到第二台……连到最后一台，通过转接卡直接连接到服务器上。

（3）数据传输方式比较（CANbus 和 Wi-Fi）

① CANbus 数据传输方式的优点为：稳定，不会受任何的干扰。数据传输速度快，距离远。不需要增加其他的设备。连接注塑机的数量没有限制。

② CANbus 数据传输方式的缺点为：要拉一条数据线（所有机器只需要拉一条总线）。

③ CANbus 传输方式车间拉一条总线，顺着车间机器的电缆一起走线，CAN 总线套线管，如此布线不会影响车间的布局和美观。

④ Wi-Fi 的优点：车间不需要拉线。

⑤ Wi-Fi 的缺点：系统不是很稳定。车间有些干扰源没有办法控制，系统经常掉线。

八、MES 硬件

① 系统服务器（1 台）。

② 数据采集、控制器（每台注塑机需要配备一套数据采集、控制器）。

③ 转接卡（1 套）。

④ 电子看板（LED 电视）。

⑤ 电子看板电脑。

⑥ 短信通信模块（选配）。
⑦ 系统数据线。
⑧ 系统电源适配器。

九、MES 软件

① SQL SERVER 2008 64 位数据库软件。
② 服务器操作系统软件 WIN SERVER 2008 64 位。
③ 注塑管理系统软件（供应商提供）。
④ 移动终端远程监控模块软件（选配）。

十、安装 MES 前期准备工作

需提前准备一台服务器，服务器规格：
① 主板必须有标准的 PCI 插槽。
② 双核 CPU，二级缓存不小于 8M，内存不小于 4G，硬盘不小于 250G。
③ 服务器安装 Windows Server 2008 64 位操作系统，SQL Server 2008 64 位数据库。
④ 需提前准备 MES 相关基础资料（模具基础资料、制品基础资料、注塑机基础资料）。

参考文献

[1] 张甲敏．注射成型实用技术［M］．北京：化学工业出版社，2007.

[2] 梁明昌．注射成型工艺技术与生产管理［M］．北京：化学工业出版社，2014.

后记

从一招一式到系统的工艺控制体系的转变

笔者 1992 年开始做注塑工艺工作，从那时起一旦遇到问题、障碍，就开始自学探索，然后把学到的东西落实到实际生产中。探索初期，主要着重解决工艺技术难度的问题，希望尝试从深度方面入手解决问题。

2001 年，意识到解决工艺难度，仅仅可以解决一小部分的问题，或者解决某一个具体的问题。但是实际生产中问题不断重复，十分消耗精力，也影响生产成本。有没有一个更好的模式可以有效防止产品质量问题的重复发生？通过不断地思考、实践，从 2001 年开始梳理生产中存在的问题，调整生产工艺管理方式，再经过不断地实践验证，2007 年形成雏形，2012 年逐渐完善。

在这个过程中笔者把一些基础性的注塑工艺知识整理编写成《注塑成型工艺技术与生产管理》一书，指导注塑从业者参考，现在该书已成为许多注塑从业者的手边书。

2019 年 2 月，笔者开始把自己整理的注塑知识发布在个人公众号上（公众号名同笔者名字），发现注塑工艺知识虽然可以提高从业人员的技术水平和知识储备，但注塑企业起点参差不齐，分享技术知识并不能从根本上提高工艺人员技术水平和企业的注塑工艺控制水平。因此对该书进行修订，想从注塑企业模具、设备匹配标准的角度，在工艺人员构架配置与培养方面论述一下实现低成本、高效、高质量生产管理的途径，从而达到提高注塑企业管理层的认知、提高注塑企业运营水平的目的。

一、注塑企业模具与设备匹配标准

模具与设备不匹配这个问题是各企业配置普遍混乱导致的，采购设备配置上接口不统一，模具制造没有统一的标准指导，外来模具规范接口不统一。结果就是每次上模冷却水连接无法一致，上模具时间长，开机调试出的产品质量波动很大。

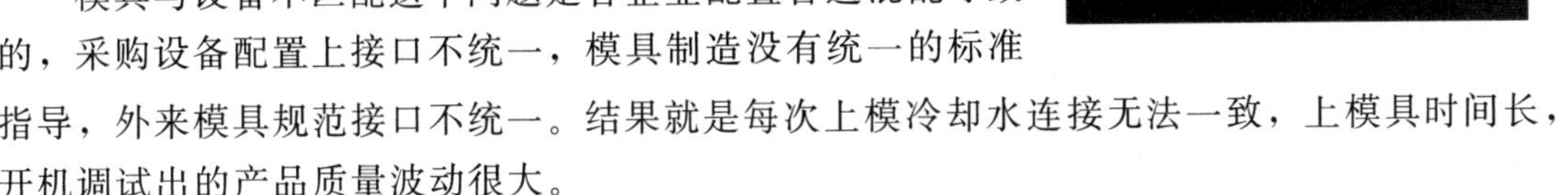

笔者到访过一些企业，上下模具依赖很有经验的上模员来记住上次生产气管、油管和冷却水管是怎么连接的，工艺人员用上次存贮的工艺参数调试不出合格的产品，以至于工艺人员形成每次用一个稳定工艺参数来进行不同批次的生产好像根本不可能一样，因此各企业也就造就很多“大神”级的人物，也就是我们行业里面说的调机高手。

有没有办法来改变这种状态呢？答案当然是有。这就是我们常说的重复的问题标准化。注塑加工特点我们可以认定是重复的事情反复做，制定统一的模具和设备匹配标准是行之有效的办法。

标准中应涵盖以下内容：

① 水路的连接技术要求：包括单色模具、双色模具、三色模具。

② 水管规格与连接要求。

③ 气管规格与连接要求。

④ 油管的规格与连接要求。

⑤ 热流道的连接要求。

⑥ 顶针信号的连接要求。

⑦ 抽芯信号连接要求。

⑧ 模温机配置标准。

下图为单色注塑机水路示意图及实物图。

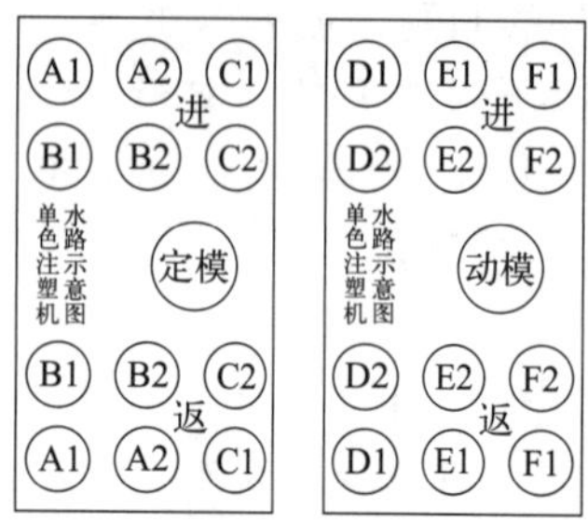

定模：C1—操作侧型腔；C2—非操作侧型腔；
A1、A2、B1、B2—热流道
动模：D1—操作侧斜顶、滑块；D2—非操作侧斜顶、滑块；
E1、F1—操作侧型腔；E2、F2—非操作侧型腔

(a) 水路示意图

(b) 实物图

单色注塑机水路

具体标准内容各企业根据产品特点会有相应的不同（参考内容可关注笔者公众号获取），企业制定好模具和设备匹配标准可以用于指导模具外围设计、设备接口配置、辅机安装、维修人员进行配件采购等。再辅助模温机的配置标准，稳健的工艺参数就可以实现注塑生产的稳定再现。

模温机

笔者曾指导过新建企业，从一开始就建立这个标准，以这个标准来规范后面的规划，实际生产中都取得很好的效果。

每个注塑企业不论起步如何，规范化之后都希望自己的管理更加有序，希望读者能看懂这个标准，越早规划越早受益，否则纠错的成本是很高的。

二、工艺人员配置与培养

从 2001 年以来，笔者就深刻认识到工艺人员配置合理的重要性，它要求兼顾到注塑加工的特点，让人尽其用，人得其用，招招式式同生产工艺控制过程相匹配，这里涉及工艺人员配置与培养的机制。

这个机制可命名为层级式配置，一个项目或一个产品从导入到量产，再到班组生产的不同阶段，对工艺人员能力要求是有区别的，在人员配置上也要有所不同。

产品导入：产品导入工艺工程师；

产品量产：现场工艺工程师；

生产过程工艺维护：班组工艺人员（技师、领班……）；

工艺持续改进：现场工艺工程师（包括产品导入工程师）。

产品导入工程师要求具备模具工艺评审和科学试模的能力，现场工艺工程师要求具备在导入工艺基础上转化成工厂设备生产工艺的技术能力，并在此基础上持续改进的能力，班组工艺人员要掌握在稳定工艺生产情况下识别异常及相应的快速反应有能力。

工艺人员的技能是可以逐步培养起来的，注塑企业自己培养工艺人员是留住人才、培养人才、阶梯发展的有效途径。

培养的路径可以是这样：操作员→加料员→上模员→工艺难度小区域机台的技师→工艺难度大区域机台技师→ 班长→ 现场工程师→主管……

只要合理规划各岗位工作职责，递进培养人员是顺理成章的，在人员选拔时掌握两点：一是学习成长意愿强的优先，二是成长过程中管理能力突出的进入管理岗位。整个人才培养路径不论是公司扩大或是人员流动，都能做到较好的衔接。并能做到整个基层管理人员都有很强的技术能力，以适应注塑生产技术密度高的要求。

三、注塑管理要长期坚持

注塑管理要实现低成本、高质、高效的发展要求坚持长期的思想，以正确的、先进的理念为指导才能扎实地向前发展。

有理念有方法有工具，可大大提升成功的概率，把低成本、高质、高效生产变成一个大概率成功的事。有系统控制的土壤，就能培育出有系统的运转体系。

坚持长期管理才能尊重事物发展的规律，让企业的基础同发展速度相匹配。

梁明昌

2023 年 12 月